消 防 标 准 汇 编

防火材料卷

（第 3 版）

中国标准出版社　编

中国标准出版社

北　京

图书在版编目(CIP)数据

消防标准汇编.防火材料卷/中国标准出版社编.—3版.
—北京:中国标准出版社,2018.12
ISBN 978-7-5066-8939-7

Ⅰ.①消… Ⅱ.①中… Ⅲ.①消防—标准—汇编—中国
②防火材料—标准—汇编—中国 Ⅳ.①TU998.1-65

中国版本图书馆 CIP 数据核字(2018)第 070450 号

中国标准出版社出版发行
北京市朝阳区和平里西街甲 2 号(100029)
北京市西城区三里河北街 16 号(100045)
网址 www.spc.net.cn
总编室:(010)68533533 发行中心:(010)51780238
读者服务部:(010)68523946
中国标准出版社秦皇岛印刷厂印刷
各地新华书店经销
*
开本 880×1230 1/16 印张 35.5 字数 1 067 千字
2018 年 12 月第三版 2018 年 12 月第三次印刷
*
定价 200.00 元

出 版 说 明

　　基于对消防的重视,建国以来我国先后制定和颁布了各类消防法律、法规——包括《中华人民共和国消防法》、消防法规、消防规定、消防技术规范、消防技术标准等,初步形成了法律、法规相结合,行政法规与技术规范、技术标准相配套的消防法制体系。基本上实现了各行各业开展消防工作有法可依、有章可循;将我国的消防监督管理工作纳入了"依法治火"和"依法管火"的法制轨道。

　　随着国家标准化体制的不断改革,我国消防领域的标准也在不断制修订,以适应科学技术的发展,新技术、新设备及新工艺的应用以及城市生活的现代化。为解决因标准制修订产生的标准供需矛盾,进一步推动消防标准的贯彻实施,加强消防技术监督和消防产品的质量检测工作,中国标准出版社选编了《消防标准汇编》(第3版)。

　　本汇编是一套内容丰富、方便实用的消防行业应用工具书,不仅可供消防产品科研、设计、生产、维修、检验等人员学习使用,还可为从事消防安全工作的各地公安消防监督机关、标准化部门、工程设计单位、大专院校的专业人员提供良好的借鉴与参考。本汇编分13卷出版,分别为:基础卷、固定灭火卷(上、下)、消防电子卷(上、下)、防火材料卷、耐火构件卷、消防装备卷(上、下)、消防规范卷(上、下)、灭火救援卷及火灾调查卷。本卷为防火材料卷,收集了截至2018年8月底发布的国家标准28项。

　　鉴于本汇编收集的标准发布年代不尽相同,汇编时对标准中所用计量单位、符号未做改动。本汇编收集的国家标准的属性已在目录上标明(GB或GB/T),年号用四位数字表示。鉴于部分国家标准是在国家清理整顿前出版的,故正文部分仍保留原样;读者在使用这些标准时,其属性以目录上标明的为准(标准正文"引用标准"中标注的属性请读者注意查对)。行业标准类同。

编　者

2018 年 8 月

目　　录

ICS 13.220.50
C 82

中华人民共和国国家标准

GB/T 5464—2010/ISO 1182:2002
代替 GB/T 5464—1999

建筑材料不燃性试验方法

Non-combustibility test method for building materials

(ISO 1182:2002,Reaction to fire tests for building products—
Non-combustibility test,IDT)

2010-09-26 发布

2011-02-01 实施

中华人民共和国国家质量监督检验检疫总局
中国国家标准化管理委员会 发布

1

前　言

本标准使用翻译法等同采用 ISO 1182:2002《建筑材料对火反应试验　不燃性试验》(英文版)。

为便于使用,本标准做了下列编辑性修改:

——"本国际标准"一词改为"本标准";

——用小数点"."代替作为小数点的逗号",";

——删除了国际标准的目次和前言。

本标准代替 GB/T 5464—1999《建筑材料不燃性试验方法》。

本标准与 GB/T 5464—1999 相比主要变化如下:

——将标准的适用范围作了修改(1999 版第 1 章,本版第 1 章);

——增加了规范性引用文件、术语和定义的内容(本版第 2 章和第 3 章);

——试样的体积改为(76±8)cm³(1999 年版 3.1.2,本版 5.1);

——增加了试样的状态调节程序,试验前应按 EN 13238 进行状态调节,然后再放入烘箱中进行干燥(1999 年版 3.3,本版第 6 章);

——删除了对加热炉管总壁厚的要求(1999 版 4.2.1,本版 4.2.1);

——删除了圆柱管的外径要求,并修改了加热炉管与圆柱管之间填充材料的密度要求(1999 版 4.2.3,本版 4.2.2 和附录 B);

——增加了对松散材料试样架的要求(见 4.3.4);

——增加了接触式热电偶的要求(见 4.5);

——增加了天平的要求(见 4.7);

——增加了试验环境要求的部分内容(1999 版 4.5.1,本版 7.1);

——增加了炉温平衡要求的部分内容(1999 版 6.5,本版 7.2.4);

——修改了炉壁温度的要求,增加了炉壁温度和炉内温度的校准程序(1999 版 6.6,本版 7.3);

——在标准的正文中删除有关试样中心热电偶、试样中心温度、试样表面热电偶、试样表面温度的内容,将其放在附录 C 中(1999 版 4.1.4、4.4.4 、4.4.5、7.1.7、7.1.8、7.2.3、8.1.1、8.1.2、8.2.2、8.3.2,本版 4.1.5、附录 C);

——试验结束时间改为热电偶达到最终温度平衡的时间或试验时间为 60 min(1999 版 7.1.8,本版的 7.4.7 和 D.2);

——删除了评定判据的内容(1999 版附录 A);

——删除了评述的内容(1999 版附录 B);

——修改了"试验报告小结表"的内容,并将修改后的内容作为"试验报告"的内容(1999 版附录 C,本版第 9 章);

——增加了资料性附录"试验方法的精确性"(见附录 A);

——增加了资料性附录"试验装置的典型设计"(见附录 B);

——增加了规范性附录"附加热电偶"(见附录 C);

——增加了资料性附录"温度记录"(见附录 D)。

本标准的附录 C 是规范性附录,附录 A、附录 B 和附录 D 是资料性附录。

本标准由中华人民共和国公安部提出。

本标准由全国消防标准化技术委员会防火材料分技术委员会(SAC/TC 113/SC 7)归口。

本标准起草单位:公安部四川消防研究所。

本标准主要起草人:张羽、姚建军、邓小兵。

本标准所代替标准的历次版本发布情况为:

——GB/T 5464—1985、GB/T 5464—1999。

建筑材料不燃性试验方法

1 范围

本标准规定了在特定条件下匀质建筑制品和非匀质建筑制品主要组分的不燃性试验方法。

试验方法的精确性参见附录A。

2 规范性引用文件

下列文件中的条款通过本标准的引用而成为本标准的条款。凡是注日期的引用文件，其随后所有的修改单（不包括勘误的内容）或修订版均不适用于本标准，然而，鼓励根据本标准达成协议的各方研究是否可使用这些文件的最新版本。凡是不注日期的引用文件，其最新版本适用于本标准。

GB/T 16839.2—1997 热电偶 第2部分：允差（idt IEC 60584-2:1982）

ISO 13943 消防安全 词汇

EN 13238 建筑制品的对火反应试验 状态调节程序和基材选择的一般规则

3 术语和定义

ISO 13943中确立的以及下列术语和定义适用于本标准。

3.1

建筑制品 building product

包括安装、构造、组成等相关信息的建筑材料、构件或组件。

3.2

建筑材料 building material

单一物质或若干物质均匀散布的混合物，例如金属、石材、木材、混凝土、含均匀分布胶合剂或聚合物的矿物棉等。

3.3

松散填充材料 loose fill material

形状不固定的材料。

3.4

匀质制品 homogeneous product

由单一材料组成的制品或整个制品内部具有均匀的密度和组分。

3.5

非匀质制品 non-homogeneous product

不满足匀质制品定义的制品。由一种或多种主要和/或次要组分组成。

3.6

主要组分 substantial component

构成非匀质制品一个显著部分的材料，单层面密度≥1.0 kg/m² 或厚度≥1.0 mm 的一层材料可视作主要组分。

4 试验装置

4.1 概述

4.1.1 试验装置应满足7.1规定的条件。加热炉的典型设计参见附录B。其他满足7.1的加热炉设计也可采用。

4.1.2 在下述试验装置中,除规定了公差外,全部尺寸均为公称值。

4.1.3 装置为一加热炉系统。加热炉系统有电热线圈的耐火管,其外部覆盖有隔热层,锥形空气稳流器固定在加热炉底部,气流罩固定在加热炉顶部。

4.1.4 加热炉安装在支架上,并配有试样架和试样架插入装置。

4.1.5 应按4.4的规定布置热电偶测量炉内温度、炉壁温度。若要求测量试样表面温度和试样中心温度,附录C给出了附加热电偶的详细信息。接触式热电偶应符合4.5的规定,并应沿其中心轴线测量炉内温度。

4.2 加热炉、支架和气流罩

4.2.1 加热炉管应由表1规定的密度为(2 800±300)kg/m³ 的铝矾土耐火材料制成,高(150±1)mm,内径(75±1)mm,壁厚(10±1)mm。

表 1　加热炉管铝矾土耐火材料的组分

材　　料	含量/%(质量百分数)
三氧化二铝(Al_2O_3)	>89
二氧化硅和三氧化二铝(SiO_2,Al_2O_3)	>98
三氧化二铁(Fe_2O_3)	<0.45
二氧化钛(TiO_2)	<0.25
四氧化三锰(Mn_3O_4)	<0.1
其他微量氧化物(Na,K,Ca,Mg 氧化物)	其他

4.2.2 加热炉管安置在一个由隔热材料制成的高150 mm、壁厚10 mm 的圆柱管的中心部位,并配以带有内凹缘的顶板和底板,以便将加热炉管定位。加热炉管与圆柱管之间的环状空间内应填充适当的保温材料,典型的保温填充材料参见附录B。

4.2.3 加热炉底面连接一个两端开口的倒锥形空气稳流器,其长为500 mm,并从内径为(75±1)mm 的顶部均匀缩减至内径为(10±0.5)mm 的底部。空气稳流器采用1 mm 厚的钢板制作,其内表面应光滑,与加热炉之间的接口处应紧密、不漏气、内表面光滑。空气稳流器的上半部采用适当的材料进行外部隔热保温,典型的外部隔热保温材料参见附录B。

4.2.4 气流罩采用与空气稳流器相同的材料制成,安装在加热炉顶部。气流罩高50 mm、内径(75±1)mm,与加热炉的接口处的内表面应光滑。气流罩外部应采用适当的材料进行外部隔热保温。

4.2.5 加热炉、空气稳流器和气流罩三者的组合体应安装在稳固的水平支架上。该支架具有底座和气流屏,气流屏用以减少稳流器底部的气流抽力。气流屏高550 mm,稳流器底部高于支架底面250 mm。

4.3 试样架和插入装置

4.3.1 试样架见图1,采用镍/铬或耐热钢丝制成,试样架底部安有一层耐热金属丝网盘,试样架质量为(15±2)g。

4.3.2 试样架应悬挂在一根外径6 mm、内径4 mm 的不锈钢管制成的支承件底端。

4.3.3 试样架应配以适当的插入装置,能平稳地沿加热炉轴线下降,以保证试样在试验期间准确地位于加热炉的几何中心。插入装置为一根金属滑动杆,滑动杆能在加热炉侧面的垂直导槽内自由滑动。

4.3.4 对于松散填充材料,试样架应为圆柱体,外径与5.1规定的试样外径相同,采用类似4.3.1规定的制作试样架底部的金属丝网的耐热钢丝网制作。试样架顶部应开口,且质量不应超过30 g。

单位为毫米

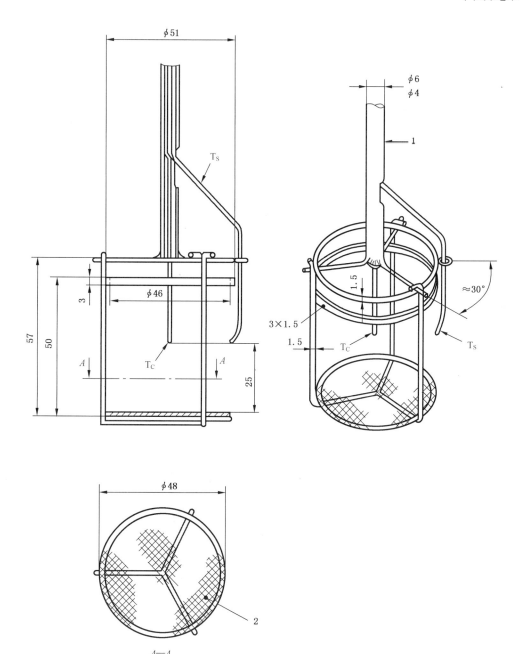

1——支承件钢管;

2——网盘(网孔 0.9 mm、丝径 0.4 mm)。

注:对于 T_C 和 T_S 可任选使用。

T_C——试样中心热电偶;

T_S——试样表面热电偶。

图 1 试样架

4.4 热电偶

4.4.1 采用丝径为 0.3 mm,外径为 1.5 mm 的 K 型热电偶或 N 型热电偶,其热接点应绝缘且不能接地。热电偶应符合 GB/T 16839.2 规定的一级精度要求。铠装保护材料应为不锈钢或镍合金。

4.4.2 新热电偶在使用前应进行人工老化,以减少其反射性。

4.4.3 如图 2 所示,炉内热电偶的热接点应距加热炉管壁(10±0.5)mm,并处于加热炉管高度的中点。热电偶位置可采用图 3 所示的定位杆标定,借助一根固定于气流罩上的导杆以保持其准确定位。

4.4.4 附加热电偶及其定位的详细信息参见附录C。

4.5 接触式热电偶

接触式热电偶应由4.4.1和4.4.2规定型号的热电偶构成,并焊接在一个直径(10±0.2)mm和高度(15±0.2)mm的铜柱体上。

4.6 观察镜

为便于观察持续火焰和保护操作人员的安全,可在试验装置上方不影响试验的位置设置一面观察镜。

观察镜为正方形,其边长为300 mm,与水平方向呈30°夹角,宜安放在加热炉上方1 m处。

4.7 天平

称量精度为0.01 g。

4.8 稳压器

额定功率不小于1.5 k(V·A)的单相自动稳压器,其电压在从零至满负荷的输出过程中精度应在额定值的±1%以内。

4.9 调压变压器

控制最大功率应达1.5 k(V·A),输出电压应能在零至输入电压的范围内进行线性调节。

4.10 电气仪表

应配备电流表、电压表或功率表,以便对加热炉工作温度进行快速设定。这些仪表应满足对7.2.3规定的电量的测定。

单位为毫米

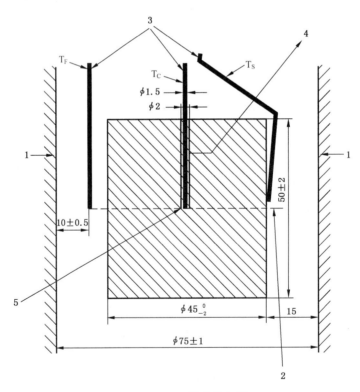

1——炉壁;
2——中部温度;
3——热电偶;
4——直径2 mm的孔;
5——热电偶与材料间的接触。

T_F——炉内热电偶;
T_C——试样中心热电偶;
T_S——试样表面热电偶。

注:对于T_C和T_S可任选使用。

图2 加热炉、试样和热电偶的位置

单位为毫米

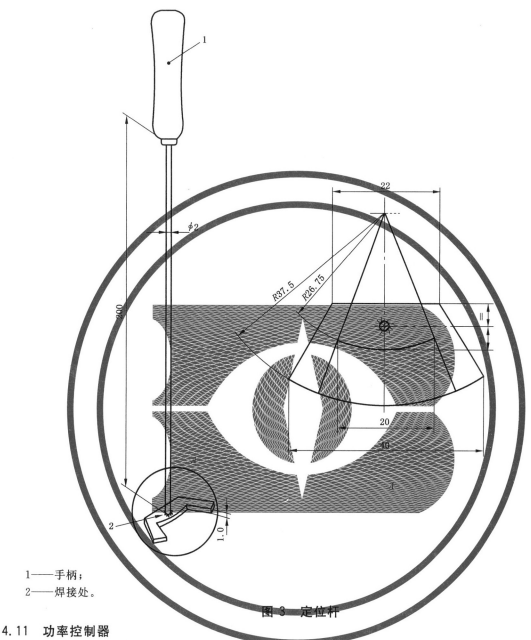

1——手柄;
2——焊接处。

图 3 定位杆

4.11 功率控制器

可用来代替 4.8、4.9 和 4.10 规定的稳压器、调压变压器和电气仪表,它的型式是相角导通控制、能输出 1.5 k(V·A)的可控硅器件。其最大电压不超过 100 V,而电流的限度能调节至"100%功率",即等于电阻带的最大额定值。功率控制器的稳定性约 1%,设定点的重复性为±1%,在设定点范围内,输出功率应呈线性变化。

4.12 温度记录仪

温度显示记录仪应能测量热电偶的输出信号,其精度约 1 ℃或相应的毫伏值,并能生成间隔时间不超过 1 s 的持续记录。

注:记录仪工作量程为 10 mV,在大约+700 ℃的测量范围内的测量误差小于±1 ℃。

4.13 计时器

记录试验持续时间,其精度为 1 s/h。

4.14 干燥皿

贮存经状态调节的试样(见第 6 章)。

5 试样

5.1 概要

试样应从代表制品的足够大的样品上制取。

试样为圆柱形,体积(76±8)cm³,直径(45$_{-2}^{0}$)mm,高度(50±3)mm。

5.2 试样制备

5.2.1 若材料厚度不满足(50±3)mm,可通过叠加该材料的层数和/或调整材料厚度来达到(50±3)mm的试样高度。

5.2.2 每层材料均应在试样架中水平放置,并用两根直径不超过0.5 mm的铁丝将各层捆扎在一起,以排除各层间的气隙,但不应施加显著的压力。松散填充材料的试样应代表实际使用的外观和密度等特性。

> 注:如果试样是由材料多层叠加组成,则试样密度宜尽可能与生产商提供的制品密度一致。

5.3 试样数量

按7.4给出的程序,一共测试五组试样。

> 注:若分级体系标准有其他要求可增加试样数量。

6 状态调节

试验前,试样应按照EN 13238的有关规定进行状态调节。然后将试样放入+(60±5)℃的通风干燥箱内调节(20~24)h,然后将试样置于干燥皿中冷却至室温。试验前应称量每组试样的质量,精确至0.01 g。

7 试验步骤

7.1 试验环境

试验装置不应设在风口,也不应受到任何形式的强烈日照或人工光照,以利于对炉内火焰的观察。试验过程中室温变化不应超过+5 ℃。

7.2 试验前准备程序

7.2.1 试样架

将试样架(见4.3)及其支承件从炉内移开。

7.2.2 热电偶

炉内热电偶应按4.4.3的规定进行布置,若要求使用附加热电偶,则按4.4.4及附录C的规定进行布置,所有热电偶均应通过补偿导线连接到温度记录仪(见4.12)上。

7.2.3 电源

将加热炉管的电热线圈连接到稳压器(见4.8)、调压变压器(见4.9)、电气仪表(见4.10)或功率控制器(见4.11),见图4。试验期间,加热炉不应采用自动恒温控制。

在稳态条件下,电压约100 V时,加热线圈通过约(9~10)A的电流。为避免加热线圈过载,建议最大电流不超过11 A。

对新的加热炉管,开始时宜慢慢加热,加热炉升温的合理程序是以约200 ℃分段,每个温度段加热2 h。

7.2.4 炉内温度的平衡

调节加热炉的输入功率,使炉内热电偶(见4.4)测试的炉内温度平均值平衡在+(750±5)℃至少10 min,其温度漂移(线性回归)在10 min内不超过2 ℃,并要求相对平均温度的最大偏差(线性回归)在10 min内不超过10 ℃(参见附录D),并对温度作连续记录。

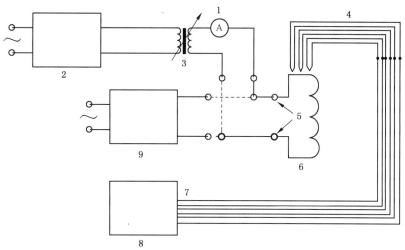

1——电流表；　　　　　　6——加热炉电阻带；
2——稳压器；　　　　　　7——补偿导线；
3——调压器；　　　　　　8——温度显示器；
4——热电偶；　　　　　　9——功率控制器。
5——接线端子；

图 4　试验装置和附加设备的布置

7.3　校准程序

7.3.1　炉壁温度

7.3.1.1　当炉内温度稳定在 7.2.4 规定的温度范围时,应使用 4.5 规定的接触式热电偶和 4.12 规定的温度记录仪在炉壁三条相互等距的垂直轴线上测量炉壁温度。对于每条轴线,记录其加热炉管高度中心处及该中心上下各 30 mm 处三点的壁温(见表 2)。采用合适的带有热电偶和隔热套管的热电偶扫描装置,可方便地完成对上述规定位置的测定过程,应特别注意热电偶与炉壁之间的接触保持良好,如果接触不好将导致温度读数偏低。在每个测温点,应待热电偶的记录温度稳定后,才读取该点的温度值。

表 2　炉壁温度读数

垂轴线	位　置		
	a(30 mm 处)	b(0 mm 处)	c(−30 mm 处)
1(0°)	$T_{1;a}$	$T_{1;b}$	$T_{1;c}$
2(+120°)	$T_{2;a}$	$T_{2;b}$	$T_{2;c}$
3(+240°)	$T_{3;a}$	$T_{3;b}$	$T_{3;c}$

7.3.1.2　计算并记录按 7.3.1.1 规定测量的 9 个温度读数的算术平均值,将其作为炉壁平均温度 T_{avg}。

$$T_{avg} = \frac{T_{1;a} + T_{1;b} + T_{1;c} + T_{2;a} + T_{2;b} + T_{2;c} + T_{3;a} + T_{3;b} + T_{3;c}}{9} \quad\cdots\cdots\cdots\cdots\cdots(1)$$

分别计算按 7.3.1.1 规定测量的三根垂轴线上温度读数的算术平均值,将其作为垂轴上的炉壁平均温度。

$$T_{avg.axis1} = \frac{T_{1;a} + T_{1;b} + T_{1;c}}{3} \quad\cdots\cdots\cdots\cdots\cdots(2a)$$

$$T_{avg.axis2} = \frac{T_{2;a} + T_{2;b} + T_{2;c}}{3} \quad\cdots\cdots\cdots\cdots\cdots(2b)$$

$$T_{avg.axis3} = \frac{T_{3;a} + T_{3;b} + T_{3;c}}{3} \quad\cdots\cdots\cdots\cdots\cdots(2c)$$

式中：

$T_{\text{avg. axis1}}$——第一根垂轴线上温度读数的算术平均值，单位为摄氏度（℃）；

$T_{\text{avg. axis2}}$——第二根垂轴线上温度读数的算术平均值，单位为摄氏度（℃）；

$T_{\text{avg. axis3}}$——第三根垂轴线上温度读数的算术平均值，单位为摄氏度（℃）。

分别计算三根垂轴线上的测量温度值相对平均炉壁温度偏差的绝对百分数。

$$T_{\text{dev. axis1}} = 100 \times \left| \frac{T_{\text{avg}} - T_{\text{avg. axis1}}}{T_{\text{avg}}} \right| \quad \cdots\cdots\cdots\cdots\cdots\cdots\cdots\cdots\cdots\cdots (3a)$$

$$T_{\text{dev. axis2}} = 100 \times \left| \frac{T_{\text{avg}} - T_{\text{avg. axis2}}}{T_{\text{avg}}} \right| \quad \cdots\cdots\cdots\cdots\cdots\cdots\cdots\cdots\cdots\cdots (3b)$$

$$T_{\text{dev. axis3}} = 100 \times \left| \frac{T_{\text{avg}} - T_{\text{avg. axis3}}}{T_{\text{avg}}} \right| \quad \cdots\cdots\cdots\cdots\cdots\cdots\cdots\cdots\cdots\cdots (3c)$$

式中：

$T_{\text{dev. axis1}}$——第一根垂轴线上测量温度值相对平均炉壁温度偏差的绝对百分数；

$T_{\text{dev. axis2}}$——第二根垂轴线上测量温度值相对平均炉壁温度偏差的绝对百分数；

$T_{\text{dev. axis3}}$——第三根垂轴线上测量温度值相对平均炉壁温度偏差的绝对百分数。

计算并记录三根垂轴线上的平均炉温偏差值（算术平均值）。

$$T_{\text{avg. dev. axis}} = \frac{T_{\text{dev. axis1}} + T_{\text{dev. axis2}} + T_{\text{dev. axis3}}}{3} \quad \cdots\cdots\cdots\cdots\cdots\cdots\cdots\cdots (4)$$

计算按7.3.1.1规定测量的三根垂轴线上同一位置的温度读数的算术平均值。

$$T_{\text{avg. levela}} = \frac{T_{1;a} + T_{2;a} + T_{3;a}}{3} \quad \cdots\cdots\cdots\cdots\cdots\cdots\cdots\cdots\cdots\cdots (5a)$$

$$T_{\text{avg. levelb}} = \frac{T_{1;b} + T_{2;b} + T_{3;b}}{3} \quad \cdots\cdots\cdots\cdots\cdots\cdots\cdots\cdots\cdots\cdots (5b)$$

$$T_{\text{avg. levelc}} = \frac{T_{1;c} + T_{2;c} + T_{3;c}}{3} \quad \cdots\cdots\cdots\cdots\cdots\cdots\cdots\cdots\cdots\cdots (5c)$$

式中：

$T_{\text{avg. levela}}$——三个垂轴线上位置a的温度读数的算术平均值，单位为摄氏度（℃）；

$T_{\text{avg. levelb}}$——三个垂轴线上位置b的温度读数的算术平均值，单位为摄氏度（℃）；

$T_{\text{avg. levelc}}$——三个垂轴线上位置c的温度读数的算术平均值，单位为摄氏度（℃）。

计算所测得的三根垂轴线上同一位置的温度值相对平均炉壁温度偏差的绝对百分数。

$$T_{\text{dev. levela}} = 100 \times \left| \frac{T_{\text{avg}} - T_{\text{avg. levela}}}{T_{\text{avg}}} \right| \quad \cdots\cdots\cdots\cdots\cdots\cdots\cdots\cdots\cdots\cdots (6a)$$

$$T_{\text{dev. levelb}} = 100 \times \left| \frac{T_{\text{avg}} - T_{\text{avg. levelb}}}{T_{\text{avg}}} \right| \quad \cdots\cdots\cdots\cdots\cdots\cdots\cdots\cdots\cdots\cdots (6b)$$

$$T_{\text{dev. levelc}} = 100 \times \left| \frac{T_{\text{avg}} - T_{\text{avg. levelc}}}{T_{\text{avg}}} \right| \quad \cdots\cdots\cdots\cdots\cdots\cdots\cdots\cdots\cdots\cdots (6c)$$

式中：

$T_{\text{dev. levela}}$——三根垂轴线上位置a的温度值相对平均炉壁温度偏差的绝对百分数；

$T_{\text{dev. levelb}}$——三根垂轴线上位置b的温度值相对平均炉壁温度偏差的绝对百分数；

$T_{\text{dev. levelc}}$——三根垂轴线上位置c的温度值相对平均炉壁温度偏差的绝对百分数。

计算并记录三根垂轴线上同一位置的平均炉壁温度偏差值（算术平均值）。

$$T_{\text{avg. level}} = \frac{T_{\text{dev. levela}} + T_{\text{dev. levelb}} + T_{\text{dev. levelc}}}{3} \quad \cdots\cdots\cdots\cdots\cdots\cdots\cdots (7)$$

三根垂轴线上的温度相对平均炉壁温度的偏差量（$T_{\text{avg. dev. axis}}$）（4）不应超过0.5%。

三根垂轴上同一位置的平均温度偏差量相对平均炉壁温度的偏差量（$T_{\text{avg. level}}$）（7）不应超过1.5%。

7.3.1.3 确认在位置(＋30 mm)处的炉壁温度平均值 $T_{avg,levela}$(5a)低于在位置(−30 mm)处的炉壁温度平均值 $T_{avg,levelc}$(5c)。

7.3.2 炉内温度

在炉内温度稳定在 7.2.4 规定的温度范围以及按 7.3.1 的规定校准炉壁温度后,使用 4.5 规定的接触式热电偶和 4.12 规定的温度记录仪沿加热炉中心轴线测量炉温。以下程序需采用一个合适的定位装置以对接触式热电偶进行准确定位。垂直定位的参考面应是接触式热电偶的铜柱体的上表面。

沿加热炉的中心轴线,在加热管高度中点位置记录该测温点的温度值。

沿中心轴线上中点向下以不超过 10 mm 的步长移动接触式热电偶,直至抵达加热炉管底部,待温度读数稳定后,记录每个测温点的温度值。

沿加热炉中心轴线从最低点向上以不超过 10 mm 的步长移动接触式热电偶,直至抵达加热炉管的顶部,待温度读数稳定后,记录每个测温点的温度值。

沿加热炉中心轴线从顶部向下以不超过 10 mm 的步长移动接触式热电偶,直至抵达加热炉管的底部,待温度读数稳定后,记录每个测温点的温度值。

每个测温点均记录有两个温度值,其中一个是向上移动测量的温度值,另一个是向下移动时测量的温度值。计算并记录这些等距测温点的算术平均值。

位于同一高度位置的温度平均值应处于以下公式规定的范围(见图 5):

$$T_{min} = 541\ 653 + (5\ 90) \times x - (0.067 \times x^2) + (3\ 375 \times 10^{-3} \times x^3) - (8\ 553 \times 10^{-7} \times x^4)$$

$$T_{max} = 613\ 906 + (5\ 333 \times x) - (0.081 \times x^2) + (5\ 779 \times 10^{-3} \times x^3) - (1\ 767 \times 10^{-7} \times x^4)$$

式中 x 指炉内高度(mm),$x = 0$ 对应加热炉的底部,表 3 给出了图 5 中的数据。

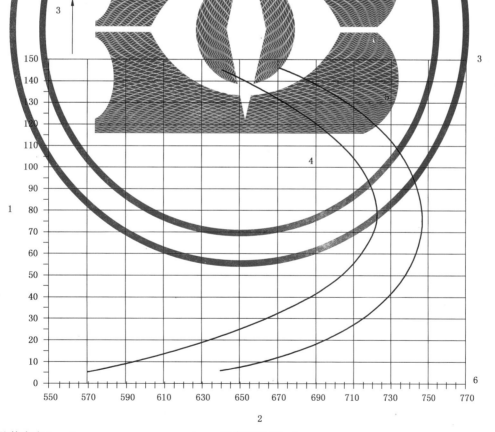

1——炉体高度(mm);	4——温度下限(T_{min});
2——温度(℃);	5——温度上限(T_{max});
3——炉体顶部;	6——炉体底部。

图 5 采用热传感器沿炉内中心轴线测量的温度曲线分布图

表 3 炉内温度分布值

高度/mm	T_{min}/℃	T_{max}/℃
145	639.4	671.0
135	663.5	697.5
125	682.8	716.1
115	697.9	728.9
105	709.3	737.4
95	717.3	742.8
85	721.8	745.9
75	722.7	747.0
65	719.6	746.0
55	711.9	742.5
45	698.8	735.5
35	679.3	723.5
25	652.2	705.0
15	616.2	677.5
5	569.5	638.6

7.3.3 校准周期

当使用新的加热炉或更换加热炉管、加热电阻带、隔热材料或电源时,应执行 7.3.1 和 7.3.2 规定的程序。

7.4 标准试验步骤

7.4.1 按 7.2.4 规定使加热炉温度平衡。如果温度记录仪不能进行实时计算,最后应检查温度是否平衡。若不能满足 7.2.4 规定的条件,应重新试验。

7.4.2 试验前应确保整台装置处于良好的工作状态,如空气稳流器整洁畅通、插入装置能平稳滑动、试样架能准确位于炉内规定位置。

7.4.3 将一个按第 6 章规定制备并经状态调节的试样放入试样架内(见 4.3),试样架悬挂在支承件上。

7.4.4 将试样架插入炉内规定位置(见 4.3.3),该操作时间不应超过 5 s。

7.4.5 当试样位于炉内规定位置时,立即启动计时器(见 4.13)。

7.4.6 记录试验过程中炉内热电偶测量的温度(见 4.4.3),如要求(见附录 C)测量试样表面温度(见 4.4.4)和中心温度(见 4.4.4),对应温度也应予以记录。

7.4.7 进行 30 min 试验

如果炉内温度在 30 min 时达到了最终温度平衡,即由热电偶测量的温度在 10 min 内漂移(线性回归)不超过 2 ℃,则可停止试验。如果 30 min 内未能达到温度平衡,应继续进行试验,同时每隔 5 min 检查是否达到最终温度平衡,当炉内温度达到最终温度平衡或试验时间达 60 min 时应结束试验。记录试验的持续时间,然后从加热炉内取出试样架,试验的结束时间为最后一个 5 min 的结束时刻或 60 min(参见附录 D)。

若温度记录仪不能进行实时计录,试验后应检查试验结束时的温度记录。若不能满足上述要求,则应重新试验。

若试验使用了附加热电偶,则应在所有热电偶均达到最终温度平衡时或当试验时间为 60 min 时结束试验。

7.4.8 收集试验时和试验后试样碎裂或掉落的所有碳化物、灰和其他残屑,同试样一起放入干燥皿中冷却至环境温度后,称量试样的残留质量。

7.4.9 按 7.4.1~7.4.8 的规定共测试五组试样。

7.5 试验期间的观察

7.5.1 按 7.4 的规定,在试验前和试验后分别记录每组试样的质量并观察记录试验期间试样的燃烧行为。

7.5.2 记录发生的持续火焰及持续时间,精确到秒。试样可见表面上产生持续 5 s 或更长时间的连续火焰才应视作持续火焰。

7.5.3 记录以下炉内热电偶的测量温度,单位为摄氏度:

    a) 炉内初始温度 T_i,7.2.4 规定的炉内温度平衡期的最后 10 min 的温度平均值;

    b) 炉内最高温度 T_m,整个试验期间最高温度的离散值;

    c) 炉内最终温度 T_f,7.4.7 试验过程最后 1 min 的温度平均值。

温度数据记录示例参见附录 D。

若使用了附加热电偶,按附录 C 的规定记录温度数据。

8 试验结果表述

8.1 质量损失

计算并记录按 7.5.1 规定测量的各组试样的质量损失,以试样初始质量的百分数表示。

8.2 火焰

计算并记录按 7.5.2 规定的每组试样持续火焰持续时间的总和,以秒为单位。

8.3 温升

计算并记录按 7.5.3 规定的试样的热电偶温升,$\Delta T = T_m - T_f$,以摄氏度为单位。

9 试验报告

试验报告应包括下述内容,且应明确区分由委托试验单位提供的数据和试验得出的数据:

    a) 关于试验所依据的标准为本标准的说明;

    b) 试验方法的偏差;

    c) 试验室的名称及地址;

    d) 报告的发布日期及编号;

    e) 委托试验单位的名称及地址;

    f) 已知生产商/供应商的名称及地址;

    g) 到样日期;

    h) 制品标识;

    i) 有关抽样程序的说明;

    j) 制品的一般说明,包括密度、面密度、厚度及结构信息;

    k) 状态调节信息;

    l) 试验日期;

    m) 按 7.3.1 和 7.3.2 规定表述的校准结果;

    n) 若使用了附加热电偶,按第 8 章和 C.5 规定表述的试验结果;

    o) 试验中观察到的现象;

    p) 以下陈述:"试验结果与特定试验条件下试样的性能有关;试验结果不能作为评价制品在实际使用条件下潜在火灾危险性的唯一依据"。

附　录　A

（资料性附录）

试验方法的精确性

CEN/TC 127 曾进行了系列循环验证试验,采用的试验程序在功能上等同本标准描述的程序。

表 A.1 给出了循环验证试验中测试的制品。

表 A.1　循环验证试验的制品

制品	密度/(kg/m³)	厚度/mm
玻璃棉	10.9	100
石棉	145	50
纤维增强硅钙板	460	50.8
木纤维板	50	—
石膏纤维板(10wt%纸纤维)	1 100	25
纤维素松散填充材料	30	—
矿棉松散填充材料	30	—
蛭石硅酸钙	190	50.1
聚苯乙烯水泥板	—	—

表 A.2 给出了根据 ISO 5725-2[1) 计算出的温升(ΔT,℃)、质量损失(Δm,%)、燃烧时间(t_f,s)等三个参数在 95% 的置信水平下的统计平均值(m)、标准偏差(S_r 和 S_R)、重复性(r)和再现性(R)等数值。r 和 R 值等于合理标准偏差值的 2.8 倍。统计数据包括离散值,但异常值除外。

表 A.2　循环验证试验的统计结果

	平均值 m	标准偏差 S_r	标准偏差 S_R	r	R	S_r/m %	S_R/m %
ΔT/℃	1.60～144.17	1.13～20.17	1.13～54.26	3.15～56.47	3.15～151.94	9.37～70.36	0.64～0.36
Δm/%	2.12～90.13	0.25～1.68	0.33～3.06	0.71～4.70	0.93～8.57	0.55～30.64	1.34～30.64
t_f/s	0.00～251.22	0.00～37.05	0.00～61.75	0.00～103.73	0.00～172.90	9.19～43.37	23.94～136.19

每个参数都可获得 S_r,S_R,r 和 R 的线性模型。表 A.3 给出了相应的系数。图 A.1 给出的 ΔT 曲线的例子,对于质量损失(%)和燃烧时间(s)这两个参数,由统计结果推导的模型实际意义不大,尽管这些模型在统计意义上是正确的。比线性模型更复杂的模型可能会更好地拟合这些参数,但在循环验证试验中未予以考虑。

表 A.3　系列试验的统计模型

参数	S_r	S_R	r	R
ΔT/℃	$=1.26+0.10\times\Delta T$	$=0.96+0.26\times\Delta T$	$=3.53+0.29\times\Delta T$	$=2.68+0.73\times\Delta T$
Δm/%	$=0.00+0.09\times\Delta m$	$=0.00+0.11\times\Delta m$	$=0.00+0.24\times\Delta m$	$=0.00+0.30\times\Delta m$
t_f/s	$=0.00+0.14\times t_f$	$=0.00+0.32\times t_f$	$=0.00+0.38\times t_f$	$=0.00+0.89\times t_f$

---

1)　ISO 5725-2:1994　测试方法与结果的准确度(正确度和精密度)　第 2 部分:确定标准测试方法重复性和可再现性的基本方法。

当上述模型能够正确拟合这些参数,它们可用作预测"试验结果"的工具。这可通过以下举例来说明:假设一个试验室测试给定制品的一个试样,温升的测量结果为+25 ℃,如果该试验室对相同产品进行第二次测试,那么 r 的估计值为

$$r=3.53+0.29\times25\approx11 ℃$$

则第二次试验的结果落在+14 ℃~+36 ℃之间的概率为95%。

现在假设同样的产品由另一个试验室进行试验,那么 R 的评估值为

$$R=2.68+0.73\times25\approx21 ℃$$

则该试验室的试验结果落在+4 ℃~+46 ℃之间的概率为90%。

单位为摄氏度

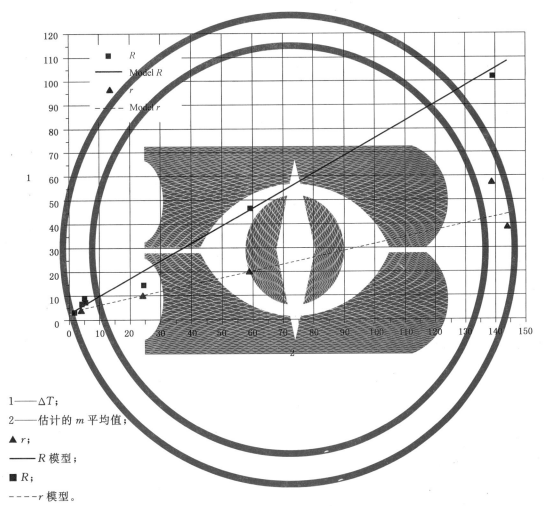

1——ΔT;

2——估计的 m 平均值;

▲ r;

—— R 模型;

■ R;

----r 模型。

图 A.1 ΔT(℃)的统计模型

附　录　B

（资料性附录）

试验装置的典型设计

B.1　典型试验设备

典型的试验设备如图 B.1 所示。

B.2　加热炉管

加热炉管可按图 B.2 所示的缠绕方式采用 0.2 mm 厚、3 mm 宽的 80/20 的镍铬电阻带进行缠绕。为了缠绕的准确性，可在加热炉管的表面进行开槽。

在炉管周围的环形空间可用密度为(170±30)kg/m³ 的氧化镁粉进行填充。

B.3　空气稳流器

空气稳流器的上半部分应采用厚 25 mm、导热系数为(0.04±0.01)W/(m·K)（平均温度为 +20 ℃）的矿棉纤维进行隔热处理。

B.4　气流罩

气流罩的外部应采用厚 25 mm、导热系数为(0.04±0.01)W/(m·K)（平均温度为 +20 ℃）的矿棉纤维进行隔热处理。

单位为毫米

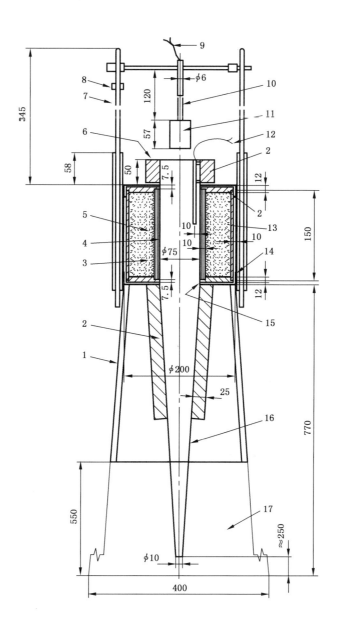

1——支架；   7——插入装置；   13——外部隔热管；

2——矿棉隔热层； 8——定位块；   14——矿棉；

3——氧化镁粉；   9——试样热电偶；   15——密封件；

4——耐火管；   10——支撑件钢管；   16——空气稳流器；

5——加热电阻带；   11——试样架；   17——气流屏（钢板）。

6——气流罩；   12——炉内热电偶；

图 B.1 典型的试验装置图

单位为毫米

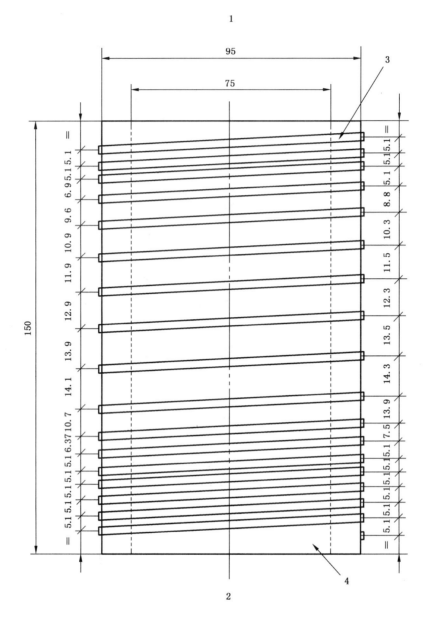

1——顶部；

2——底部；

3——电阻带；

4——耐火管。

图 B.2　加热线圈

附　录　C

（规范性附录）

附加热电偶

C.1　前言

除了测量炉内温度和炉壁温度（4.1.5）外，如果需要，也可设置热电偶来测量试样几何中心及试样表面的温度，这两支附加热电偶的具体要求见 C.2～C.4。

C.2　热电偶的位置

C.2.1　试样中心热电偶

试样中心热电偶的放置应使其热接点位于试样的几何中心（见图1和图2）。可从试样顶部沿中轴线开 2 mm 的孔来实现。

C.2.2　试样表面热电偶

试样表面热电偶的放置应使其热接点在试验开始时位于试样中部，并应与炉内热电偶处于同一直径的相对方向（见图1和图2）。

C.3　试验程序

按第 7 章规定进行试验，并全程记录试验过程中两支热电偶的测量温度。

在某些情况下，试样中心热电偶不能提供额外的信息，因此可不设中心热电偶。对于热稳定性较差的材料也可不设中心热电偶。

C.4　试验的现象观察

除了 7.5 中要求的观察内容外，还应记录以下内容：

a)　试样中心最高温度 $T_C(\max)$；

b)　试样中心最终温度 $T_C(\text{final})$；

c)　试样表面最高温度 $T_S(\max)$；

d)　试样表面最终温度 $T_S(\text{final})$。

试样表面和中心最大和最终温度在 7.5.3 中有相应的定义。

C.5　试验结果的表述

温升应根据两支热电偶对每个试样的记录进行计算：

a)　试样中心温升：$\Delta T_C = T_C(\max) - T_C(\text{final})$；

b)　试样表面温升：$\Delta T_S = T_S(\max) - T_S(\text{final})$。

附　录　D

（资料性附录）

温　度　记　录

D.1　初始温度的平衡

初始温度平衡的判定条件在 7.2.4 中给出。即在 10 min 以上时间段内达到以下条件：

——平均温度 T_{avg}=(750±5)℃；

——$|T-T_{avg}|$≤10 ℃；

——漂移（线性回归）≤2 ℃。

在图 D.1 中给出了一个初始温度平衡的例子：

——平均温度＋750.4 ℃；

——温度最大偏差＝4.3 ℃；

——漂移＝0.7 ℃。

根据 7.5.3 中对初始温度的定义，T_i 即等于 T_{avg}，图 D.1 中给出的例子中 T_i=750.4 ℃

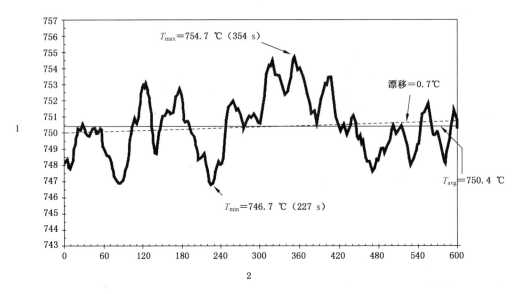

1——温度(℃)；

2——时间(s)。

图 D.1　初始温度平衡的例子

D.2　最终温度的平衡

如果温度在 30 min 内达到平衡条件，那么试验结束时间应为 30 min。如果温度在 30 min 至 60 min 内达到平衡条件，那么达到平衡的时间即为试验结束时间。如果温度在 60 min 内没能达到平衡，那么试验应在 60 min 时结束。

最终温度的平衡条件是在 10 min 期间漂移在 2 ℃内，以 5 min 的时间间隔进行计算。

在图 D.2 及表 D.1 中给出了最终温度平衡的例子。

如果温度漂移在(35～45)min 之间小于 2 ℃(10 min 内)，那么温度平衡条件是在 45 min 达到的，试验应在 45 min 时结束。

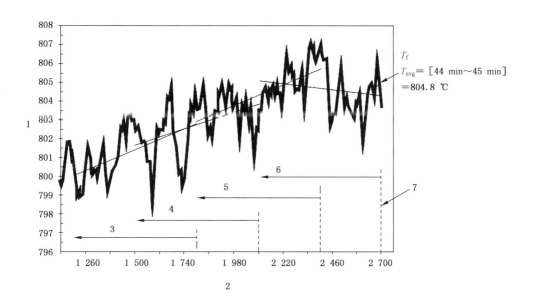

1——温度(℃);

2——时间(s);

3——漂移[20 min～30 min]=2.76 ℃;

4——漂移[25 min～35 min]=2.15 ℃;

5——漂移[30 min～40 min]=2.80 ℃;

6——漂移[35 min～45 min]=0.84 ℃;

7——试验结束=45 min。

图 D.2　最终温度平衡的例子

D.3　温升的确定

温升的计算在8.3中进行了描述,通过T_m和T_f计算得来。在图D.3和图D.4中给出了两个典型的温度记录例子,结果总结于表D.1中。

表 D.1　试验结果

例子	结束时间	T_i/℃	T_m/℃	T_f/℃	$T_m - T_f$/℃
图 D.3	30 min	750.4	877.8	802.3	75.5
图 D.4	45 min	748.4	807.4	804.8	2.6

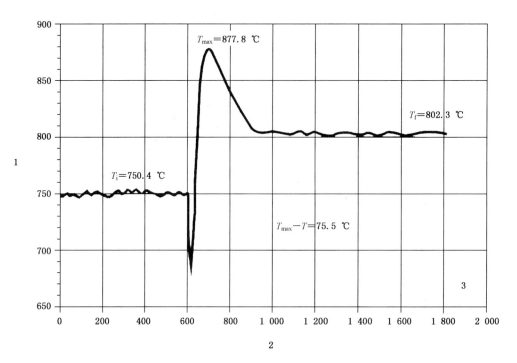

1——温度(℃)；

2——时间(s)；

3——终温＝30 min。

图 D.3　试验 A 中温度记录的例子

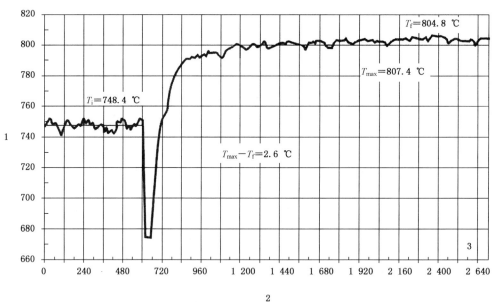

1——温度(℃)；

2——时间(s)；

3——终温＝45 min。

图 D.4　试验 B 中温度记录的例子

ICS 13.220.50
C 80

中华人民共和国国家标准

GB 8624—2012
代替 GB 8624—2006

建筑材料及制品燃烧性能分级

Classification for burning behavior of building materials and products

2012-12-31 发布

2013-10-01 实施

中华人民共和国国家质量监督检验检疫总局
中国国家标准化管理委员会 发布

前　言

本标准第 4 章、第 5 章和 6.1 为强制性的,其余为推荐性的。

本标准按照 GB/T 1.1—2009 给出的规则起草。

本标准代替 GB 8624—2006《建筑材料及制品燃烧性能分级》。与 GB 8624—2006 相比,除编辑性修改外主要技术变化如下:

——修改了前言、引言以及部分术语和定义,删除了符号与缩写;

——修改了燃烧性能等级的划分和分级判据(见第 4、5 章,2006 版第 4、10、11 章);

——增加了建筑用制品的燃烧性能分级(见 5.2);

——删除了试验方法、试验原理和试样制备、分级试验数量、建筑制品(除铺地材料以外)的试验、铺地材料试验、本分级的应用范围(见 2006 版第 5、6、7、8、9、13 章);

——修改了燃烧性能等级标识,以及附加信息和标识(见第 6 章、附录 B,2006 版第 4、12 章);

——删除原附录 A、附录 B、附录 C 的内容,补充了新附录 A、附录 B、附录 C 的内容。

本标准参考了 EN 13501-1:2007《建筑制品和构件的火灾分级　第 1 部分:用对火反应试验数据的分级》。

本标准由中华人民共和国公安部提出。

本标准由全国消防标准化技术委员会防火材料分技术委员会(SAC/TC 113/SC 7)归口。

本标准负责起草单位:公安部四川消防研究所。

本标准参加起草单位:建筑材料工业技术监督研究中心、中国建筑材料科学研究总院、中国建筑科学研究院防火研究所、中国林业科学研究院木材工业研究所、拜耳材料科技(中国)有限公司、阿乐斯绝热材料(广州)有限公司、欧文斯科宁(中国)投资有限公司、亚罗弗保温材料(上海)有限公司、上海阿姆斯壮建筑制品有限公司、河北华美化工建材集团有限公司、常州晶雪冷冻设备有限公司、金发科技股份有限公司、烟台万华聚氨酯股份有限公司、南京法宁格节能科技有限公司。

本标准主要起草人:李风、赵成刚、卢国建、曾绪斌、邓小兵、刘松林、刘武强、刘海波、马道贞、陈志林。

本标准历次版本发布情况为:

——GB 8624—1988、GB 8624—1997、GB 8624—2006。

引　言

　　GB 8624 于 1988 年首次发布,其后参照西德标准 DIN 4102-1:1981《建筑材料和构件的火灾特性　第 1 部分:建筑材料燃烧性能分级的要求和试验》,对其进行了第 1 次修订,发布了修订版 GB 8624—1997。作为我国建筑材料燃烧性能的分级准则,GB 8624—1997 在评价材料燃烧性能及其分级、指导防火安全设计、实施消防监督、执行建筑设计防火规范等方面发挥了重要作用。

　　2006 年,参照欧盟标准委员会(CEN)制定的 EN 13501-1:2002《建筑制品和构件的火灾分级　第 1 部分:采用对火反应试验数据的分级》,对 GB 8624 进行了第 2 次修订,发布了修订版 GB 8624—2006。与 1997 版相比,GB 8624—2006 在建筑材料及制品燃烧性能分级及其判据方面发生了较大变化,燃烧性能分级由 1997 版的 A、B_1、B_2、B_3 四级,改变为 A1、A2、B、C、D、E、F 七级。

　　从 GB 8624—2006 实施情况看,存在燃烧性能分级过细,与我国当前工程建设实际不相匹配等问题。为增强标准的应用性和协调性,对 GB 8624 进行了第 3 次修订。本标准明确了建筑材料及制品燃烧性能的基本分级仍为 A、B_1、B_2、B_3,同时建立了与欧盟标准分级 A1、A2、B、C、D、E、F 的对应关系,并采用了欧盟标准 EN 13501-1:2007 的分级判据。

建筑材料及制品燃烧性能分级

1 范围

本标准规定了建筑材料及制品的术语和定义、燃烧性能等级、燃烧性能等级判据、燃烧性能等级标识和检验报告。

本标准适用于建设工程中使用的建筑材料、装饰装修材料及制品等的燃烧性能分级和判定。

2 规范性引用文件

下列文件对于本文件的应用是必不可少的。凡是注日期的引用文件，仅注日期的版本适用于本文件。凡是不注日期的引用文件，其最新版本（包括所有的修改单）适用于本文件。

GB/T 2406.2 塑料 用氧指数法测定燃烧行为 第2部分:室温试验

GB/T 2408 塑料 燃烧性能的测定 水平法和垂直法

GB/T 5169.16 电子电工产品着火危险试验 第16部分:试验火焰 50 W 水平与垂直火焰试验方法

GB/T 5454 纺织品 燃烧性能试验 氧指数法

GB/T 5455 纺织品 燃烧性能试验 垂直法

GB/T 5464 建筑材料不燃性试验方法

GB/T 5907 消防基本术语 第一部分

GB/T 8333 硬质泡沫塑料燃烧性能试验方法 垂直燃烧法

GB/T 8626 建筑材料可燃性试验方法

GB/T 8627 建筑材料燃烧或分解的烟密度试验方法

GB/T 11785 铺地材料的燃烧性能测定 辐射热源法

GB/T 14402 建筑材料及制品的燃烧性能 燃烧热值的测定

GB/T 16172 建筑材料热释放速率试验方法

GB/T 17596 纺织品 织物燃烧试验前的商业洗涤程序

GB 17927.1 软体家具 床垫和沙发 抗引燃特性的评定 第1部分:阴燃的香烟

GB/T 20284 建筑材料或制品的单体燃烧试验

GB/T 20285 材料产烟毒性危险分级

GB/T 27904 火焰引燃家具和组件的燃烧性能试验方法

3 术语和定义

GB/T 5907 界定的以及下列术语及定义适用于本文件。

3.1

制品 product
要求给出相关信息的建筑材料、复合材料或组件。

3.2

材料 material
单一物质或均匀分布的混合物,如金属、石材、木材、混凝土、矿纤、聚合物。

3.3

管状绝热制品　linear pipe thermal insulation product

具有绝热性能的圆形管道状制品。如橡塑保温管、玻璃纤维保温管。

3.4

匀质制品　homogeneous product

由单一材料组成的,或其内部具有均匀密度和组分的制品。

3.5

非匀质制品　non-homogeneous product

不满足匀质制品定义的制品。由一种或多种主要或次要组分组成的制品。

3.6

主要组分　substantial component

非匀质制品的主要构成物质。如:单层面密度≥1.0 kg/m² 或厚度≥1.0 mm 的一层材料。

3.7

次要组分　non-substantial component

非匀质制品的非主要构成物质。如:单层面密度<1.0 kg/m² 且单层厚度<1.0 mm 的材料。两层或多层次要组分直接相邻(中间无主要组分),当其组合满足次要组分要求时,可视作一个次要组分。

3.8

内部次要组分　internal non-substantial component

两面均至少接触一种主要组分的次要组分。

3.9

外部次要组分　external non-substantial component

有一面未接触主要组分的次要组分。

3.10

铺地材料　flooring

可铺设在地面上的材料或制品。

3.11

基材　substrate

与建筑制品背面(或底面)直接接触的某种制品,如混凝土墙面等。

3.12

标准基材　standard substrate

可代表实际应用基材的制品。

3.13

燃烧滴落物/微粒　flaming droplets/particles

在燃烧试验过程中,从试样上分离的物质或微粒。

3.14

临界热辐射通量　critical heat flux

CHF

火焰熄灭处的热辐射通量或试验 30 min 时火焰传播到的最远处的热辐射通量。

3.15

燃烧增长速率指数　fire growth rate index

FIGRA

试样燃烧的热释放速率值与其对应时间比值的最大值,用于燃烧性能分级。

3.16

FIGRA$_{0.2MJ}$

当试样燃烧释放热量达到 0.2 MJ 时的燃烧增长速率指数。

3.17

FIGRA$_{0.4MJ}$

当试样燃烧释放热量达到 0.4 MJ 时的燃烧增长速率指数。

3.18

烟气生成速率指数　smoke growth rate index

SMOGRA

试样燃烧烟气产生速率与其对应时间比值的最大值。

3.19

烟气毒性　smoke toxicity

烟气中的有毒有害物质引起损伤/伤害的程度。

3.20

损毁材料　damaged material

在热作用下被点燃、碳化、熔化或发生其他损坏变化的材料。

3.21

热值　calorific value

单位质量的材料完全燃烧所产生的热量,以 J/kg 表示。

3.22

总热值　gross calorific potential

单位质量的材料完全燃烧,燃烧产物中所有的水蒸气凝结成水时所释放出来的全部热量。

3.23

持续燃烧　sustained flaming

试样表面或其上方持续时间大于 4 s 的火焰。

4　燃烧性能等级

建筑材料及制品的燃烧性能等级见表1。

表 1　建筑材料及制品的燃烧性能等级

燃烧性能等级	名　称
A	不燃材料(制品)
B$_1$	难燃材料(制品)
B$_2$	可燃材料(制品)
B$_3$	易燃材料(制品)

5　燃烧性能等级判据

5.1　建筑材料

5.1.1　平板状建筑材料

平板状建筑材料及制品的燃烧性能等级和分级判据见表 2。表中满足 A1、A2 级即为 A 级,满足

B 级、C 级即为 B₁ 级,满足 D 级、E 级即为 B₂ 级。

对墙面保温泡沫塑料,除符合表 2 规定外应同时满足以下要求:B₁ 级氧指数值 $OI \geqslant 30\%$;B₂ 级氧指数值 $OI \geqslant 26\%$。试验依据标准为 GB/T 2406.2。

表 2 平板状建筑材料及制品的燃烧性能等级和分级判据

燃烧性能等级		试验方法		分级判据
A	A1	GB/T 5464[a] 且		炉内温升 $\Delta T \leqslant 30$ ℃; 质量损失率 $\Delta m \leqslant 50\%$; 持续燃烧时间 $t_f = 0$
		GB/T 14402		总热值 $PCS \leqslant 2.0$ MJ/kg[a,b,c,e]; 总热值 $PCS \leqslant 1.4$ MJ/m²[d]
	A2	GB/T 5464[a] 或	且	炉内温升 $\Delta T \leqslant 50$ ℃; 质量损失率 $\Delta m \leqslant 50\%$; 持续燃烧时间 $t_f \leqslant 20$ s
		GB/T 14402		总热值 $PCS \leqslant 3.0$ MJ/kg[a,e]; 总热值 $PCS \leqslant 4.0$ MJ/m²[b,d]
		GB/T 20284		燃烧增长速率指数 $FIGRA_{0.2MJ} \leqslant 120$ W/s; 火焰横向蔓延未到达试样长翼边缘; 600 s 的总放热量 $THR_{600s} \leqslant 7.5$ MJ
B₁	B	GB/T 20284 且		燃烧增长速率指数 $FIGRA_{0.2MJ} \leqslant 120$ W/s; 火焰横向蔓延未到达试样长翼边缘; 600 s 的总放热量 $THR_{600s} \leqslant 7.5$ MJ
		GB/T 8626 点火时间 30 s		60 s 内焰尖高度 $Fs \leqslant 150$ mm; 60 s 内无燃烧滴落物引燃滤纸现象
	C	GB/T 20284 且		燃烧增长速率指数 $FIGRA_{0.4MJ} \leqslant 250$ W/s; 火焰横向蔓延未到达试样长翼边缘; 600 s 的总放热量 $THR_{600s} \leqslant 15$ MJ
		GB/T 8626 点火时间 30 s		60 s 内焰尖高度 $Fs \leqslant 150$ mm; 60 s 内无燃烧滴落物引燃滤纸现象
B₂	D	GB/T 20284 且		燃烧增长速率指数 $FIGRA_{0.4MJ} \leqslant 750$ W/s
		GB/T 8626 点火时间 30 s		60 s 内焰尖高度 $Fs \leqslant 150$ mm; 60 s 内无燃烧滴落物引燃滤纸现象
	E	GB/T 8626 点火时间 15 s		20 s 内的焰尖高度 $Fs \leqslant 150$ mm; 20 s 内无燃烧滴落物引燃滤纸现象
B₃	F	无性能要求		

[a] 匀质制品或非匀质制品的主要组分。

[b] 非匀质制品的外部次要组分。

[c] 当外部次要组分的 $PCS \leqslant 2.0$ MJ/m² 时,若整体制品的 $FIGRA_{0.2MJ} \leqslant 20$ W/s、$LFS <$ 试样边缘、$THR_{600s} \leqslant 4.0$ MJ 并达到 s1 和 d0 级,则达到 A1 级。

[d] 非匀质制品的任一内部次要组分。

[e] 整体制品。

5.1.2 铺地材料

铺地材料的燃烧性能等级和分级判据见表3。表中满足A1、A2级即为A级,满足B级、C级即为B_1级,满足D级、E级即为B_2级。

表 3 铺地材料的燃烧性能等级和分级判据

燃烧性能等级		试验方法	分级判据
A	A1	GB/T 5464[a] 且	炉内温升 $\Delta T \leqslant 30\ ℃$, 质量损失率 $\Delta m \leqslant 50\%$; 持续燃烧时间 $t_f = 0$
		GB/T 14402	总热值 $PCS \leqslant 2.0\ MJ/kg^{a,b,d}$; 总热值 $PCS \leqslant 1.4\ MJ/m^{2\,c}$
	A2	GB/T 5464[a] 或 且	炉内温升 $\Delta T \leqslant 50\ ℃$; 质量损失率 $\Delta m \leqslant 50\%$; 持续燃烧时间 $t_f \leqslant 20\ s$
		GB/T 14402	总热值 $PCS \leqslant 3.0\ MJ/kg^{a,d}$; 总热值 $PCS \leqslant 4.0\ MJ/m^{2\,b,c}$
		GB/T 11785	临界热辐射通量 $CHF \geqslant 8.0\ kW/m^2$
B_1	B	GB/T 11785 且	临界热辐射通量 $CHF \geqslant 8.0\ kW/m^2$
		GB/T 8626 点火时间15 s	20 s内焰尖高度 $Fs \leqslant 150\ mm$
	C	GB/T 11785 且	临界热辐射通量 $CHF \geqslant 4.5\ kW/m^2$
		GB/T 8626 点火时间15 s	20 s内焰尖高度 $Fs \leqslant 150\ mm$
B_2	D	GB/T 11785[e] 且	临界热辐射通量 $CHF \geqslant 3.0\ kW/m^2$
		GB/T 8626 点火时间15 s	20 s内焰尖高度 $Fs \leqslant 150\ mm$
	E	GB/T 11785[e] 且	临界热辐射通量 $CHF \geqslant 2.2\ kW/m^2$
		GB/T 8626 点火时间15 s	20 s内焰尖高度 $Fs \leqslant 150\ mm$
B_3	F	无性能要求	

[a] 匀质制品或非匀质制品的主要组分。

[b] 非匀质制品的外部次要组分。

[c] 非匀质制品的任一内部次要组分。

[d] 整体制品。

[e] 试验最长时间 30 min。

5.1.3 管状绝热材料

管状绝热材料的燃烧性能等级和分级判据见表4。表中满足A1、A2级即为A级,满足B级、C级即为 B₁ 级,满足 D 级、E 级即为 B₂ 级。

当管状绝热材料的外径大于 300 mm 时,其燃烧性能等级和分级判据按表 2 的规定。

表 4　管状绝热材料燃烧性能等级和分级判据

燃烧性能等级		试验方法		分　级　判　据
A	A1	GB/T 5464[a] 且		炉内温升 $\Delta T \leqslant 30$ ℃； 质量损失率 $\Delta m \leqslant 50\%$； 持续燃烧时间 $t_f = 0$
		GB/T 14402		总热值 $PCS \leqslant 2.0$ MJ/kg[a,b,d]； 总热值 $PCS \leqslant 1.4$ MJ/m²[c]
	A2	GB/T 5464[a] 或	且	炉内温升 $\Delta T \leqslant 50$ ℃； 质量损失率 $\Delta m \leqslant 50\%$； 持续燃烧时间 $t_f \leqslant 20$ s
		GB/T 14402		总热值 $PCS \leqslant 3.0$ MJ/kg[a,d]； 总热值 $PCS \leqslant 4.0$ MJ/m²[b,c]
		GB/T 20284		燃烧增长速率指数 $FIGRA_{0.2\,MJ} \leqslant 270$ W/s； 火焰横向蔓延未到达试样长翼边缘； 600 s 内总放热量 $THR_{600\,s} \leqslant 7.5$ MJ
B₁	B	GB/T 20284 且		燃烧增长速率指数 $FIGRA_{0.2\,MJ} \leqslant 270$ W/s； 火焰横向蔓延未到达试样长翼边缘； 600 s 内总放热量 $THR_{600\,s} \leqslant 7.5$ MJ
		GB/T 8626 点火时间 30 s		60 s 内焰尖高度 $Fs \leqslant 150$ mm； 60 s 内无燃烧滴落物引燃滤纸现象
	C	GB/T 20284		燃烧增长速率指数 $FIGRA_{0.4\,MJ} \leqslant 460$ W/s； 火焰横向蔓延未到达试样长翼边缘； 600 s 内总放热量 $THR_{600\,s} \leqslant 15$ MJ
		GB/T 8626 且 点火时间 30 s		60 s 内焰尖高度 $Fs \leqslant 150$ mm； 60 s 内无燃烧滴落物引燃滤纸现象
B₂	D	GB/T 20284 且		燃烧增长速率指数 $FIGRA_{0.4\,MJ} \leqslant 2\,100$ W/s； 600 s 内总放热量 $THR_{600\,s} < 100$ MJ
		GB/T 8626 点火时间 30 s		60 s 内焰尖高度 $Fs \leqslant 150$ mm； 60 s 内无燃烧滴落物引燃滤纸现象
	E	GB/T 8626 点火时间 15 s		20 s 内焰尖高度 $Fs \leqslant 150$ mm； 20 s 内无燃烧滴落物引燃滤纸现象
B₃	F	无性能要求		

　　[a] 匀质制品和非匀质制品的主要组分。

　　[b] 非匀质制品的外部次要组分。

　　[c] 非匀质制品的任一内部次要组分。

　　[d] 整体制品。

5.2 建筑用制品

5.2.1 建筑用制品分为四大类：
——窗帘幕布、家具制品装饰用织物；
——电线电缆套管、电器设备外壳及附件；
——电器、家具制品用泡沫塑料；
——软质家具和硬质家具。

5.2.2 窗帘幕布、家具制品装饰用织物等的燃烧性能等级和分级判据见表5。耐洗涤织物在进行燃烧性能试验前，应按 GB/T 17596 的规定对试样进行至少 5 次洗涤。

表 5　窗帘幕布、家具制品装饰用织物燃烧性能等级和分级判据

燃烧性能等级	试验方法	分 级 判 据
B_1	GB/T 5454 GB/T 5455	氧指数 OI≥32.0%； 损毁长度≤150 mm，续燃时间≤5 s，阴燃时间≤15 s； 燃烧滴落物未引起脱脂棉燃烧或阴燃
B_2	GB/T 5454 GB/T 5455	氧指数 OI≥26.0%； 损毁长度≤200 mm，续燃时间≤15 s，阴燃时间≤30 s； 燃烧滴落物未引起脱脂棉燃烧或阴燃
B_3	无性能要求	

5.2.3 电线电缆套管、电器设备外壳及附件的燃烧性能等级和分级判据见表6。

表 6　电线电缆套管、电器设备外壳及附件的燃烧性能等级和分级判据

燃烧性能等级	制　品	试验方法	分级判据
B_1	电线电缆套管	GB/T 2406.2 GB/T 2408 GB/T 8627	氧指数 OI≥32.0%； 垂直燃烧性能 V-0 级； 烟密度等级 SDR≤75
	电器设备外壳及附件	GB/T 5169.16	垂直燃烧性能 V-0 级
B_2	电线电缆套管	GB/T 2406.2 GB/T 2408	氧指数 OI≥26.0%； 垂直燃烧性能 V-1 级
	电器设备外壳及附件	GB/T 5169.16	垂直燃烧性能 V-1 级
B_3	无性能要求		

5.2.4 电器、家具制品用泡沫塑料的燃烧性能等级和分级判据见表7。

表 7　电器、家具制品用泡沫塑料燃烧性能等级和分级判据

燃烧性能等级	试验方法	分 级 判 据
B_1	GB/T 16172[a] GB/T 8333	单位面积热释放速率峰值≤400 kW/m²； 平均燃烧时间≤30 s，平均燃烧高度≤250 mm
B_2	GB/T 8333	平均燃烧时间≤30 s，平均燃烧高度≤250 mm
B_3	无性能要求	
[a]　辐射照度设置为 30 kW/m²。		

5.2.5 软质家具和硬质家具的燃烧性能等级和分级判据见表8。

表 8 软质家具和硬质家具的燃烧性能等级和分级判据

燃烧性能等级	制品类别	试验方法	分级判据
B₁	软质家具	GB/T 27904 GB 17927.1	热释放速率峰值≤200 kW； 5 min 内总热释放量≤30 MJ； 最大烟密度≤75%； 无有焰燃烧引燃或阴燃引燃现象
	软质床垫	附录 A	热释放速率峰值≤200 kW； 10 min 内总热释放量≤15 MJ
	硬质家具ᵃ	GB/T 27904	热释放速率峰值≤200 kW； 5 min 内总热释放量≤30 MJ； 最大烟密度≤75%
B₂	软质家具	GB/T 27904 GB 17927.1	热释放速率峰值≤300 kW； 5 min 内总热释放量≤40 MJ； 试件未整体燃烧； 无有焰燃烧引燃或阴燃引燃现象
	软质床垫	附录 A	热释放速率峰值≤300 kW； 10 min 内总热释放量≤25 MJ
	硬质家具	GB/T 27904	热释放速率峰值≤300 kW； 5 min 内总热释放量≤40 MJ； 试件未整体燃烧
B₃	无性能要求		
ᵃ 塑料座椅的试验火源功率采用 20 kW，燃烧器位于座椅下方的一侧，距座椅底部 300 mm。			

6 燃烧性能等级标识

6.1 经检验符合本标准规定的建筑材料及制品，应在产品上及说明书中冠以相应的燃烧性能等级标识：

——GB 8624 A 级；

——GB 8624 B₁ 级；

——GB 8624 B₂ 级；

——GB 8624 B₃ 级。

6.2 建筑材料及制品燃烧性能等级的附加信息和标识见附录 B。

7 分级检验报告

分级检验报告应包括下述内容：

——检验报告的编号和日期；

——检验报告的委托方；

——发布检验报告的机构；

——建筑材料及制品的名称和用途;

——建筑材料及制品的详尽描述,包括对相关组分和组装方法等的详细说明或图纸描述;

——试验方法及试验结果;

——分级方法;

——结论:建筑材料及制品的燃烧性能等级;

——检验报告相关说明,参见附录C;

——报告责任人和机构负责人的签名。

附　录　A
（规范性附录）
床垫热释放速率试验方法

A.1　适用范围

本附录提供了一种测量床垫热释放速率和总热释放量的方法。本附录适用于床垫,不适用于枕头、毯子或者其他床上用品。

A.2　仪器和设备

A.2.1　概述

试验设备为开放式量热计,主要由样品支架、排烟系统、点火源、测试系统等组成。试验样品放置于样品支架上,样品支架位于集烟罩下方中心,如图 A.1 所示。

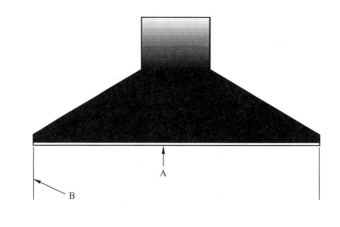

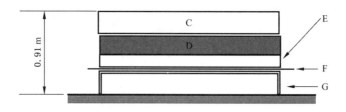

说明:

A——集烟罩;

B——集烟罩裙板;

C——床垫;

D——床托;

E——样品支架;

F——硅酸钙板或纤维水泥板;

G——可升降支撑平台。

图 A.1　试样位置

A.2.2 样品支架

A.2.2.1 样品支架用于支撑试样,表面应平整,没有毛刺。样品支架由 40 mm 宽的角钢焊接而成,其外部尺寸不能超出试样边缘 5 mm。样品支架除两个横档外应完全敞开,每个横档宽 25 mm,位于长度方向 1/3 处。若放置的试样下垂高度超过 19 mm,应增加横档数量来阻止样品下垂。

A.2.2.2 样品支架高 115 mm,其高度可调节,以便燃烧器距离样品支架支撑面的距离不小于 25 mm。

A.2.2.3 样品支架支撑在硅酸钙板或纤维水泥板上,板的厚度 13 mm,长度和宽度均大于试样尺寸 200 mm,且表面清洁无可燃物残留。若有必要,可在样品支架下方放置可升降支撑平台。

A.2.3 排烟系统

排烟系统由集烟罩及排烟管道构成,用于吸收床垫燃烧产生的全部烟气。排烟管道中安装有气体取样管、热电偶、差压变送器及烟气测试系统等。

A.2.4 点火源

A.2.4.1 概要

点火源包括两个 T 形燃烧器,见图 A.2 和图 A.3。其中一个 T 形燃烧器在床垫的顶面施加火焰(水平燃烧器),另一个 T 形燃烧器在床垫的侧面施加火焰(垂直燃烧器)。燃烧器由不锈钢管构成,钢管的直径 12.7 mm,壁厚 0.89 mm。每个燃烧器均可调节与试样表面之间的距离。燃气为纯度 95% 以上的丙烷气。

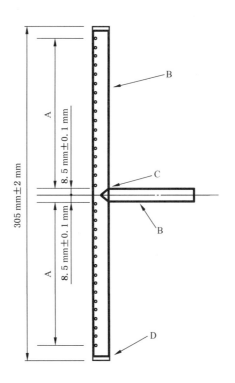

说明:
A——17 个孔平均分布在 135 mm 长钢管上,水平向上 5°;
B——不锈钢管;
C——90°T 形连接;
D——燃烧器两端密封。

图 A.2 水平燃烧器

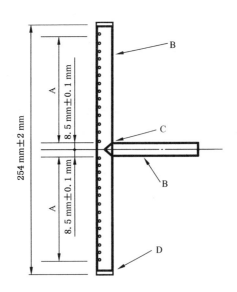

说明：
A——14 个孔平均分布在 110 mm 长钢管上，水平向上 5°；
B——不锈钢管；
C——90°T 形连接；
D——燃烧器两端密封。

图 A.3　垂直燃烧器

A.2.4.2　水平燃烧器

水平燃烧器的 T 形头长 305 mm，末端封闭。T 形头的每一端开 17 个孔，从燃烧器 T 形头的中间 8.5 mm 的位置开始平均分布在 135 mm 长的钢管上，孔间距 8.5 mm。孔的直径为 1.45 mm～1.53 mm。孔的方向为水平向上 5°，见图 A.2。

A.2.4.3　垂直燃烧器

垂直燃烧器的 T 形头与水平燃烧器类似，其总长度为 254 mm。T 形头的每一端开 14 个孔，从燃烧器 T 形头的中间 8.5 mm 的位置开始平均地分布在 110 mm 长的钢管上，孔间距 8.5 mm。孔的直径为 1.45 mm～1.53 mm。孔的方向为水平向上 5°，见图 A.3。

A.2.4.4　长明火点火器

每个 T 形燃烧器头部有一个长明火点火器，点火器为一支 3 mm 的铜管，独立供燃气。点火端设置在距离 T 形头中央 10 mm 的范围内。点火器火焰的大小可调节，应避免在试验开始前直接作用于试样。

A.3　试样

试样尺寸应与实际使用的床垫一致，试验样品为一个完整的床垫（包括床托）。床垫顶部距离地面总高度不大于 910 mm。

A.4　试验

A.4.1　试验环境

试验室应具有足够大的空间，避免热辐射对周围物体的影响。试验室内应保持气流均匀稳定，避免周围空气流对试验结果的影响,应确保距离试样顶部 0.5 m 处的空气流速不超过 0.5 m/s。

A.4.2　状态调节

试验前试样应该在温度 23 ℃±2 ℃,湿度 50%±5% 的环境中状态调节至少 48 h。状态调节前应撤除包装,试样应从状态调节室取出后 20 min 内进行试验。

A.4.3　燃气流量

试验前,将水平燃烧器和垂直燃烧器的燃烧时间分别设置为 70 s 和 50 s,点燃长明火点火器,调节火焰长度约为 10 mm,同时点燃两个燃烧器,丙烷气压力保持为 140 kPa±5 kPa,调节水平燃烧器的丙烷流量为 12.9 L/min±0.1 L/min,垂直燃烧器的丙烷流量为 6.6 L/min±0.05 L/min。调节稳定后,关闭燃烧器和长明火点火器。

A.4.4　燃烧器的放置和调整

调节燃烧器位置,使 T 形燃烧器位于床垫长度方向中部 300 mm 范围内,燃烧器管平行于床垫表面,水平燃烧器距床垫上表面 39.0 mm,垂直燃烧器距床垫侧表面 42.0 mm。水平燃烧器的一端与床垫边缘齐平,垂直燃烧器竖直放置,其中心与床垫的下表面或者床垫与床托的接触面齐平,见图 A.4。

A.4.5　试验程序

A.4.5.1　从状态调节室取出试样,将试样放在样品支架的中心,若有床托,床垫应放在床托上部的中心,且与床托边缘齐平。可在支架下边缘设置落物盘以接收样品燃烧脱落物。

A.4.5.2　点燃长明火点火器。

A.4.5.3　在点燃燃烧器前 2 min 开始记录数据。

A.4.5.4　点燃两个燃烧器,开始计时,试验时间为 30 min。确保燃气流量在试验过程中保持稳定。

A.4.5.5　点火开始 50 s 时,熄灭垂直燃烧器;70 s 时,熄灭水平燃烧器和长明灯,移走燃烧器,继续观察样品燃烧现象。

A.4.5.6　当试验进行 30 min 或试样无任何燃烧迹象,如无任何可见烟气、持续火焰、闷烧或阴燃,可结束试验并记录试验时间。

A.4.6　试验现象

在整个试验过程中,应记录相关试验现象及时间,包括熔融滴落、火势急剧增大的时间、试样是否烧穿等现象。

A.5　试验结果

试验完成后,记录样品的热释放速率峰值和点火开始最初 10 min 内的总热释放量。

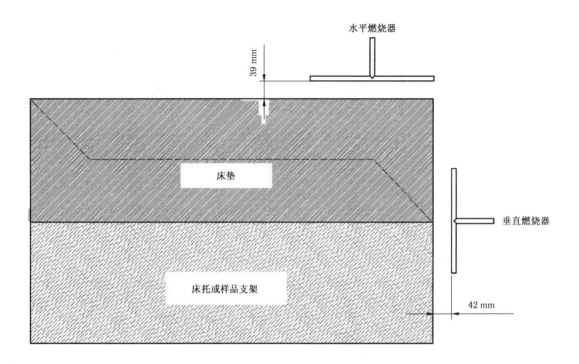

a) 侧视图

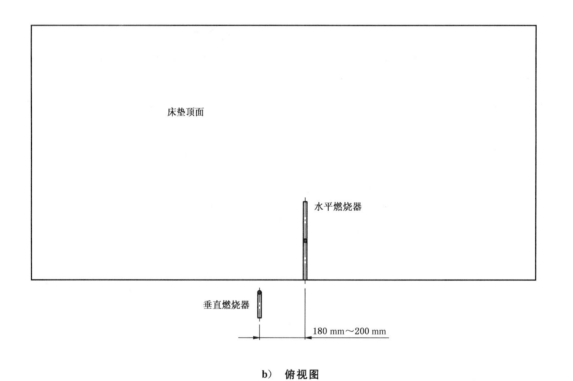

b) 俯视图

图 A.4　水平燃烧器和垂直燃烧器位置

附　录　B

（规范性附录）

燃烧性能等级的附加信息和标识

B.1　附加信息

B.1.1　建筑材料及制品燃烧性能等级附加信息包括产烟特性、燃烧滴落物/微粒等级和烟气毒性等级。

B.1.2　A2级、B级和C级建筑材料及制品应给出以下附加信息：

　　——产烟特性等级；

　　——燃烧滴落物/微粒等级（铺地材料除外）；

　　——烟气毒性等级。

B.1.3　D级建筑材料及制品应给出以下附加信息：

　　——产烟特性等级；

　　——燃烧滴落物/微粒等级。

B.1.4　产烟特性等级按GB/T 20284或GB/T 11785试验所获得的数据确定，见表B.1。

B.1.5　燃烧滴落物/微粒等级通过观察GB/T 20284试验中燃烧滴落物/微粒确定，见表B.2。

B.1.6　烟气毒性等级按GB/T 20285试验所获得的数据确定，见表B.3。

表 B.1　产烟特性等级和分级判据

产烟特性等级	试验方法	分　级　判　据	
s1	GB/T 20284	除铺地制品和管状绝热制品外的建筑材料及制品	烟气生成速率指数 SMOGRA$\leqslant$30 m^2/s^2；试验 600 s 总烟气生成量 TSP$_{600 s}\leqslant$50 m^2
		管状绝热制品	烟气生成速率指数 SMOGRA$\leqslant$105 m^2/s^2；试验 600 s 总烟气生成量 TSP$_{600 s}\leqslant$250 m^2
	GB/T 11785	铺地材料	产烟量$\leqslant$750 ％×min
s2	GB/T 20284	除铺地制品和管状绝热制品外的建筑材料及制品	烟气生成速率指数 SMOGRA$\leqslant$180 m^2/s^2；试验 600 s 总烟气生成量 TSP$_{600 s}\leqslant$200 m^2
		管状绝热制品	烟气生成速率指数 SMOGRA$\leqslant$580 m^2/s^2；试验 600 s 总烟气生成量 TSP$_{600 s}\leqslant$1 600 m^2
	GB/T 11785	铺地材料	未达到 s1
s3	GB/T 20284	未达到 s2	

表 B.2　燃烧滴落物/微粒等级和分级判据

燃烧滴落物/微粒等级	试验方法	分级判据
d0	GB/T 20284	600 s 内无燃烧滴落物/微粒
d1		600 s 内燃烧滴落物/微粒,持续时间不超过 10 s
d2		未达到 d1

表 B.3 烟气毒性等级和分级判据

烟气毒性等级	试验方法	分 级 判 据
t0		达到准安全一级 ZA_1
t1	GB/T 20285	达到准安全三级 ZA_3
t2		未达到准安全三级 ZA_3

B.2 附加信息标识

当按照 B.1 规定需要显示附加信息时,燃烧性能等级标识为:

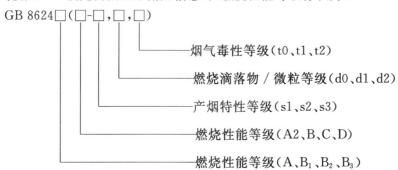

示例:GB 8624 B_1(B-s1,d0,t1),表示属于难燃 B_1 级建筑材料及制品,燃烧性能细化分级为 B 级,产烟特性等级为 s1 级,燃烧滴落物/微粒等级为 d0 级,烟气毒性等级为 t1 级。

附 录 C
（资料性附录）
检验报告相关说明

C.1 建筑材料及制品的实际应用

试验安装由建筑材料及制品的最终应用状态确定,制品的燃烧性能等级与实际应用状态相关,应根据制品的最终应用条件,确定试验的基材及安装方式。试验应选用标准基材,当采用实际使用或代表其实际使用的非标准基材时,应明确应用范围,即试验结果仅限于制品在实际应用中采用相同的基材。对于粘结于基材的制品,试验结果的应用由粘结方式来确定,粘贴方式和粘接剂的属性、用量等由试验委托单位提供。

C.2 试样厚度

对于在实际应用中有多种不同厚度的制品,当密度等可能影响燃烧性能的参数不变时,若最大厚度和最小厚度制品燃烧性能等级相同,则认为在中间厚度的制品也满足该燃烧性能等级,否则,应对每一厚度的制品进行判定。

C.3 特别说明

对于以下材料:混凝土、矿物棉、玻璃纤维、石灰、金属(铁、钢、铜)、石膏、无有机混合物的灰泥、硅酸钙材料、天然石材、石板、玻璃、陶瓷,任何一种材料含有的均匀分散的有机物含量不超过1%(质量和体积),可不通过试验即认为满足A1级的要求。对于由以上一种或多种材料分层复合的材料或制品,当胶水含量不超过0.1%(质量和体积)时,认为该制品满足A1级的要求。

参 考 文 献

[1] GB/T 25207 火灾试验 表面制品的实体房间火试验方法

[2] ISO 12949 床垫热释放速率试验方法

[3] EN 13501-1:2007 建筑制品和构件的火灾分级 第1部分:采用对火反应试验数据的分级

ICS 13.220.50
Q 10

中华人民共和国国家标准

GB/T 8625—2005
代替 GB/T 8625—1988

建筑材料难燃性试验方法

Test method of difficult-flammability for building materials

2005-07-15 发布

2006-01-01 实施

中华人民共和国国家质量监督检验检疫总局
中国国家标准化管理委员会 发布

前　言

　　本标准与德国工业标准 DIN 4102-1:1998《建筑材料建筑构件的燃烧特性　概念、要求及检验》、DIN 4102-15:1990《建筑材料建筑构件燃烧特性　竖炉试验》和 DIN 4102-16:1998《建筑材料建筑构件燃烧特性　燃烧竖炉试验的进行》的一致性程度为非等效。

　　本标准代替 GB/T 8625—1988《建筑材料难燃性试验方法》。

　　本标准与 GB/T 8625—1988 相比主要变化如下：

　　——试验装置按 DIN 4102-15:1990 的要求增加了炉内压力的测试装置、竖炉的校正检验并调整了炉壁温度的控制条件；

　　——试验时燃料气和空气流量的计算和试验程序改用了微机进行；

　　——燃料气为适应我国的国情采用纯度为 95% 的甲烷气。

　　本标准由中华人民共和国公安部提出。

　　本标准由全国消防标准化技术委员会第七分技术委员会归口。

　　本标准起草单位：公安部四川消防研究所。

　　本标准主要起草人：丁敏、陈亘宝。

　　本标准所代替标准的历次版本发布情况为：

　　——GB/T 8625—1988。

建筑材料难燃性试验方法

1 范围

本标准规定了建筑材料难燃性试验的试验装置、试件制备、试验操作、试件燃烧后剩余长度的判断、判定条件及试验报告。

本标准适用于建筑材料难燃性能的测定。

2 规范性引用文件

下列文件中的条款通过本标准的引用而成为本标准的条款。凡是注日期的引用文件,其随后所有的修改单(不包括勘误的内容)或修订版均不适用于本标准,然而,鼓励根据本标准达成协议的各方研究是否可使用这些文件的最新版本。凡是不注日期的引用文件,其最新版本适用于本标准。

GB 8624—1997 建筑材料燃烧性能分级方法

GB/T 8626—1988 建筑材料可燃性试验方法

GB/T 8627—1999 建筑材料燃烧或分解的烟密度试验方法

3 试验装置

本方法的试验装置主要包括燃烧竖炉及测试设备两部分。

3.1 燃烧竖炉

燃烧竖炉主要由燃烧室、燃烧器、试件支架、空气稳流层及烟道等部分组成。其外形尺寸为1 020 mm×1 020 mm×3 930 mm(见图1、图2)。

3.1.1 燃烧室

燃烧室由炉壁和炉门构成,其内空间尺寸为800 mm×800 mm×2 000 mm。炉壁为保温夹层结构,其结构形式(见图2)。

炉门分为上、下两门,分别用铰链与炉体连接,其结构与炉壁相似。两门借助手轮和固定螺杆与炉体闭合。

在上炉门和燃烧室后壁设有观察窗。

3.1.2 燃烧器

燃烧器(见图3)水平置于燃烧室中心,距炉底1 000 mm处。

3.1.3 试件支架

试件支架为高1 000 mm的长方体框架,框架四个侧面设有调节试件安装距离的螺杆,框架由角钢制成(见图4)。

3.1.4 空气稳流层

空气稳流层为一角钢制成的方框,设置于燃烧器下方。方框底部铺设铁丝网,其上铺设多层玻璃纤维毡。

3.1.5 烟道

燃烧竖炉的烟道为方形的通道,其截面积为500 mm×500 mm,并位于炉子顶部,下部与燃烧室相通,上部与外部烟囱相接。

3.1.6 供气

为在燃烧室内形成均匀气流,在炉体下部通过 $\phi 200$ mm管道以恒定的速率及温度输入空气。

3.2 测试设备

燃烧竖炉的测试设备包括流量计、热电偶、温度记录仪、温度显示仪表及炉内压力测试仪表等。

3.2.1 流量计

甲烷气和压缩空气流量的测定,选用精度 2.5 级,量程范围为(0.25～2.5)m³/h 的流量计。

3.2.2 热电偶

烟道气温度和炉壁温度的测定均采用精度为Ⅱ级,丝径为 0.5 mm,外径不大于 3 mm 的镍铬-镍硅铠装热电偶。安装部位见图 2。

3.2.3 温度记录仪及显示仪表

温度测定采用微机显示和记录,其测试精度为 1℃;也可采用与热电偶配套的精度为 0.5 级的可连续记录的电子电位差计或其他合适的可连续记录仪表。

3.3 炉内压力

在距炉底 2 700 mm 的烟道部位,距烟道壁 100 mm 处设置 T 型炉压测试管,T 型管内径 10 mm,头宽 100 mm,通过一台精度 0.5 级的差压变送器与微机或其他记录仪相连,进行连续监测。

3.4 燃烧竖炉中各组件的校正试验

3.4.1 热荷载的均匀性试验

为确保试验时试件承受热荷载的均匀性。将 4 块 1 000 mm×190 mm×3 mm 的不锈钢板放置于试件架上,在距各不锈钢板底部 200 mm 处的中心线上,牢固地设置 1 支镍铬-镍硅热电偶。按第 5 章规定的操作程序进行试验。当试验进行 10 min 后,从上述不锈钢板上四支热电偶所测得的温度平均值应满足 540℃±15℃,否则,装置应进行调试。该试验必须每 3 个月进行一次。

3.4.2 空气的均匀性试验

在燃烧竖炉下炉门关闭的供气条件下,在空气稳流层的钢丝网上取 5 点(见图 5),距网 50 mm 处,采用测量误差不大于 10%的热球式微风速仪或其他具有相同精度的风速仪,测量每点的风速。5 个测速点所测得的风速的平均值换算成气流量,并应满足竖炉规定的(10±1)m³/min 的供气量。该项试验必须每半年进行 1 次。

3.4.3 烟气温度热电偶的检查

为确保烟气温度测量的准确,每月至少应进行 1 次烟气温度热电偶的检查,有烟垢应除去,热电偶发生位移或变形的应校正到规定位置。

4 试件制备

4.1 试件数目、规格及要求

每次试验以 4 个试样为一组,每块试样均以材料实际使用厚度制作。其表面规格为(1 000$^{+0}_{-5}$) mm ×(190$^{+0}_{-5}$) mm,材料实际使用厚度超过 80 mm 时,试样制作厚度应取(80±5)mm,其表面和内层材料应具有代表性。

均向性材料作 3 组试件,对薄膜、织物及非均向性材料作 4 组试件,其中每 2 组试件应分别从材料的纵向和横向取样制作。

对于非对称性材料,应从试样正、反两面各制 2 组试件。若只需从一侧划分燃烧性能等级,可对该侧面制取 3 组试件。

4.2 状态调节

在试验进行之前,试件必须在温度(23±2)℃,相对湿度(50±5)%的条件下调节至质量恒定。其判定条件为间隔 24 h,前后两次称量的质量变化率不大于 0.1%。如果通过称量不能确定达到平衡状态,在试验前应在上述温、湿度条件下存放 28 d。

5 试验操作

5.1 试验在图 1 所示的燃烧竖炉内进行。

5.2 将 4 个经状态调节已达到 4.2 的规定要求的试样垂直固定在试件支架上,组成垂直方形烟道,试样相对距离为(250±2) mm。

5.3 保持炉内压力为(-15±10) Pa。

5.4 试件放入燃烧室之前,应将竖炉内炉壁温度预热至 50℃。

5.5 将试件放入燃烧室内规定位置,关闭炉门。

5.6 当炉壁温度降至(40±5)℃时,在点燃燃烧器的同时,揿动计时器按钮,开始试验。试验过程中竖炉内应维持流量为(10±1) m³/min、温度为(23±2)℃的空气流。燃烧器所用的燃气为甲烷和空气的混合气;甲烷流量为(35±0.5) L/min,其纯度大于 95%;空气流量为(17.5±0.2) L/min。以上两种气体流量均按标准状态计算。

气体标准状态的计算公式:

$$\frac{P_0 V_0}{T_0} = \frac{P_t V_t}{T_t}$$

式中:

P_0——101 325 Pa;

V_0——甲烷气 35 L/min,空气 17.5 L/min;

T_0——273℃;

P_t——环境大气压+燃气进入流量计的进口压力,单位为帕(Pa);

V_t——甲烷气或空气的流量,单位为升每分钟(L/min);

T_t——甲烷气和空气的温度,单位为摄氏度(℃)。

试验中的现象应注意观察并记录。

5.7 试验时间为 10 min,当试件上的可见燃烧确已结束或 5 支热电偶所测得的平均烟气温度最大值超过 200℃时,试验用火焰可提前中断。

6 试件燃烧后剩余长度的判断

6.1 试件燃烧后剩余长度为试件既不在表面燃烧,也不在内部燃烧形成炭化部分的长度(明显变黑色为炭化)。

试件在试验中产生变色,被烟熏黑及外观结构发生弯曲、起皱、鼓泡、熔化、烧结、滴落、脱落等变化均不作为燃烧判断依据。如果滴落和脱落物在筛底继续燃烧 20 s 以上,应在试验报告中注明。

6.2 采用防火涂层保护的试件,如木材及木制品,其表面涂层的炭化可不考虑。在确定被保护材料的燃烧后剩余长度时,其保护层应除去。

7 判定条件

7.1 按照第 4、5 和 6 章的规定程序,同时符合下列条件可认定为燃烧竖炉试验合格。

    a) 试件燃烧的剩余长度平均值应≥150 mm,其中没有一个试件的燃烧剩余长度为零;

    b) 每组试验的由 5 支热电偶所测得的平均烟气温度不超过 200℃。

7.2 凡是燃烧竖炉试验合格,并能符合 GB 8624—1997 对可燃性试验(GB/T 8626—1988)、烟密度试验(GB/T 8627—1999)规定要求的材料可定为难燃性建筑材料。

8 试验报告

试验报告应包括下列内容:

    a) 试验依据的标准;

    b) 建筑材料名称、型号规格、生产单位名称及地址、生产日期;

    c) 对使用了阻燃剂的木材和织物,应说明涂刷阻燃剂后的试件外观,注明所用防火剂干、湿涂刷量（g/kg 或 g/m²）；

d) 试样的概述，包括商标（或标志）、试样的结构形式；

e) 试件燃烧后的最小剩余长度及试件燃烧后的平均剩余长度；

f) 试件平均烟气温度的最大值；

g) 现象观察：包括试样着火情况、试样的阴燃及滴落物在筛网上的持续燃烧等；

h) 试验日期。

单位为毫米

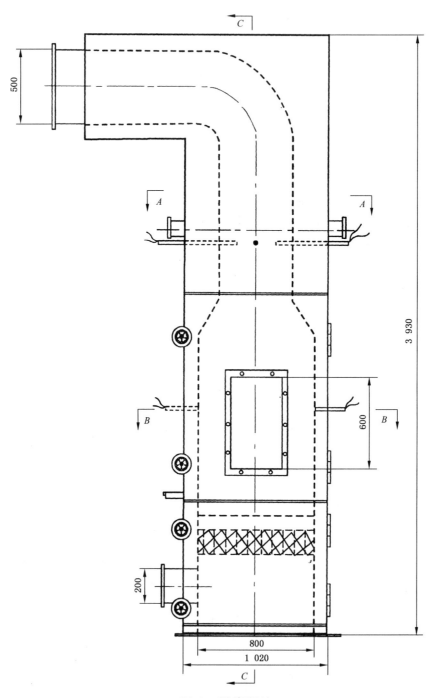

图 1　燃烧竖炉

单位为毫米

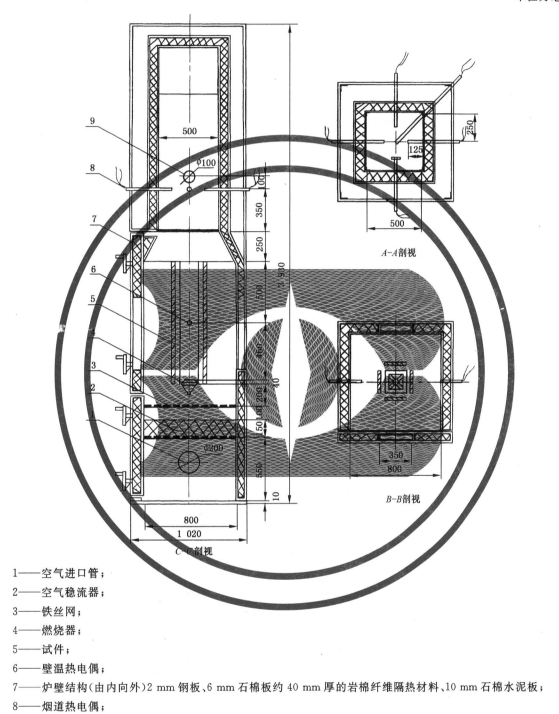

1——空气进口管;

2——空气稳流器;

3——铁丝网;

4——燃烧器;

5——试件;

6——壁温热电偶;

7——炉壁结构(由内向外)2 mm 钢板、6 mm 石棉板约 40 mm 厚的岩棉纤维隔热材料、10 mm 石棉水泥板;

8——烟道热电偶;

9——T 型测压管。

图 2 燃烧竖炉剖视

单位为毫米

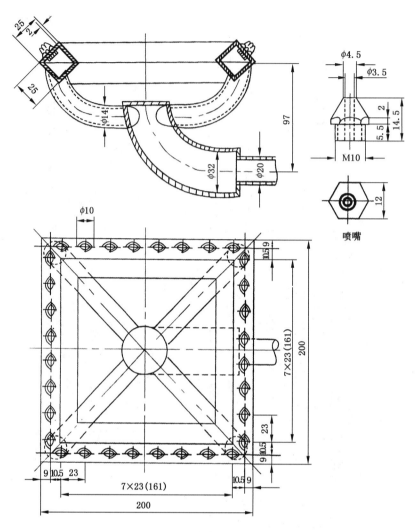

图 3　燃烧器

单位为毫米

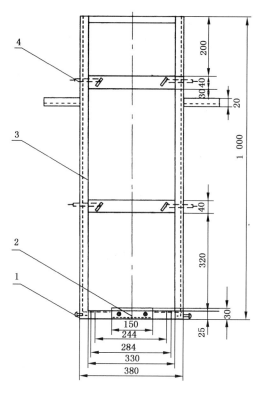

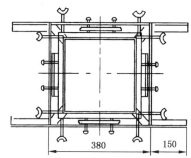

1——固定螺杆;

2——底座;

3——角钢框架;

4——调节螺杆。

图 4　试件支架

单位为毫米

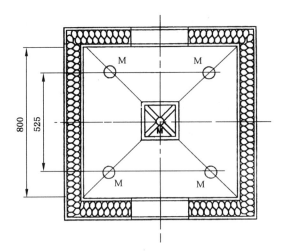

图5　空气均匀性试验测点位置

ICS 13.220.40
C 80

中华人民共和国国家标准

GB/T 8626—2007/ISO 11925-2:2002
代替 GB/T 8626—1988

建筑材料可燃性试验方法

Test method of flammability for building materials

（ISO 11925-2:2002,Reaction to fire tests—Ignitability of building products
subjected to direct impingement of flame—Part 2:Single-flame
source test,IDT）

2007-12-21 发布　　　　　　　　　　　　2008-06-01 实施

中华人民共和国国家质量监督检验检疫总局
中国国家标准化管理委员会　发布

前　言

本标准等同采用 ISO 11925-2:2002《对火反应试验　建筑制品在直接火焰冲击下的可燃性　第 2 部分:单个火源试验》(英文版)。

本标准等同翻译 ISO 11925-2:2002。

为便于使用,本标准做了下列编辑性修改:

a)　"本国际标准"一词改为"本标准";

b)　用小数点"."代替作为小数点的逗号","。

本标准代替 GB/T 8626—1988《建筑材料可燃性试验方法》,因为随着国际标准化组织 ISO/TC 92 在对火反应系列试验方法上的研究和发展原标准在技术上已过时。

本标准与 GB/T 8626—1988 相比主要变化如下:

——样品尺寸和数量修订为:样品尺寸(250×90)mm;其厚度不超过 60 mm;样品数量 6 个 (1988 年版的 2.1);

——对点火时间调整为 15 s 或 30 s,以供委托方选择并在试验报告中注明点火时间(1988 年版 3.7);

——规定火焰高度为(20±1)mm(1988 年版 3.6);

——增加了对试验时间的规定(见 7.4);

——增加了对其厚度大于 10 mm 的多层制品进行附加试验的规定(见 7.3.3.2.3 和图 7);

——取消了对材料可燃性的判定(1988 年版的第 4 章);

——增加了试验结果表述(见第 8 章);

——增加了试验报告(见第 9 章);

——增加了规范性附录"熔化收缩制品的试验程序"(见附录 A);

——增加了资料性附录"试验方法的精确度"(见附录 B)。

本标准的附录 A 是规范性附录,附录 B 是资料性附录。

本标准由中华人民共和国公安部提出。

本标准由全国消防标准化技术委员会第七技术委员会(SAC/TC 113/SC 7)归口。

本标准起草单位:公安部四川消防研究所、上海阿姆斯壮建筑制品有限公司。

本标准主要起草人:濮爱萍、王鹏翔、邓小兵、周全会、曾绪斌。

本标准所代替标准的历次版本发布情况为:

——GB/T 8626—1988。

引　言

安全警告：

所有试验管理和操作人员应注意：燃烧试验可能存在危险性，试验过程中可能会产生有毒和/或有害烟气，在对试样的测试和试样残余物的处理过程中也可能存在操作危险。

必须对影响人体健康的所有潜在危害和危险进行评估和建立安全保障措施，并制定安全指南和对有关人员进行相关培训，确保实验室人员始终遵守安全指南。

应配备足够的灭火工具以扑灭试样火焰，某些试样在试验中可能会产生猛烈火焰。应有可直接对准燃烧区域的手动水喷头或加压氮气以及其他灭火工具，如灭火器等。

对于某些很难被完全扑灭的闷燃试样，可将试样浸入水中。

建筑材料可燃性试验方法

1 范围

本标准规定了在没有外加辐射条件下,用小火焰直接冲击垂直放置的试样以测定建筑制品可燃性的方法。

对于未被火焰点燃就熔化或收缩的制品,附录 A 给出了附加试验程序。

附录 B 给出了试验方法精确度的信息。

2 规范性引用文件

下列文件中的条款通过本标准的引用而成为本标准的条款。凡是注日期的引用文件,其随后所有的修改单(不包括勘误的内容)或修订版均不适用于本标准,然而,鼓励根据本标准达成协议的各方研究是否可使用这些文件的最新版本。凡是不注日期的引用文件,其最新版本适用于本标准。

EN 13238 建筑制品对火反应试验 状态条件程序及基本材料选择的一般规则

EN ISO 13943 火灾安全 词汇

3 术语和定义

EN ISO 13943 以及下述术语和定义适用于本标准。

3.1

建筑制品 product

要求给出相关信息的建筑材料、构件或其组件。

3.2

基本平整制品 essentially flat product

制品应具有以下某一个特征:

a) 平整受火面;

b) 如果制品表面不规则,但整个受火面均匀体现这种不规则特性,只要满足以下规定要求,可视为平整受火面:

    1) 在 250 mm×250 mm 的代表区域表面上,至少应有 50% 的表面与受火面最高点所处平面的垂直距离不超过 6 mm;或

    2) 对于有缝隙、裂纹或孔洞的表面,缝隙、裂纹或孔洞的宽度不应超过 6.5 mm,且深度不应超过 10 mm,其表面积也不应超过受火面 250 mm×250 mm 代表区域的 30%。

3.3

燃烧滴落物 flaming debris

在燃烧试验过程中,脱离试样并继续燃烧的材料。本标准将试样下方的滤纸被引燃作为燃烧滴落物的判据。

3.4

持续燃烧 sustained flaming

持续时间超过 3 s 的火焰。

3.5

着火 ignition

出现持续燃烧的现象。

4 试验装置

4.1 试验室

环境温度为(23±5)℃,相对湿度为(50±20)%的房间。

注:光线较暗的房间有助于识别表面上的小火焰。

4.2 燃烧箱

燃烧箱(见图1)由不锈钢钢板制作,并安装有耐热玻璃门,以便于至少从箱体的正面和一个侧面进行试验操作和观察。燃烧箱通过箱体底部的方形盒体进行自然通风,方形盒体由厚度为1.5 mm的不锈钢制作,盒体高度为50 mm,开敞面积为25 mm×25 mm(见图1)。为达到自然通风目的,箱体应放置在高40 mm的支座上,以使箱体底部存在一个通风空气隙。如图1所示,箱体正面两支座之间的空气隙应予以封闭。在只点燃燃烧器和打开抽风罩的条件下,测量的箱体烟道(如图1所示)内的空气流速应为(0.7±0.1)m/s。

燃烧箱应放置在合适的抽风罩下方。

4.3 燃烧器

燃烧器结构如图2所示,燃烧器的设计应使其能在垂直方向使用或与垂直轴线成45°角。燃烧器应安装在水平钢板上,并可沿燃烧箱中心线方向前后平稳移动。

燃烧器应安装有一个微调阀,以调节火焰高度。

4.4 燃气

纯度≥95%的商用丙烷。为使燃烧器在45°角方向上保持火焰稳定,燃气压力应在10 kPa～50 kPa范围内。

4.5 试样夹

试样夹由两个U型不锈钢框架构成,宽15 mm,厚(5±1)mm,其他尺寸等见图3。框架垂直悬挂在挂杆(见4.6和图4)上,以使试样的底面中心线和底面边缘可以直接受火(见图5～图7)。

为避免试样歪斜,用螺钉或夹具将两个试样框架卡紧。

采用的固定方式应能保证试样在整个试验过程中不会移位,这一点非常重要。

注:在与试样贴紧的框架内表面上可嵌入一些长度约1 mm的小销钉。

4.6 挂杆

挂杆固定在垂直立柱(支座)上,以使试样夹能垂直悬挂,燃烧器火焰能作用于试样(见图4)。

对于边缘点火方式和表面点火方式,试样底面与金属网上方水平钢板的上表面之间的距离应分别为(125±10)mm和(85±10)mm。

4.7 计时器

计时器应能持续记录时间,并显示到秒,精度≤1 s/h。

4.8 试样模板

两块金属板,其中一块长250$_{-1}^{0}$ mm,宽90$_{-1}^{0}$ mm;另一块长250$_{-1}^{0}$ mm,宽180$_{-1}^{0}$ mm。若采用附录A规定的程序,则选用较大尺寸的模板。

4.9 火焰检查装置

4.9.1 火焰高度测量工具

以燃烧器上某一固定点为测量起点,能显示火焰高度为20 mm的合适工具(见图8)。火焰高度测量工具的偏差应为±0.1 mm。

4.9.2 用于边缘点火的点火定位器

能插入燃烧器喷嘴的长16 mm的抽取式定位器,用以确定同预先设定火焰在试样上的接触点的距离(见图9)。

4.9.3 用于表面点火的点火定位器

能插入燃烧器喷嘴的抽取式锥形定位器,用以确定燃烧器前端边缘与试样表面的距离为 5 mm(见图9)。

4.10 风速仪

风速仪,精度为±0.1 m/s,用以测量燃烧箱顶部出口的空气流速(见4.2和图1)。

4.11 滤纸和收集盘

未经染色的崭新滤纸,面密度为 60 kg/m²,含灰量小于 0.1%。

采用铝箔制作的收集盘,100 mm×50 mm,深 10 mm。收集盘放在试样正下方,每次试验后应更换收集盘。

5 试样

5.1 试样制备

使用4.8规定的模板在代表制品的试验样品上切割试样。

5.2 试样尺寸

试样尺寸为:长 250_{-1}^{0} mm,宽 90_{-1}^{0} mm。

名义厚度不超过 60 mm 的试样应按其实际厚度进行试验。名义厚度大于 60 mm 的试样,应从其背火面将厚度削减至 60 mm,按 60 mm 厚度进行试验。若需要采用这种方式削减试样尺寸,该切削面不应作为受火面。对于通常生产尺寸小于试样尺寸的制品,应制作适当尺寸的样品专门用于试验。

5.3 非平整制品

对于非平整制品,试样可按其最终应用条件进行试验(如隔热导管)。应提供完整制品或长 250 mm 的试样。

5.4 试样数量

5.4.1 对于每种点火方式,至少应测试 6 块具有代表性的制品试样,并应分别在样品的纵向和横向上切制 3 块试样。

5.4.2 若试验用的制品厚度不对称,在实际应用中两个表面均可能受火,则应对试样的两个表面分别进行试验。

5.4.3 若制品的几个表面区域明显不同,但每个表面区域均符合3.2规定的表面特性,则应再附加一组试验来评估该制品。

5.4.4 如果制品在安装过程中四周封边,但仍可以在未加边缘保护的情况下使用,应对封边的试样和未封边的试样分别试验。

5.5 基材

若制品在最终应用条件下是安装在基材上,则试样应能代表最终应用状况。且应根据 EN13238 选取基材。

注:对于应用在基材上且采用底部边缘点火方式的材料,在试样制备过程中应注意:由于在实际应用中基材可能伸出材料底部,基材边缘本身不受火,因此试样的制作应能反映实际应用状况,如基材类型,基材的固定件等。

6 状态调节

试样和滤纸应根据 EN 13238 进行状态调节。

7 试验程序

7.1 概述

有 2 种点火时间供委托方选择,15 s 或 30 s。试验开始时间就是点火的开始时间。

7.2 试验准备

7.2.1 确认燃烧箱烟道内的空气流速符合要求(见4.2)。

7.2.2 将6个试样从状态调节室中取出,并在30 min内完成试验。若有必要,也可将试样从状态调节室取出,放置于密闭箱体中的试验装置内。

7.2.3 将试样置于试样夹中,这样试样的两个边缘和上端边缘被试样夹封闭,受火端距离试样夹底端30 mm(见图3)。

注:操作员可在试样框架上做标记以确保试样底部边缘处于正确位置。

7.2.4 将燃烧器角度调整至45°角,使用4.9.2或4.9.3规定的定位器,来确认燃烧器与试样的距离(见图4~图7)。

7.2.5 在试样下方的铝箔收集盘内放两张滤纸,这一操作应在试验前的3min内完成。

7.3 试验步骤

7.3.1 点燃位于垂直方向的燃烧器,待火焰稳定。调节燃烧器微调阀,并采用4.9.1规定的测量器具测量火焰高度,火焰高度应为(20±1)mm。应在远离燃烧器的预设位置上进行该操作,以避免试样意外着火。在每次对试样点火前应测量火焰高度。

注:光线较暗的环境有助于测量火焰高度。

7.3.2 沿燃烧器的垂直轴线将燃烧器倾斜45°,水平向前推进,直至火焰抵达预设的试样接触点。

当火焰接触到试样时开始计时。按照委托方要求,点火时间为15s或30s。然后平稳地撤回燃烧器。

7.3.3 点火方式

试样可能需要采用表面点火方式或边缘点火方式,或这两种点火方式都要采用。

注:建议的点火方式可能在相关的产品标准中给出。

7.3.3.1 表面点火

对所有的基本平整制品(见3.2),火焰应施加在试样的中心线位置,底部边缘上方40 mm处(见图9)。应分别对实际应用中可能受火的每种不同表面进行试验(见5.4.2)。

7.3.3.2 边缘点火

7.3.3.2.1 对于总厚度不超过3 mm的单层或多层的基本平整制品,火焰应施加在试样底面中心位置处(见图5)。

7.3.3.2.2 对于总厚度大于3 mm的单层或多层的基本平整制品,火焰应施加在试样底边中心且距受火表面1.5 mm的底面位置处(见图6)。

7.3.3.2.3 对于所有厚度大于10 mm的多层制品,应增加试验,将试样沿其垂直轴线旋转90°,火焰施加在每层材料底部中线所在的边缘处(见图7)。

7.3.4 对于非基本平整制品和按实际应用条件进行测试的制品,应按照7.3.1和7.3.2规定进行点火,并应在试验报告中详尽阐述使用的点火方式。

注:试验装置和/或试验程序可能需要修改,但对于多数非平面制品,通常只需要改变试样框架。然而在某些情况下,燃烧器的安装方式可能不适用,这时需要手动操作燃烧器。

在最终应用条件下,制品可能自支撑或采用框架固定,这种固定框架可能和试验室用的夹持框架一样,也可能需要更结实的特制框架等。

7.3.5 如果在对第一块试样施加火焰期间,试样并未着火就熔化或收缩,则按照附录A的规定进行试验。

7.4 试验时间

7.4.1 如果点火时间为15 s,总试验时间是20 s,从开始点火计算。

7.4.2 如果点火时间为30 s,总试验时间是60 s,从开始点火计算。

8 试验结果表述

8.1 记录点火位置。

8.2 对于每块试样，记录以下现象：

    a) 试样是否被引燃；

    b) 火焰尖端是否到达距点火点 150 mm 处，并记录该现象发生时间；

    c) 是否发生滤纸被引燃；

    d) 观察试样的物理行为。

9 试验报告

试验报告至少应包括以下信息。应明确区分委托方提供的数据。

    a) 试验依据标准 GB/T 8626；

    b) 试验方法偏差；

    c) 试验室名称和地址；

    d) 试验报告日期和编号；

    e) 委托方名称和地址；

    f) 制造商/代理方名称和地址；

    g) 到样日期；

    h) 制品标识；

    i) 相关抽样程序描述；

    j) 试验制品的一般说明，包括密度、面密度、厚度及试样的结构形状等；

    k) 状态调节说明；

    l) 使用基材和安装方法说明；

    m) 试验日期；

    n) 按第 8 章描述的试验结果，若采用附加试验程序，按照附录 A 描述试验结果；

    o) 点火时间；

    p) 试验期间的试验现象；

    q) 关于建筑制品的应用目的信息；

    r) 注明"本试验结果只与制品的试样在特定试验条件下的性能相关，不能将其作为评价该制品在实际使用中潜在火灾危险性的唯一依据"。

单位为毫米

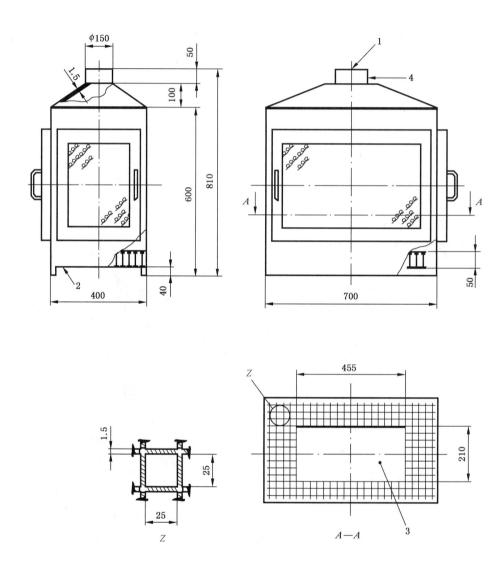

1——空气流速测量点；

2——金属丝网格；

3——水平钢板；

4——烟道。

注：除规定了公差外，全部尺寸均为公称值。

图 1 燃烧箱

单位为毫米

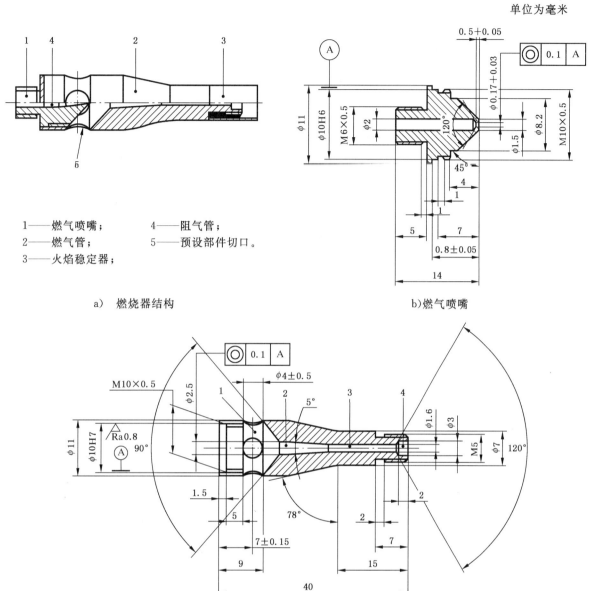

1——燃气喷嘴； 4——阻气管；
2——燃气管； 5——预设部件切口。
3——火焰稳定器；

a) 燃烧器结构

b)燃气喷嘴

1——气体混合区； 3——燃烧区；
2——加速区； 4——出口。

c) 燃烧器管道

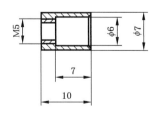

d) 火焰稳定器

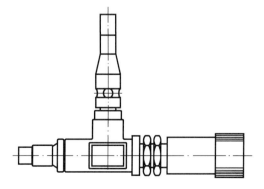

e) 燃烧器和调节阀

图 2　气体燃烧器

单位为毫米

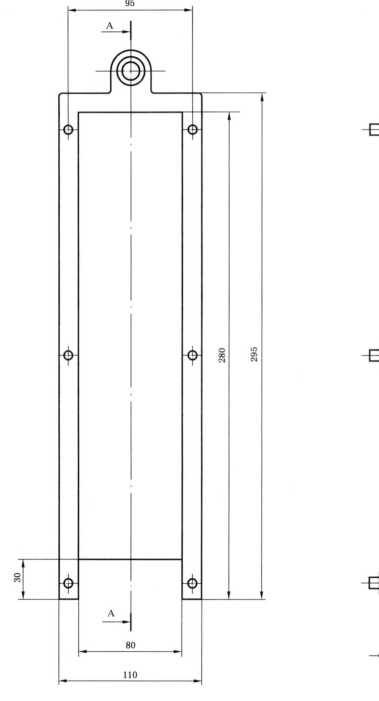
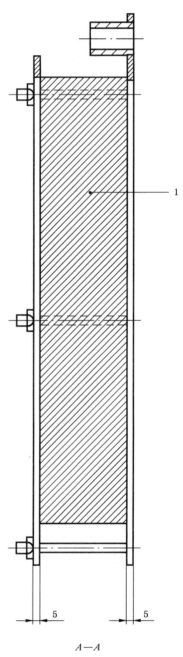

A—A

1——试样。

图 3 典型试样夹

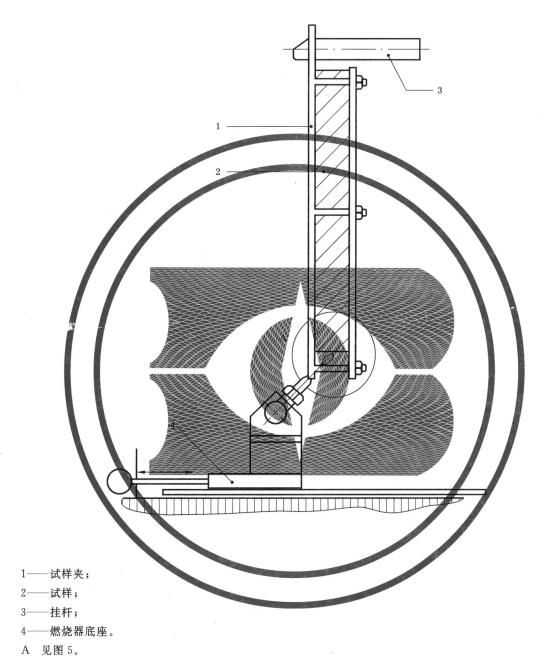

1——试样夹；
2——试样；
3——挂杆；
4——燃烧器底座。
A 见图5。

图 4 典型的挂杆和燃烧器定位（侧视图）

单位为毫米

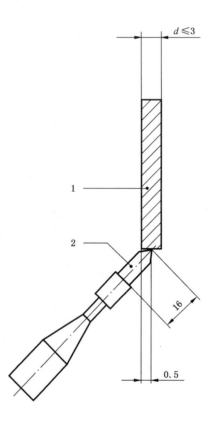

1——试样；
2——燃烧器定位器；
d——厚度。

图 5　厚度小于或等于 3 mm 的制品的火焰冲击点

单位为毫米

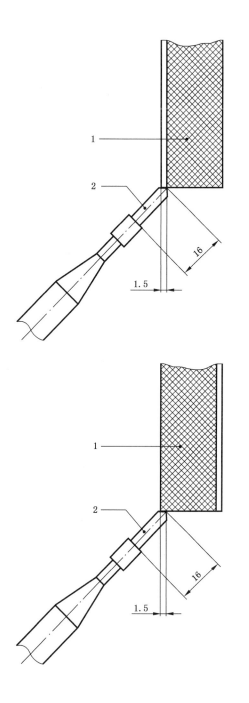

1——试样；
2——燃烧器定位器。

图 6　厚度大于 3 mm 的制品的典型火焰冲击点

单位为毫米

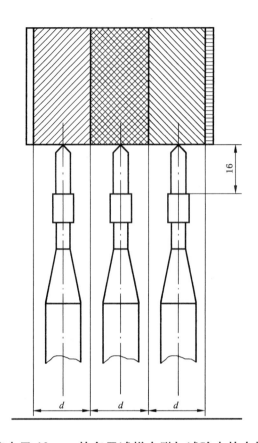

图 7 厚度大于 10 mm 的多层试样在附加试验中的火焰冲击点

单位为毫米

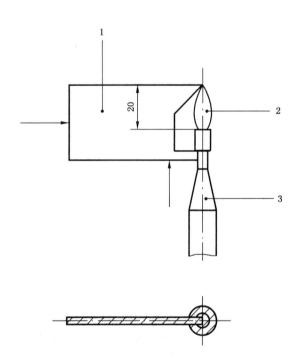

1——金属片；
2——火焰；
3——燃烧器。

图 8 典型的火焰高度测量器具

单位为毫米

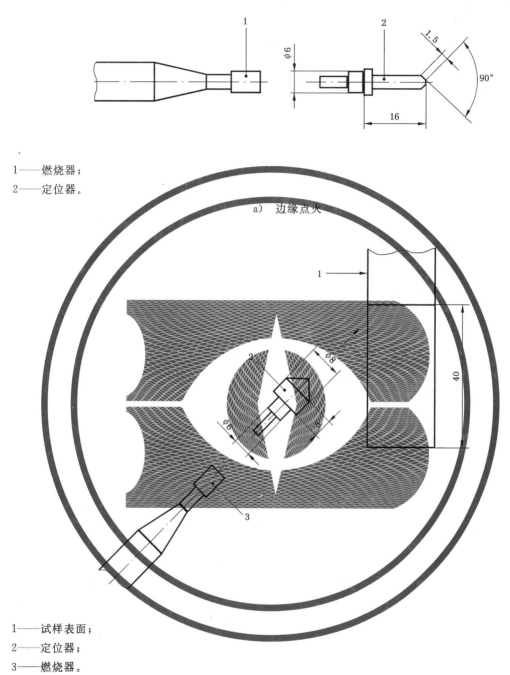

1——燃烧器；
2——定位器。

a) 边缘点火

1——试样表面；
2——定位器；
3——燃烧器。

b) 表面点火

图 9 燃烧器定位器

附 录 A

（规范性附录）

熔化收缩制品的试验程序

A.1 概要

以下程序适用于未着火就熔化收缩的制品，以作为本标准正文一般规定的必要补充。

A.2 试验装置

未着火就熔化收缩的制品应采用特殊试样夹（见图 A.1）进行试验。试样夹应能夹紧试样，试样尺寸为宽 250 mm，高 180 mm。试样框架为两个宽(20±1)mm、厚(5±1)mm 的不锈钢 U 形框架，且垂直悬挂在挂杆上。

试样夹应能相对燃烧器方向水平移动。图 A.2 和图 A.3 所示的是一种移动试样的方法，试样夹安装在滑道系统上，从而试样可通过手动或自动方式相对燃烧器方向移动。

A.3 试样

当观察到制品未着火就因受热出现熔化收缩现象时，试验应改用尺寸为长 250_{-1}^{0} mm，宽 180_{-1}^{0} mm 的试样，并在距试样底部边线 150 mm 的试样受火面上画一条水平线。

A.4 试验程序

A.4.1 用试样夹将试样夹紧，受火的试样底边与试样夹底边处于同一水平线上。

A.4.2 将燃烧器沿其垂直轴线倾斜 45°，并水平推进燃烧器，直至火焰接触试样底部边缘的预先设置点位置，且距试样框架的内边缘 10 mm。

在火焰接触试样的同一时刻启动计时装置。对试样点火 5 s，然后平稳地移开燃烧器。

重新调整该试样位置，使新的火焰接触点位于上次点火形成的任意试样燃烧孔洞的边缘。在上次试样火焰熄灭后的 3 s～4 s 之间重新对试样点火，或在上次试样未着火后的 3 s～4 s 之间重新对试样点火。

重复该操作，直至火焰接触点抵达试样的顶部边缘。

注：在该程序中，由于试样向燃烧器火焰作相对移动，所以试样的熔化滴落物会聚积在滤纸上的同一位置点。

A.4.3 若制品为未着火就熔化收缩的层状材料，所有层状材料都需进行试验。

A.4.4 继续试验，直至火焰接触点抵达试样的顶部边缘结束试验，或从点火开始计时的 20 s 内火焰传播至 150 mm 刻度线时结束试验。

A.5 试验结果表述

对每个试样，记录以下信息：

a) 滤纸是否着火；

b) 火焰尖端是否到达距最初点火点 150 mm 处，并记录该现象发生时间。

单位为毫米

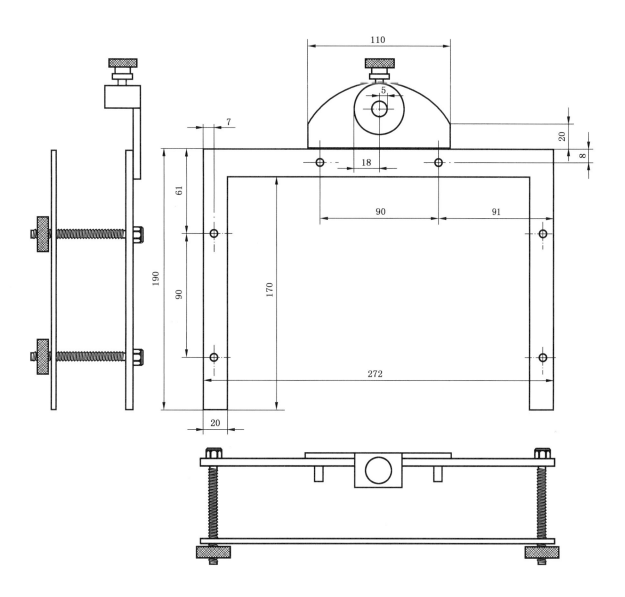

图 A.1 熔化滴落制品的试样夹结构

单位为毫米

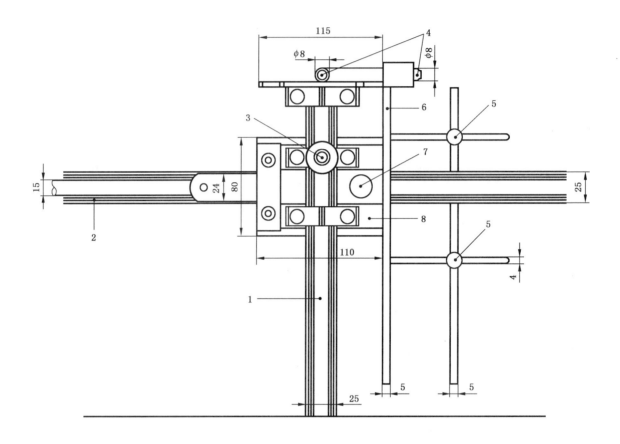

1——垂直滑道；

2——水平滑道；

3——高度控制旋钮；

4——试样夹；

5——夹紧螺钉；

6——90°安装的试样夹（上标°表示度）；

7——用于水平固定的夹紧螺钉；

8——滑块。

图 A.2 熔化收缩制品的典型试样夹支撑机构

单位为毫米

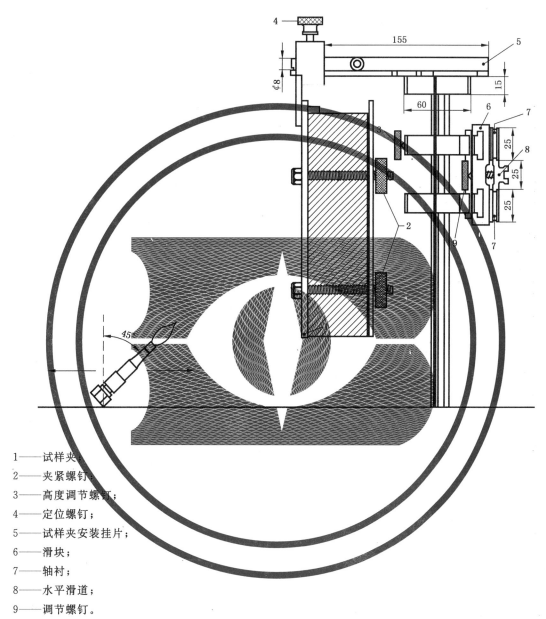

1——试样夹；

2——夹紧螺钉；

3——高度调节螺钉；

4——定位螺钉；

5——试样夹安装挂片；

6——滑块；

7——轴衬；

8——水平滑道；

9——调节螺钉。

图 A.3 典型试样夹组件侧视图

附　录　B

（资料性附录）

试验方法的精确性

本标准试验方法进行了实验室之间循环验证试验。共有 10 个实验室参与循环验证试验，测试了 12 种建筑制品。根据 ISO 5725-2：1994[1] 的基本原理对可燃性试验的循环试验数据进行了统计分析，以确定该试验方法的重复性和再现性。

共采用了两种数据分析方法。

采用 ISO 5725-2：1994[1] 规定的统计方法分析了以数字表述的试验数据。如与 95％ 置信区间内的重复性 S_r 和再现性 S_R 相关的计算平均值和标准偏差。在进行数据的统计评估之前，对差异较大的试验结果进行了审查。对于异常值（小于 1％ 的发生概率）和离散值（小于 5％ 的发生概率），只排除异常值。

对于以是/否表述的试验结果，评价了是/否的数量及其相对比例。这还包括一个附加的非标准参数"不确定度"，以将是/否的比例合成为一个单值。不确定度值按 2×min（是％，否％）计算。因此当所有试验结果为是或否时，不确定度为 0；当有一半试验结果为是，一半试验结果为否时，不确定度值为 100％。

表 B.1 和表 B.4 给出了分析参数和相关信息。

表 B.1　所有材料的分析参数

参数	类型	符号
着火	是/否	
火焰传播至 150 mm 刻度线	是/否	
到达 150 mm 刻度线时间	数字	t_{150}
引燃滤纸	是/否	

根据不同的点火方式（表面，底部边缘和垂直边缘）对试验结果进行分类。所有制品按表面点火和底部边缘点火方式的试验数据均已记录。但对于垂直边缘点火方式，只分析了材料 E,I,K 和 L 的试验数据。

采用表面点火、底部边缘点火和垂直边缘点火方式，在均采用点火 15 s 时间的条件下，表 B.2 列出了与火焰到达 150 m 刻度线的时间（t_{150}）成函数关系的每种制品的重复性和再现性数据。表 B.3 列出了点火 30 s 的重现性和再现性数据。

表 B.2　点火 15 s，火焰到达 150 m 刻度线的时间（t_{150}）的精密度汇总

点火位置	标准偏差范围/％	平均偏差范围/％	相对重复性范围（r/m）/％	平均相对重复性（r/m）/％	相对再现性范围（R/m）/％	平均相对再现性（R/m）/％
表面	S_r/m 0～28.4 S_R/m 0～72.4	S_r/m 16.3 S_R/m 43.6	21.2～80.4	46.0	65.8～204.7	123.2
底部边缘	S_r/m 0～12.8 S_R/m 0～25.6	S_r/m 8.0 S_R/m 18.5	0～36.2	22.7	0～72.4	52.4
垂直边缘	S_r/m 0～16.0 S_R/m 0～48.4	S_r/m 5.3 S_R/m 16.1	0～45.3	15.1	0～137.0	45.7

---

1)　ISO 5725-2：1994《测量方法与结果的准确度（正确度与精密度）　第 2 部分：确定标准测量方法重复性和再现性的基本方法》。

表 B.3 点火 30 s,火焰到达 150 m 刻度线的时间(t_{150})的精密度汇总

点火位置	标准偏差范围/%	平均偏差范围/%	相对重复性范围(r/m)/%	平均相对重复性(r/m)/%	相对再现性范围(R/m)/%	平均相对再现性(R/m)/%
表面	S_r/m 0- S_R/m 0-	S_r/m 29.3 S_R/m 35.0	0～74.4	49.1	0～211.4	99.1
底部边缘	S_r/m 0- S_R/m 0-	S_r/m 8.1 S_R/m 19.7	0～32.9	23.0	0～81.5	55.7
垂直边缘	S_r/m 0- S_R/m 0-	S_r/m 6.3 S_R/m 6.3	0～53.3	17.8	0～53.3	17.8

表 B.4 和 B.5 列出了每个点火时间和点火位置的是/否数据的分析结果。某些制品的分析结果非常一致,但其他制品的分析结果有轻微的差异,这种差异表明分析数据更可能是这些材料/制品变化的函数,而不是试验方法自身变化的函数。

表 B.4 表面点火——是/否试验结果的不确定度

材料	15 s		30 s	
	着火/%	滤纸着火/%	着火/%	滤纸着火/%
A	87	0	91	0
B	32	0	24	0
C	52	67	30	86
D	20	0	60	46
E	20	0	20	0
F	52	17	53	0
G	60	0	93	0
H	80	0	93	0
I	40	0	60	0
J	0	46	0	0
K	40	7	27	0
L	82	0	44	0

表 B.5 底部边缘点火——是/否试验结果的不确定度

材料	15 s		30 s	
	着火/%	滤纸着火/%	着火/%	滤纸着火/%
A	82	0	82	0
B	24	0	48	0
C	25	86	7	57
D	0	22	0	22
E	44	0	44	0
F	91	27	95	0

表 B.5（续）

材料	15 s		30 s	
	着火/%	滤纸着火/%	着火/%	滤纸着火/%
G	67	0	60	0
H	22	0	0	0
I	7	0	7	0
J	0	0	0	0
K	0	0	0	0
L	0	0	15	30

结论：

a) 每个制品的是/否试验结果一般是制品自身特性的函数，而不是试验方法的函数。然而，较低的再现性可能是燃烧器的点火位置所造成的；不同的点火面积可能会导致不同的试验结果。

b) 在点火时间 15 s 和 30 s 条件下，t_{150} 的 S_r/m 和 S_R/m 在可接受范围之内。所有制品的标准偏差也同其他燃烧试验方法的循环验证试验的标准偏差相似。

c) 本试验方法的相对重复性也在可接受范围之内。然而某些制品和参数的相对再现性数据偏高。

d) 对于所有测试的 t_{150} 值，其绝对重复性/再现性较好，均在 3 s～5 s 内。因此若 t_{150} 值较小，则 r/R 值较大，反之亦然。当 t_{150} 大于 10 s，r/R 值也较好。

ICS 13.220.50
Q 10

中华人民共和国国家标准

GB/T 8627—2007
代替 GB/T 8627—1999

建筑材料燃烧或分解
的烟密度试验方法

Test method for density of smoke from the burning
or decomposition of building materials

2007-12-21 发布

2008-06-01 实施

中华人民共和国国家质量监督检验检疫总局
中国国家标准化管理委员会 发布

前　言

本标准修改采用 ASTM D2843—1999《塑料燃烧或分解的烟密度试验方法》(英文版)。

本标准根据 ASTM D2843—1999 重新起草。在附录 A 中列出了本标准章条编号与 ASTM D2843—1999 章条编号的对照一览表。

考虑到我国国情,在采用 ASTM D2843—1999 时,本标准做了一些修改,在附录 B 中给出了这些技术性差异及其原因的一览表以供参考。

本标准代替 GB/T 8627—1999《建筑材料燃烧或分解的烟密度试验方法》。

本标准与 GB/T 8627—1999 相比主要变化如下:

——规定样品支架中的钢丝网格尺寸为 6 mm,而 GB/T 8627—1999 中只规定边长为 5 mm(见1999 年版的 2.1.5);

——取消了"在非仲裁试验时,试验用燃气可采用液化石油气"注释(见 1999 年版的 2.2.1);

——规定丙烷的工作压力由 210 kPa 改为 276 kPa(见本版的 4.3.1);

——增加了对有大量滴落物材料的特殊程序,增加了辅助燃烧器及收集盘等。同时增加了可选择程序(见第 8 章和第 9 章)。

本标准的附录 A、附录 B 均为资料性附录。

本标准由中华人民共和国公安部提出。

本标准由全国消防标准化技术委员会第七分技术委员会(SAC/TC 113/SC 7)归口。

本标准负责起草单位:公安部四川消防研究所。

本标准参加起草单位:浙江省公安厅消防局。

本标准主要起草人:赵成刚、刘松林、曾绪斌、姚建军、余颖飞。

本标准所代替标准的历次版本发布情况为:

——GB/T 8627—1988、GB/T 8627—1999。

建筑材料燃烧或分解
的烟密度试验方法

1 范围

本标准规定了建筑材料燃烧或分解的烟密度试验装置、试验步骤和试验结果的计算及试验报告的具体要求。

本标准规定了测量建筑材料在燃烧或分解的试验条件下的静态产烟量的试验方法。本试验方法是在标准试验条件下,通过测试试验烟箱中光通量的损失来进行烟密度测试。本试验设备可以在试验期间观察到火焰和烟气等现象。

本标准被用来测量和描述在可控制的实验室条件下材料、制品、组件对热和火焰的反应,但不能够用来描述和评价材料、制品或组件在真实火灾条件下的火灾毒性和危险性。当考虑到与特定的最终使用时火灾危险性评价相关的所有因素时,测试的结果可以用做火灾危险性评估的参数。

2 规范性引用文件

下列文件中的条款通过本标准的引用而成为本标准的条款。凡是注日期的引用文件,其随后所有的修改单(不包括勘误的内容)或修订版均不适用于本标准,然而,鼓励根据本标准达成协议的各方研究是否可使用这些文件的最新版本。凡是不注日期的引用文件,其最新版本适用于本标准。

GB/T 2918—1998 塑料试样状态调节和试验的标准环境(idt ISO 291:1997)

3 试验方法

3.1 本试验方法的目的是确定在燃烧和分解条件下建筑材料可能释放烟的程度。其原理是通过测量材料燃烧产生的烟气中固体尘埃对光的反射而造成光通量的损失来评价烟密度大小。

3.2 试验时,将试样直接暴露于火焰中,产生的烟气被完全收集在试验烟箱里。试验时,调节燃气丙烷压力为 276 kPa,将 25 mm×25 mm×6 mm 的试样放置在试验烟箱(图1)中的金属支撑网上,用丙烷燃烧器直接点燃试样。试验烟箱尺寸为 300 mm×300 mm×790 mm,装有光源、光电池和仪表来测量光束水平穿过 300 mm 光路后光的吸收率。除了距烟箱底部 25 mm 高处的通风口,烟箱在4 min的试验期内是关闭的。

3.3 试验过程中得到光吸收数据随时间变化的曲线,典型的图形如图 2 所示。两个指标被用来划分材料的等级:最大烟密度值和烟密度等级。

3.4 试验程序的有效性在于在特定条件下用一种简单、直接、有效的方式测量产生的烟气数量的能力。易燃材料产生烟的程度受材料的数量、形状、湿度、通风、温度和供氧量的显著影响。

4 试验装置

烟箱的构造如图1。

4.1 烟箱

4.1.1 烟箱由一个装有耐热玻璃门的 300 mm×300 mm×790 mm 大小的防锈蚀的金属板构成。烟箱固定在尺寸为 350 mm×400 mm×57 mm 的基座上,基座上设有控制器。烟箱内部应有保护金属免受腐蚀的表面处理。

4.1.2 烟箱除了在底部四周有 25 mm×230 mm 的开口外其余部分应被密封。一个 1 700 L/min 的排风机被安装在烟箱的一边,排风机的进风口与烟箱内部连通,排风口与通风橱相连。如果烟箱处于集烟罩下,可以不必连接到通风橱。

4.1.3 在烟箱门的左右两侧距底座 480 mm 高的居中位置处,各有一开口直径为 70 mm 的不漏烟的玻璃圆窗,在这些位置和烟箱外部,安装有相应的光学设备和附加控制装置。

4.1.4 在烟箱背部安装有一块可更换的白色塑料板,它位于距底座 480 mm 烟箱背面板的居中处,高 90 mm、宽 150 mm,透过它可以看见一个照亮的白底红字的逃生标志"EXIT"字样。白色背景可以方便观察到材料的火焰、烟气和燃烧特性。通过观察安全出口标志有利于找到能见度和测试值之间的关系。

4.2 样品支架

样品放在一个边长为 64 mm 的正方形框槽上,正方形是由 6 mm × 6 mm ×0.9 mm 不锈钢网格构成,正方形支架位于底座上方 220 mm 处并与烟箱各边等距离。钢丝格网位于不锈钢框槽内,不锈钢框槽通过固定于烟箱右边的一根钢杆手柄支撑。安装在同样的钢杆手柄上,在样品支架的下方 76 mm 处有一个类似的不锈钢框槽,它支撑着一个正方形的石棉板,石棉板可以收集试验期间样品的滴落物。通过转动样品支架的钢杆,可使燃烧的样品落在下方盛有少量水的盘子中而熄灭掉。

4.3 点火系统

4.3.1 样品应该由工作压力为 276 kPa 的点火器产生的丙烷火焰来点燃。燃气应与空气混合,当燃气从直径为 0.13 mm 的孔通过时,利用丙烷文氏管的作用推动空气并一起通入点火器。点火器应按照图 3 所示的剖面图装配。点火器必须设计能提供足够的外部空气。

注 1:工业等级不小于 85%,总热值为 23 000 cal/L 的丙烷气满足要求。

注 2:因为孔的测量结果与供气压力是成比例的,所以必须注意孔是燃气外出的唯一方式。

4.3.2 样品下方的点火器应能够快速调整位置以便点火器的轴线落在底座上方一个 8 mm 点上,点火器在烟箱背面角落向对角延伸并与底座呈 45° 向上倾斜。点火器的出口应离烟箱背面的参考点 260 mm。

4.3.3 烟箱外部的管道至少 150 mm,应能够将空气导入点火器。

4.3.4 丙烷压力应当是可调的,最好是自动调节。丙烷压力应通过压力表显示出来。

4.4 光电系统

4.4.1 用光源、一个带屏障层的光电池和一个温度补偿计来测量光束穿过 300 mm 的烟气层后的百分比。光束路径沿水平方向传播,如图 4。

4.4.2 光源安装在烟箱左壁凸出去的一个光源盒内,位于底座上方 480 mm 高的地方。光源为灯丝密集型仪表灯泡,工作电压为 5.8 V。光源是一个球形反射体,其电源由一个可调电压变压器提供。一个焦距为(60～65)mm 的透镜将光束聚焦在仪器右壁的光电池上。

4.4.3 另一个装有光度计的盒子安装在烟箱的右边。带屏障层光电池应有标准光谱响应。光电池前面应设置圆形网格箱用来保护电池免受散光照射。网格应为暗黑抛光的,并且开口的深度至少为宽度的两倍。光电池感应产生的电流以光的吸收率显示在仪表上。光电池随着温度的增加线性减少,因此应做出补偿。光电池工作温度不高于 50℃。

4.4.4 仪表应该有两个量程。可通过切换仪表到它灵敏度的十分之一来改变量程。当烟累积到能吸收 90% 的光束时,应快速转换使仪表的灵敏度降低到基本值。要达到这一点,仪表的刻度应是从 90% 到 100%,而不是 0 到 100%。

4.5 记时装置

采用时间间隔为 15 s 的钟表。计时器应与点火器设备连接起来,当点火器移到试验位置时应开始记时。

4.6 求积仪器

采用适合的求积仪或计算机软件等其他合适的方式来计算光吸收率曲线下方的面积。

5 试验样品

5.1 标准的样品是(25.4±0.3)mm×(25.4±0.3)mm×(6.2±0.3)mm,也可以采用其他厚度,但它们的厚度应该和烟密度值一起在报告中说明。试验可以采用厚度小于 6.2 mm 的材料进行试验,也可按照其通常实际使用厚度或者直接叠加到厚度大约 6.2 mm。同样,试验可以采用厚度大于 6.2 mm 的材料进行试验,也可按照其通常实际使用厚度或将材料加工到厚度 6.2 mm。试样最大厚度为 25 mm,当材料厚度大于 25 mm 时,需根据实际使用情况确定受火面,并在切割时保留受火面。

5.2 每组试验样品为 3 块,试样的加工可采用机械切磨的方式,要求试样表面平整,无飞边、毛刺。

6 状态调节

6.1 状态调节:试验前需将试样置于满足 GB/T 2918—1998 中规定的环境条件中至少 40 h 以上。

6.2 试验条件:如果没有特别指定其他条件,试验应在(23±2)℃和相对湿度为(50±5)%的标准实验室条件下进行。

6.3 试验应在集烟罩下进行,并有一个观察试验的窗户。试验时应注意对试验人员的保护。

7 标准步骤

7.1 打开光源、安全出口标志、排风机的电源。

7.2 打开丙烷气,点燃点火器,调整丙烷压力到 276 kPa,并立即点燃点火器。

7.3 设置温度补偿。

7.4 调整光源使光吸收率为 0%。

7.5 将样品水平放置在支架上,使得点火器就位以后火焰正好在样品的下方。

7.6 将计时器调到零点。

7.7 关闭排风机,关闭烟箱门,立即将点火器移至样品下,开启计时器。

7.8 如果在集烟罩下,应关闭排烟风机和集烟罩门。

7.9 以 15 s 的间隔记录光吸收率,记录 4 min。

7.10 记录试验期间的观察现象,包括样品出现火焰的时间,火焰熄灭时间,样品烧尽的时间,安全出口标志由于烟气累积而变模糊的时间,一般的和不寻常的燃烧特性,如熔化、滴落、起泡、成炭。

7.11 试验完成以后,打开排风机排出烟箱的烟气。如在集烟罩内,应在打开集烟罩门以前立即打开排烟风机排尽烟气。

7.12 打开烟箱门,用清洁剂和水清除掉光度计、安全出口标志和玻璃门上的燃烧沉积物。去掉筛子上的残留物或者更换一个筛子进行下一个试验。

7.13 按上述步骤进行三次试验。

7.14 在每次试验开始的时候,或者一天至少一次用经计量的光吸收率为 50% 的滤光片对仪表进行校准,用完全不透光的遮光板来校准 100% 吸收率。也可制作多个不同光吸收率的标准滤光片来对仪表进行校准,如 25%、50%、75% 等。校准时,光通量的显示值同标准滤光片的标定值之差三次平均值应小于 3%(绝对值)。

8 特殊程序

8.1 对于大量滴落的材料,应当在烟箱中引入第二个燃烧器或辅助燃烧器(丙烷气体供给相互独立)。图 5 列出了辅助燃烧器的各个组成部分。

8.2 以不锈钢收集盘替代石棉板(图 1 中的 1B)收集盘。收集盘呈锥形,从而可在其底部收集到滴落物(见图 5 中的 11)。

8.3 辅助燃烧器应当与标准燃烧器同时被点燃。辅助燃烧器应当在 138 kPa 的条件下运行,并且其火焰位置应在收集盘的中心。

9 可选择程序

9.1 光电池的输出结果与时间的函数关系使用特定的图形记录器记录下来。

9.2 采用高灵敏度的传感器等设备能够细分超过 0.1% 变化的烟密度。

10 数据处理

10.1 对每组三个样品每隔 15 s 的光吸收数据求平均值,并将平均值与时间的关系绘制到网格纸上。图 2 就是这样的曲线。

10.2 以曲线的最高点作为最大烟密度。

10.3 曲线与其下方坐标轴所围的面积为总的产烟量,烟密度等级代表了(0~4)min 内的总产烟量。测量曲线与时间轴所围面积,然后除以曲线图的总面积,即(0~4)min 内,(0~100)% 的光吸收总面积,再乘以 100,定义为试样的烟密度等级。

举例说明:在图 2 显示的光吸收与时间关系图中,用纵坐标 10 mm 代表 10% 光吸收,横坐标 10 mm 代表 0.25 min。4 min 的图形总面积是 16 000 mm²,曲线面积是 12 610 mm²,因此,烟密度等级计算如下:

烟密度等级(SDR)=12 610/16 000×100=78.8。

11 试验报告

试验报告中应包含如下信息:

a) 材料名称;

b) 样品尺寸;

c) 每次试验中,每隔 15 s 的光吸收率读数和平均值;

d) 绘制光吸收率与时间关系的曲线图;

e) 光吸光率中的最大烟密度;

f) 光吸收与时间曲线下方的面积百分比(烟密度等级);

g) 材料特性观测结果;

h) 安全出口标记可见性观测结果;

i) 不同于测试方法说明书中的任何操作细节;

j) 试验室环境、试验日期和试验人员。

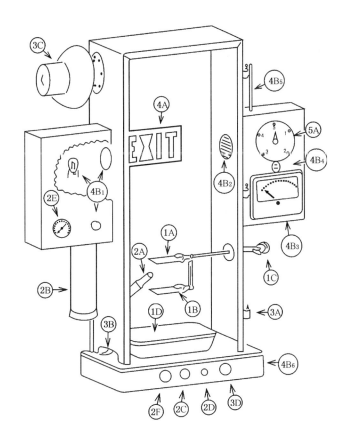

1 样品支架:

A——不锈钢网格;B——石棉板;C——调节把手;D——灭火盘。

2 点火器:

A——燃烧器;B——丙烷罐;C——气体开关阀;D——压力调整旋钮;E——压力指示器;F——燃烧器的定位把手。

3 箱体(无门):

A——门绞链;B——出烟孔;C——排风机;D——风机控制器。

4 光电系统:

A——安全标志;B——测量系统(B$_1$——光源和转换器;B$_2$——光电池和网格;B$_3$——光吸收指示仪表;B$_4$——温度补偿;B$_5$——光电池温度监测器;B$_6$——量程转换)。

5 计时器:

A——计时器。

图 1 烟箱示意图

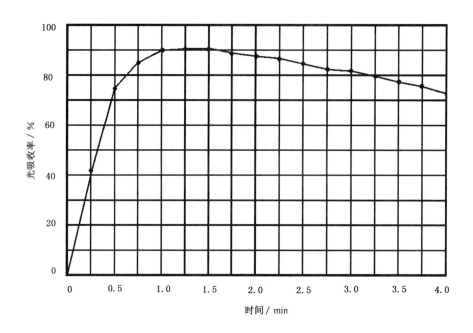

图 2　某试样的试验曲线

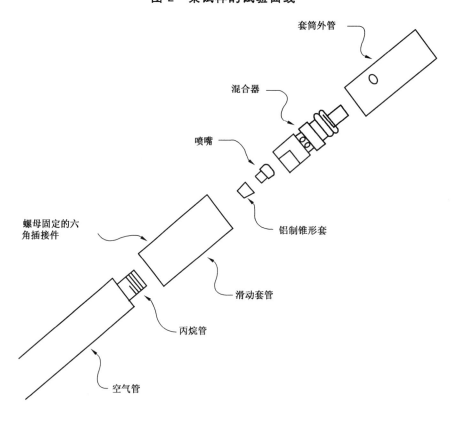

图 3　燃烧器分解图

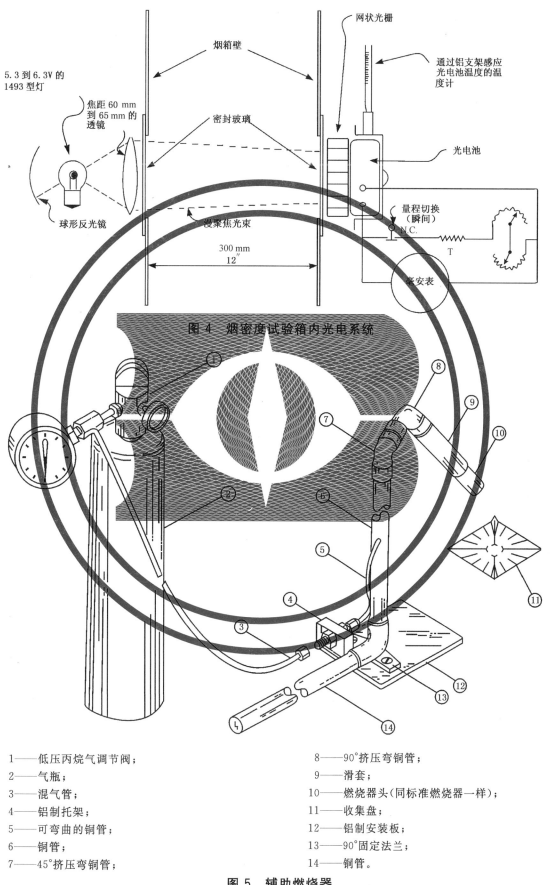

图 4 烟密度试验箱内光电系统

1——低压丙烷气调节阀；

2——气瓶；

3——混气管；

4——铝制托架；

5——可弯曲的铜管；

6——铜管；

7——45°挤压弯铜管；

8——90°挤压弯铜管；

9——滑套；

10——燃烧器头（同标准燃烧器一样）；

11——收集盘；

12——铝制安装板；

13——90°固定法兰；

14——铜管。

图 5　辅助燃烧器

附　录　A

（资料性附录）

本标准章条编号与 ASTM D2843—1999 章条编号对照

表 A.1 给出了本标准章条编号与 ASTM D2843—1999 章条编号对照一览表。

表 A.1　本标准章条编号与 ASTM D2843—1999 章条编号对照

本标准章条编号	ASTM D2843—1999 章条编号
1	1
1.1	—
1.2	1.1
1.3	1.4
3	4
3.1	5.2
3.2	4.1
3.3	4.2
3.4	5.3
4	6
4.1	6.1.1
4.1.1~4.1.4	6.1.1.1~6.1.1.4
4.2	6.1.2.1
4.3	6.1.3
4.3.1~4.3.4	6.1.3.1~6.1.3.4
4.4	6.1.4
4.4.1~4.4.4	6.1.4.1~6.1.4.4
4.5	6.1.5
4.6	6.1.6
5	7
5.1	7.1
5.2	7.2 和 7.3
6	8
6.1	8.1 的第一句
6.2	8.2 的第一句
6.3	8.3
7	9
7.1~7.14	9.1~9.14
8	10
8.1~8.3	10.1~10.3

表 A.1（续）

本标准章条编号	ASTM D2843—1999 章条编号
9	11
9.1～9.2	11.1～11.2
10	12
10.1～10.3	12.1～12.3
11	13
11.1～11.9	13.1.1～13.1.9
11.10	—
—	14
—	15
—	16
附录 A	—
附录 B	—
—	附录 X1

附　录　B

（资料性附录）

本标准与 ASTM D2843—1999 技术性差异及其原因

表 B.1 给出了本标准与 ASTM D2843—1999 的技术性差异及其原因的一览表。

表 B.1　本标准与 ASTM D2843—1999 技术性差异及其原因

本标准的章条编号	技术性差异	原因
—	编写格式不同,本标准编写格式依据 GB/T 1.1—2000 和 GB/T 20000.2—2001的要求	依据国家标准规定的要求进行编写
5.1	增加了样品最大厚度为 25 mm 的要求,并有厚度大于 25 mm 时的取样要求	继续使用原国家标准中对厚度的要求
7.14	增加了 3 个标准滤光片进行校准	可提高校准的精度
11.10	本标准试验报告增加实验室环境、试验日期和试验人员信息	根据我国对实验室管理的一些规定
—	删除 ASTM D2843—1999 的第 14、15 和 16 章	本标准不再需要特别说明
—	删除 ASTM D2843—1999 的附录 X1	附加资料对标准本身没有实际意义

ICS 59.080.60
Q 10

中华人民共和国国家标准

GB/T 11785—2005/ISO 9239-1:2002
代替 GB/T 11785—1989

铺地材料的燃烧性能测定 辐射热源法

Reaction to fire tests for floorings—Determination of the
burning behaviour using a radiant heat source

(ISO 9239-1:2002,IDT)

2005-09-28 发布 2006-04-01 实施

中华人民共和国国家质量监督检验检疫总局
中国国家标准化管理委员会 发布

前　言

本标准等同采用 ISO 9239-1:2002《铺地材料燃烧性能　第1部分:用辐射热源法测量燃烧性能》。

本标准是国际标准化组织 ISO/TC 92 和欧洲标准化委员会合作开发的试验方法,它仅在实验室试验条件下评定材料的燃烧性能,不能单独用于描述或评定材料在实际火灾条件下的火灾危险性,也不能作为材料燃烧危险性有效评价的唯一依据。

本标准代替 GB/T 11785—1989《铺地材料临界辐射通量的测定　辐射热源法》。

本标准与 GB/T 11785—1989 相比主要变化如下:

——增加了火焰熄灭时临界辐射通量的概念。(见第3章)

——提出了最长试验时间 30 min,并取火焰熄灭处的辐射通量值或试验 30 min 时火焰前端对应位置的辐射通量值作为临界辐射通量。(见第3章和第7章)

——箱体烟道内的风速改为(2.5±0.2)m/s,原标准要求(1.22±0.02)m/s。(见第4章)

——校准板上的开孔位置从 110 mm 开始,每隔 100 mm 开一直径为(26±1)mm 的孔,直到910 mm 处,不同于原标准从 100 mm 开始,到 900 mm 处。(见第4章)

——试验装置中点燃试样的点火器长 250 mm,由上下两排共 35 个小孔组成,原标准为开口孔径为(0.075±0.003)mm 的市售文氏(Venturi torch)喷灯。

——试验程序中,没有要求具体的箱体温度值和黑体温度值,仅要求每次试验的箱体温度和黑体温度不能超过校准时温度的误差范围,并且要求的偏差范围不一样。(见第7章)

——增加了对拼块材料的安装要求。(见第5章)

——试验过程增加了测试箱体烟道中的烟气密度值。(见第7章)

本标准的附录 A 是规范性附录,附录 B 和附录 C 是资料性附录。

本标准由中华人民共和国公安部提出。

本标准由全国消防标准化技术委员会第七分技术委员会(SAC/TC113/SC7)归口。

本标准负责起草单位:公安部四川消防研究所。

本标准参加起草单位:陕西省纺织科学研究所。

本标准主要起草人:赵成刚、曾绪斌、马昳。

本标准所代替标准的历次版本发布情况为:

——GB/T 11785—1989。

ISO 前言

国际标准化组织(ISO)是各国标准化团体(ISO 团体成员)的一个世界性联合组织。国际标准的起草制定是通过 ISO 的技术委员会来完成的,每个团体成员都有权参加技术委员会的工作。无论是政府的还是非政府的国际组织,只要与 ISO 确立了联络关系,都可参加 ISO 工作。ISO 与国际电工委员会(IEC)在电工标准化的各个方面均保持了紧密的合作。

国际标准的起草依据 ISO/IEC 编制规程第 3 部分的要求编写。

技术委员会所采纳的国际标准草案分发给各团体成员进行表决,并须至少获得 75%团体成员的赞同,才能出版为正式国际标准。

需要注意的是 ISO 9239-1 的部分原理可能属于知识产权的范围,ISO 组织并没有责任去鉴别个别或所有涉及的知识产权范围。

国际标准 ISO 9239-1 是欧洲标准化委员会(CEN)同 ISO 技术委员会中 ISO/TC92"防火安全"委员会中的 SC1 分委会"火灾的发生和发展"共同协作完成的,并且 ISO 和 CEN 是按照维也纳公约的规定进行合作。

在整个文本中"欧洲标准"就意味着"国际标准"。

该版本为第二版,在技术内容上作了修订,代替并废止第一版 ISO 9239-1:1997。

ISO 9239 在通用标题"铺地材料的燃烧性能"内容下包含以下两部分:

——第 1 部分:用辐射热源法测量燃烧性能;

——第 2 部分:在热辐射为 25 kW/m² 的情况下测量火焰蔓延情况。

本标准中附录 A 是规范性附录,附录 B 和附录 C 是资料性附录。

EN 前言

EN ISO 9239-1:2002 标准是由 BSI CEN/TC 127"建筑火灾安全"技术委员会和 ISO/TC 92"防火安全"技术委员会共同制定。

本欧洲标准最迟应于 2002 年 7 月前通过发布正式文件或书面认可的方式,获得国际标准的地位,且相抵触的国际标准最迟应在 2003 年 11 月前撤消。

按照 CEN/CENELEC 内部规章要求,国际标准化组织的下列成员国必须执行本欧洲标准:奥地利、比利时、捷克斯洛伐克共和国、丹麦、芬兰、法国、德国、希腊、冰岛、爱尔兰、意大利、卢森堡公国、马耳他、荷兰、挪威、葡萄牙、西班牙、瑞典、瑞士和英国。

铺地材料的燃烧性能测定　辐射热源法

1　范围

本标准规定了评定铺地材料燃烧性能的方法。该方法是在试验燃烧箱中,用小火焰点燃水平放置并暴露于倾斜的热辐射场中的铺地材料,评估其火焰传播能力。

本方法适用于各种铺地材料,如:纺织地毯、软木板、木板、橡胶板和塑料地板及地板喷涂材料。其结果可反映出铺地材料(包括基材)的燃烧性能。背衬材料、底层材料或者铺地材料其他方面的改变都可能影响试验结果。

本标准适用于测试和描述在受控的试验室条件下铺地材料的燃烧性能。它不是单独用来描述和评估铺地材料在实际火灾条件下的火灾危险性的方法。

附录 B 给出了本试验方法准确性的验证情况。

2　规范性引用文件

下列文件中的条款通过本标准的引用而成为本标准的条款。凡是注日期的引用文件,其随后所有的修改单(不包括勘误的内容)或修订版均不适用于本标准,然而,鼓励根据本标准达成协议的各方研究是否可使用这些文件的最新版本。凡是不注日期的引用文件,其最新版本适用于本标准。

EN 13238　建筑制品燃烧性能试验　状态调节程序和选取基材的一般规定

3　术语及定义

下列术语和定义适用于本标准。

3.1

辐射通量(kW/m²)　heat flux(kW/m²)

单位面积的入射热,包括辐射热通量和对流热通量。

3.2

熄灭时的临界辐射通量(CHF)　critical heat flux at extinguishment(CHF)

试件表面火焰停止传播并熄灭的位置所对应的辐射通量(kW/m²)。

3.3

X 分钟的辐射通量(HF-X)　heat flux at X min(HF-X)

试验开始 x 分钟时,试件上火焰传播最远距离处所对应的辐射通量(kW/m²)。

3.4

临界辐射通量　critical heat flux

火焰熄灭处的辐射通量(CHF)或试验 30 min 时火焰传播到的最远位置处对应的辐射通量(HF-30),两者中的最低值(即火焰 30 min 内传播的最远距离处所对应的辐射通量)。

3.5

辐射通量分布曲线图　flux profile

辐射板表面自零点起各点的距离与辐射通量对应的关系曲线。

辐射通量曲线中的零点对应于试件夹具热端的内边缘。

3.6

持续火焰　sustained flaming

试件表面或上方出现的持续有焰燃烧超过 4 s 的火焰。

3.7

火焰传播的距离　distance of flame spread

在规定的时间内,持续火焰沿着试件长度方向传播的最远距离。

3.8

铺地材料 flooring

铺设在地面的上表面,由背衬材料、随附的衬垫、中垫和/或粘结剂一起构成的表面装饰层。

3.9

基材 substrate

直接使用于产品下面并满足相应要求的材料。对铺地材料而言,就是指地面(地面上的铺设物)或代表地面的材料。

4 试验装置

4.1 试验装置必须放在离墙和天花板至少 0.4 m 的地方,图 2 到图 5 给出了装置的尺寸。试验箱由厚度(13±1) mm、标称密度 650 kg/m³ 的硅酸钙板和尺寸为(110±10) mm×(1100±100) mm 的防火玻璃构成,防火玻璃安装在箱体前面,以便在试验过程中可以观察到整个试件的长度,试验箱的外面可以安装金属保护层。在观察窗口下方,安装一个可紧密关闭的门,由此能让试件平台移入或移出。

从试件夹具内边缘起,试件两侧应分别安装刻度间隔为 50 mm 和 10 mm 的钢尺。

4.2 试验箱下面由可滑动平台构成,它能严格地保证试件夹具处于固定的水平位置(图 1)。在试验箱和试件夹具之间总的空气流通面积应是(0.23±0.03) m²,且平均分配于试件长边的两边。

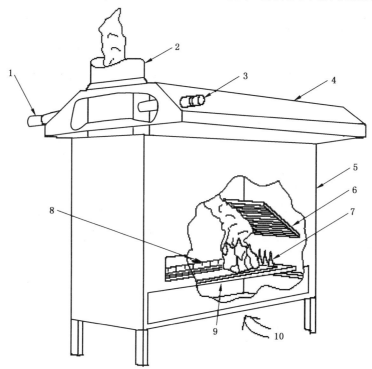

1——照明装置;

2——排烟管道;

3——光接收器;

4——烟罩;

5——试验箱;

6——辐射板;

7——点火器喷出的引燃焰;

8——钢尺;

9——试件和试件夹具连同滑动平台;

10——试验箱下部的空气入口。

图 1 试验装置透视图

单位为毫米

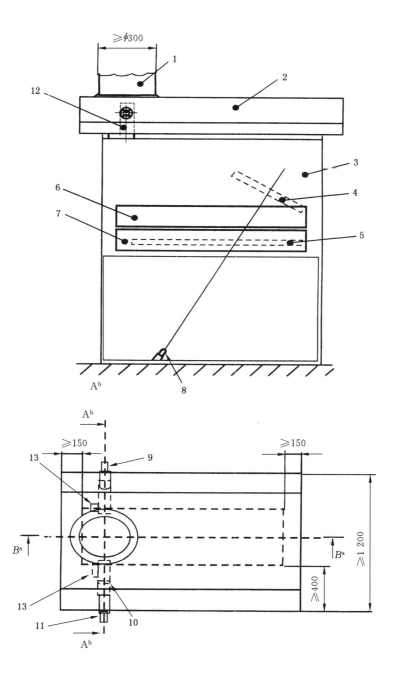

1——排烟管道；

2——烟罩；

3——试验箱；

4——辐射板；

5——试件及试件夹具；

6——观察窗口；

7——试件进出门；

8——辐射高温计；

9——照明装置；

10——校准滤光片槽；

11——光接收器；

12——箱体烟道；

13——净化空气供给管。

a 图 5 为 B—B 剖视图。

b 图 4 为 A—A 剖视图。

图 2 试验装置正视及俯视图

单位为毫米

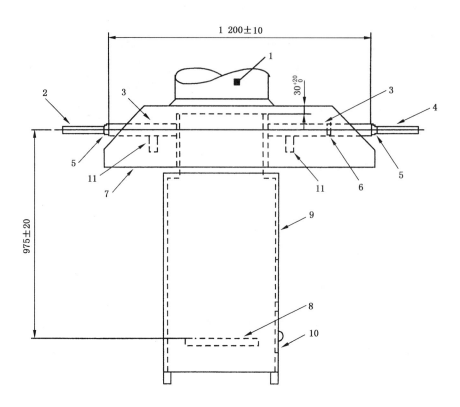

1——排烟管道；

2——照明装置；

3——光测量系统用钢管；

4——光接收器；

5——橡胶环；

6——校准滤光片槽；

7——集烟罩；

8——试件及试件夹具；

9——试验箱；

10——试件进出门；

11——净化空气供给管。

图 3 试验装置 *A—A* 剖视图(另见图 2)

单位为毫米

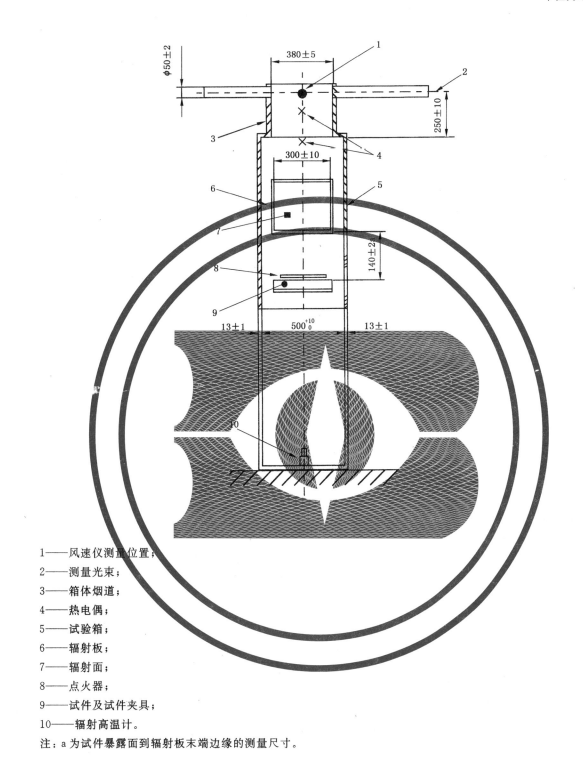

1——风速仪测量位置；

2——测量光束；

3——箱体烟道；

4——热电偶；

5——试验箱；

6——辐射板；

7——辐射面；

8——点火器；

9——试件及试件夹具；

10——辐射高温计。

注：a 为试件暴露面到辐射板末端边缘的测量尺寸。

图 4 试验装置 A—A 剖视图

4.3 辐射热源为一块安装在金属框架中的多孔耐火板,它的辐射面尺寸为(300±10) mm×(450±10) mm。

辐射板应能承受 900℃的高温,并且空气、燃气混合系统必须通过一个适当的装置来保证试验的稳定性和重现性(见附录 B)。

辐射加热板安装于试件夹具上方,其长边与水平方向的夹角为(30±1)°(见图5)。

单位为毫米

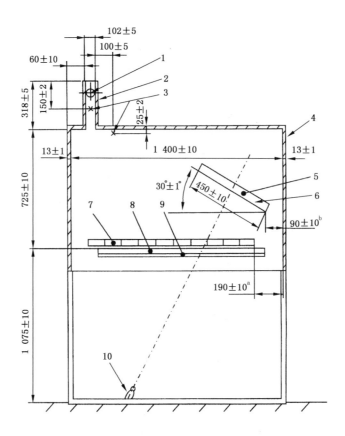

1——光测量系统开口;

2——箱体烟道;

3——热电偶;

4——试验箱;

5——辐射板;

6——辐射面;

7——钢尺;

8——试件及试件夹具;

9——试件滑动平台;

10——辐射高温计。

a　从零点(试件夹近端边缘)到试验箱内表面测试距离。

b　辐射板边缘端到试验箱内表面的测试距离。

图 5　试验装置 B—B 剖视图

单位为毫米

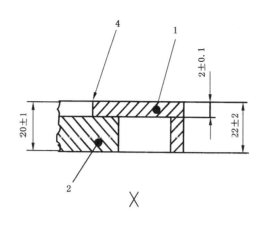

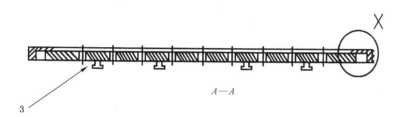

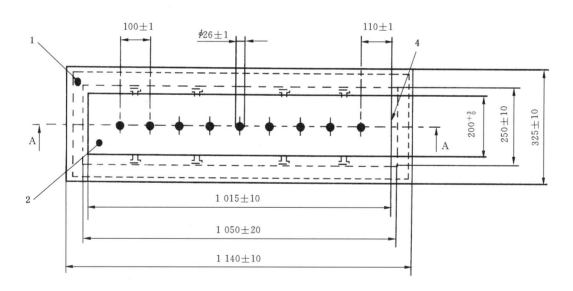

1——试件夹；

2——模拟样品；

3——固定夹；

4——零点。

图 6 试件及试件夹具（没有钢尺）

4.4 试件夹具由耐火且厚度为（2.0±0.1）mm 的 L 形不锈钢材料做成，图 6 给出了它的尺寸。试件的暴露面尺寸为（200±3）mm×（1015±10）mm，试件夹具两端用两螺钉将其固定在滑动钢制平台上，试件可通过各种方式固定在试件夹具上（如钢夹等），夹具总厚度为（22±2）mm。

4.5 用于点燃试件的不锈钢点火器，内径为 6 mm，外径为 10 mm，此点火器上有两排孔，中心线上平均分布 19 个直径 0.7 mm 成放射状的孔，中心线下 60°的线上平均分布 16 个直径 0.7 mm 的放射状的孔(图7)。

单位为毫米

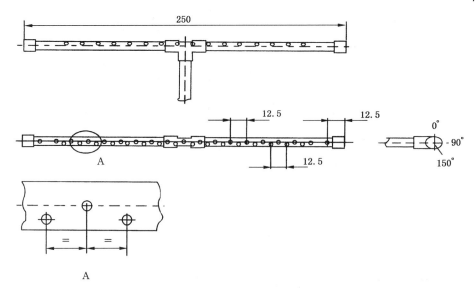

图7 点火器

试验中丙烷气流速应控制在(0.026±0.002)L/s,点火器的放置位置应保证从下排孔产生的火焰能在试件零点前(10±2)mm的地方与试件接触(见图8)。当点火器在点火位置时,它应在试件夹具边缘上方3 mm的地方,当试件不需要点火时,点火器应能从试件零点位置移开至少50 mm,使用热值约为83 MJ/m³的商业丙烷气作为试验用燃气。

当丙烷气流量调节正常并且点火器在试验位置时,点火火焰高度应大致为(60~120)mm(见图8)。

单位为毫米

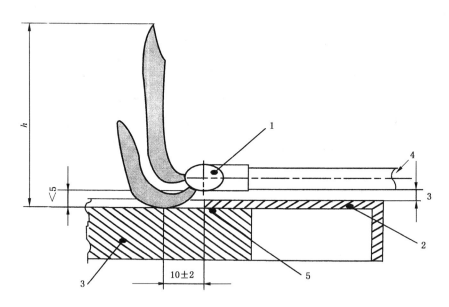

1——点火器;

2——试件夹具;

3——试件;

4——丙烷;

5——零点;

h——引火火焰高度,见4.5。

图8 点火过程中点火器在试件上方的位置

4.6 排烟系统用于抽排燃烧烟气,与箱体烟道不直接相连。当辐射板关闭,模拟样品在规定位置且样品出入门关闭时,箱体烟道内的气体流速应为(2.5±0.2) m/s。

排烟系统的排烟能力为(39~85) m³/min(25℃)。

4.7 测量排烟通道流速的风速仪精度为±0.1 m/s,安装于箱体烟道上,其测量点正好在距离箱体烟道下边缘上方(250±10) mm的中心线上(见图4和图5)。

4.8 为了控制辐射板的热输出,适合使用测试范围为(480~530)℃(黑体温度),精度为±0.5℃的辐射高温计,它与辐射板距离约1.4 m,能感温到辐射板上直径250 mm的圆面(见7.1.3和8.1)。

辐射高温计的灵敏度恒定在波长1 μm至9 μm的范围内。

4.9 在铺地材料辐射试验箱中应安装一支直径为3.2 mm的K型不锈钢铠装热电偶,该热电偶需要有绝缘和非接地的热接点。该热电偶应安装在箱体顶板下25 mm,箱体烟道内壁后100 mm,试验箱垂直面的纵向中心线上。

第二个热电偶插在箱体烟道中间,距离箱体烟道顶部(150±2) mm。每一次试验后要清洁热电偶。

4.10 用于测量试件辐射通量的热通量计应选用无开口,直径25 mm的热通量计(如Schmidt-Boelter型)。它的量程为(0~15) kW/m²,校准时应在辐射通量为(1~15) kW/m²的范围内操作。使用时须为热通量计准备温度为(15~25)℃的冷却水源。

热通量计的精度为±3%。

4.11 校准板是由厚(20±1) mm,密度(850±100) kg/m³无涂覆层的硅酸钙板制成,尺寸为长(1 050±20) mm、宽(250±10) mm(见图6)。沿着中心线从试件零点开始,在110 mm、210 mm,直到910 mm的位置开有直径为(26±1) mm的圆孔。

4.12 如果需要进行烟气测量,测烟装置在附录A中作了说明。

4.13 辐射高温计、热通量计和测烟系统的输出信号应通过适当的方法记录下来。

4.14 时间记录装置精度为秒,1 h的计时误差为1 s。

5 试件

5.1 铺地材料试件应能代表其最终使用的情况。

5.2 制取6个尺寸为(1 050±5) mm×(230±5) mm的试件。一个方向制取3个(如生产方向),在该方向的垂直方向再制取另外3个试件。

如果试件厚度超过19 mm,长度可减少至(1 025±5) mm。

5.3 试件应该用同实际使用方式相同的方法安装在模拟实际地面的基材上(见EN 13238)。

试件使用的粘合剂与实际应用的相比应具有一定代表性,如果实际应用时要使用某种特定的粘合剂,那么应在试验准备时选用该种粘合剂,否则应在报告中注明。

作为试件的一部分背衬材料也应具有实际使用时的代表性。

如果试件由小块拼接而成,那么安装时应把接点放在离零点250 mm的地方,如果此小块不是粘合在一起的,那么试件边缘应该通过机械方式固定在基材上。

对于那些试验时会收缩而从试件夹具框上脱离的铺地材料,它会因不同的安装方法而产生不同的试验结果。因此处于热辐射场中有热收缩趋势的铺地材料,应特别注意使用可靠的安装方法。

对于安装的补充细节,应参照相关产品的说明书。

5.4 当需检验铺地材料燃烧性能的耐久性时,进行材料的清洗和洗涤处理应参照相关产品说明书中规定的程序进行。

6 状态调节

试件应按EN 13238的规定进行状态调节。

对于粘合在基材上的铺地材料,它的养护时间至少应为3天。

7 试验程序

7.1 校准程序

7.1.1 每个月或每次装置有大的变动时，应按下面的校准程序进行校准，如果连续校准都没有变化，可将校准周期延长到 6 个月。

7.1.2 在试验箱中，将滑动平台、模拟样品及夹具放置在试验位置，在排气扇打开、试件出入门关闭情况下测量箱体烟道内的气体流速，并调节使其满足(2.5±0.2) m/s，然后点燃辐射板。让辐射板加热至少 1 h，直到试验箱体温度稳定，在此过程中点火器应关闭。

7.1.3 用热通量计在 410 mm 的位置测量辐射通量。插入热通量计，让它的探测表面与模拟样品面平行并高出 2 mm～3 mm，30 s 后读数，如果辐射通量为(5.1±0.2) kW/m²，就可以进行辐射通量曲线的校准了。如果达不到，则需要调节辐射板的燃气/空气流量。热通量计在每一次新的读数前应让辐射板的燃气流量稳定至少 10 min。

7.1.4 测量辐射通量曲线的方法

依次在每个孔中插入热通量计，起始点为 110 mm，终点为 910 mm。确保热通量计的探测面和测试时间满足 7.1.3 的规定要求。在 910 mm 点测量完毕后，再在 410 mm 点测量辐射通量，检验在此测试过程中辐射通量是否在允许范围以内。

7.1.5 将辐射通量值和校准板上的每个长度值作为一组相关数据函数记录下来，通过这些数据点仔细地画一条平滑曲线，这条曲线就是辐射通量曲线(见图 9)。

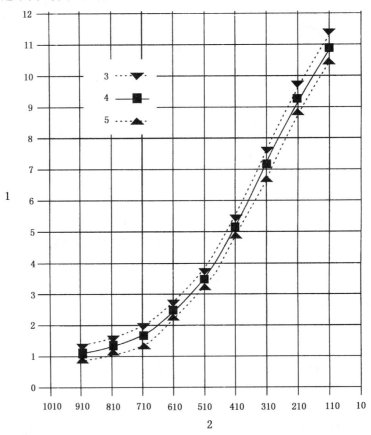

1——辐射通量(kW/m²)；

2——到零点的距离(mm)；

3——上限；

4——名义值；

5——下限。

图 9 辐射通量曲线

如果此辐射通量曲线在表1规定的范围内,那么试验装置的校准和辐射通量曲线标定就完成了。如果不在规定范围内,则需要调节燃气流量,并至少稳定10 min确保试验箱体温度稳定。再按程序重复校准直到辐射通量曲线满足表1的要求。

要调节试件热端的辐射通量,通常是只需改变燃气流量,而调节试件冷端的辐射通量,可能需要同时改变燃气和空气的流量。

表 1 校准热辐射通量分布要求

测试位置/mm	辐射通量/(kW/m²)	允许误差/(kW/m²)
110	10.9	±0.4
210	9.2	±0.4
310	7.1	±0.4
410	5.1	±0.2
510	3.5	±0.2
610	2.5	±0.2
710	1.8	±0.2
810	1.4	±0.2
910	1.1	±0.2

7.1.6 移走模拟样品,关闭样品出入门,5min后测量辐射板的黑体温度和试验箱体温度,记录校准值。

7.2 标准试验程序

7.2.1 根据7.1.2设定排烟系统的空气流量,移走模拟样品,关闭试样出入门,点燃辐射板,让装置预热至少1小时,直到箱体温度稳定。

7.2.2 测量辐射板黑体温度。与按7.1.6校准时记录的温度相比较,黑体温度的偏差应在±5℃范围内,箱体温度偏差应在±10℃范围内。

如果黑体温度和箱体温度超出了给定的温度范围,那么应调整辐射板燃气/空气的输入量。在新的温度测试之前,试验装置需稳定至少15 min,当试验温度达到给定温度要求时,就可进行试验了。

如果要测量烟气,那么调节测烟系统,使其输出值等于100%。在试验之前,保证测试系统的稳定,否则进一步调整。用净化空气检查光源和观察系统,如果有必要可进一步调节使其满足要求。

7.2.3 将试件(包括它的底层材料和基材)安装在试件夹上。然后在组合件背后添加钢夹并紧固螺钉,或者根据样品特性及使用说明书使用其他方法安装。对于多层纺织地毯的试验,可在试验前使用真空吸尘器进行表面清洁,然后把试件安装在夹具内,再放在滑动平台上。

点燃点火器,让它离试件零点至少50 mm,将滑动平台移入试验箱并立即关上样品出入门,试验开始,开启计时和记录装置。

保持点火器离试件零点至少50 mm,预热2 min后,按4.5中的规定让点火器火焰与距试件夹具内边缘10 mm的试件接触。让点火火焰与试件接触10 min,然后移开点火器,让它离零点至少50 mm,熄灭点火火焰。在试验过程中,辐射板燃气和空气应保持稳定。

7.2.4 试验开始后,每隔10 min观测火焰熄灭时火焰前端与试件零点前10 mm间的距离,观察并记录试验过程中明显的现象,比如闪燃、熔化、起泡、火焰熄灭后燃时间和位置、火焰将试件烧穿等。

另外,记录下火焰到达每50 mm刻度时的时间和该时刻火焰前端到达的最远距离,精确到10 mm。

试验应在进行30 min后结束,除非委托方要求更长的试验时间。

7.2.5 若有需要,应按附录A进行烟气测试。

7.2.6 测试某一方向和与这一方向垂直的两块试件。比较CHF和/或HF-30值,在测试值最低的那个方向再重复两次试验,总共需作4次试验。

7.2.7 黑体温度和箱体温度未达到7.2.2要求时,不能进行下一个试验。试验夹具在安装新试件时应达到室温。

8 试验结果

8.1 根据辐射通量曲线,将观察到的火焰传播距离换算成 kW/m^2,计算临界辐射通量,精确到 0.2 kW/m^2。试件没有点燃或火焰传播没有超过110 mm,它的临界辐射通量≥11 kW/m^2,试件火焰传播距离超过910 mm的,它的临界辐射通量≤1.1 kW/m^2。由试验人员在试验30 min时将火焰熄灭的试件没有 CHF 值,它只有 HF-30 值。

8.2 报告的结果由4次试验(见7.2.6)的 CHF 和/或 HF-30 值,以及确切的现象描述共同来表示。对在同一个方向的3块试件,从试验数据中计算临界辐射通量平均值。

当计算上面所述3块试件的临界辐射通量平均值时,CHF 和 HF-30 值都应被包括。

8.3 对于试验持续时间超过30 min的试件,记录火焰熄灭时间和火焰传播的最远距离,并转化成 CHF 值。

8.4 为了确定 HF-X 值,如 HF-10、HF-20、HF-30,需按照7.2.4的叙述,记录火焰到达每50 mm刻度时的时间和每隔10 min火焰传播的距离,同时记录火焰熄灭时间和火焰传播的最远距离。

8.5 若有要求,根据附录A的A.6做出烟气测量结果报告。

9 试验报告

试验报告至少应包括以下信息,明确区分委托商送样日期和试验室检验日期。

　　a)　本试验标准完整编号;

　　b)　与该试验方法的任何偏离;

　　c)　试验室名称和地址;

　　d)　报告的日期和编号;

　　e)　委托商名称和地址;

　　f)　如果知道,分别给出制造商和供应商的名称和地址;

　　g)　样品到达日期;

　　h)　产品证明;

　　i)　相关产品取样程序;

　　j)　检验产品的总体描述,包括产品密度、单位面积质量、试件厚度以及它的结构形式;

　　k)　状态调节的详细情况;

　　l)　试验日期;

　　m)　按第8章的要求表述试验结果;

　　n)　试验过程中的现象;

　　o)　陈述"本试验结果得出的产品燃烧性能是在特殊条件下的检验结果。在实际应用中,它们不能单独作为评价该产品潜在危险性的依据"。

附 录 A

（规范性附录）

烟 气 测 量

A.1 总则

除本标准正文规定的必要条件外，如果需要，可按本附录的叙述进行烟气测量。

A.2 性能要求

烟气的光密度是通过测量光的衰减来确定的。该系统由一个光源，一组透镜，一个通光孔和一个光电池构成（见图 A.1）。该系统按照这样的方式来设置，是为了确保试验过程中沉积的烟灰不会导致光的穿透值下降超过 2%。

光源类别应为白炽灯，色温（2 900±100）K。光源采用稳定的直流电供电，波动范围±0.5%。

通过透镜系统应产生直径(d)至少为 20 mm 的平行光束。

通光孔应该置于透镜 L_2 的焦点处（见图 A.1），其孔径(d)的选择和透镜 L_2 的焦距(f)有关，d 和 f 的比值(d/f)必须小于 0.04。

光电池的分散光谱响应应该与 CIE 的 V(λ) 函数（CIE 光电曲线）一致，其精度至少应为±5%。

光接收器输出值应放大至少 20 倍，并呈线性，其波动范围在测试值 3%之内或绝对值 1%之内。这可以通过滤光片进行校正。系统的噪声和漂移应应小于初始值的 0.5%。

在本附录中，给出了检查烟气测量装置的精度和稳定性的相应的程序。

A.3 仪器

光测量系统应置于箱体烟道的级轴上。光电池和光源应置于排烟系统外的独立的框架上。该框架与排烟系统只作点连接。在试验箱的箱体烟道和排烟罩之间，应安装几根内径 50 mm 的钢管。这些管子与净化空气连通。在试验中发现，每根管子中的净化空气的流量为 25 L/h 较适宜。光测量系统的布置见图 3 至图 5。

A.4 光测系统校准

A.4.1 总则

光测系统应该在试验前，调整、维护、修理后或烟气测量系统的支撑架、排气系统的一些主要部件更换后以及至少每 6 个月应进行一次校准。校准包括两个部分：输出稳定性检查和滤光片检查。

A.4.2 稳定性检查

在测量系统运行时进行下列校准步骤，辐射板不应开启。

a) 设置排气系统的空气流量为(2.5±0.2)m³/s。

b) 开始计时，并以 30 min 为周期记录下光接收器的信号。

c) 用最小二乘法拟合程序，通过各数据点画出一条相匹配的直线来测量漂移。这条线性趋势线在 0 min 和 30 min 时的读数之差的绝对值表示漂移。

d) 通过计算线性趋势线的附近点的均方根偏差来确定噪声值。

A.4.3 检查烟气测量系统的滤光片

校准光系统时，至少应使用 5 块光密度范围在 0.05 到 2.0（透光率为 89%～1%）的中性滤光片进行校准，光密度应按下式进行计算：

$$d = -\log(I)$$

在上式中，I表示0到1范围内的透光率(1对应100％的透光率)。

A.4.4 滤光片检查

光系统可以采用下列步骤进行校准。

在测量系统运行时按照下列步骤进行校准。

a) 将一块遮光片插入滤光片夹中，调整为0；

b) 移出遮光片，调整光接收器的信号至100％；

c) 开始测量，并且以2 min为周期记录下光接收器的信号；

d) 插入每张中性滤光片，并至少记录1 min内相应的信号值；

e) 停止数据采集，计算每个滤光片的平均透光率。

A.5 试验程序

按本标准第7章的规定进行试验，同时在试验过程中连续地或者不超过10 s间隔地记录下箱体烟道中的光衰减值。

A.6 结果的表达

记录下光衰减的最大值和整个试验时间内的光衰减曲线，并用积分计算出整个试验时间内的烟气总值，表达成：　％×　min。

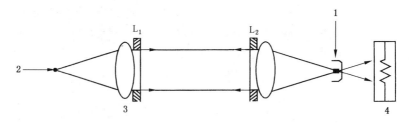

1——通光孔；

2——光源；

3——透镜；

4——光接收器。

图 A.1 光通量测量系统

附　录　B

（资料性附录）

试验方法的验证

本标准的建立过程中,用了 10 种铺地材料来验证,13 家实验室参加了这次论证会,得出了下面的结果。

	HF-30/ (kW/m²)	重现性		复现性	
		标准偏差 S$_r$	S$_r$/m (%)	标准偏差 S$_R$	S$_R$/m (%)
颗粒板	4.4	0.1	3.4	0.6	12.6
木地板	7.8	1.6	19.9	1.9	24.7
PVC	10.7	0.2	2.3	0.6	5.6
橡胶板	6.4	0.8	13.0	1.5	23.9
尼龙地毯(纺织背衬)	3.8	0.4	10.5	0.8	21.3
尼龙地毯(阻燃纺织背衬)	7.6	1.1	14.8	1.8	23.6
尼龙地毯(橡胶背衬)	3.7	0.8	20.5	1.0	27.1
丙纶地毯	2.7	0.2	6.5	0.4	13.4
丙纶地毯(针刺地毯)	5.2	1.1	21.4	2.4	47.2
羊毛/尼龙混纺地毯(80/20)	7.8	0.8	10.0	1.5	18.9

附　录　C
（资料性附录）
燃气和空气的供应

供给辐射板的燃气和空气必须经过适当的压力、流量调节阀、安全装置和流量计。一个适当的供给
系统应满足以下要求。

a) 天然气、甲烷或丙烷的供应中流量至少为 0.1 L/s,并有足够的压力克服供给系统中在调节器、
   控制阀、流量计、辐射板等上的摩擦损失;

b) 空气的流量至少为 4.5 L/s,压力要能足够克服供应系统内的摩擦损失;

c) 燃气和空气分别有单独的控制阀;

d) 燃气供给线路中有单向阀和压力计;

e) 一个电力控制阀,当断电、点火器表面空气压力或温度降低时能自动关闭燃气的供给;

f) 提供空气供给中的过滤器和流量控制阀;

g) 在常温常压下,天然气、甲烷或丙烷宜用量程为 0.1 L/s 到 1.0 L/s,精度为 1% 或更好的流
   量计;

h) 在常温常压下,空气适合用量程 1 L/s~10 L/s 的流量计。

ICS 13.220.20
C 82

中华人民共和国国家标准

GB 12441—2018
代替 GB 12441—2005

饰面型防火涂料

Finishing fire resistant coating

2018-02-06 发布

2018-09-01 实施

中华人民共和国国家质量监督检验检疫总局
中国国家标准化管理委员会 发布

前　言

本标准的 5.2、8.1 和第 7 章为强制性的,其余为推荐性的。

本标准按照 GB/T 1.1—2009 给出的规则起草。

本标准代替 GB 12441—2005《饰面型防火涂料》。

本标准与 GB 12441—2005 相比,除编辑性修改外主要技术变化如下:

——增加了产品的分类和型号(见第 4 章);

——修改了饰面型防火涂料部分理化性能技术指标,删除了技术要求中的缺陷类别(见 5.2,2005 年版的 4.2);

——用难燃性试验代替了隧道燃烧法(见 6.11,2005 年版的附录 B);

——修改了检验规则(见第 7 章,2005 年版的第 6 章)。

本标准由中华人民共和国公安部提出并归口。

本标准起草单位:公安部四川消防研究所、公安部消防局、公安部消防产品合格评定中心、四川天府防火材料有限公司、武汉武立涂料有限公司、四川卓安新材料科技有限公司、江苏冠军科技集团股份有限公司、南京展拓消防设备有限公司。

本标准主要起草人:程道彬、包光宏、王鹏翔、刘程、余威、冯军、唐勇、潘烽、薛黎。

GB 12441—2005 的历次版本发布情况为:

——GB 12441—1998;

——GB 15442.1—1995、GB/T 15442.2—1995、GB/T 15442.3—1995、GB/T 15442.4—1995。

GB 12441—1998 的历次版本发布情况为:

——GB 12441—1990。

饰面型防火涂料

1 范围

本标准规定了饰面型防火涂料的术语和定义,分类和型号,技术要求,试验方法,检验规则,标志,使用说明书,包装、运输及贮存。

本标准适用于各类饰面型防火涂料。

2 规范性引用文件

下列文件对于本文件的应用是必不可少的。凡是注日期的引用文件,仅注日期的版本适用于本文件。凡是不注日期的引用文件,其最新版本(包括所有的修改单)适用于本文件。

GB/T 1720 漆膜附着力测定法

GB/T 1727 漆膜一般制备法

GB/T 1728 漆膜、腻子膜干燥时间测定法

GB/T 1731 漆膜柔韧性测定法

GB/T 1732 漆膜耐冲击性测定法

GB/T 1733 漆膜耐水性测定法

GB/T 1740 漆膜耐湿热性测定法

GB/T 5907(所有部分) 消防词汇

GB/T 6753.1 色漆、清漆和印刷油墨 研磨细度的测定

GB/T 8625 建筑材料难燃性试验方法

GB/T 9750 涂料产品包装标志

3 术语和定义

GB/T 5907界定的以及下列术语和定义适用于本文件。

3.1

饰面型防火涂料 finishing fire resistant coating

涂覆于可燃基材(如木材、纤维板、纸板及制品)表面,具有一定装饰作用,受火后能膨胀发泡形成隔热保护层的涂料。

3.2

难燃性 difficult flammability

在规定的试验条件下,材料难以进行有焰燃烧的特性。

3.3

炭化体积 char volume

在规定的试验条件下,材料发生炭化的最大体积。

4 分类和型号

4.1 分类

饰面型防火涂料按分散介质可分为:

a) 水基性饰面型防火涂料:以水作为分散介质的饰面型防火涂料;

b) 溶剂性饰面型防火涂料:以有机溶剂作为分散介质的饰面型防火涂料。

4.2 型号

饰面型防火涂料的产品代号以字母 SMT 表示,分散介质特征代号分别为 S(水基性)和 R(溶剂性)。饰面型防火涂料的型号编制方法如下:

SMT-□/□

企业自定义代号

分散介质特征代号

产品代号

示例:

SMT-S/A,表示水基性饰面型防火涂料,企业自定义代号为 A。

5 技术要求

5.1 一般要求

5.1.1 用于生产防火涂料的原材料应符合国家环境保护、职业卫生和健康相关法律法规的规定。

5.1.2 涂料应能采用规定的分散介质进行调和、稀释。

5.1.3 饰面型防火涂料应能采用刷涂、喷涂、辊涂和刮涂中任何一种或多种方法方便地施工,并能在正常的自然环境条件下干燥、固化,涂层实干后不应有刺激性气味。成膜后应能形成平整的饰面,无明显凹凸或条痕,无脱粉、气泡、龟裂、斑点等现象。

5.2 技术要求

饰面型防火涂料技术指标应符合表 1 的规定。

表 1 饰面型防火涂料技术指标

序号	项目		技术指标
1	在容器中的状态		经搅拌后呈均匀状态,无结块
2	细度/μm		≤90
3	干燥时间	表干/h	≤5
		实干/h	≤24
4	附着力/级		≤3
5	柔韧性/mm		≤3
6	耐冲击性/cm		≥20
7	耐水性		经 24 h 试验,涂膜不起皱,不剥落
8	耐湿热性		经 48 h 试验,涂膜无起泡、无脱落
9	耐燃时间/min		≥15
10	难燃性		试件燃烧的剩余长度平均值应≥150 mm,其中没有一个试件的燃烧剩余长度为零;每组试验通过热电偶所测得的平均烟气温度不应超过 200 ℃
11	质量损失/g		≤5.0
12	炭化体积/cm³		≤25

6 试验方法

6.1 试验准备

6.1.1 试验用基材

理化性能试验(除耐湿热性试验外)用基材应符合 GB/T 1727 的规定要求。耐湿热性试验基材为透明有机玻璃板,尺寸约为 150 mm×70 mm×1 mm。防火性能试验用基材应符合附录 A 和附录 B 的规定。难燃性试验基材的尺寸应符合 GB/T 8625 的要求,其他防火性能试验用基材的尺寸应符合附录 A 和附录 B 的规定。

6.1.2 试件的制备

理化性能试件的制备应按 GB/T 1727 规定的方法进行。防火性能试件的制备应按 6.11、附录 A 和附录 B 规定的方法进行。

6.1.3 状态调节

理化性能试件应在温度(23±2)℃、相对湿度 50%±5% 的环境条件下状态调节 48 h。防火性能试件经涂刷达到规定的湿涂覆比值后,应在温度(23±2)℃、相对湿度 50%±5% 的环境条件下调节至质量恒定(相隔 24 h 两次称量,其质量变化不大于±0.5%)。

6.1.4 试验环境条件

涂料的细度、干燥时间、附着力、柔韧性、耐冲击性及耐水性六项试验应在温度(23±2)℃、相对湿度 50%±5% 的环境条件下进行。

6.2 在容器中的状态

用搅拌器搅拌容器内的试样或按规定的比例调配多组分涂料的试样,观察涂料有无结块,是否均匀。

6.3 细度

按 GB/T 6753.1 规定的方法进行。

6.4 干燥时间

按 GB/T 1728(甲法)规定的方法进行。

6.5 附着力

按 GB/T 1720 规定的方法进行。

6.6 柔韧性

按 GB/T 1731 规定的方法进行。

6.7 耐冲击性

按 GB/T 1732 规定的方法进行。

6.8 耐水性

按 GB/T 1733(甲法)规定的方法进行。

6.9 耐湿热性

按 GB/T 1740 规定的方法进行。

6.10 耐燃时间

按附录 A 规定的方法进行。

6.11 难燃性

试件基材及制备应符合附录 A 的要求,同时涂覆在试件表面前应先将防火涂料涂覆于试件四周封边。试验按 GB/T 8625 规定的方法进行。

6.12 质量损失

按附录 B 规定的方法进行。

6.13 炭化体积

按附录 B 规定的方法进行。

7 检验规则

7.1 检验分类

7.1.1 出厂检验

出厂检验项目为在容器中的状态、细度、干燥时间、附着力、柔韧性、耐冲击性、耐水性、耐湿热性及耐燃时间。

7.1.2 型式检验

型式检验项目为 5.2 规定的全部检验项目。有下列情况之一时,应进行型式检验:
a) 新产品投产前或老产品转厂时的试制定型鉴定;
b) 正常生产后,产品的原材料、配方或生产工艺有较大改变时;
c) 产品停产一年以上恢复生产时;
d) 出厂检验结果与上次型式检验有较大差异时;
e) 发生重大质量事故整改后;
f) 质量监督部门依法提出型式检验要求时。

7.2 组批与抽样

7.2.1 组批

组成一批的饰面型防火涂料应为同一批材料、同一工艺条件下生产的产品。

7.2.2 抽样

出厂检验样品应从不少于 200 kg 的产品中随机抽取 10 kg。

型式检验样品应从不少于 1 000 kg 的产品中随机抽取 20 kg。

7.3 判定规则

7.3.1 出厂检验判定

出厂检验项目均满足表 1 规定的技术指标为合格,不合格的检验项目可以在同批样品中抽样进行两次复检,复检均合格后方判为合格。

7.3.2 型式检验判定

型式检验项目全部符合本标准要求时,判该产品合格。

8 标志、使用说明书

8.1 产品标志应包含产品名称、型号规格、执行标准、商标(适用时)、生产者名称及地址、生产企业名称及地址、产品生产日期或生产批号等。

8.2 产品的使用说明书应明示产品的涂覆量、施工工艺及警示等。溶剂性饰面型防火涂料应特别注明防火安全要求及对人员的健康防护措施。

9 包装、运输及贮存

9.1 包装

产品包装的标志应符合 GB/T 9750 的规定。产品包装桶应贴上产品说明书、产品标志和合格证,并应满足下列要求:

a) 水基性饰面型防火涂料应采用清洁、密封的塑料桶或有塑料内衬的容器;

b) 溶剂性饰面型防火涂料应采用清洁、密封的铁桶。

9.2 运输

运输过程中应防止雨淋、曝晒,防止重压、摔落、冲撞及倒置。

9.3 贮存

产品应存放在通风、干燥、防止日光直射的地方,贮存温度应在 5 ℃～40 ℃。

附　录　A
（规范性附录）
大板燃烧法

A.1　范围

本附录规定了在规定条件下测试涂覆于可燃基材表面的饰面型防火涂料耐燃特性的试验方法—大板燃烧法。

本附录适用于饰面型防火涂料耐燃时间的测定。

A.2　试验设备

A.2.1　试验装置

A.2.1.1　试验装置由试验架、燃烧器、喷射吸气器等组成，见图 A.1。

单位为毫米

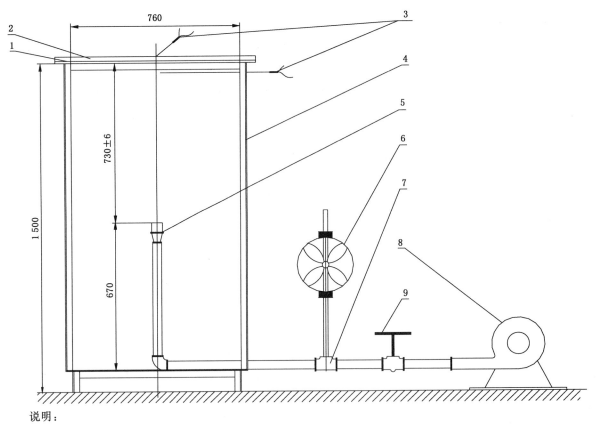

说明：
1——试件；　　　　　　　　　6——燃料气调节阀；
2——石棉压板；　　　　　　　7——喷射吸气器；
3——热电偶；　　　　　　　　8——风机；
4——试验架；　　　　　　　　9——空气调节阀。
5——燃烧器；

图 A.1　试验装置

A.2.1.2 试验架为 30 mm×30 mm 角钢构成的框架,其内部尺寸为 760 mm×760 mm×1 400 mm。框架下端脚高 100 mm,上端用于放置试件。

A.2.1.3 石棉压板由 900 mm×900 mm×20 mm 石棉板制成,中心有一直径为 500 mm 的圆孔。

A.2.1.4 燃烧器由内径 42 mm、壁厚 3 mm、高 42 mm 以及内径 28 mm、壁厚 7 mm、高 25 mm 的两个铜套管组合而成,两个铜套管的外端面平行,同时在内铜套管的端面均匀分布四个内径为 2 mm 的小孔;燃烧器安装在公称直径为 40 mm×32 mm 变径直通管接头上。燃烧器口到试件的距离为(730±6)mm。

A.2.1.5 喷射吸气器由公称直径为 32 mm×32 mm×15 mm 变径三通管接头以及旋入三通管接头一端的喷嘴所组成,喷嘴长 54 mm,中心孔径为 14 mm。

A.2.1.6 鼓风机风量为 1 m³/min～5 m³/min。

A.2.2 调控装置

A.2.2.1 热电偶

温度监控均采用精度不低于Ⅱ级、K 分度的热电偶。其中,用于火焰温度监控应采用外径不大于 3 mm 的铠装热电偶;用于试件背火面温度测试应采用丝径不大于 0.5 mm 的热电偶,其热接点应焊接在直径为 12 mm,厚度为 0.2 mm 的铜片中心位置。

A.2.2.2 温度记录装置

将热电偶产生的毫伏信号送至信号调理板,通过数据采集卡将模拟信号转换为数字信号,然后由计算机进行编程处理转换成相应的温度值。温度读数分辨率为 1 ℃。

A.2.3 计时器

计时器采用计算机或电子秒表,其计时误差不大于 1 s/h,读数分辨率为 1 s。

A.2.4 燃料

燃料采用液化石油气或丙烷气。

A.2.5 试验室

试验室分为燃烧室和控制室两部分,两室之间设有观察窗。燃烧室的长、宽、高限定为 3 m～4.5 m,试验架到墙的任何部位不得小于 900 mm。试验时,应无外界气流干扰。

A.3 试件制备

A.3.1 试验基材的选择及尺寸

试验基材为一级三层胶合板,基材厚度为 5 mm±0.2 mm,试板尺寸为 900 mm×900 mm。表面应平整光滑,试板的一面距中心 250 mm 平面内不应有拼缝和节疤。

A.3.2 涂覆比值

试件为单面涂覆,涂覆应均匀,湿涂覆比值为 500 g/m²,涂覆误差为规定值的±2%。若需分次涂覆,则两次涂覆的间隔时间不得小于 24 h。

A.4 试验程序

A.4.1 检查热电偶及计算机系统工作是否正常。

A.4.2 将经过状态调节至质量恒定的试件水平放置于试验架上,使涂有防火涂料的一面向下,试件中心正对燃烧器,其背面压上石棉压板。

A.4.3 将测量火焰温度的铠装热电偶水平放置于试件下方,其热接点距试件受火面中心 50 mm(试验中,若涂料发泡膨胀厚度大于 50 mm 时,可将热电偶垂直向下移动直至热接点露出发泡层)。再将测背火面温度的 5 支铜片表面热电偶放置于试件背火面,其中 1 支铜片表面热电偶放置于试件背火面对角线交叉点,另外 4 支铜片表面热电偶分别放置于试件背火面离交叉点 100 mm 的对角线上(见图 A.2)。每个铜片上应覆盖 30 mm×30 mm×2 mm 石棉板一块,石棉板应与试件紧贴,并以适当方式固定,不应压其他物体。

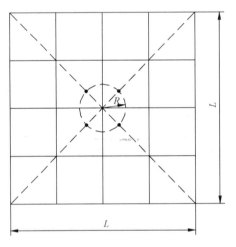

说明:

* ——背火面热电偶放置位置;

R ——背火面热电偶位置与试件对角线交叉点的间距,$R=100$ mm;

L ——试件尺寸,$L=900$ mm。

图 A.2 背火面热电偶布置图

A.4.4 开启计算机测试系统,然后开启空气调节阀和燃气调节阀,在点燃燃气的同时启动计算机测试系统并开始计时。观察试验现象,计算机测试系统每分钟采集一次火焰温度和试件背火面温度。试验采用的燃气如果为液化石油气,当试验进行至 5 min 时,燃气供给量应为(16±0.4)L/ min。然后通过调节空气供给量来控制火焰温度,整个试验过程按照图 A.3 所示时间—温度标准曲线进行升温,当试件背火面任何 1 支铜片表面热电偶温度达到 220 ℃或试件背火面出现穿火时,关闭空气调节阀和燃气调节阀,计算机测试系统应自动记录试验时间。

A.4.5 整个试验过程的火焰温升($T-T_0$)按式(A.1)计算:

$$T-T_0=345 \lg(8t+1) \qquad \cdots\cdots\cdots\cdots\cdots(A.1)$$

式中:

T ——t 时的火焰温度,单位为摄氏度(℃);

T_0——试验开始时的环境温度,单位为摄氏度(℃);

t ——试验经历的时间,单位为分钟(min)。

图 A.3 为式(A.1)的函数曲线,即时间—温度标准曲线,其对应每分钟的代表性温升见表 A.1。

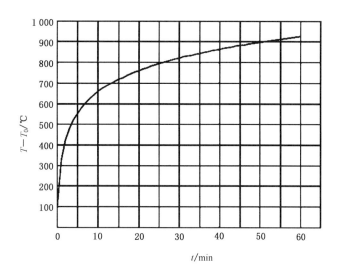

图 A.3　时间—温度标准曲线

表 A.1　随时间变化的温升表

时间 min	温升($T-T_0$) ℃	时间 min	温升($T-T_0$) ℃	时间 min	温升($T-T_0$) ℃	时间 min	温升($T-T_0$) ℃
1	329	10	659	19	754	28	812
2	425	11	673	20	761	29	817
3	482	12	684	21	769	30	822
4	524	13	697	22	776	35	845
5	553	14	708	23	782	40	865
6	583	15	719	24	789	45	882
7	606	16	727	25	795	50	892
8	625	17	737	26	800	55	912
9	643	18	746	27	806	60	925

试验中的时间—温度实测曲线下的面积与时间—温度标准曲线下的面积之间的可允许偏差为：

a)　在试验的开始 10 min 范围内为±10％；

b)　在试验的 10 min 以后为±5％。

A.4.6　每完成一次试验后,应等待室温降至 40 ℃以下时,方可进行下次试验。

A.4.7　重复试验 3 个试件,对 3 个试件燃烧时间的平均值取整(舍去小数部分),即得到耐燃时间,单位为分钟(min)。

附　录　B

（规范性附录）

小室燃烧法

B.1　范围

本附录规定了在实验室条件下测试涂覆于可燃基材表面防火涂料阻火性能的试验方法——小室燃烧法，测试结果以燃烧质量损失和炭化体积表示。

本附录适用于饰面型防火涂料阻火性能的测定。

B.2　试验设备

B.2.1　小室燃烧箱

B.2.1.1　小室燃烧箱为一镶有玻璃门窗的金属板箱（见图 B.1）。

单位为毫米

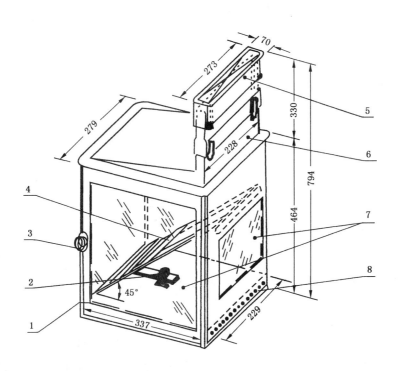

说明：

1——箱体；　　　　　　　　　　5——回风罩；

2——燃料杯；　　　　　　　　　6——烟囱；

3——门销；　　　　　　　　　　7——玻璃窗；

4——试件支架；　　　　　　　　8——进气孔。

图 B.1　小室燃烧箱示意图

B.2.1.2 箱体的内部长宽高尺寸为 337 mm×229 mm×794 mm(包括伸出的烟囱和顶部回风罩)。

B.2.1.3 回风罩与烟囱之间的距离可调节,以便排走燃烧产生的烟气。

B.2.2 试件支撑架

B.2.2.1 试件支撑架由间隔 130 mm 的两块平行扁铁构成,扁铁尺寸为 480 mm×25 mm×3 mm。扁铁两端由搭接件固定。

B.2.2.2 支撑架上有可调节横条,用以固定试件位置。

B.2.2.3 支撑架底部固定一平行于箱底的金属基座,基座用于放置燃料杯。

B.2.3 燃料杯

燃料杯由黄铜制成,外径 24 mm,壁厚 1 mm,高 17 mm,容积约为 6 mL。

B.2.4 其他试验设备

试验还需使用以下设备:

a) 天平(感量 0.1 g);

b) 钢直尺或游标卡尺(分度值 1 mm);

c) 滴定管或移液管(分度值 0.1 mL)。

B.3 试件制备

B.3.1 基材的选择及尺寸

试验基材选用一级三层胶合板,基材厚度为 5 mm±0.2 mm,试板尺寸为 300 mm×150 mm;试板表面应平整光滑,无节疤拼缝或其他缺陷。

B.3.2 涂覆比值

试件为单面涂覆,涂覆应均匀,湿涂覆比值为 250 g/m²(不包括封边),涂覆误差为规定值的±2%。涂覆时,应先将防火涂料涂覆于试板四周封边,放置 24 h 后再将防火涂料均匀地涂覆于试板的一表面。若需分次涂覆时,则两次涂覆的时间间隔不得小于 24 h。

B.4 试验程序

B.4.1 将经过状态调节的试件置于(50±2)℃的烘箱中静置 40 h,取出冷却至室温,准确称量至 0.1 g。

B.4.2 将称量后的试件放在试件支撑架上,使其涂覆面向下。

B.4.3 用移液管或滴定管取 5 mL 分析纯无水乙醇注入燃料杯中,将燃料杯放在基座上,使杯沿到试件受火面的最近垂直距离为 25 mm。点火、关门,试验持续到火焰自熄为止。试验过程中应无强制通风。

B.4.4 每组试验应重复做 5 个试件。

B.5 数据处理

B.5.1 将燃烧过的试件取出冷却至室温,准确称量至 0.1 g。对 5 个试件燃烧前后的质量损失取平均值,并保留到小数点后一位数,即得到防火涂料试件的质量损失。

B.5.2 用锯子将烧过的试件沿着火焰延燃的最大长度、最大宽度线锯成 4 块,量出纵向、横向切口涂膜下面基材炭化(明显变黑)的长度、宽度,再量出最大的炭化深度,计算出炭化体积;最后对 5 个试件炭化体积的平均值即得到防火涂料试件的炭化体积,具体计算方法见式(B.1)。

$$V = \frac{\sum_{i=1}^{n} (a_i b_i h_i)}{n} \quad\quad\quad\quad\quad\quad\quad\quad\quad (B.1)$$

式中:

V ——炭化体积,单位为立方厘米(cm³);

a_i ——炭化长度,单位为厘米(cm);

b_i ——炭化宽度,单位为厘米(cm);

h_i ——炭化深度,单位为厘米(cm);

n ——试件个数。

B.5.3 若一组试件的标准偏差大于其平均质量损失(或平均炭化体积)的 10%,需加做 5 个试件,其质量损失(或炭化体积)应根据 10 个试件的平均值计算。

标准偏差的计算见式(B.2):

$$S = \sqrt{\sum_{i=1}^{n} (x_i - \overline{x})^2 / (n-1)} \quad\quad\quad\quad\quad (B.2)$$

式中:

S ——标准偏差;

x_i ——每个试件的质量损失(或炭化体积)值;

$\overline{x}$ ——一组试件的质量损失(或炭化体积)平均值;

n ——试件个数。

ICS 13.220.40
C 80

中华人民共和国国家标准

GB/T 14402—2007/ISO 1716:2002
代替 GB/T 14402—1993

建筑材料及制品的燃烧性能
燃烧热值的测定

Reaction to fire tests for building materials and products—
Determination of the heat of combustion

(ISO 1716:2002,IDT)

2007-12-21 发布   2008-06-01 实施

中华人民共和国国家质量监督检验检疫总局
中国国家标准化管理委员会   发布

前　言

本标准等同采用 ISO 1716:2002《建筑制品对火反应试验　燃烧热值的测定》(英文版)。

为便于使用,本标准做了下列编辑性修改:

——"本国际标准"一词改为"本标准";

——用小数点"."代替作为小数点的逗号",";

——删除了国际标准的目次和前言。

本标准代替 GB/T 14402—1993《建筑材料燃烧热值试验方法》。

本标准与 GB/T 14402—1993 相比主要变化如下:

——引入主要成分和次要成分的概念(见 3.5、3.6);

——不要求测试汽化潜热,以氧弹法测试出的总热值作为材料的热值,当有争议时才提供净热值数据(见第 1 章);

——增加了"香烟"制样法(见 5.9);

——增加了对匀质材料和非匀质材料的热值数据计算的要求和说明(见第 8 章);

——增加了规范性附录"净热值的计算"(见附录 A);

——增加了资料性附录"试验方法的精确度"(见附录 B);

——增加了资料性附录"修正系数 c 的计算"(见附录 C);

——增加了资料性附录"非匀质样品总热值测量示例"(见附录 D)。

本标准的附录 A 为规范性附录,附录 B、附录 C 和附录 D 为资料性附录。

本标准由中华人民共和国公安部提出。

本标准由全国消防标准化技术委员会第七分技术委员会(SAC/TC 113/SC 7)归口。

本标准负责起草单位:公安部四川消防研究所。

本标准参加起草单位:广东省公安厅消防局、四川省公安厅消防局、广州市啊啦棒建材有限公司。

本标准主要起草人:赵成刚、张正卿、曾绪斌、陈映雄、周全会。

本标准所代替标准的历次版本发布情况为:

——GB/T 14402—1993。

引　言

　　本试验规定了在标准条件下,将特定质量的试样置于一个体积恒定的氧弹量热仪中,测试试样燃烧热值的试验方法。氧弹量热仪需用标准苯甲酸进行校准。在标准条件下,试验以测试温升为基础,在考虑所有热损失及汽化潜热的条件下,计算试样的燃烧热值。

　　需注意本试验方法是用于测量制品燃烧的绝对热值,与制品的形态无关。

建筑材料及制品的燃烧性能
燃烧热值的测定

1 范围

本标准规定了在恒定热容量的氧弹量热仪中,测定建筑材料燃烧热值的试验方法。

本标准规定了测定总燃烧热值(PCS)的方法。附录 A 规定了计算净燃烧热值(PCI)的方法。

本试验方法的精度参见附录 B。

2 规范性引用文件

下列文件中的条款通过本标准的引用而成为本标准的条款。凡是注日期的引用文件,其随后所有的修改单(不包括勘误的内容)或修订版均不适用于本标准,然而,鼓励根据本标准达成协议的各方研究是否可使用这些文件的最新版本,凡是不注日期的引用文件,其最新版本适用于本标准。

ISO 13943　消防安全术语

EN 13238　建筑制品的对火反应试验　状态调节程序和基材选择的一般规则

3 术语和定义

ISO 13943 中确立的以及下列术语和定义适用于本标准。

3.1

建筑制品　product

要求提供相关信息的建筑材料、构件或其组件。

3.2

建筑材料　material

单一物质或若干物质均匀散布的混合物,如金属、石头、木材、混凝土,均匀分散的矿物棉、聚合物。

3.3

匀质制品　homogeneous product

由单一材料组成的制品或整个制品内部具有均匀的密度和组分。

3.4

非匀质制品　non-homogeneous product

不满足匀质制品定义的制品。由一种或多种主要或次要组分组成的制品。

3.5

主要组分　substantial component

构成非匀质制品主要部分的材料。单层面密度$\geqslant 1.0 \text{ kg/m}^2$ 或厚度$\geqslant 1.0 \text{ mm}$ 的一层材料可视作主要组分。

3.6

次要组分　non-substantial component

非匀质制品中未构成主要部分的材料。单层面密度$< 1.0 \text{ kg/m}^2$ 且单层厚度$< 1.0 \text{ mm}$ 的材料可视作次要组分。

两层或多层次要组分直接相邻(即它们之间没有主要组分)时,如果合在一起符合一层次要组分的要求,则可视作一个次要组分。

3.7

内部次要组分 internal non-substantial component

其两面分别至少覆盖一种主要组分的次要组分。

3.8

外部次要组分 external non-substantial component

有一面未覆盖主要组分的次要组分。

3.9

热值 heat of combustion

单位质量的材料燃烧所产生的热量,以 J/kg 表示。

3.10

总热值,PCS gross heat of combustion,PCS

单位质量的材料完全燃烧,并当其燃烧产物中的水(包括材料中所含水分生成的水蒸气和材料组成中所含的氢燃烧时生成的水蒸气)均凝结为液态时放出的热量,被定义为该材料的总燃烧热值,单位为兆焦耳每千克(MJ/kg)。

3.11

净热值,PCI net heat of combustion,PCI

单位质量的材料完全燃烧,其燃烧产物中的水(包括材料中所含水分生成的水蒸气和材料组成中所含的氢燃烧时生成的水蒸气)仍以气态形式存在时所放出的热量,被定义为该材料的燃烧热值。它在数值上等于总热值减去材料燃烧后所生成的水蒸气在氧弹内凝结为水时所释放出的汽化潜热的差值,单位为兆焦耳每千克(MJ/kg)。

3.12

汽化潜热 latent heat of vaporization of water

将水由液态转为气态所需的热量,单位为兆焦耳每千克(MJ/kg)。

4 仪器设备

4.1 总则

试验仪器如图 1 所示,4.2~4.12 对试验仪器作出了规定。除非规定了公差。否则所有尺寸均为标称尺寸。

4.2 量热弹

量热弹应满足下列要求:

a) 容量:(300±50)mL;

b) 质量不超过 3.25 kg;

c) 弹桶厚度至少是弹桶内径的 1/10。

盖子用来容放坩埚和电子点火装置。盖子以及所有的密封装置应能承受 21 MPa 的内压。

弹桶内壁应能承受样品燃烧产物的侵蚀,即使对硫磺进行试验,弹桶内壁也应能够抵制燃烧产生的酸性物质所带来的点腐蚀和晶间腐蚀。

4.3 量热仪

4.3.1 量热仪外筒

量热仪外筒应是双层容器,带有绝热盖,内外壁之间填充有绝热材料。外筒充满水。外筒内壁与量热仪四周至少有 10 mm 的空隙。应尽可能以接触面积最小的三点来支撑弹筒。

对于绝热量热系统,加热器和温度测量系统应组合起来安装在筒内,以保证外筒水温与量热仪内筒水温相同。

对于等温量热系统,外筒水温应保持不变,有必要对等温量热仪的温度进行修正。

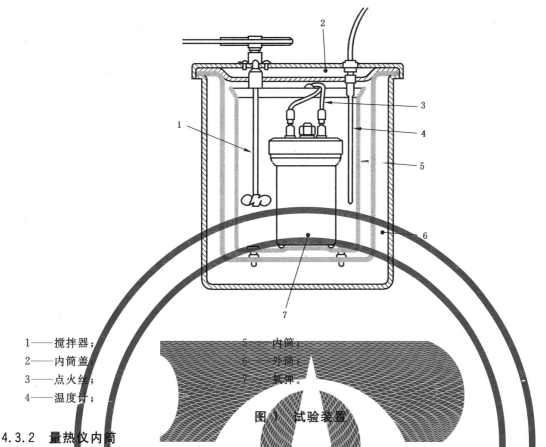

1——搅拌器；　　　　　　　5——内筒；

2——内筒盖；　　　　　　　6——外筒；

3——点火丝；　　　　　　　7——氧弹。

4——温度计；

图 1　试验装置

4.3.2　量热仪内筒

量热仪内筒是磨光的金属容器,用来容纳氧弹。量热仪内筒的尺寸应能使氧弹完全浸入水中。

4.3.3　搅拌器

搅拌器应由恒定速度的马达带动。为避免量热仪内的热传递,在搅拌轴同外桶盖和外桶之间接触的部位,应使用绝热垫片隔开。可选用具有相同性能的磁力搅拌装置。

4.4　温度测量装置

温度测量装置分辨率为 0.005 K。

如果使用水银温度计,分度值至少精确到 0.01 K,保证读数在 0.005 K 内,并使用机械振动器用来轻叩温度计,保证水银柱不粘结。

4.5　坩埚

坩埚应由金属制成,如铂金、镍合金、不锈钢,或硅石。坩埚的底部平整,直径 25 mm(切去了顶端的最大尺寸),高 14 mm～19 mm。建议使用下列壁厚的坩埚。

a)　金属坩埚:壁厚 1.0 mm;

b)　硅石坩埚:壁厚 1.5 mm。

4.6　计时器

计时器用以记录试验时间,精确到 s,精度为 1 s/h。

4.7　电源

点火电路的电压不能超过 20 V。电路上应装有电表用来显示点火丝是否断开。断路开关是供电回路的一个重要附属装置。

4.8　压力表和针阀

压力表和针阀要安装在氧气供应回路上,用来显示氧弹在充氧时的压力,精确到 0.1 MPa。

4.9　天平

需要两个天平:

——分析天平:精度为 0.1 mg;

——普通天平:精度为 0.1 g。

4.10 制备"香烟"装置

制备"香烟"的装置和程序如图 2 所示。制备"香烟"的装置由一个模具和金属轴(不能使用铝制作)组成。

单位为毫米

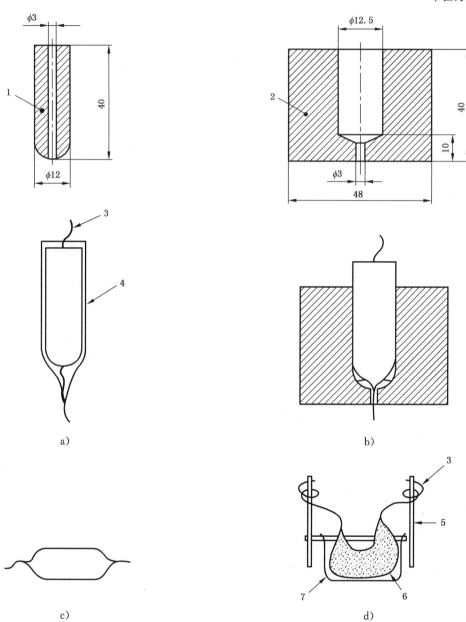

a)

b)

c)

d)

a) 在心轴上成型"香烟纸"。将预先粘好的"香烟纸"边缘重叠粘结固定起来。

b) 移出心轴后,固定"香烟纸"在模具中的位置,准备填装试样。

c) 制好"香烟",将"香烟纸"端拧在一起。

d) 将"香烟"放入坩埚中,点火丝被紧密地包裹缠绕在电极线上。

1——心轴;	5——电极;
2——模具;	6——香烟;
3——点火丝;	7——坩埚。
4——"香烟纸";	

图 2 香烟法制备试样

4.11 制丸装置

如果没有提供预制好的丸状样品,则需要使用制丸装置。

4.12 试剂

4.12.1 蒸馏水或去离子水。

4.12.2 纯度≥99.5%的去除其他可燃物质的高压氧气(由电解产生的氧气可能含有少量的氢,不适用于该试验)。

4.12.3 被认可且标明热值的苯甲酸粉末和苯甲酸丸片可作为计量标准物质。

4.12.4 助燃物采用已知热值的材料,比如石蜡油。

4.12.5 已知热值的"香烟纸"应预先粘好,且最小尺寸为 55 mm×50 mm。可将市面上买来的 55 mm×100 mm 的"香烟纸"裁成相等的两片来用。

4.12.6 点火丝为直径 0.1 mm 的纯铁铁丝。也可以使用其他类型的金属丝,只要在点火回路合上时,金属丝会因张力而断开,且燃烧热是已知的。使用金属坩埚时,点火丝不能接触坩埚,建议最好将金属丝用棉线缠绕。

4.12.7 棉线以白色棉纤维制成(见 4.12.6)。

5 试样

5.1 概述

应对制品的每个组分进行评价,包括次要组分。如果非匀质制品不能分层,则需单独提供制品的各组分。如果制品可以分层,那么分层时,制品的每个组分应与其他组分完全剥离,相互不能粘附有其他成分。

5.2 制样

5.2.1 概述

样品应具有代表性,对匀质制品或非匀质制品的被测组分,应任意截取至少 5 个样块作为试样。若被测组分为匀质制品或非匀质制品的主要成分,则样块最小质量为 50 g。若被测组分为非匀质制品的次要成分,则样块最小质量为 10 g。

5.2.2 松散填充材料

从制品上任意截取最小质量为 50 g 的样块作为试样。

5.2.3 含水产品

将制品干燥后,任意截取其最小质量为 10 g 的样块作为试样。

5.3 表观密度测量

如果有要求,应在最小面积为 250 mm×250 mm 的试样上对制品的每个组分进行面密度测试,精度为±0.5%。如为含水制品,则需对干燥后的制品质量进行测试。

5.4 研磨

将样品逐次研磨得到粉末状的试样。在研磨的时候不能有热分解发生。样品要采用交错研磨的方式进行研磨。如果样品不能研磨,则可采用其他方式将样品制成小颗粒或片材。

5.5 试样类型

通过研磨得到细粉末样品(见 5.4),应以坩埚法(见 5.8)制备试样。如果通过研磨不能得到细粉末样品,或以坩埚试验时试件不能完全燃烧,则应采用"香烟"法制备试样(见 5.9)。

5.6 试样数量

按 7.3 的规定,应对 3 个试样进行试验。如果试验结果不能满足有效性的要求(见第 10 章),则需对另外 2 个试样进行试验。按分级体系的要求,可以进行多于 3 个试样的试验。

5.7 质量测定

称取下述样品,精确到 0.1 mg:

a)　被测材料 0.5 g；

b)　苯甲酸 0.5 g；

c)　必要时，应称取点火丝、棉线和"香烟"纸。

注1：对于高热值的制品，可以不使用助燃物或减少助燃物。

注2：对于低热值的制品，为了使得试样达到完全燃烧，可以将材料和苯甲酸的质量比由1∶1改为1∶2，或增加助燃物来增加试样的总热值。

5.8　坩埚试验

试验步骤如下（如图 3 所示）：

a)　将已称量的试样和苯甲酸的混合物放入坩埚中；

b)　将已称量的点火丝连接到两个电极上；

c)　调节点火丝的位置，使之与坩埚中的试样良好的接触。

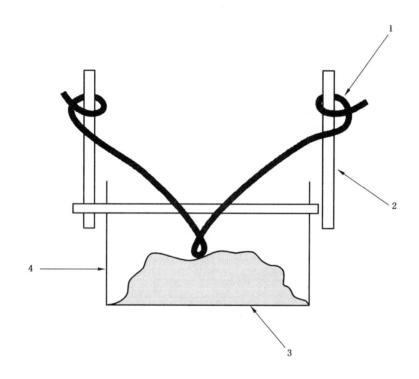

1——点火丝；

2——电极；

3——苯甲酸和试样的混合物；

4——坩埚。

图 3　坩埚法制备试样

5.9　香烟试验

试验步骤如下（如图 2 所示）：

a)　调节已称量的点火丝下垂到心轴的中心。

b)　用已称量的"香烟纸"将心轴包裹，并将其边缘重叠处用胶水粘结。如果"香烟纸"已粘结，则不需要再次粘结。两端留出足够的纸，使其和点火丝拧在一起。

c)　将纸和心轴下端的点火丝拧在一起放入模具中，点火丝要穿出模具的底部。

d)　移出心轴。

e)　将已称量的试样和苯甲酸的混合物放入"香烟纸"。

f)　从模具中拿出装有试样和苯甲酸混合物的"香烟纸"，分别将"香烟纸"两端扭在一起。

g) 称量"香烟"状样品,确保总重和组成成分的质量之差不能超过 10 mg。

h) 将"香烟"状样品放入坩埚。

6 状态调节

试验前,应将粉末试样、苯甲酸和"香烟纸"按照 EN 13238 的要求进行状态调节。

7 测定步骤

7.1 概述

试验应在标准试验条件下进行,试验室内温度要保持稳定。对于手动装置,房间内的温度和量热筒内水温的差异不能超过±2 K。

7.2 校准步骤

7.2.1 水当量的测定

量热仪、氧弹及其附件的水当量 E(MJ/K)可通过对 5 组质量为 0.4 g～1.0 g 的标准苯甲酸样品进行总热值测定来进行标定。标定步骤如下:

a) 压缩已称量的苯甲酸粉末,用制丸装置将其制成小丸片,或使用预制的小丸片。预制的苯甲酸小丸片的燃烧热值同试验时采用的标准苯甲酸粉末燃烧热值一致时,才能将预制小丸片用于试验。

b) 称量小丸片,精确到 0.1 mg。

c) 将小丸片放入坩埚。

d) 将点火丝连接到两个电极。

e) 将已称量的点火丝接触到小丸片。

按 7.3 的规定进行试验,水当量 E 应为 5 次标定结果的平均值,以 MJ/K 表示。每次标定结果与水当量 E 的偏差不能超过 0.2%。

7.2.2 重复标定的条件

在规定周期内,或不超过 2 个月,或系统部件发生了显著变化时,应按 7.2.1 的规定进行标定。

7.3 标准试验程序

a) 检查两个电极和点火丝,确保其接触良好,在氧弹中倒入 10 mL 的蒸馏水,用来吸收试验过程中产生的酸性气体。

b) 拧紧氧弹密封盖,连接氧弹和氧气瓶阀门,小心开启氧气瓶,给氧弹充氧至压力达到 3.0 MPa～3.5 MPa。

c) 将氧弹放入量热仪内筒。

d) 在量热仪内筒中注入一定量的蒸馏水,使其能够淹没氧弹,并对其进行称量。所用水量应和校准过程中(见 7.2.1)所用的水量相同,精确到 1 g。

e) 检查并确保氧弹没有泄漏(没有气泡)。

f) 将量热仪内筒放入外筒。

g) 步骤如下:

1) 安装温度测定装置,开启搅拌器和计时器。

2) 调节内筒水温,使其和外筒水温基本相同。每隔一分钟应记录一次内筒水温,调节内筒水温,直到 10 min 内的连续读数偏差不超过±0.01 K。将此时的温度作为起始温度(T_i)。

3) 接通电流回路,点燃样品。

4) 对绝热量热仪来说:在量热仪内筒快速升温阶段,外筒的水温应与内筒水温尽量保持一致;其最高温度相差不能超过±0.01 K。每隔一分钟应记录一次内筒水温,直到 10 min 内的连续读数偏差不超过±0.01 K。将此时的温度作为最高温度(T_m)。

h) 从量热仪中取出氧弹,放置 10 min 后缓慢泄压。打开氧弹。如氧弹中无煤烟状沉淀物且坩埚上无残留碳,便可确定试样发生了完全燃烧。清洗并干燥氧弹。

i) 如果采用坩埚法进行试验方时,试样不能完全燃烧,则采用"香烟"法重新进行试验。如果采用"香烟"法进行试验,试样同样不能完全燃烧,则继续采用"香烟"法重复试验。

8 试验结果表述

8.1 手动测试设备的修正

按照温度计的校准证书,根据温度计的伸入长度,对测试的所有温度进行修正。

8.2 等温量热仪的修正(见附录 C)

因为同外界有热交换,因此有必要对温度进行修正(见注 1、注 2、注 3)。

注 1:如果使用了绝热护套,那么温度修正值为 0;

注 2:如果采用自动装置,且自动进行修正,那么温度修正值为 0;

注 3:附录 C 给出了用于计算的制图法。

按如下公式进行修正:

$$c = (t - t_1) \times T_2 - t_1 \times T_1 \quad\quad\quad\quad\quad\quad\quad (1)$$

式中:

t——从主期采样开始到出现最高温度时的一段时间,最高温度出现的时间是指温度停止升高并开始下降的时间的平均值,单位为分钟、秒(如图 4 所示);

t_1——从主期采样开始到温度达到总温升值($T_m - T_1$)6/10 时刻的这段时间(如图 4 所示)(见 8.3),这些时刻的计算是在相互两个最相近的读数之间通过插值获得,单位为分钟、秒;

T_2——末期采样阶段温度每分钟下降的平均值(如图 4 所示);

T_1——初期采样阶段温度每分钟增长的平均值(如图 4 所示)。

差异通常与量热仪过热有关。

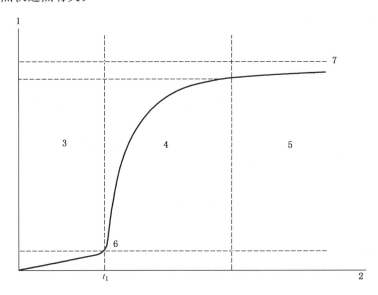

1——温度;

2——时间;

3——试验初期;

4——试验主期;

5——试验末期;

6——点火;

7——T(外筒)。

图 4 温度-时间曲线

8.3 试样燃烧总热值的计算

计算试样燃烧的总热值时,应在恒容的条件下进行,由下列公式计算得出,以 MJ/kg 表示。对于自动测试仪,燃烧总热值可以直接获得,并作为试验结果。

$$PCS = \frac{E(T_m - T_i + c) - b}{m} \qquad \cdots\cdots\cdots\cdots\cdots\cdots\cdots\cdots\cdots (2)$$

式中:

PCS——总热值,单位为兆焦耳每千克(MJ/kg);

E——量热仪、氧弹及其附件以及氧弹中充入水的水当量,单位为兆焦耳每开尔文(MJ/K)(见 7.2);

T_i——起始温度,单位为开尔文(K);

T_m——最高温度,单位为开尔文(K);

b——试验中所用助燃物的燃烧热值的修正值,单位为兆焦耳(MJ),如点火丝、棉线、"香烟纸"、苯甲酸或其他助燃物。

除非棉线、"香烟纸"或其他助燃物的燃烧热值是已知的,否则都应测定。按照 5.8 的规定来制备试样,并按照 7.3 的规定进行试验。

各种点火丝的热值如下:

——镍铬合金点火丝:1.403 MJ/kg;

——铂金点火丝:0.419 MJ/kg;

——纯铁点火丝:7.490 MJ/kg;

c——与外部进行热交换的温度修正值,单位为开尔文(K)(见 8.2)。使用了绝热护套的修正值为 0;

m——试样的质量,单位为千克(kg)。

8.4 产品燃烧总热值的计算

8.4.1 概述

对于燃烧发生吸热反应的制品或组件,得到的 PCS 值可能会是负值。

采用以下步骤计算制品的 PCS 值。

首先,确定非匀质制品的单个成分的 PCS 值或匀质材料的 PCS 值。如果 3 组试验结果均为负,则在试验结果中应注明,并给出实际结果的平均值。

例如:−0.3,−0.4,+0.1,平均值为−0.2。

对于匀质制品,以这个平均值作为制品的 PCS 值,对于非匀质制品,应考虑每个组分的 PCS 平均值。若某一组分的热值为负值,在计算试样总热值时可将该热值设为 0。金属成分不需要测试,计算时将其热值设为 0。

如 4 个成分的热值各为:−0.2,15.6,6.3,−1.8。

负值设为 0,即为:0,15.6,6.3,0。

由这些值计算制品的 PCS 值。

8.4.2 匀质制品

8.4.2.1 对于一个单独的样品,应进行 3 次试验。如果单个值的离散符合第 10 章的判据要求,则试验有效,该制品的热值为这 3 次测试结果的平均值。

8.4.2.2 如果这 3 次试验的测试值偏差不在第 10 章的规定值范围内,则需要对同一制品的两个备用样品进行测试。在这 5 个试验结果中,去除最大值和最小值,用余下的 3 个值按 8.4.2.1 的规定计算试样的总热值。

8.4.2.3 如果测试结果的有效性不满足 8.4.2.1 规定要求,则应重新制作试样,并重新进行试验。

8.4.2.4 如果分级试验中需要对 2 个备用试样(已做完 3 组试样)进行试验时,则应按 8.4.2.2 的规定准备 2 个备用试样,即是说对同一制品,最多对 5 个试样进行试验。

8.4.3 非匀质制品

非匀质制品的总热值试验步骤如下：

a) 对于非匀质制品，应计算每个单独组分的总热值，总热值以 MJ/kg 表示，或以组分的面密度将总热值表示为 MJ/m^2；

b) 用单个组分的总热值和面密度计算非匀质产品的总热值。

对于非匀质制品的燃烧热值的计算可参见附录 D。

9 试验报告

试验报告至少应包括下列内容：

a) 试验标准；

b) 任何与试验方法的偏离；

c) 试验室的名称和地址；

d) 报告编号；

e) 送检单位的名称和地址；

f) 生产单位的名称和地址；

g) 到样日期；

h) 产品信息；

i) 相关的抽样程序；

j) 样品的总体描述（包括：密度、面密度、厚度、产品的构造）；

k) 状态调节；

l) 试验日期；

m) 测定的水当量；

n) 按第 8 章的要求表述测试结果；

o) 试验现象；

p) 注明"本试验结果只与制品的试样在特定试验条件下的性能相关，不能将其作为评价该制品在实际使用中潜在火灾危险性的唯一依据"。

10 试验结果的有效性

只有符合下述判据要求时，试验结果有效。

表 1 试验结果有效的标准

总燃烧热值	3组试验的最大和最小值偏差	有效范围
PCS	≤0.2 MJ/kg	0 MJ/kg～3.2 MJ/kg
PCS^a	≤0.1 MJ/m²	0 MJ/m²～4.1 MJ/m²
a 仅适用于非匀质材料。		

附　录　A

（规范性附录）

净热值的计算

净热值(PCI)为总热值(PCS)与水蒸气冷凝为水释放的汽化潜热(q)的差值，即：

$$PCI = PCS - q$$

通过氢含量的测定来计算燃烧后氧弹内的冷凝水的量。按照第5章和第6章的规定，将样品制备成粉状试样，并进行状态调节。

氢含量试验次数与燃烧热值试验次数相同。

冷凝水含量w为3次试验结果的平均值。

氧弹中冷凝水的汽化潜热q通过下式计算：

$$q = 2\,449\,w$$

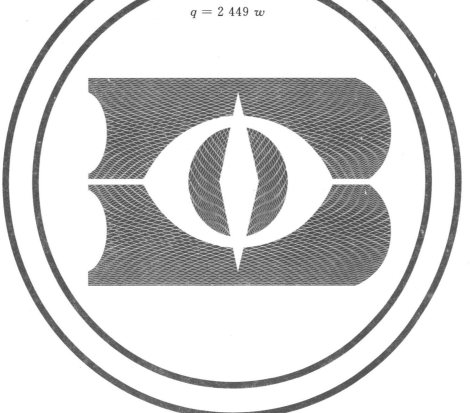

附　录　B

（资料性附录）

试验方法的精确度

CEN/TC 127 主持进行了一次巡回论证试验。使用的草案和本标准一致。巡回论证试验中所用的制品如表 B.1 所述。

表 B.1　循环测试中的产品

产品	密度/(kg/m³)	厚度/mm	面密度/(g/m²)
石棉	145	50	
木质纤维板	50		
石膏纤维板	1 100	25	
酚醛泡沫		40	
FR 纤维疏松填料	30		
涂料			145
PVC/腈橡胶（氯占 12.9%）	65		1 235
吸声矿物纤维瓦	绒:220	18	
＊ 有涂层的玻璃棉毡			413.1
＊ 石棉			4 085
纸面石膏板	70	12.5	
＊ 纸面（深色）			220
＊ 石膏			8 700
＊ 纸面（浅色）			230
有面层的玻璃棉	8	15	
＊ 有涂层的玻璃棉毡			313.2
＊ 玻璃棉			1 092.8
＊ 玻璃绒			55.4

根据 ISO 5725-2[1]（表 B.2），分别以坩埚试验法和香烟试验法，对 PCS(MJ/kg)在置信区间 95% 时计算其统计平均值(m)、标准偏差(S_r 和 S_R)、重复性(r)和再现性(R)。r 和 R 恰好等于标准偏差的 2.8 倍，这些值包括离散值，但不包括偏离值。

表 B.2　巡回论证试验统计结果

	统计平均值 m	标准偏差 S_r	标准偏差 S_R	r	R	S_r/m	S_R/m
PCS/(MJ/kg) 坩埚法	0.32~24.82	0.04~0.35	0.07~1.13	0.12~0.98	0.19~3.16	0.17%~21.3%	2.72%~60.40%
PCS/(MJ/kg) 香烟法	0.31~25.18	0.03~0.34	0.09~1.17	0.10~0.95	0.25~3.27	0.37%~23.41%	3.16%~70.40%

---

1)　ISO 5725-2:1994《测试方法和结果的精度（准确度和精密度）　第 2 部分:确定标准测试方法重现性和再现性的基本方法》。

对于 S_r、S_R、r 和 R，两种试验方法近似具有线性关系。表 B.3 列出了线性系数。作为实例图 B.1 绘制出了坩埚试验的 PCS 图。对于 PCS 值的重现性，即使统计正确，这种模型也没有太大意义。可能比线性模型更复杂的模型更适合这些参数，但在巡回论证试验中没有作这方面的研究。

表 B.3 巡回论证试验统计模型

参数	S_r	S_R	r	R
$PCS/(MJ/kg)$坩埚法	$0.07-0.000\ 4\times PCS$	$0.09+0.028\ 7\times PCS$	$0.20+0.001\ 2\times PCS$	$0.26+0.080\ 4\times PCS$
$PCS/(MJ/kg)$香烟法	$0.05+0.004\ 1\times PCS$	$0.12+0.032\ 8\times PCS$	$0.15+0.011\ 4\times PCS$	$0.34+0.091\ 8\times PCS$

当模型适用于这些参数时，可将其作为一种预测结果的工具，这可通过一个例子来说明，假设试验室对某个制品进行热值测试，用坩埚试验法测出 PCS 值为 1.57 MJ/kg，当同一个试验室对同一个样品进行第二次测试时，r 值就可以计算为：

$$r = 0.20 - 0.001\ 2 \times 1.57 \approx 0.20 \text{ MJ/kg}$$

那么第二次试验的结果 95% 的可能性会落在 1.77 MJ/kg 到 1.37 MJ/kg 之间。

假设现在另外一个试验室对同一制品进行试验，R 值可以计算为：

$$R = 0.26 + 0.080\ 4 \times 1.57 \approx 0.39 \text{ MJ/kg}$$

那么这个试验室的测试结果 95% 的可能性会落在 1.18 MJ/kg 和 1.96 MJ/kg 之间。

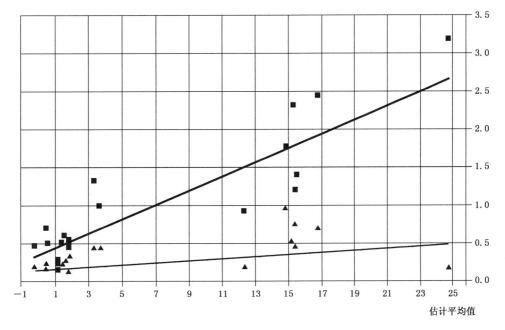

▲——模型 r；

■——模型 R。

图 B.1 坩埚试验的 PCS(MJ/kg)统计模型

附　录　C

（资料性附录）

修正系数 c 的计算

T 是量热仪的温度，t 是时间。假定在试验过程中，量热仪周围的温度是一个恒定的值 T_0。量热仪的温度 T 从试验初期温度 T_0 升高到末期温度 T_1，T_2 通常大于 T_1。在单位时间间隔 dt 内，量热仪由于外界的冷却经历了一个正的或负的变化 dc，它与温度相关，可以通过牛顿公式表示为：

$$c = a \cdot (T - T_0)dt \quad\quad\quad\quad\quad\quad (C.1)$$

对于一个特定的量热仪来说，a 是一个常数；从试验主期采样初期 t_1 时刻到达到最高温度的 t_m 时刻的这段时间内，用下列的积分公式计算量热仪与外界进行热交换的温度修正系数。

$$dc = a\int_{t_1}^{t_m} (T - T_0)dt \quad\quad\quad\quad\quad (C.2)$$

为了计算这个积分，a 和 T_0 必须是已知的。在初期的结束时刻（时刻 1）和在末期的结束时刻（时刻 2），量热仪的温度变化几乎是呈线性关系的，并且与对外界的热量交换相关，因此对这些变量可以给出：

在时刻 1 和时刻 2：dc/dt。

因此还可以写成：

$$\left[\frac{dc}{dt}\right]_1 = a(T_1 - T_0) \quad\quad\quad\quad\quad (C.3)$$

$$\left[\frac{dc}{dt}\right]_2 = a(T_2 - T_0) \quad\quad\quad\quad\quad (C.4)$$

上述方程给出了 a 和 T_0 关于 T_1 和 T_2 的函数关系：$\left[\dfrac{dc}{dt}\right]_1$ 和 $\left[\dfrac{dc}{dt}\right]_2$。

积分值（C.2）可以用曲线（见图 4）计算。可绘制出温度曲线与时间的关系函数，以 t_i 到 t_m 时间段为水平轴，水平轴的纵坐标值为 T_0。用位于水平温度线 T_0 上方阴影面积 A1 和位于水平温度线 T_0 下方的面积 A2 之差乘以冷却常数 a 来表征修正系数 c。

附　录　D

（资料性附录）

非匀质样品总热值测量示例

D.1　用于试验的非匀质制品

如第 3 章所规定非匀质样品由主要组分和内、外部次要组分组成（见图 D.1）。

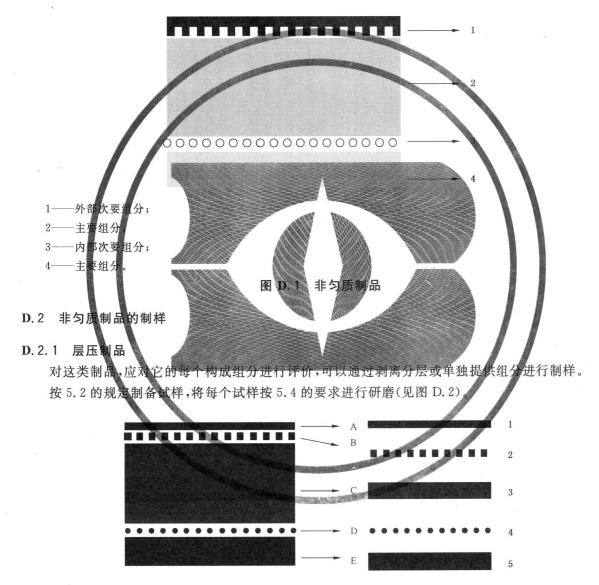

1——外部次要组分；
2——主要组分；
3——内部次要组分；
4——主要组分。

图 D.1　非匀质制品

D.2　非匀质制品的制样

D.2.1　层压制品

对这类制品，应对它的每个构成组分进行评价，可以通过剥离分层或单独提供组分进行制样。按 5.2 的规定制备试样，将每个试样按 5.4 的要求进行研磨（见图 D.2）。

一种样品　　　　　五层　　　　　分为 5 个试样

1——最小面积 0.5 m² 和最小质量 10.0 g；
2——固化后最小质量为 10.0 g（粘接剂）；
3——最小面积 0.5 m² 和最小质量 50.0 g；
4——固化后最小质量为 10.0 g（粘接剂）；
5——最小面积 0.5 m² 和最小质量 50.0 g。

图 D.2　非匀质制品的制样

D.2.2 单个组分面密度的测试

5个组分的面密度(kg/m^2)按照5.3的要求进行测定。A、B、C、D、E 5个组分的面密度分别表示为 M_A、M_B、M_C、M_D、M_E，那么该制品的面密度则为：$M = M_A + M_B + M_C + M_D + M_E$。

D.3 各组分总热值的测试

按7.3的要求测量各组分的总热值，即每个组分的3个测量结果(MJ/kg)：

PCS_{A1} PCS_{B1} PCS_{C1} PCS_{D1} PCS_{E1}

PCS_{A2} PCS_{B2} PCS_{C2} PCS_{D2} PCS_{E2}

PCS_{A3} PCS_{B3} PCS_{C3} PCS_{D3} PCS_{E3}

按第8章的规定对每个组分的试验结果进行分析。如果需要可进行多次试验，算出各组分试验结果的平均值：

——单位：MJ/kg：PCS_A，PCS_B，PCS_C，PCS_D，PCS_E

——单位：MJ/m^2：$PCS_{SA} = M_A \times PCS_A$，$PCS_{SB} = M_B \times PCS_B$，$PCS_{SC} = M_C \times PCS_C$，

$PCS_{SD} = M_D \times PCS_D$，$PCS_{SE} = M_E \times PCS_E$

制品外部次要组分的总热值(MJ/m^2)为：$PCS_{Sext} = PCS_{SA} + PCS_{SB}$

制品外部次要组分的总热值(MJ/kg)为：$PCS_{Sext} = (PCS_{SA} + PCS_{SB})/(M_A + M_B)$

制品的总热值(PCS_S)(MJ/m^2)为：$PCS_S = PCS_{SA} + PCS_{SB} + PCS_{SC} + PCS_{SD} + PCS_{SE}$

制品的总热值(PCS)(MJ/kg)为：$PCS = PCS_S/M$

ICS 13.220.40
C 80

中华人民共和国国家标准

GB/T 14403—2014
代替 GB/T 14403—1993

建筑材料燃烧释放热量试验方法

Test method for combustion heat release of building materials

2014-06-09 发布

2014-10-01 实施

中华人民共和国国家质量监督检验检疫总局
中国国家标准化管理委员会 发 布

前　言

本标准按照 GB/T 1.1—2009 给出的规则起草。

本标准代替 GB/T 14403—1993《建筑材料燃烧释放热量试验方法》。与 GB/T 14403—1993 相比，主要技术变化如下：

——修改了规范性引用文件(见第 2 章,1993 年版的第 2 章)；

——增加了试验前 24 h 燃烧室内温度条件(见 5.2)；

——修改了试验进行 5 min 后燃烧室的压力参数(见 5.4,1993 年版的 6.5)；

——修改了试样状态调节至恒定质量的判定条件(见 6.2,1993 年版的 5.2)；

——增加了在试样安装过程中试样背面背衬硅酸钙板的规定(见 7.2)。

本标准由中华人民共和国公安部提出。

本标准由全国消防标准化技术委员会防火材料分技术委员会(SAC/TC 113/SC 7)归口。

本标准起草单位：公安部四川消防研究所。

本标准主要起草人：邓小兵、张羽、周敏莉、朱磊。

本标准的历次版本发布情况为：

——GB/T 14403—1993。

建筑材料燃烧释放热量试验方法

1 范围

本标准规定了建筑材料燃烧释放热量试验的术语和定义、试验装置、试样制备、试验条件、试验程序、试验结果的表述和试验报告。

本标准适用于对不产生燃烧熔滴物的平板状建筑材料进行燃烧试验,测量其单位面积质量损失和燃烧释放热量。

2 规范性引用文件

下列文件对于本文件的应用是必不可少的。凡是注日期的引用文件,仅注日期的版本适用于本文件。凡是不注日期的引用文件,其最新版本(包括所有的修改单)适用于本文件。

GB/T 5907 消防基本术语 第一部分

GB/T 14107 消防基本术语 第三部分

GB/T 14402 建筑材料及制品的燃烧性能 燃烧热值的测定

3 术语和定义

GB/T 5907 和 GB/T 14107 界定的以及下列术语和定义适用于本文件。

3.1

净热值 net heat of combustion

单位质量的材料完全燃烧,其燃烧产物中的水(包括材料中所含水分生成的水蒸气和材料组成中所含的氢燃烧时生成的水蒸气)仍以气态形式存在时所放出的热量;在数值上等于总热值与材料燃烧后所生成的水蒸气在氧弹内凝结为水时所释放出的气化潜热之间的差值,单位为兆焦耳每千克(MJ/kg)。

3.2

单位面积质量损失 mass loss per unit area

在本标准规定试验条件下,单位面积试样损失的质量,单位为千克每平方米(kg/m²)。

3.3

燃烧释放热量 combustion heat release

根据本标准的规定进行燃烧试验后,试样的净热值与单位面积质量损失的乘积,单位为兆焦耳每平方米(MJ/m²)。

4 试验装置

4.1 试验炉

4.1.1 概述

试验炉应布置于封闭空间(试验室)内部,由燃烧室、燃烧器和测量设备组成。

注：试验炉可包括其他附加设备，如加热部件(安装位置和燃烧器相反)。

4.1.2 结构尺寸

燃烧室及其炉底、炉盖、炉壁和炉门的尺寸见图1。炉壁应采用密度为 2 000 kg/m³±100 kg/m³ 的耐火砖砌成，并应整体固定在钢质框架内。炉盖和炉底应采用密度为 2 100 kg/m³±100 kg/m³ 的耐火混凝土制作。炉体外表面可采用厚度 2 mm 的钢板包覆，并可选择在炉壁和钢板包覆层之间填充隔热材料。

在较长炉壁和炉顶上安装试样的开孔数量不应超过 1 个，可选的可闭观察孔数量不应超过 2 个，观察孔净面积不应超过 100 cm²。燃气出口的设计应能使试验开始 5 min 后燃烧室的最大内部压力达到 12 Pa。

单位为毫米

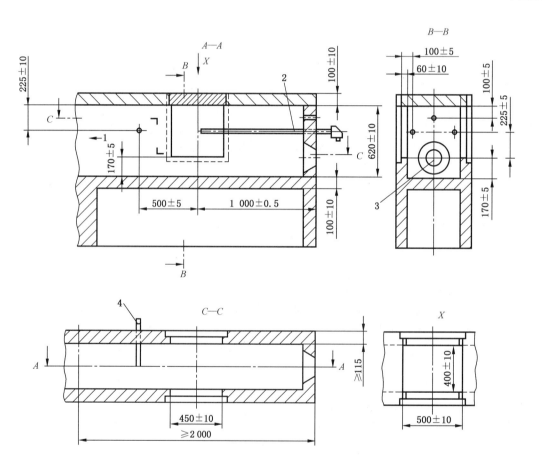

说明：
1——外接装有蝶阀的排烟装置；
2——铠装热电偶；
3——燃烧器开口；
4——测压接口，内径为 15 mm±5 mm。

图 1 试验炉

4.1.3 燃烧器

燃烧器应为能产生持续火焰的雾化燃油燃烧器。

4.2 测量设备

4.2.1 热电偶

炉内温度采用Ⅱ级精度、测量范围为 0 ℃～1 100 ℃、外径为 3 mm、带有保护套管的铠装热电偶测量。铠装和保护套管应为具有耐结垢特性的钢质材料。热电偶插入炉内的测温点应距离试样表面中心点 100 mm±5 mm。

4.2.2 测压装置

炉内静态压力应通过内径为 15 mm±5 mm 的钢质取样导管测量,其安装位置见图 1 中 A—A 和 C—C 截面图。

5 试验条件

5.1 每次试验应安装一个试样,试验炉其他开口应采用与炉壁和炉盖相同厚度和密度的耐火砖予以密封。

5.2 试验前 24 h,燃烧室内的温度不应低于 15 ℃ 或高于 25 ℃。

5.3 燃烧器用燃料为国产的 0 号或 −10 号轻柴油。

5.4 试验进行 5 min 后,试样应在燃烧室内部压力达到 10 Pa±2 Pa 的条件继续试验。炉内温度与时间-温度标准曲线的偏差不应超过±15 ℃。时间-温度标准曲线的函数表达式见式(1):

$$T - T_0 = 345\lg(8t + 1) \qquad\cdots\cdots\cdots\cdots\cdots\cdots(1)$$

式中:

T ——t 时刻的炉内温度的数值,单位为摄氏度(℃);

T_0——炉内初始温度的数值,单位为摄氏度(℃);

t ——试验时间的数值,单位为分(min)。

6 试样制备

6.1 试样数量和规格

试样应具有代表性,试样尺寸为 500 mm×500 mm,试样厚度为实际使用厚度。对称性试样数量为 3 个;在非对称性试样的两个表面上均应进行试验,试样数量为 6 个。

注:对称性试样指试样的材料和结构沿厚度方向呈对称性分布。

6.2 状态调节

试验前,将试样放置于温度 23 ℃±2 ℃,相对湿度(50±5)%的条件下状态调节至质量恒定。在相隔 24 h 的两次称量中,当试样的质量之差不超过试样质量的 0.1% 或 0.1 g(取数值最大者)时,则认为达到恒定质量。

7 试验程序

7.1 将试样状态调节至质量恒定后,称量试样的质量 m_1,精确至 0.5 g,再测量试样的实际边长,精确至 1 mm,根据实际边长计算该试样的面积 A。

7.2 在试样背面背衬一块尺寸为 500 mm×500 mm×20 mm,表观密度为 850 kg/m³±50 kg/m³ 的硅

酸钙板,用金属试样架将试样连同背衬板一同安装固定在试验炉一侧的开口处,试样表面应正对燃烧室。对于非对称性试样,在试样的两个表面上均应试验。试样与实验炉开口的接合处应予以密封。

7.3 依次启动测量控制系统、排烟系统和供油供风系统,打开燃烧器并点火,同时开始计时。试验过程中的炉内温度控制应符合5.4规定。

7.4 试验时间为30 min。试验结束后应依次关闭燃烧器、供油供风系统、测量控制系统和排烟系统。

7.5 取下试样,注意观察炉台上是否存在试样燃烧失落物。收集试样燃烧失落物,并连同试样按6.2规定进行状态调节后称取质量 m_2。

> 注:燃烧失落物指试验时和试验后从试样上碎裂或掉落的所有碳化物、灰和其他残屑。

7.6 按 GB/T 14402 给出的试验方法测量试样的净热值 PCI。

7.7 对于对称性试样,通常只需采用2个试样进行试验。当采用2个试样时,应按8.1规定计算2个试样的单位面积质量损失,并计算其算术平均值,若其中某个试样的单位面积质量损失与平均值之差超过10%,则应在2个试样之外另取1个试样进行试验,这种情况下应报告这3个试样的算术平均值。对于非对称性试样,试样的正反面均应进行2次(或3次)试验,数据计算方式与对称性试样相同。

8 试验结果的表述

8.1 单位面积质量损失

单位面积质量损失 Δm 根据式(2)计算:

$$\Delta m = \frac{m_1 - m_2}{A} \quad\quad\quad\quad\quad\quad\quad\quad\quad (2)$$

式中:

Δm ——单位面积质量损失,单位为千克每平方米(kg/m²);
m_1 ——试验前的试样质量,单位为千克(kg);
m_2 ——试验后的试样质量,单位为千克(kg);
A ——试样的实际面积,单位为平方米(m²)。

8.2 燃烧释放热量

燃烧释放热量 Q_{chr} 根据式(3)计算:

$$Q_{chr} = PCI \times \Delta m \quad\quad\quad\quad\quad\quad\quad\quad (3)$$

式中:

Q_{chr} ——燃烧释放热量,单位为兆焦耳每平方米(MJ/m²);
PCI ——净热值,单位为兆焦耳每千克(MJ/kg);
Δm ——单位面积质量损失,单位为千克每平方米(kg/m²)。

9 试验报告

试验结果仅与试样在特定试验条件下的性能相关,不能将其作为评价该材料在实际使用中潜在火灾危险性的唯一依据。

试验报告应给出下列基本信息:
   a) 试验室名称及地址;
   b) 试验依据的标准;
   c) 建筑材料名称、型号规格、生产单位名称及地址、生产日期;
   d) 试样的外观、厚度、组分和单位面积质量;

e) 试样尺寸,测试表面;

f) 试验次数;

g) 试验结果,包括试样的单位面积质量损失及其算术平均值,燃烧释放热量;

h) 试样的燃烧失落物现象;

i) 试验日期。

ICS 13.220.40
C 80

中华人民共和国国家标准

GB/T 14523—2007/ISO 5657:1997
代替 GB/T 14523—1993

对火反应试验 建筑制品在辐射热源下的
着火性试验方法

Reaction to fire tests—Ignitability of building products using a radiant heat source

(ISO 5657:1997,IDT)

2007-12-21 发布

2008-06-01 实施

中华人民共和国国家质量监督检验检疫总局
中国国家标准化管理委员会 发布

前　言

本标准等同采用 ISO 5657:1997《对火反应试验　建筑制品在辐射热源下的着火性试验方法》(英文版)。

为便于使用,本标准做了下列编辑性修改:

——"本国际标准"一词改为"本标准";

——用小数点"."代替作为小数点的逗号",";

——删除了国际标准的目次和前言。

本标准代替 GB/T 14523—1993《建筑材料着火性试验方法》。

本标准与 GB/T 14523—1993 相比主要变化如下:

——将标准名称修订为"对火反应试验　建筑制品在辐射热源下的着火性试验方法";

——增加了基本平整表面、制品、试样的定义(本版的 3.3、3.8、3.9);

——对温度监控仪的分辨率设定为 ±2℃(本版的 7.6),旧标准分辨率设定在 ±1℃(1993 年版的 3.3.2);

——明确要求对每个不同的受火面在每个辐射照度等级下准备 5 个试样(本版的 6.1.1),而旧版标准中要求若能确定其薄弱面或实际受火面,则对薄弱面或实际受火面进行试验(1993 年版的 5.5.2);

——增加了对试验制品的基材及基板的热惯量的要求(本版的 6.2);

——对装置增加了电路连接及防止电子干扰的要求(本版的 9.4);

——对辐射锥的辐射照度要求做了修订(1993 年版的 3.1.3,本版的 7.2.2),同时,对辐射计的量程要求也做了修订(本版的 7.7);

——新标准增加了对有反光层制品的要求(本版的 6.5);

——增加了资料性附录"正文的注释及操作指南"(见附录 A);

——增加了资料性附录"试验的应用及限制"(见附录 B);

——增加了资料性附录"更高的热辐射通量"(见附录 C);

——增加了资料性附录"持续表面着火时间的比对"(见附录 D);

——增加了"参考文献"。

本标准的附录 A、附录 B、附录 C 和附录 D 均为资料性附录。

本标准由中华人民共和国公安部提出。

本标准由全国消防标准化技术委员会第七分技术委员会(SAC/TC 113/SC 7)归口。

本标准负责起草单位:公安部四川消防研究所。

本标准参加起草单位:新疆维吾尔自治区公安厅消防局。

本标准主要起草人:曾绪斌、赵成刚、姚建军、赵丽、邓小兵、张麓。

本标准所代替标准的历次版本发布情况为:

——GB/T 14523—1993。

引　言

　　火灾是一个复杂的现象:火灾行为及影响取决于很多相互关联的因素,建筑材料和制品的燃烧性能是由火灾性质、材料的使用方法和材料所在的环境决定的。"对火反应"试验原理在 ISO/TR 3814 中作了解释。

　　本标准规定了材料在点火源以及辐射热源条件下的潜在火灾危险特性的试验方法,它不能单独作为评价火灾行为或火灾安全的直接指南。但是,这种试验可用于材料燃烧性能的比较,从而确定材料的着火性。

　　术语"着火性"在 ISO 13943 中被定义为在特定试验条件下由于外部热源的影响,试样被点燃的难易性。在火灾危险性评估中,着火性是需要首要考虑的燃烧性能之一。但是,不能将着火性作为影响建筑火灾发展的主要燃烧性能。

　　此试验并不取决于石棉基材的使用。

　　安全警告:注意燃烧试验中,试样可能产生有毒或有害气体,可采取适当预防措施来保护身体健康,并注意采用 A.7 给出的安全建议。

对火反应试验　建筑制品在辐射热源下的
着火性试验方法

1　范围

本标准规定了在规定热辐射条件下,厚度不超过 70 mm 的材料、复合材料或组件水平放置时,其受火面的着火性的试验方法。

附录 A 给出了对正文的解释和操作的指导性说明,附录 B 给出了试验的局限性说明。

2　规范性引用文件

下列文件中的条款通过本标准的引用而成为本标准的条款。凡是注日期的引用文件,其随后所有的修改单(不包括勘误的内容)或修订版均不适用于本标准,然而,鼓励根据本标准达成协议的各方研究是否可使用这些文件的最新版本。凡是不注日期的引用文件,其最新版本适用于本标准。

GB/T 2918　塑料试样状态调节和试验的标准环境(GB/T 2918—1998,idt ISO 291:1997)

ISO 13943　消防安全词汇

ISO/TR 14697　对火反应试验　建筑制品基材选取指南

3　术语和定义

ISO 13943 中确立的以及下列术语和定义适用于本标准。

3.1
组件　assembly

单一材料或复合材料的制成品(包括空气隙),如夹层板。

3.2
复合材料　composite

在建筑结构中通常能识别出离散个体的材料的合成物,如涂层材料或层压材料。

3.3
基本平整表面　essentially flat surface

在一个平面上的不平整度不超过±1 mm 的表面。

3.4
受火面　exposed surface

承受试验加热条件的制品表面。

3.5
辐射照度(在表面的一个点上)　irradiance(at a point of a surface)

照射在包含此点的无限小的面元上的辐射能通量与该面元面积的比值。

3.6
材料　material

单一物质或均匀分散的混合物,如金属、石材、木材、混凝土、矿物棉、聚合体。

3.7
羽状着火　plume ignition

在试样上方火羽流中出现的任何火焰,包括持续火焰或短暂火焰。

3.8

制品 product

要求提供相关信息的材料、复合材料或组件。

3.9

试样 specimen

经处理用于试验且具有制品代表性的样品(包括空气隙)。

3.10

持续表面着火 sustained surface ignition

在试样表面开始出现并能维持到下一次点火的火焰(大于 4 s)。

3.11

短暂表面着火 transitory surface ignition

在试样表面开始出现但不能维持到下一次点火的火焰(小于 4 s)。

4 试验原理

将试样水平安装,在 10 kW/m² ~ 70 kW/m² 的范围内选择一个恒定的辐射照度作用于试样受火面。按规定时间间隔,在距离每个试样中心上方 10 mm 处用引燃焰点燃试样释放的挥发气体,记录试样表面着火的持续时间(参见 A.2)。

注1:在高辐射照度下,测定材料着火性的装置的使用信息参见附录 C。

注2:按 11.5 的规定记录其他类型的着火现象。

注3:对流传热同样可能对试样中心的加热和校准程序的辐射计读数产生细微的影响,但本标准使用的术语"辐射照度"能最好地表示热传递的主要模式。

5 制品的适合性

5.1 表面特性

5.1.1 具有下述特征的制品适用于本试验:

a) 受火面基本平整;

b) 受火面的不平整是均匀分布的,且满足:

——在一个有代表性的直径为 150 mm 圆形区域内,至少 50% 的受火面与其最高点所在平面间的深度在 10 mm 以内;

——对有宽度不超过 8 mm、深度不超过 10 mm 的槽缝或孔洞的表面,在一个具有代表性的直径为 150 mm 的圆形区域内,该槽缝或孔洞的总面积不超过 30%。

5.1.2 当受火面不能满足 5.1.1 a)或 5.1.1 b)的要求时,应对制品进行处理使其符合 5.1.1 的要求,试验报告应说明制品是经过处理进行试验的,并详细描述制品的处理方法。

5.2 非对称制品

用于本试验的制品可以具有不同的面层,或者由不同的材料按不同顺序层压而成。如果在使用中,制品的任何一面都可能暴露在外面,如使用在室内、洞穴或其他场所,那么应对制品的两面进行试验。

6 试样制备

6.1 试样

6.1.1 在每个辐射照度等级下,对制品的每个受火面均应准备 5 个试样。

6.1.2 试样应具有制品的代表性,正方形,边长为 165_{-5}^{0} mm。

6.1.3 厚度不大于 70 mm 的材料或复合材料应按该材料的实际厚度进行试验。

6.1.4 对于厚度大于 70 mm 的材料或复合材料,制备试样时,应对非受火面进行切除,使其试样厚度为 70_{-3}^{0} mm。

6.1.5 当从表面不平整的制品上切取试样时,应使其表面的最高点处于试样的中心处。

6.1.6 应按照6.1.3或6.1.4的规定对组件进行试验。但是,对于组件结构中的薄型材料或复合材料,空气或空气间隙的存在或垫层的结构特征都可能对受火面的着火性有显著的影响。应了解垫层材料对试验的影响,并确保任何组件的试验结果与它的实际应用相关。

当明确要求制品实际使用时要附在某种特定的基材上时,应按照规定的安装方法,将制品连同基材一起进行试验,如采用适当的粘结剂粘结或机械安装。

当实际使用的基材是不燃性或有限可燃材料时,进行试验时也可采用比实际使用的基材密度更小的参照基材(见 ISO/TR 14697 对基材的建议)。

6.2 基板

6.2.1 每个试样都要求使用 块基板。基板可以重复使用,要根据试验的频率和被测制品的类型来确定基板的总量。

6.2.2 基板应为正方形,边长 165_{-5}^{0} mm,由干态密度为 $(825+125)$ kg/m³、标称厚度为 6 mm 的不燃绝热板制成。其板材的标称热惯量为 $9.0×10^4$ W²s/m⁴K²。

6.3 试样的状态调节

试验前,试样和基板应在温度 $(23±2)℃$、相对湿度 $(50±5)\%$、空气可以在其两面自由流动的条件下状态调节至恒重(参见 A.4.3)。

6.4 试样准备

6.4.1 将经状态调节后的试样置于按6.3要求进行处理过的基板上,再用一层标称厚度为 0.02 mm 的铝箔将试样和基板一齐包裹,铝箔上预留一个直径为 140 mm 的圆孔(见图1)。铝箔的圆孔应位于试样上表面的中心位置。将试样和基板构成的组件重新置于状态调节环境中,直到达到试验的要求。

单位为毫米

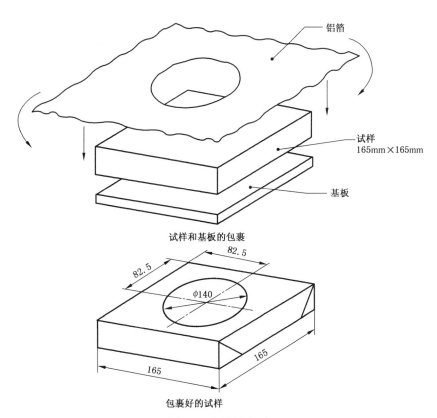

图 1 试样的包裹

6.4.2 如果实际使用时,制品背面为空气(见6.1.6),试验时试样背面应设空气间隙。应通过在试样和基板间使用定位板来形成空气间隙。定位板的尺寸和密度同基板一样,且在其中部切了一个直径为 140_{-5}^{0} mm 的圆孔。若已知空气间隙尺寸,定位板厚度应与空气间隙的厚度一致,但是定位板加试样的总厚度不能超过 70 mm;若不知道空气间隙的大小,或者空气间隙加试样的总厚度超过了 70 mm,那么试样和定位板块的总厚度应制成 70_{-3}^{0} mm。

定位板和基板应在温度(23±2)℃、相对湿度(50±5)%、空气可以在其两面自由流动的环境中放置至少24 h,然后将垫块置于基板和试样之间,再按照6.4.1的规定将此组合件用铝箔包裹起来。组合件制备好后应重新放置于状态调节环境中,直到达到试验要求。

6.4.3 如果基板和用于背衬试样的定位板没有损坏,则可重复使用,但是在重复使用前应将它们置于6.3和6.4.2规定的状态调节环境中至少24 h。如果对于基板和定位板的状态调节没有质疑,也可以将其置于温度为250℃的鼓风烘箱中2 h,去除任何可挥发的残余物质,如果对状态调节仍有质疑,则不采用。

6.5 反光涂层

在真实火灾中,易反光的金属涂层容易被黑色烟灰覆盖而失去光泽。当评价有反射金属外层的材料的着火性时,应分别对制品在原始状态和在制品表面涂刷一层很薄的黑色水基乳液状态下进行评价。使用能溶解于有机溶剂中的碳黑涂料,碳黑的使用覆盖率为5 g/m²。涂刷后的试样应分别按照6.4和第11章的要求进行制备和试验。

6.6 易变形的材料

对于在辐射热下受热尺寸变化显著的材料,不适合使用本试验方法,如受热膨胀或收缩变形很大的材料。由于变形,材料表面的实际辐射照度与用温度控制器设定的辐射照度可能相差很大,从而导致本试验方法的重复性和再现性的精密度比附录D给出的精密度更低。

7 试验装置

试验装置的尺寸除非规定了公差,均为标称值。

试验装置主要由一个支撑框架构成。它可将试样水平固定在压板和护板之间,使试样上表面的规定区域暴露于辐射作用下。以一个固定和支撑在试样支撑架上的辐射锥来提供辐射热源。将自动引火机构伸入辐射锥到达试样上方,并提供火焰。用插入安放盘将试样准确地固定在试样支撑架的压板上。将试样插入装置时,应使用一块遮盖板来保护试样表面。

装置的整体图见图2,部件图见图3～图6。

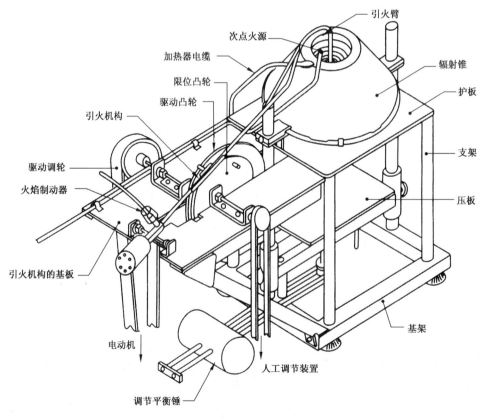

图 2 着火性试验装置——总体图

7.1 试样支撑架、护板和压板

7.1.1 试样支撑架和固定装置的其他部件都应采用不锈钢制作,支撑架由壁厚 1.5 mm、尺寸 25 mm×25 mm 的正方形钢管制成,总尺寸为 275 mm×230 mm。水平护板的边长 220 mm、厚度 4 mm。通过安装在护板角上的 4 根直径 16 mm 的脚架,将水平护板固定在基架正上方 260 mm 处。护板正中央应切割一个直径 150 mm 的圆形开口,开口上边缘应切割成与水平面成 45°、宽度 4 mm 的倒角。

7.1.2 基架上安装有 2 根长度小于 355 mm、直径 20 mm 的钢制垂直导杆,分别安装在支撑架的每条短边的中点处。在护板下面,两根垂直导杆之间装有一根 25 mm×25 mm 的水平调节杆,调节杆可以在导杆上滑动,也可以通过螺钉手动拧紧固定在某个位置,调节杆中央设有一个垂直孔套,用于固定直径 12 mm、长度 148 mm 的垂直滑动杆,滑动杆上面顶着边长 180 mm、厚度 4 mm 的正方形压板。压板通过平衡旋转臂推压着护板的下底面,平衡旋转臂安装在水平调节杆下边,并顶着垂直滑动杆底端。

旋转臂一端有一个滚轮顶在垂直滑动杆下端的轮毂上,在另一端安装了一个调节平衡锤。平衡锤可以平衡不同质量的试样,并在试样和护板间能够施加约 20 N 的恒定压力,用 3 kg 的平衡锤较适合。在试验过程中,由于试样可能出现跨塌、变软、熔化,所以应设有一个调节定位装置来限制压板向上移动,最远距离为 5 mm,在压板和护板之间可以选择使用垫块。

7.1.3 试样支撑架详见图 3。

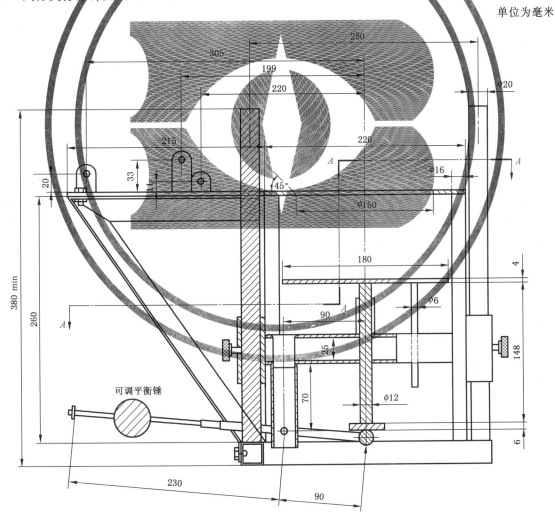

单位为毫米

a） B—B 剖面图

图 3 试样支架

单位为毫米

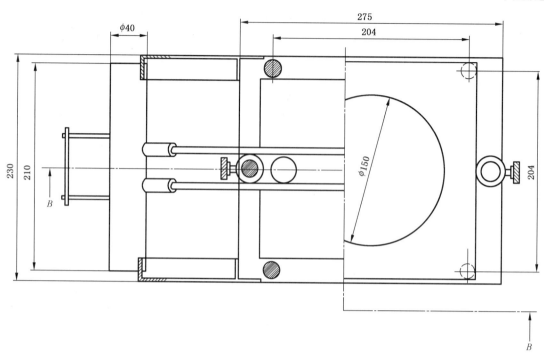

b) A—A 剖面图

图 3（续）

7.2 辐射锥

7.2.1 辐射锥由一个额定功率为 3 kW 的加热元件构成，加热元件为一根长约 3 500 mm、直径8.5 mm 的不锈钢电热管，它缠绕成圆台形并装在防护罩壳内。罩壳整体高度为（75±1）mm，顶部内径为（66±1）mm，底部内径为（200±3）mm。防护罩内外壳为厚度 1 mm 的不锈钢，中间夹 10 mm 厚、标称密度 100 kg/m³ 的陶瓷纤维绝热材料。加热元件通过钢针牢固地固定在防护罩内表面上，在防护罩圆周上至少得使用 4 个夹具等距离地固定夹紧，防止防护罩底部电热管发生意外的松弛［见图 4 b)］。

当垂直投影时，缠绕的加热元件对防护罩顶部开口面积的遮挡不能超过 10%。

7.2.2 按照 10.2 的规定进行测试，在护板的开口中央或与护板底面重合的参照平面上，辐射锥应能产生 10 kW/m² ～70 kW/m² 的辐射照度。在参照平面上，辐射锥提供的辐射照度分布应满足在护板开口中央直径 50 mm 的圆周内辐射照度与中心辐射照度的偏差不超过±3%；在直径 100 mm 的圆周内辐射照度与中心辐射照度的偏差不超过±5%。

辐射照度的分布是通过图 4 d)中边长为 10 mm 的正方形网格的中心辐射照度的读数值来确定的。图 4 d)中所有正方形网格的读数值均应满足给定公差的要求。

测试时，护板开口应完全密封，因此建议使用非常平整的标定板。

7.2.3 辐射锥通过夹具安装固定在试样支撑架上的垂直导杆上，辐射锥防护罩的下边缘固定在护板上表面上方（22±1）mm 处。

7.2.4 辐射锥详见图 4 b)。

7.2.5 通过一根和加热管紧密接触的热电偶（主热电偶）的读数来控制辐射锥的加热温度，第二根热电偶（辅助热电偶）以相似的方式安装固定在与主热电偶直径相对的位置，热电偶的响应时间不能小于有不锈钢护套、直径 1 mm 的绝缘热节点的热电偶响应时间。每根热电偶都固定在卷曲的加热管上，并置于顶面下辐射锥高度的 1/3 至 1/2 范围内，热电偶一端至少 8 mm 应处于温度大致相同的区域。

在实际使用中可参见 A.5.1 推荐的较为安全的热电偶固定方法。

单位为毫米

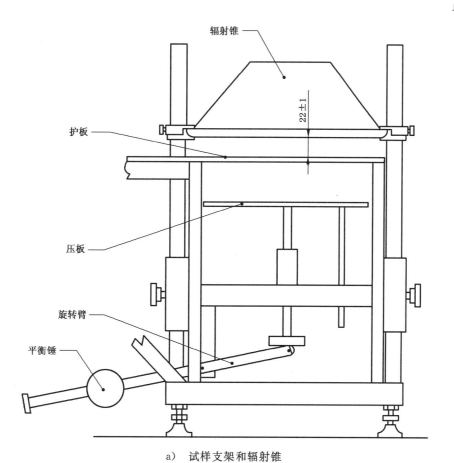

a) 试样支架和辐射锥

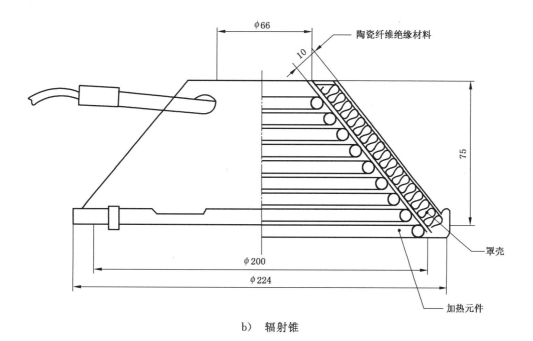

b) 辐射锥

图 4 加热器简图

单位为毫米

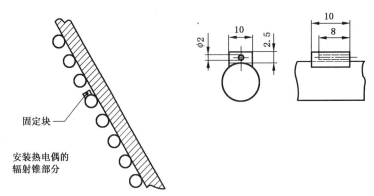

固定块

安装热电偶的
辐射锥部分

注： 另一个固定块径直相对

固定块法

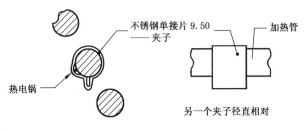

不锈钢单接片 9.50
—— 夹子

热电锅

加热管

另一个夹子径直相对

夹子法

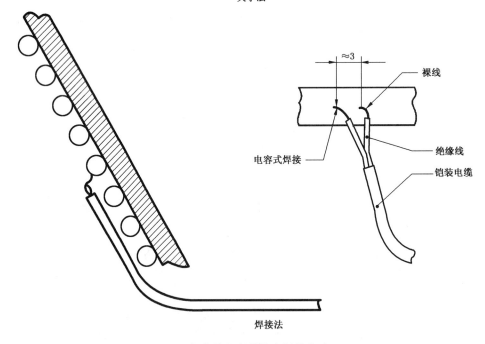

裸线

电容式焊接

绝缘线

铠装电缆

焊接法

c) 加热管上安装热电偶的方法

图 4（续）

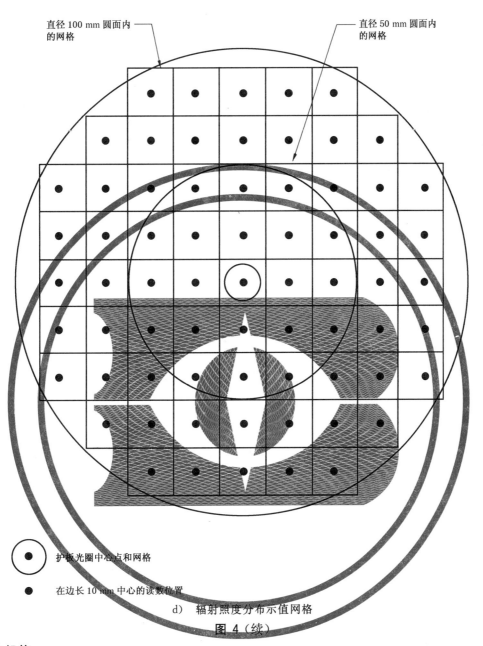

直径 100 mm 圆面内的网格

直径 50 mm 圆面内的网格

⊙ 护板光圈中心点和网格

● 在边长 10 mm 中心的读数位置

d) 辐射照度分布示值网格

图 4（续）

7.3 引火机构

7.3.1 试验装置应包括一个能提供引燃焰的机械装置,引燃焰能在辐射锥外被重复点燃,并能通过辐射锥移到试验位置。试验装置应能将引燃焰通过辐射锥和护板的开口伸入到护板下方最大距离60 mm的位置。

7.3.2 引燃焰从不锈钢制成的喷嘴喷出(见图5),安装在引火管端部。

7.3.3 引燃焰通常置于辐射锥上方,烟气羽流和分解产物可能从辐射锥顶面冒出。当将其置于此位置时,引燃焰喷嘴应靠近一个热输出不大于50 W的次点火源,次点火源能够重复点燃引燃焰。

注:次点火源可以是气体火焰、电热或电火花。丙烷火焰从 1 mm～2 mm 内径的喷嘴喷出,火焰长 15 mm,热输出约 50 W。

单位为毫米

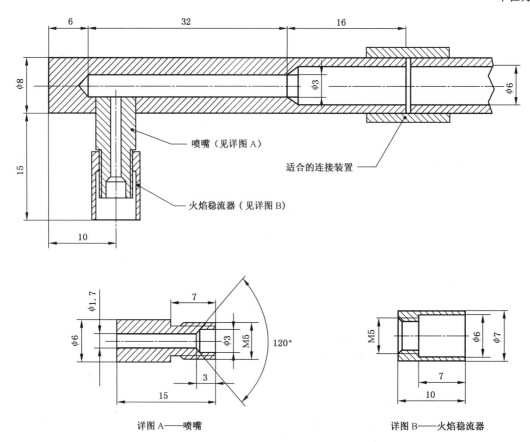

图 5 引火焰喷嘴

7.3.4 对于引燃焰位置,通常应确保喷嘴在护板开口中心点上方处,火焰能水平地喷出,并与点火臂运动方向垂直,喷嘴孔中心在护板上方(10±1)mm 处。

7.3.5 引火机构能自动地将引燃焰每隔 $4^{+0.4}_{0}$ s 移到试验位置,从辐射锥防护罩顶面开口到试验位置,所花的时间不能超过 0.5 s,并在试验位置保持 $1^{+0.1}_{0}$ s,引燃焰返回到相同的位置所花的时间不能超过 0.5 s。

7.3.6 引火机构设有一个限位装置,能将引燃焰到达的最低点固定在试验位置上方 20 mm 到试验位置下方 60 mm 之间的任何位置。

7.3.7 引火机构见图 6a)、6b)和 6c)。

　　注:引火机构应严格地按照公差要求制作,因为细微的尺寸误差都可能导致 7.3.5 中规定的时间的改变。但是通过对从动轮的细微调整也可以让其满足要求。

7.4 试样插入安放盘

7.4.1 试样插入安放盘用于将试样快速地插入到压板上,并将试样的受火区域准确地固定在护板开口处。

7.4.2 试样插入安放盘主要由一块金属平板构成,它的上表面有一些焊片用于固定和夹紧试样,在其下表面安装有导向装置,用于将盘固定在装置上,并用一个限位装置顶住压板,限制其插入的距离。盘上应装一个便于使用的手柄。

7.4.3 装置见图 7。

单位为毫米

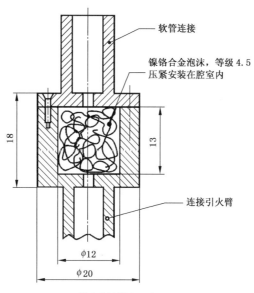

稳定火焰制动器详图

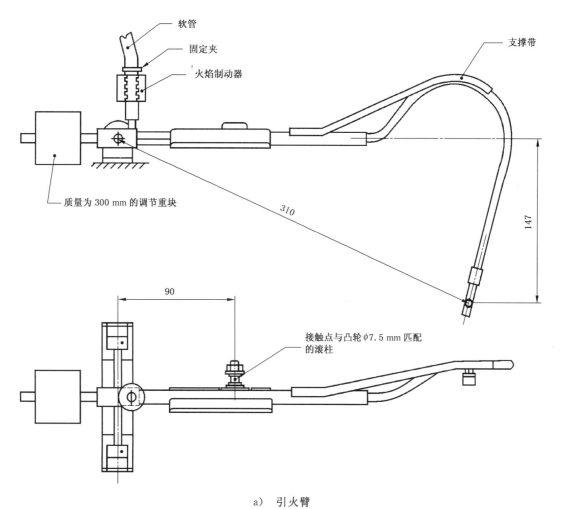

a) 引火臂

图 6 引火机构

单位为毫米

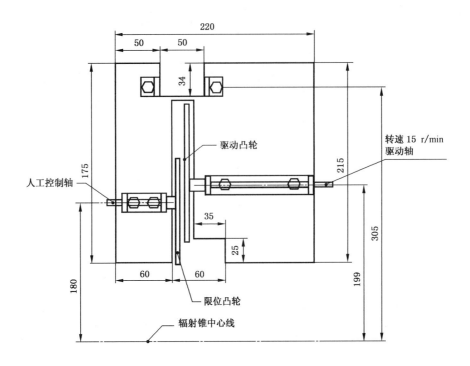

b) 基板(平面图)

图 6(续)

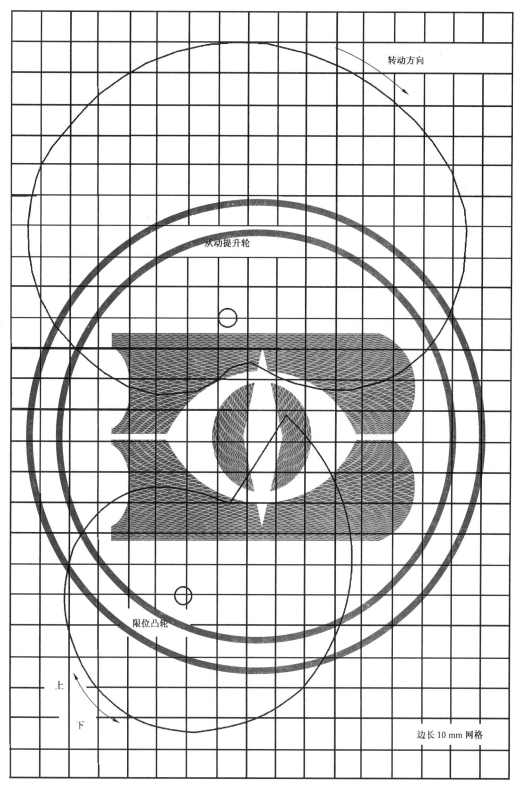

转动方向

从动提升轮

限位凸轮

上

下

边长10 mm 网格

c) 凸轮几何图

图 6（续）

单位为毫米

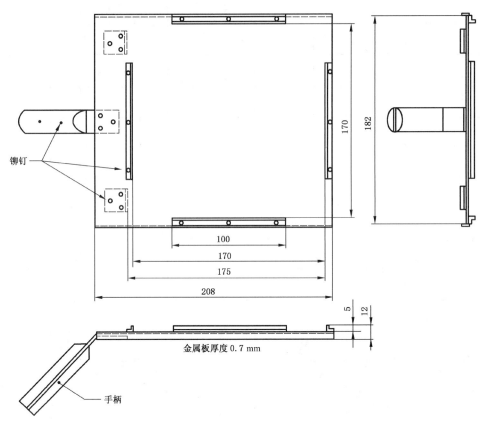

金属板厚度0.7 mm

手柄

铆钉

图 7 试样插入安放盘

7.5 试样遮盖板

7.5.1 试验开始插入试样时,通过调节遮盖板应能保护试样不受辐射,直到试验开始。

7.5.2 遮盖板由 2 mm 厚的光面铝或不锈钢制成,整体尺寸要求能够覆盖护板,应设置一个限位装置,避免顶到护板,另外还应有一个手柄。

7.5.3 装置见图 8。

单位为毫米

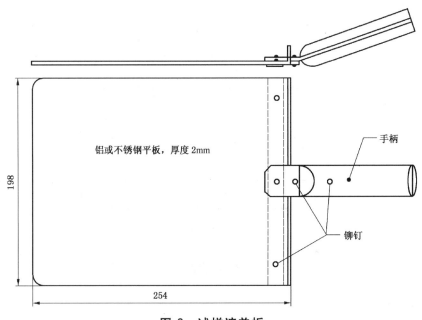

铝或不锈钢平板,厚度2mm

手柄

铆钉

图 8 试样遮盖板

7.6 温度监控仪

辐射锥的温度控制仪应为PID型("3相"控制仪),用可控硅堆或相角控制输出最大值不小于15 A的电流。仪器应具有10 s～150 s间的积分时间调节能力,2 s～30 s间的微分时间调节能力,且应与加热器响应特性相匹配,控制加热器的温度应设定在分辨率±2℃上,温度输入范围约0℃～1 000℃(给出50 kW/m² 的辐射照度时加热器温度在800℃范围内),对于热电偶应具有自动冷节点补偿。

应有一个能显示加热器输出的仪表,在热电偶断路时,控制仪可以使温度降到其范围的最低点。

监控加热温度,特别是能显示加热器达到平衡时的温度,应用一个分辨率为±2℃的仪表来显示,这可以与控制器合并使用,也可以单独分开使用。

7.7 辐射计(热通量计)

辐射计应为Schmidt Boelter或Gardon型,测试量程为0 kW/m²～70 kW/m²。感应辐射的靶片(可能有少量对流)为直径不超过10 mm,覆盖着耐热的黑色无光的扁平圆片。靶片被包在一个水冷壳体中,壳体的受辐射面为高光泽的金属平面,并和靶片处于同一个平面,成圆形,直径25 mm。

对靶心的辐射不能有任何的干扰,此仪器必须结实,容易安装和使用,不受气流影响,且校准稳定。辐射计精度为±3%,重现性偏差在0.5%内。

仪器进行校准时(见10.2),应与专门作为参照标准的辐射计进行比对来校准,参照标准辐射计每年都应送计量单位检定。

7.8 电压测试装置

本装置应与7.7规定的辐射计的输出相匹配,它的满度偏差、灵敏度、准确度能使辐射计的辐射照度的示值分辨率达到0.5 kW/m²。

7.9 次热电偶监控仪

应有一台仪器监控次热电偶,其分辨率相当于±2℃,可直接显示为温度或毫伏值,应有冷节点温度的公差或自动补偿,如果使用单独的温度监控仪器,则可使用一个适当的转换连接来监控次热电偶。

7.10 计时器(表)

计时器记录时间应精确到秒,其精密度为1 h偏差在1 s内。

7.11 空气丙烷供应系统

空气和丙烷通过调节阀、过滤器(如果有必要)、流量计、止回阀、适当的连接装置和火焰制动器供应给引燃焰(见图9)。

7.11.1 气体调节阀

调节阀应能对供给引燃焰的丙烷或空气的压力和流量进行调节,并达到9.2要求的等级。

7.11.2 过滤器

在丙烷或空气管路中,应安装过滤器,以消除气路中夹带的杂质(如油滴)对流量计读数的影响。

7.11.3 流量计

流量计应能对供给引燃焰的丙烷和空气的流量进行测试,其精度至少5%。

7.11.4 止回阀

在空气和丙烷管路中应有适当的止回阀,并尽可能靠近连接点安装。

7.11.5 火焰制动器

火焰制动器应安装于丙烷、空气混合物进入引火臂的入口处[见图6 a)]。

7.11.6 仪器连接

与软管连接时,应通过适当的夹具将其牢固地连接。

7.12 标定板

标定板由密度(200±50)kg/m³ 的陶瓷纤维板制成,成正方形,边长165^{0}_{-5} mm,厚度不小于

20^{+5}_{0} mm。

在标定板的中心应切割一个孔槽,将辐射计紧密地安装在孔槽内。辐射计靶片与标定板的上表面处于同一平面。如果用支架支撑辐射计,则支架应安装于标定板下面。

7.13 模拟板

模拟板应按照图10的说明制作,陶瓷纤维板总厚度可以通过粘结剂或长细钉将多层薄片叠加在一起做成。

7.14 灭火板

灭火板由与基板材料相同的板材制成,其标称尺寸为300 mm×185 mm×6 mm。

7.15 烘箱

若需满足6.4.3的规定,则鼓风烘箱需能维持250℃的温度。

7.16 试样状态调节室

状态调节室应能维持常温(23±2)℃和相对湿度(50±5)%。

7.17 天平

天平的标称量程为5 000 g,示值精度0.1 g。

8 试验环境

8.1 试验应在基本没有气流或有屏蔽物保护的环境中进行,试验装置周围的空气流速不能超过0.2 m/s。操作人员应避免燃烧产物的侵害,应抽除释放的烟气,但不能在装置上方形成强制排风。

8.2 图11给出了一个适当的装置屏蔽物结构图,可避免气流及烟气产物对试验的影响。

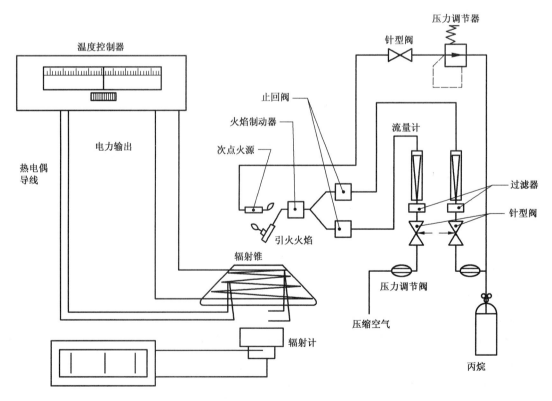

图 9 装置和附加设备的图示布置

单位为毫米

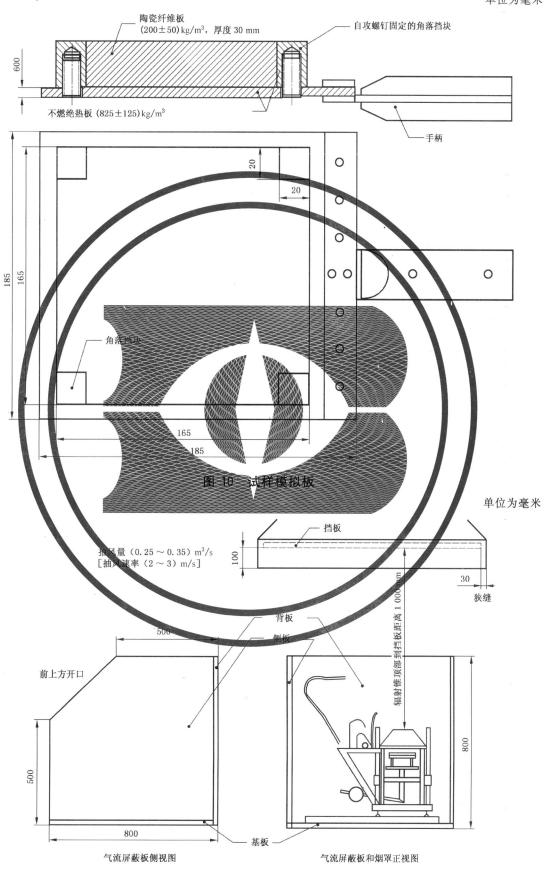

陶瓷纤维板
(200±50) kg/m³，厚度 30 mm

自攻螺钉固定的角落挡块

600

不燃绝热板 (825±125) kg/m³

手柄

20

20

185

165

角落挡块

165

185

图 10　试样模拟板

单位为毫米

挡板

100

抽风量（0.25～0.35）m³/s
[抽风速率（2～3）m/s]

30

狭缝

背板

500

侧板

前上方开口

辐射锥顶部到挡板距离 1 000 mm

800

500

800

基板

气流屏蔽板侧视图

气流屏蔽板和烟罩正视图

图 11　着火装置集烟罩和气流屏蔽板

9 装置安装程序和要求

9.1 装置的安装

试验装置应置于基本没有气流影响的环境中。

9.2 引燃焰

将丙烷流量调节为 19 mL/min～20 mL/min,空气流量调节为 160 mL/min～180 mL/min,再将丙烷和空气混合物通入引燃焰喷嘴。这些流量应通过压力和流量调节阀来测定,并从流量计直接供给引燃焰。

9.3 电路要求

9.3.1 辐射锥的加热元件应与温度控制器的可控硅的输出相连接(见图9)。在校准和试验期间不能改变这个回路中的任何元件和导线,主热电偶与温度控制器和温度监控装置连接,次热电偶与其监控装置连接。

9.3.2 装置应接地线。

9.4 防止电信号干扰

应使用导线将辐射计与电压测试装置连接,应屏蔽导线以减小信号干扰。辐射计应接地后再连接到电压测试装置,不能通过其他线路(不通过装置框架接地)。应彻底检查所有的连接,确保接触良好。

10 校准

10.1 辐射计的安装

辐射计应安装在标定板的孔槽中。

10.2 校准程序

校准程序如下:

a) 按照第9章的规定建立装置。在整个校准程序中,引火机构应保持在重复点火位置,并关闭气源。

b) 将标定板置于装置中放置试样的位置,辐射计的靶片安装于护板圆形开口的中心,其靶片处于护板底面的平面上。

c) 开启电源,设定控制仪的温度设置,使护板圆形开口中心的辐射照度分别为 10 kW/m²、20 kW/m²、30 kW/m²、40 kW/m²、50 kW/m²、60 kW/m² 和 70 kW/m²。加热温度最终设定后,在 5 min 内不作进一步调节,确保装置达到充分的温度平衡。每次完全平衡时,读取和记录次热电偶监控仪的读数,在试验中应能够精确和独立的反映加热仪温度。

d) 本程序至少运行两次,第一次按温度升高设定,第二次按温度降低设定。

温度值的重现性偏差应在±5℃内,重现性偏差超出其规定要求时,则表明监控装置对温度控制不正确,或者试验环境发生了显著的改变,那么在进行下一步的校准之前应即时更正。

10.3 校准检查

以初始校准中辐射照度为 30 kW/m² 所对应的设定温度,多次校准辐射照度(每50个工作时至少1次),若校准偏差大于 0.6 kW/m²,则应对装置进行重复校准直到满足要求。

11 试验程序

11.1 初始程序

初始程序如下:

a) 按第9章的规定建立试验装置。

b) 对制备好的试样和基板的组合件进行称量,然后重新进行状态调节。

c) 将试样和基板的组合件安装在插入安放盘里,并置于压板上时,调节平衡锤,使试样上表面和护板间的压力为(20±2)N。可按照 A.6.1 规定的方法进行调节,也可使用与组合件质量相同的模拟试样来代替试样进行调节。

d) 插入模拟试样板。

e) 调节控制仪的温度设定,使其达到校准试验中辐射照度为 50 kW/m² 所对应的温度值(或要求的其他值)。

f) 运行装置,加热让其达到温度平衡。当温度控制器显示加热器达到温度平衡,5 min 后将试样暴露于辐射下。

g) 检查次热电偶,确定其读数与校准读数值的偏差是否在±2℃内,若偏差超出容许范围,则需进行重复校准。

h) 将制备好的试样从状态调节室取出,置于插入安放盘内。

i) 将试样遮盖板置于护板上。

j) 启动点火装置(7.3)。

k) 调节引火机构中的定位装置,确保模拟板和引燃焰间的距离为 10 mm。

l) 将试样遮盖板置于护板上。

m) 降低压板,取出模拟试样板,放入装有试件的插入安放盘。

n) 松开压板。

o) 当引燃焰处于重复点火位置时,立刻移开试样遮盖板,同时开始计时。

11.2 试验准备的时间要求

从 11.1 i)到 m)所规定的操作应在 15 s 内完成。

11.3 试验运行和结束

11.3.1 若试样出现持续表面着火,则停止计时,在护板上盖上灭火板,立即熄灭所有火焰,停止运行点火装置。迅速取出试样盘和试样残余物,代之以模拟试样板。然后应尽快移开灭火板(参见 A.6.3)。

11.3.2 若 15 min 内试样没有发生持续表面着火,则在护板上盖上灭火板停止试验,并停止运行点火装置。取出试样并代之以模拟试样板,然后应尽快移开灭火板。

11.3.3 若试样出现短暂表面着火或羽状着火,则应继续试验直到试验停止。

11.4 重复试验

11.4.1 在同一个辐射照度下,按照 11.1 h)到 o)和 11.3 的操作应至少再重复测试 4 个试样,两次试验间隔要求有足够的时间使装置达到热平衡(参见 A.6.3)。

11.4.2 在给定辐射照度下,若 5 个试样有一个试样发生了持续表面着火,则应在更低的辐射照度(或其他设定的更低的辐射照度)下,对另一组的 5 个试样进行试验。

11.4.3 重复 11.4.2 的操作,直到在要求的辐射照度下,对 5 个试样均进行了试验。

11.4.4 若在给定的辐射照度下,所有试样均没有发生持续表面着火,则应对另一组 5 个试样在更高的辐射照度下进行试验(或其他设定的更高的辐射照度)。

11.4.5 将加热器设定为另一个辐射照度值时,应改变温度设定,且允许装置有足够的时间达到温度平衡。

完全平衡时,次热电偶的示值与校准读数值的偏差应在±2℃内。

11.5 试验中现象观察

11.5.1 对于每个试样,应记录试样发生持续表面着火的时间。

11.5.2 在每个试验中应观察试样发生的变化,特别记录以下现象:

a) 其他类型的着火时间、位置和特征;

b) 试样的发光分解;

c) 试样受火面的熔化、起泡、散裂、裂纹、膨胀或收缩。

11.6 特殊程序

11.6.1 柔软和易变软的制品

11.6.1.1 对于一些柔软制品,特别是低密度制品,如带涂层或不带涂层的玻璃纤维或矿物棉制品,压板的压力可能对试样边缘产生挤压,从而导致试样受火面不平整并向上凸起。这种情况在辐射锥没有加热时都可能出现。

对于此类试样,为避免因变形而承受更高的辐射照度,应在压板机构中安装一个可调的限位装置,避免挤压包裹的铝箔,维持试样表面的平整度和制品的标称厚度。可以选择在压板和护板中使用垫块。

11.6.1.2 对于受热容易收缩、变软或熔化的试样,可通过调节压板机构上的可调限位装置或压板和护板间的垫块,避免压板对试样边缘包裹的铝箔过分挤压。

11.6.1.3 某些制品可能影响点火装置的运行,如材料受热后有黏性,易附在点火装置上;有些软质材料或受热变软的材料会把引火臂淹没;有些材料会膨胀并产生机械强度很低的泡沫烧焦层。对于这些制品,有必要调节可调限位装置来限制点火装置的移动距离,让它接近但不接触试样的受火面。

11.6.1.4 某些材料(如 PVC)含有高浓度阻燃剂的材料,这些制品在辐射热下会产生大量烟气而使引燃焰熄灭,并阻碍次点火源对它的重新点燃。若 15 min 内,采取了必要的方法重复点燃引燃焰,仍反复出现火焰熄灭,则试验结果应为没有持续表面着火,且注明:制品分解,引燃焰反复熄灭。

11.6.2 有反光层的制品

对于有反光层的制品,不管是否涂刷碳黑涂料,由于引火机构可能损坏材料表层或反光层,因此引火机构工作可能不是很理想。对于这些制品,可以通过使用可调限位装置来限制引火机构的移动距离,让它接近但不接触试样的受火面。

11.6.3 含空气隙的组件

对于背火面有空气隙的组件,应特别注意避免引燃焰喷嘴刺穿试样表面而进入后面的空气隙,必要时应采用可调限位装置来避免这种情况的发生。

11.6.4 不平整表面的制品

对表面不平整的制品进行试验时,有必要采用限位装置来调节喷嘴口出来的火焰位置,使其到试样最高点的距离为 10 mm,必要时,应根据试样表面的形状来调节可调限位装置。

12 结果的表述

12.1 在每个辐射照度下,对每个试样报告应给出持续表面着火时间,以 s 表示。

12.2 若 15 min 内没有试样发生持续表面着火,在此辐射照度下,试样的试验结果应表述为"没有持续表面着火"。

12.3 若在给定的辐射照度下,5 个试样都没有发生持续表面着火,则不需要在更低的辐射照度下进行试验,但在报告中应注明"在更高的辐射照度下不着火,没必要试验"。

13 试验报告

试验报告应尽可能全面,对于每个单独试样,应给出在每个辐射照度下的着火时间,记录试验过程中的现象和影响结果的因素。在报告中应给出下面的基本信息,并附在试验报告的概述中:

a) 试验室名称和地址。

b) 受检单位名称和地址。

c) 生产单位(供货单位)名称和地址。

d) 试验制品的详细描述,包括商标名称、组分、结构、经纬向、厚度、状态调节后试样的密度和质量、试样的受火面;给出基材的说明和安装方法;对于合成物和组件,应给出每个组分的厚度、密度和整个样品的表观密度;还应给出表面的处理说明(如黑色涂层等)。

e) 对有些制品,应特别说明生产日期、处理情况或受火面。

f) 注明"试验结果只与制品的试样在特定试验条件下的性能相关,不能将它们作为评价制品实际使用时潜在火灾危险性的唯一依据"。

附 录 A

（资料性附录）

正文的注解及操作指南

导言

本附录为试验操作人员和结果的使用者提供了关于本标准更具体的要求和背景信息。

A.1 定义

为便于说明将测试的材料定义为制品，制品可以是单一材料、复合材料或组件。

同种材料使用条件不同时，其着火性可能有显著差异，如一种厚型材料，背衬一层轻质绝热基材与背衬一层高密度高传热性基材，其燃烧性能是不一样的。因此考虑材料的实际应用是很重要的。

本试验方法对三类建筑制品进行了定义。

A.2 试验原理

本试验方法是测试材料的着火性能，其原理为材料表面暴露于辐射热中时，将释放出挥发性气体，若此时存在一个小的点火源，就会引燃气体产生持续燃烧。本方法是考察材料在有附加热辐射条件下，直接承受火焰作用时的抗点燃能力。无附加热辐射时，制品的着火性主要与火焰的施加时间、总的热释放有关。

资料显示（见参考文献[4]），试样着火前，其分解产物的烟气羽流对辐射会发生吸热作用。

A.3 制品测试的适合性

A.3.1 本试验方法及设备尽管是用于测试表面平整的试样，但是也可用来测试表面具有一定不规则性的制品。建筑制品根据其表面特点划分为两类，即规则成形面或槽纹面（如波纹板）和压花、痕纹或微孔面（例如具有花纹的矿棉纤维瓦）。对于表面非规则的试样，其尺寸需满足所受到的热辐射照度与表面平整的试件所受到的热辐射照度相同，且要求其大部分表面应位于测试平面上。

A.3.2 试样表面应具有被测材料的代表性。若不能得到具有代表性的试样，则需进行多个试验，以对该制品表面的不同部位进行全面评价。对于表面尺寸不满足要求的制品，将其制成平整表面时，也需进行多个试验以对该制品表面的不同情况进行全面评价。不论是哪种情况，都需分别记录试验结果。

A.3.3 若要求对试样表面不规则区域进行评价，则可对制品表面进行加工，使其低于最高点 10 mm，然后对加工出来的表面进行评价。

A.3.4 对于表面热吸收率低的制品（如光泽金属面、光泽搪瓷面），其试验结果应谨慎处理（参见附录 C）。对于黑色表面的制品，可以通过附加试验提供的信息来判断其在火灾中的着火性。

A.3.5 对于厚度较大，受热易熔化的制品，本试验方法在某种程度上来说是不适合的，因为施加在熔化表面的热辐射照度比施加在初始表面上的热辐射照度小，并且靠近熔化材料的引燃焰的施加时间也减少了。

A.3.6 对于受热膨胀显著的制品，将无法得到有效的结果，尽管对引燃焰采取必要的手动调节，可容许一定程度的膨胀，但其结果也是不准确的。

A.4 试样准备

A.4.1 试样安装时，应确保产品与其实际使用情况相一致。对于薄型材料或组件，特别高热导率的材料，空气间隙的存在和下层结构的特征都可能显著影响其受火面的着火性。增加下层结构的热容，就会增加"热沉"效应,延迟受火面的着火时间。任何背衬试件的材料,如基板,都可能改变"热沉"效应,从而对试验结果有着根本性的影响。

对于薄型材料或组件,在实际应用中如果基材是不固定的,那么应根据实际应用情况,选定不同的基材进行试验。基材的"热惯量"(与产品的导热率、密度、比热有关)及其燃烧性能均会影响材料或组件的着火性。

A.4.2 对于非常规试件,需做进一步的研究,如对于一种薄型试件,在实际应用中其背面是空气,那么在试验中应设法在其背面设置空气隙,以尽可能模拟实际应用的情况。在某些情况下,用封闭的孔洞来代替空气间隙还可能带来问题。

A.4.3 恒重是重要条件,纤维类材料在状态调节环境中需要放置超过两周才能达到平衡,而塑料类材料所需时间要短些。除非现行标准有别的要求,否则塑料类材料在试验前要求在温度(23±2)℃,相对湿度(50±5)%条件下状态调节至少48 h,在状态调节后应立即进行试验。

A.5 试验设备安装

A.5.1 适合用以下三种方法将热电偶固定在辐射锥上:

  a) 对于能够在900℃温度下持续工作,具有绝缘热接点,直径为1 mm的K型(Ni-Cr/Ni-Al)或R型(Pt/Pt 13%Rh)不锈钢铠装热电偶,可以采取在加热元件上焊一个带孔的不锈钢座,焊接材料熔点高于900℃,将热电偶插入孔中[见图4 c)]。

  b) 对于能够在900℃温度下持续工作,具有绝缘热节点,直径为1 mm的K型或R型不锈钢铠装热电偶,可以通过一个小型不锈钢夹子将热电偶固定在加热器上。

  c) 对于直径为0.5 mm的玻璃纤维绝缘K型热电偶,将其单独焊接在加热元件上。热电偶的连接可以通过电容式点焊机将其金属线单独焊接在加热元件上,间距约3 mm[见图4 c)]。

不管是用夹子还是用不锈钢座对热电偶进行固定,其接触部位都应用砂纸打磨光滑。在设备进行校准之前加热器应在600℃~700℃之间运行几天,以使其热辐射通量达到稳定值。对于新的加热器,其校准频率应比10.3要求的次数更多,直到加热器达到稳定。

可通过辐射锥上面、下面或侧面微孔将热电偶插入辐射锥。热电偶进入辐射锥时应固定。

A.5.2 当试样表面尺寸稳定时,图2和图6中的引燃焰装置可满足其施火时间为$1^{+0.1}_{0}$ s。若试件膨胀,表面扩大,引燃焰的施加时间宜延长;若试件收缩,则施火时间宜缩短。凭经验若有必要时,宜对引火机构进行改进,使其维持$1^{+0.1}_{0}$ s的施火时间。不同型号的装置,其引燃焰的施加时间将保持一致。9.2中规定的流量对应的引燃焰约为10 mm长。

A.5.3 允许采用相位角控制辐射锥的温度控制器,宜采用电子过滤来防止对低频信号的干扰。

A.6 试验程序

A.6.1 设定平衡机构,要在压板与护板间产生约20 N的力,一个简便的方法是采用旋转臂作为平衡机构。如果在枢轴另一端临时悬挂一个2 kg的重物,则可通过增减重量或是调节其悬挂位置而得到所需的平衡力。在滑杆上移动2 kg的重物,就可以在滑杆上产生一个适当的力,并施加于压板上。

A.6.2 进行多种材料的测试时,在改变辐射照度前,一组试样测试完毕,宜在相同辐射照度下对另一种试样进行连续测试。在这种情况下,有必要对试件重量平衡进行重新调节。

A.6.3 一旦试样着火,宜尽快灭火,避免因气流使辐射锥过度冷却。两次试验间应留有足够的间隔时间使设备达到平衡。

通过温度显示仪判定加热器是否达到温度平衡。温度平衡后,至少应间隔3 min才能进行下一个试样的试验,以使设备的其他部分也达到温度平衡。同样改变了辐射照度,也需3 min后才能进行下面的试验。

A.6.4 宜仔细观察试件表面发生的变化、引燃焰接触试件表面时的情况。若对引火机构的移动距离采用了可调限位装置,则在后续试验中可要求采用相同的调节。

A.6.5 建议试验过程中操作者尽量不要突然快速移动,以免影响环境气流。

A.7 安全

引言中已作了安全警告,注意试验过程中释放的有毒有害气体。同时还要注意辐射锥带来的危险,注意主电源的使用以及试件着火后用水灭火和冷却存在的危险。同时不得忽视试验过程中某些试样可能会有熔滴物或是尖锐碎片溅出,因此操作者宜做好对眼睛的保护。

附 录 B

（资料性附录）

试验的应用及限制

本标准规定的试验方法主要适用于平板类建筑制品（单一材料、复合材料、组件），这些制品可能出现在火灾中，制品的着火及其燃烧可能会影响火灾的增长及传播。本试验测试制品在火源热辐射及引燃焰作用下被点燃的能力。实际情况中，这种受火作用可能是由连续或间断的火焰接触、余烬火星、燃烧滴落物造成的。

本方法是 ISO/TC 92 开发的对火反应试验之一，通常需要综合考虑试验结果来判定制品对火灾的影响，然后根据影响对建筑提出相应的要求。

本试验提供的信息可用来评价墙和天花板内衬材料、铺地系统、外部覆层和风管绝热材料等。在特定火灾场景中，可以准确描述制品的受火情况，因此试验结果可以直接反映制品在实际使用中的燃烧性能。在某些情况下，不能准确给定火灾场景，但通过试验可区分哪些材料易点燃，哪些材料不易点燃。这将有助于区分材料的火灾危险性。

本方法也可应用于非建筑材料制品。

数据显示着火性试验和火焰传播试验存在一定的关系，特别在高辐射通量下这种关系更明显，着火性试验可作为对火灾增长进行评价的一个较好的测试方法。

本方法不包括对材料在无附加热辐射而直接作用在火焰下的着火能力的评价。

试验使用水平试件，更多的是考虑材料热塑性测试，不代表制品在实际使用中是处于水平方向的。某些情况下，垂直试件实际受火面的着火性不能简单地通过测试一个较小的垂直试件来获得。试件方向影响着着火性的其他因素，如试样挥发物的吸热，试件表面空气流的改变等。试件的安装方向及尺寸也可能相互影响。

本试验还与火焰的产生、传播、发展条件有很大的关系。当火焰传播到某点时，由于辐射对其他可燃物的作用，火灾可能出现一个新的传播或发展阶段。例如，在房间墙面附近一个较小的火源，如果点燃了可燃内衬材料，那么火焰传播就可能很快；如果室内火灾已充分发展，通过门洞，走廊内衬材料便可能受到强烈的热辐射作用，点燃的内衬材料则可能达到一个新的火灾发展阶段。

通过空间分隔来防止火焰传播，必须重点考虑辐射着火（如建筑物之间火灾传播可以通过足够的间隔来阻止）。由于建筑物空间间距是以纤维质材料被引燃所需的临界辐射为基本原理进行控制的，因此建筑材料的着火性已经成为一个特别重要的因素。

本试验方法的特点是通过辐射对试件进行加热。具有光亮金属面的试件在试验中比其在实际应用中表现出更好的着火性，其原因在于在实际使用中，材料与火焰及分解气体接触时，金属表面由于受烟气堆积和湿气聚积的影响，其吸热将明显增加。不能根据材料的视觉表面来判断材料对热辐射的吸收。白色表面对白光吸收率较低，但其对火焰的热辐射却有较高的吸收率。

附 录 C

（资料性附录）

更高的热辐射通量

对本标准规定的设备在更高的热通量等级下试验的可行性已作了研究。通过对大量材料的研究表明，用本标准中的方法和设备，在常规操作下可使热通量达到 70 kW/m² ，并且还可以在更高的热通量下工作。加热器能在 75 kW/m² ～95 kW/m² 之间提供一个稳定的热通量，可稳定长达 6 h。

设备在 100 kW/m² 的热通量情况下，超过 7 h，辐射照度有轻微的波动。热通量在 100 kW/m² ～102 kW/m² 时有一点轻微的向上漂移。

表 C.1 给出了温度与 70 kW/m² ～100 kW/m² 之间的热通量的对应关系。

表 C.1　获得相应热通量要求的温度

热通量/(kW/m²)	近似温度/℃
70	890
75	905
80	915
85	930
90	950
95	965
100	980
注：数值存在轻微漂移。	

附 录 D
（资料性附录）
持续表面着火时间的比对

按照本标准给出的试验程序,在 6 个实验室间对 5 种材料进行了比对试验。试验结果表明其着火时间没有显著差异。但某些材料的持续着火时间存在一定的差异,且随着辐射照度降低这种差异越大,因此不同的试验只采用单独的数值是没有意义的。

尽管这些试验室测得的持续着火时间没有显著差异,但着火时间对于热通量是很敏感的,因此试验时应特别注意对辐射照度的测试和装置的校准。

表 D.1 给出了试验结果的平均值、重复性及再现性的统计分析,根据 ISO 5725-1 的要求,为便于检查,试验结果以 s 及平均值的百分数表示。

重复性(r)是指对相同材料、以相同试验方法、在相同试验条件(相同试验室、相同设备、相同操作者、较短的试验间隔)下两次着火时间的差异期望落在某一预定区间的概率(取 95% 置信区间)。

再现性(R)是指对相同材料、以相同试验方法、在不同试验条件(不同试验室、不同设备、不同操作者、不同的试验时间)下两次着火时间的差异被期望落在某一预定区间的概率(取 95% 置信区间)。

表 D.1 中的值显示某些制品在较低的辐射照度下偏差相对较大。

表 D.1 表面引燃时间的重复性和再现性数据

产品	聚乙烯(甲基戊烯聚合物)		中纤板		聚乙烯喷涂彩钢板		石膏板		PVC	
厚度	10 mm		12 mm		200 μmm		9.5 mm		2 mm	
热通量/(kW/m²)	30	40	30	40	30	40	30	40	30	40
试验室数量	5	5	5	5	7	7	6	7	7	7
平均值/s	78.5	44.7	85.7	48.3	29.7	20.5	128.0	57.7	138.4	44.9
平均值的重复性/s	7.2 9.2	4.4 9.9	10.3 12.1	8.3 17.3	6.2 20.8	4.4 21.3	15.7 12.3	8.8 15.2	50.7 36.6	4.5 10.1
平均值的再现性/s	19.1 24.4	10.4 23.2	18.2 21.2	13.5 27.9	8.1 27.2	6.0 29.0	33.2 25.9	19.4 33.6	74.8 54.0	8.2 18.2

参 考 文 献

[1] ISO/TR 3814:1989, *Tests for measuring "reaction to fire" of building materials—Their development and application*. 建筑材料"对火反应"试验方法　开发和应用.

[2] ISO/TR 5725-1:1994, *Accuracy (trueness and precision) of measurement methods and results—Part 1: General principles and definitions*. 测定方法与结果的准确度(正确度与精确度)　第1部分:一般原理和定义.

[3] ISO/TR 65851:1979, *Fire hazard and the design and use of fire tests*. 火灾风险及火灾试验的设计和运用.

[4] KASHIWAGI, T. Experimental observation of Radiative Ignition Mechanisms. combustion and Flame, 34, 1979, pp. 231-234. 热辐射引燃机理的实验观察. 燃烧和火焰, 34, 1979, 231-244.

ICS 13.220.40
C 82

中华人民共和国国家标准

GB/T 14656—2009
代替 GB/T 14656—1993

阻燃纸和纸板燃烧性能试验方法

Test method for burning behavior of flame-retardant paper and board

2009-03-11 发布

2009-11-01 实施

中华人民共和国国家质量监督检验检疫总局
中国国家标准化管理委员会 发布

前　言

　　本标准修改采用 ASTM D777—97(2002)《阻燃纸和纸板的标准燃烧性能试验方法》(英文版)。考虑到我国国情,在采用 ASTM D777—97(2002)时,本标准做了一些修改。有关技术性差异已编入正文中并在它们所涉及的条款的页边空白处用垂直单线标识。在附录 A 中列出了本标准章条编号与 ASTM D777—97(2002)章条编号的对照一览表。在附录 B 中给出了这些技术性差异及其原因的一览表以供参考。

　　为了便于使用,本标准对 ASTM D777—97(2002)做了下列编辑性修改:

　　——标准的名称作了修改;

　　——用小数点符号".."代替小数点符号",.."。

　　本标准代替 GB/T 14656—1993《阻燃纸和纸板燃烧性能试验方法》。

　　本标准与 GB/T 14656—1993 相比主要变化如下:

　　——修改了范围中的有关规定(见本版第 1 章);

　　——增加了规范性引用文件(见本版第 2 章);

　　——修改了术语和定义(见本版第 3 章);

　　——修改了试验装置的有关规定(见本版第 4 章);

　　——增加了试样状态调节的有关规定(见本版第 6 章);

　　——修改了试验程序的有关规定(见本版第 7 章);

　　——修改了试验报告的有关规定(见本版第 10 章)。

　　本标准的附录 A、附录 B 均为资料性附录。

　　本标准由中华人民共和国公安部提出。

　　本标准由全国消防标准化技术委员会防火材料分技术委员会(SAC/TC 113/SC 7)归口。

　　本标准负责起草单位:公安部四川消防研究所。

　　本标准主要起草人:赵成刚、邓小兵。

　　本标准所代替标准的历次版本发布情况为:

　　——GB/T 14656—1993。

阻燃纸和纸板燃烧性能试验方法

1 范围

本标准规定了阻燃纸和纸板燃烧性能的试验方法。试验方法包括：

a) 试验方法 A：主要用于经阻燃处理，且经水浸洗后阻燃效果受到明显影响的纸或纸板；

b) 试验方法 B：主要用于经阻燃处理，且经水浸洗后阻燃效果未受到明显影响的纸或纸板。

本标准适用于厚度不超过 1.6 mm 的纸和纸板。

2 规范性引用文件

下列文件中的条款通过本标准的引用而成为本标准的条款。凡是注日期的引用文件，其随后所有的修改单（不包括勘误的内容）或修订版均不适用于本标准，然而，鼓励根据本标准达成协议的各方研究是否可使用这些文件的最新版本。凡是不注日期的引用文件，其最新版本适用于本标准。

GB/T 5907 消防基本术语 第一部分

GB/T 10739 纸、纸板和纸浆试样处理和试验的标准大气条件（GB/T 10739—2002，eqv ISO 187：1990）

3 术语和定义

GB/T 5907 中确立的以及下列术语和定义适用于本标准。

3.1

炭化长度 char length

在试验条件下，与试样脱离的炭化材料的长度。

3.2

续燃时间 flaming time

在试验条件下，移开燃烧器火焰后试样持续有焰燃烧的时间。

3.3

灼燃时间 glowing time

试样停止有焰燃烧后，试样持续灼热燃烧的时间。

3.4

非耐洗型阻燃纸或纸板 un-laundering resistant flame-retardant paper and board

在试验条件下，经水浸洗后阻燃效果受到明显影响的纸或纸板。

3.5

耐洗型阻燃纸或纸板 laundering resistant flame-retardant paper and board

在试验条件下，经水浸洗后阻燃效果未受到明显影响的纸或纸板。

4 试验装置

4.1 燃烧试验箱

如图 1 所示，燃烧试验箱由金属板（或其他不燃材料）制作，箱体底部尺寸为（305×355）mm，高760 mm。试验箱设有供观察燃烧现象的含卡口的玻璃门。箱体顶板下方 25 mm 处设有一块挡板，顶板上均匀分布 16 个直径为 ϕ12.5 mm 的通风孔。箱体两侧面各设有 8 个直径为 ϕ12.5 mm 的通风孔，孔中心距离箱体底边 25 mm。

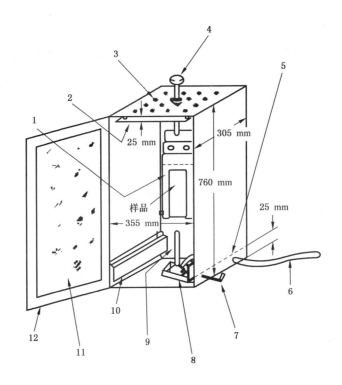

1——试样夹；

2——顶板；

3——通风孔；

4——可旋转试样的球形手柄；

5——通风孔(位于箱体两侧)；

6——供气橡胶管；

7——本生灯定位手柄；

8——本生灯滑槽；

9——本生灯；

10——挡板(位于两侧)；

11——观察窗；

12——绞链门。

图 1　燃烧试验箱

4.2　试样夹

试样夹为一个悬挂于箱体中心的倒"U"型金属夹,可夹持尺寸为(70×210)mm 的试样,夹持后试样的长轴线位于垂直方向。夹持试样时,应沿试样整个长度方向,距试样边缘 10 mm 位置进行夹取,暴露面为(50×210)mm。试样夹应与箱体顶部连接,并能在箱体外部旋转试样夹,以观察试样的两个侧面。

4.3　试验火焰

试验火焰由本生灯提供,灯管内径为 $\phi 10$ mm,位于试样底边中心处,灯管顶端距离试样底边 19 mm。调节灯管的空气供应量以产生(40±2)mm 高的火焰。本生灯配有拉伸手柄和轨道,在点燃本生灯后可使本生灯滑动至规定位置。

燃气通常可使用天然气或丙烷,输入压力应为(17.2±1.8)kPa。

4.4　记时器

采用精度为 0.2 s 的秒表或电子记时器。

4.5　刻度尺

采用精度为 0.5 mm 的直尺。

5 试样制备

5.1 非耐洗型阻燃纸或纸板

从样品的纵向和横向各切取两块尺寸为(70×210)mm的试样。将试样分为两组,每组包括一块纵向切取的试样和一块横向切取的试样。

5.2 耐洗型阻燃纸或纸板

从样品的纵向和横向各切取四块尺寸为(70×210)mm的试样。将试样分为四组,每组包括一块纵向切取的试样和一块横向切取的试样。

6 状态调节

试样应按GB/T 10739的规定进行状态调节。

7 试验程序

7.1 试验方法A

7.1.1 浸洗程序

7.1.1.1 将按5.2规定制备的四组试样中的两组试样放入2 000 mL的玻璃烧杯中。

7.1.1.2 用一张金属丝网盖住烧杯口,将一根内径约为ϕ6 mm的玻璃管插至烧杯底部,通过玻璃管以12 L/h的速度向烧杯中连续注入(24±1)℃的蒸馏水(或去离子水),注入持续时间为4 h。

7.1.1.3 向烧杯注入蒸馏水(或去离子水)完毕后,从烧杯中取出试样,用纸巾擦除试样表面水分。

7.1.1.4 将试样水平置于(105±3)℃的烘箱中干燥1 h。

7.1.1.5 将烘干后的试样按第6章规定进行状态调节。

7.1.2 点火程序

7.1.2.1 将经状态调节后的试样夹持在试样夹上,并将本生灯火焰高度调节为(40±2)mm。

7.1.2.2 关闭箱门,滑动本生灯,使本生灯火焰直接与试样底边接触12 s,然后立即移开本生灯火焰。记录试样的续焰时间和灼燃时间。

7.1.3 炭化长度的测量程序

7.1.3.1 从试样夹上取出试样,如图2所示,水平把持住试样,用直径ϕ6 mm的玻璃棒轻轻拍打试样的炭化区域,以去除松脆的炭渣。

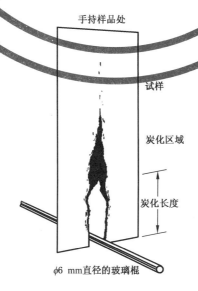

图 2　测量炭化长度

7.1.3.2 测量并记录每个空缺区域的最大长度。应从试样底边开始测量,精确至 1 mm。

7.2 试验方法 B

试样不需浸洗烘干,按第 6 章的规定进行状态调节后,依照 7.1.2～7.1.3 规定的程序测试试样。

7.3 非耐洗型阻燃纸或纸板和耐洗型阻燃纸或纸板燃烧性能试验方法

7.3.1 非耐洗型阻燃纸或纸板按试验方法 B 规定进行试验。

7.3.2 耐洗型阻燃纸或纸板分别按试验方法 A 和方法 B 规定进行试验。

8 试验结果的表述

记录并计算纵向和横向试样的续焰时间、灼燃时间和炭化长度的算术平均值,并得到以下结果:

a) 平均续燃时间;

b) 平均灼燃时间;

c) 平均炭化长度。

9 纸或纸板燃烧性能要求

纸或纸板燃烧性能试验结果应符合下列要求:

a) 平均续燃时间≤5 s;

b) 平均灼燃时间≤60 s;

c) 平均炭化长度≤115 mm。

10 试验报告

试验报告应包含样品在每个方向(纵向和横向)上两块试样的下述信息:

a) 试验依据的本标准代号;

b) 实验室的名称和地址;

c) 报告的日期和编号;

d) 委托方的名称和地址;

e) 生产商名称和地址;

f) 到样日期;

g) 制品标识;

h) 试验制品的一般说明,包括类型、面密度和厚度等;

i) 状态调节的详情;

j) 试验日期;

k) 根据第 8 章表述的试验结果;

l) 说明"本试验结果只与制品的试样在特定试验条件下的性能相关,不能将其作为评价该制品在实际使用中潜在火灾危险性的唯一依据"。

附　录　A

（资料性附录）

本标准章条编号与 ASTM D777—97(2002)章条编号对照

表 A.1 给出了本标准章条编号与 ASTM D777—97(2002)章条编号对照一览表。

表 A.1　本标准章条编号与 ASTM D777—97(2002)章条编号对照

本标准章条编号	ASTM D777—97(2002)章条编号
1	1.2 的第一句、1.4、1.5 和 1.6
—	1.1、1.3、1.7 和 1.8
—	2
2	—
3.1～3.5	3.1.1～3.1.5
—	3.2、3.3 和 4
4.1～4.5	5.1～5.5
—	6.1 和 6.2
5.1～5.2	7.1～7.2
6	8.1.2.1
7	8
7.1	8.1
7.1.1	8.1.1
7.1.1.1～7.1.1.5	8.1.1.1、8.1.1.3、8.1.1.4、8.1.1.5 和 8.1.2.1
7.1.2	8.1.2
7.1.2.1～7.1.2.3	8.1.2.2～8.1.2.3
7.1.3	8.1.3
7.1.3.1～7.1.3.2	8.1.3.1～8.1.3.2
7.2	8.2 和 8.2.1
7.3	—
8	8.1.2.3～8.1.3.2
—	9.1～9.3
9	—
10	10.1、10.1.4、10.1.5 和 10.1.6
—	11.1 和 11.2
—	11.1.1～11.1.3
—	12
附录 A	—
附录 B	—

191

附　录　B

（资料性附录）

本标准与ASTM D777—97(2002)技术性差异及其原因

表B.1给出了 本标准与ASTM D777—97(2002)技术性差异及其原因一览表。

表B.1　本标准与ASTM D777—97(2002)技术性差异及其原因

本标准的章条编号	技术性差异	原　因
2	引用了采用国际标准的GB/T 10739,以及GB/T 5907	适合我国国情,强调与GB/T 1.1的一致性
3	去掉了ASTM D777—97(2002)中纸和燃烧两个术语	不需要纸的术语,燃烧术语有标准规定,本标准不再做说明
4.3	将ASTM D777—97(2002)中"注"的内容改为正文,并去掉了特殊燃气配比"混合气体:(55±1)%氮气,(24±1)%甲烷,(3±1)%乙烷,(18±1)%一氧化碳"的要求	这部分要求不适用我国国情
7.3	增加试验方法分类	使试验方法分类表述更清晰
8	去掉ASTM D777—97(2002)中对结果分析的参数	本标准不需要额外说明
9	增加了纸和纸板的阻燃性能要求	保留原国标要求,增强标准适用性,以及对纸或纸板阻燃性能的规范性
10	对ASTM D777—97(2002)中第10章有关试验报告的内容按我国通行的要求进行修改	原标准中对报告内容的规定不适合我国对方法标准的规定
—	删除ASTM D777—97(2002)的3.2、3.3、第4章、第6章	本标准不需要对抽样要求进行说明
—	删除ASTM D777—97(2002)的第12章	列举关键词不符合我国对方法标准的规定

前　　言

本标准第 5 章、第 7 章为强制性的，其余为推荐性的。

本标准是对 GB 14907—1994《钢结构防火涂料通用技术条件》进行的修订，在内容上保留了原标准中实践证明合理可行的性能要求和试验方法，增加了超薄型钢结构防火涂料、室外钢结构防火涂料的性能要求和试验方法，在附录 A 中介绍了涂覆钢梁的加载计算程序并列出了 I40b 热轧普通工字钢梁的加载计算实例，在附录 B 中介绍了涂料对钢材腐蚀性的试验方法和评定。

本标准附录 A 为标准的附录。

本标准附录 B 为提示的附录。

本标准自实施之日起代替 GB 14907—1994。

本标准由中华人民共和国公安部提出。

本标准由全国消防标准化技术委员会防火材料分委员会归口。

本标准由公安部四川消防科学研究所负责起草。

本标准主要起草人：王良伟、赵宗治、杨怀轩、卿秀英、聂涛。

本标准首次发布于 1994 年 1 月 8 日。

中华人民共和国国家标准

GB 14907—2002

钢 结 构 防 火 涂 料

代替 GB 14907—1994

Fire resistive coating for steel structure

1 范围

本标准规定了钢结构防火涂料的定义及分类、技术要求、试验方法、检验规则、综合判定准则和包装、标志、标签、贮运、产品说明书等内容。

本标准适用于建(构)筑物室内外使用的各类钢结构防火涂料。

2 引用标准

下列标准所包含的条文,通过在本标准中引用而构成为本标准的条文。本标准出版时,所示版本均为有效。所有标准都会被修订,使用本标准的各方应探讨使用下列标准最新版本的可能性。

GB/T 1728—1979 漆膜、腻子膜干燥时间测定法

GB/T 1733—1993 漆膜耐水性测定法

GB 3186—1982 涂料产品的取样

GB/T 9779—1988 复层建筑涂料

GB/T 9978—1999 建筑构件耐火试验方法(neq ISO/FDIS 834-1:1997)

GB 15930—1995 防火阀试验方法

GBJ 17—1988 钢结构设计规范

3 定义

本标准采用下列定义。

钢结构防火涂料 fire resistive coating for steel structure

施涂于建筑物及构筑物的钢结构表面,能形成耐火隔热保护层以提高钢结构耐火极限的涂料。

4 分类与命名

4.1 产品分类

4.1.1 钢结构防火涂料按使用场所可分为:

a)室内钢结构防火涂料:用于建筑物室内或隐蔽工程的钢结构表面;

b)室外钢结构防火涂料:用于建筑物室外或露天工程的钢结构表面。

4.1.2 钢结构防火涂料按使用厚度可分为:

a)超薄型钢结构防火涂料:涂层厚度小于或等于 3 mm;

b)薄型钢结构防火涂料:涂层厚度大于 3 mm 且小于或等于 7 mm;

c)厚型钢结构防火涂料:涂层厚度大于 7 mm 且小于或等于 45 mm。

4.2 产品命名

以汉语拼音字母的缩写作为代号,N 和 W 分别代表室内和室外,CB、B 和 H 分别代表超薄型、薄型

和厚型三类,各类涂料名称与代号对应关系如下:

  室内超薄型钢结构防火涂料……NCB

  室外超薄型钢结构防火涂料……WCB

  室内薄型钢结构防火涂料……NB

  室外薄型钢结构防火涂料……WB

  室内厚型钢结构防火涂料……NH

  室外厚型钢结构防火涂料……WH

5 技术要求

5.1 一般要求

5.1.1 用于制造防火涂料的原料应不含石棉和甲醛,不宜采用苯类溶剂。

5.1.2 涂料可用喷涂、抹涂、刷涂、辊涂、刮涂等方法中的任何一种或多种方法方便地施工,并能在通常的自然环境条件下干燥固化。

5.1.3 复层涂料应相互配套,底层涂料应能同普通的防锈漆配合使用,或者底层涂料自身具有防锈性能。

5.1.4 涂层实干后不应有刺激性气味。

5.2 性能指标

5.2.1 室内钢结构防火涂料的技术性能应符合表1的规定。

5.2.2 室外钢结构防火涂料的技术性能应符合表2的规定。

表 1 室内钢结构防火涂料技术性能

序号	检验项目	技术指标			缺陷分类
		NCB	NB	NH	
1	在容器中的状态	经搅拌后呈均匀细腻状态,无结块	经搅拌后呈均匀液态或稠厚流体状态,无结块	经搅拌后呈均匀稠厚流体状态,无结块	C
2	干燥时间(表干)/h	≤8	≤12	≤24	C
3	外观与颜色	涂层干燥后,外观与颜色同样品相比应无明显差别	涂层干燥后,外观与颜色同样品相比应无明显差别	—	C
4	初期干燥抗裂性	不应出现裂纹	允许出现1~3条裂纹,其宽度应≤0.5 mm	允许出现1~3条裂纹,其宽度应≤1 mm	C
5	粘结强度/MPa	≥0.20	≥0.15	≥0.04	B
6	抗压强度/MPa	—	—	≥0.3	C
7	干密度/(kg/m³)	—	—	≤500	C
8	耐水性/h	≥24 涂层应无起层、发泡、脱落现象	≥24 涂层应无起层、发泡、脱落现象	≥24 涂层应无起层、发泡、脱落现象	B
9	耐冷热循环性/次	≥15 涂层应无开裂、剥落、起泡现象	≥15 涂层应无开裂、剥落、起泡现象	≥15 涂层应无开裂、剥落、起泡现象	B

表 1(完)

序号	检验项目		技术指标			缺陷分类
			NCB	NB	NH	
10	耐火性能	涂层厚度（不大于）/mm	2.00±0.20	5.0±0.5	25±2	A
		耐火极限（不低于）/h（以 I36b 或 I40b 标准工字钢梁作基材）	1.0	1.0	2.0	

注：裸露钢梁耐火极限为 15 min(I36b、I40b 验证数据)，作为表中 0 mm 涂层厚度耐火极限基础数据。

表 2　室外钢结构防火涂料技术性能

序号	检验项目	技术指标			缺陷分类
		WCB	WB	WH	
1	在容器中的状态	经搅拌后细腻状态，无结块	经搅拌后呈均匀液态或稠厚流体状态，无结块	经搅拌后呈均匀稠厚流体状态，无结块	C
2	干燥时间（表干）/h	≤8	≤12	≤24	C
3	外观与颜色	涂层干燥后，外观与颜色同样品相比应无明显差别	涂层干燥后，外观与颜色同样品相比应无明显差别	—	C
4	初期干燥抗裂性	不应出现裂纹	允许出现 1～3 条裂纹，其宽度应≤0.5 mm	允许出现 1～3 条裂纹，其宽度应≤1 mm	C
5	粘结强度/MPa	≥0.20	≥0.15	≥0.04	B
6	抗压强度/MPa	—	—	≥0.5	C
7	干密度/(kg/m³)	—	—	≤650	C
8	耐曝热性/h	≥720 涂层应无起层、脱落、空鼓、开裂现象	≥720 涂层应无起层、脱落、空鼓、开裂现象	≥720 涂层应无起层、脱落、空鼓、开裂现象	B
9	耐湿热性/h	≥504 涂层应无起层、脱落现象	≥504 涂层应无起层、脱落现象	≥504 涂层应无起层、脱落现象	B
10	耐冻融循环性/次	≥15 涂层应无开裂、脱落、起泡现象	≥15 涂层应无开裂、脱落、起泡现象	≥15 涂层应无开裂、脱落、起泡现象	B
11	耐酸性/h	≥360 涂层应无起层、脱落、开裂现象	≥360 涂层应无起层、脱落、开裂现象	≥360 涂层应无起层、脱落、开裂现象	B
12	耐碱性/h	≥360 涂层应无起层、脱落、开裂现象	≥360 涂层应无起层、脱落、开裂现象	≥360 涂层应无起层、脱落、开裂现象	B
13	耐盐雾腐蚀性/次	≥30 涂层应无起泡，明显的变质、软化现象	≥30 涂层应无起泡，明显的变质、软化现象	≥30 涂层应无起泡，明显的变质、软化现象	B

表 2(完)

序号	检验项目		技术指标			缺陷分类
			WCB	WB	WH	
14	耐火性能	涂层厚度（不大于）/mm	2.00±0.20	5.0±0.5	25±2	A
		耐火极限（不低于）/h（以 I36b 或 I40b 标准工字钢梁作基材）	1.0	1.0	2.0	

注：裸露钢梁耐火极限为 15 min(I36b,I40b 验证数据)，作为表中 0 mm 涂层厚度耐火极限基础数据。耐久性项目（耐曝热性、耐湿热性、耐冻融循环性、耐酸性、耐碱性、耐盐雾腐蚀性）的技术要求除表中规定外，还应满足附加耐火性能的要求，方能判定该对应项性能合格。耐酸性和耐碱性可仅进行其中一项测试。

6 试验方法

6.1 取样

抽样、检查和试验所需样品的采取,除另有规定外,应按 GB 3186 的规定进行。

6.2 试验条件

涂层的制备、养护均应在环境温度 5~35℃,相对湿度 50%~80% 的条件下进行;除另有规定外,理化性能试验亦宜在此条件下进行。

6.3 理化性能试件的制备

除另有规定外,涂层理化性能的试件均应按6.3.1、6.3.2、6.3.3规定制备。试件制作时不应含涂层的加固措施。

6.3.1 试件底材的尺寸与数量

试件底材的尺寸与数量见表3。

表 3 试件底材的尺寸与数量

序号	项目	尺寸/mm	数量/件
1	外观与颜色	150×70×(6~10)	1
2	干燥时间	150×70×(6~10)	3
3	初期干燥抗裂性	300×150×(6~10)	2
4	粘结强度	70×70×(6~10)	5
5	耐曝热性	150×70×(6~10)	3
6	耐湿热性	150×70×(6~10)	3
7	耐冻融循环性	150×70×(6~10)	4
8	耐冷热循环性	150×70×(6~10)	4
9	耐水性	150×70×(6~10)	3
10	耐酸性	150×70×(6~10)	3
11	耐碱性	150×70×(6~10)	3
12	耐盐雾腐蚀性	150×70×(6~10)	3
13	腐蚀性	150×70×(6~10)	3

6.3.2 底材及预处理

采用 Q235 钢材作底材,彻底清除锈迹后,按规定的防锈措施进行防锈处理。若不作防锈处理,应提供权威机构的证明材料证明该防火涂料不腐蚀钢材或按附录 B(提示的附录)增加腐蚀性检验。

6.3.3 试件的涂覆和养护

按涂料产品规定的施工工艺进行涂覆施工,理化性能试件涂层厚度分别为:CB 类(1.50±0.20)mm,B 类(3.5±0.5)mm,H 类(8±2)mm,达到规定厚度后应抹平和修边,保证均匀平整,其中,对于复层涂料作如下规定:作装饰或增强耐久性等作用的面层涂料厚度不超过 0.2 mm(CB 类)、0.5 mm(B 类)、2 mm(H 类),增强与底材的粘结或作防锈处理的底层涂料厚度不超过 0.5 mm(CB 类)、1 mm(B 类)、3 mm(H 类)。涂好的试件涂层面向上水平放置在试验台上干燥养护,除用于试验表干时间和初期干燥抗裂性的试件外,其余试件的养护期规定为:CB 类不低于 7 d,B 类不低于 10 d,H 类不低于 28 d,产品养护有特殊规定除外。养护期满后方可进行试验。

6.3.4 试件预处理

将 6.4.8、6.4.11、6.4.12、6.4.13、6.4.14、6.4.15 的试件养护期满后用 1:1 的石蜡与松香的融液封堵其周边(封边宽度不得小于 5 mm),养护 24 h 后再进行试验。

6.4 理化性能

6.4.1 在容器中的状态

用搅拌器搅拌容器内的试样或按规定的比例调配多组分涂料的试样,观察涂料是否均匀、有无结块。

6.4.2 干燥时间

将 6.3 制作的试件,按 GB/T 1728—1979 规定的指触法进行。

6.4.3 外观与颜色

将 6.3 制作的试件干燥养护期满后,同厂方提供或与用户协商规定的样品相比较,颜色、颗粒大小及分布均匀程度,应无明显差异。

6.4.4 初期干燥抗裂性

将 6.3 制作的试件,按 GB/T 9779—1988 的 5.5 进行检验。用目测检查有无裂纹出现或用适当的器具测量裂纹宽度。要求 2 个试件均符合要求。

6.4.5 粘结强度

将 6.3 制作的试件的涂层中央约 40 mm×40 mm 面积内,均匀涂刷高粘结力的粘接剂如(溶剂型环氧树脂等),然后将钢制联结件轻轻粘上并压上约 1 kg 重的砝码,小心去除联结件周围溢出的粘结剂,继续在 6.2 规定的条件下放置 3 d 后去掉砝码,沿钢联结件的周边切割涂层至板底面,然后将粘结好的试件安装在试验机上;在沿试件底板垂直方向施加拉力,以约(1 500~2 000)N/min 的速度加载荷,测得最大的拉伸载荷(要求钢制联结件底面平整与试件涂覆面粘结),结果以 5 个试验值中剔除粗大误差后的平均值表示,结论中应注明破坏形式,如内聚破坏或附着破坏。每一试件粘结强度按式(1)求得:

$$f_b = \frac{F}{A} \qquad\qquad\cdots\cdots\cdots\cdots\cdots\cdots(1)$$

式中:f_b——粘结强度,MPa;

　　　F——最大拉伸载荷,N;

　　　A——粘结面积,mm^2。

6.4.6 抗压强度

　　a)试件的制作

先在规格为 70.7 mm×70.7 mm×70.7 mm 的金属试模内壁涂一薄层机油,将拌和后的涂料注入试模内,轻轻摇动,并插捣抹平,待基本干燥固化后脱模。在规定的环境条件下,养护期满后,再放置在

(60±5)℃的烘箱中干燥48 h,然后再放置在干燥器内冷却至室温。

　　b）试验程序

　　选择试件的某一侧面作为受压面,用卡尺测量其边长,精确至0.1 mm。将选定试件的受压面向上放在压力试验机(误差≤2%)的加压座上,试件的中心线与压力机中心线应重合,以(150～200)N/min的速度均匀加载荷至试件破坏。记录试件破坏时的最大载荷。

　　每一试件的抗压强度按式(2)计算:

$$R = \frac{P}{A} \qquad\qquad\cdots\cdots\cdots\cdots (2)$$

式中：R——抗压强度,MPa;

　　P——最大载荷,N;

　　A——受压面积,mm^2。

　　c）结果表示

　　抗压强度结果以5个试验值中剔除粗大误差后的平均值表示。

6.4.7　干密度

　　试件制作同6.4.6a)。

　　采用卡尺和电子天平测量试件的体积和质量,并按式(3)计算干密度。

$$\rho = \frac{G}{V} \qquad\qquad\cdots\cdots\cdots\cdots (3)$$

式中：ρ——干密度,kg/m^3;

　　G——质量,kg;

　　V——体积,m^3。

　　结果表示同6.4.6c),精确至1 kg/m^3。

6.4.8　耐水性

　　将6.3制作的试件按GB/T 1733—1993的9.1进行检验,试验用水为自来水。要求3个试件中至少2个合格。

6.4.9　耐冷热循环性

　　将6.3制作的试件,四周和背面用石蜡和松香的混和溶液(重量比1∶1)涂封,继续在6.2规定的条件下放置1 d后,将试件置于(23±2)℃的空气中18 h,然后将试件放入(−20±2)℃低温中,自箱内温度达到−18℃时起冷冻3 h再将试件从低温箱中取出,立即放入(50±2)℃的恒温箱中,恒温3 h。取出试件重复上述操作共15个循环。要求3个试件中至少2个合格。

6.4.10　耐曝热性

　　将6.3制备的试件垂直放置在(50±2)℃的环境中保持720 h,取出后观察。要求3个试件中至少2个合格。

6.4.11　耐湿热性

　　将6.3制作的试件,垂直放置在湿度为(90±5)%、温度(45±5)℃的试验箱中,至规定时间后,取出试件垂直放置在不受阳光直接照射的环境中,自然干燥。要求3个试件中至少2个合格。

6.4.12　耐冻融循环性

　　将6.3制作的试件,按照6.4.9相同的程序进行试验,只是将(23±2)℃的空气改为水,共进行15个循环。要求3个试件中至少2个合格。

6.4.13　耐酸性

　　将6.3制作的试件的2/3垂直放置于3%的盐酸溶液中至规定时间,取出垂直放置在空气中让其自然干燥。要求3个试件中至少2个合格。

6.4.14　耐碱性

将 6.3 制作的试件的 2/3 垂直浸入 3％的氨水溶液中至规定时间,取出垂直放置在空气中让其自然干燥。要求 3 个试件中至少 2 个合格。

6.4.15 耐盐雾腐蚀性

除另有规定外,将 6.3 制作的试件,按 GB 15930—1995 的 6.3 的规定进行检验;完成规定的周期后,取出试件垂直放置在不受阳光直接照射的环境中自然干燥。要求 3 个试件中至少 2 个合格。

6.5 耐火性能

6.5.1 试验装置

符合 GB/T 9978—1999 第 4 章对试验装置的要求。

6.5.2 试验条件

除另有规定外,试验条件应符合 GB/T 9978—1999 第 5 章的要求。

6.5.3 试件制作

选用工程中有代表性的 I36b 或 I40b 工字型钢梁,依据涂料产品使用说明书规定的工艺条件对试件受火面进行涂覆,形成涂覆钢梁试件,并放在通风干燥的室内自然环境中干燥养护,养护期规定同6.3.3。

6.5.4 涂层厚度的确定

对试件涂层厚度的测量应在各受火面沿构件长度方向每米不少于 2 个测点,取所有测点的平均值作为涂层厚度(包括防锈漆、防锈液、面漆及加固措施等厚度在内)。

6.5.5 安装、加载

试件应简支、水平安装在水平燃烧试验炉上,并按 GBJ 17 规定的设计载荷加载,钢梁承受模拟均布载荷或等弯矩四点集中加载,钢梁加载计算见附录 A(标准的附录);钢梁三面受火,受火段长度不少于4 000 mm,计算跨度不小于 4 200 mm;试件支点内外非受火部分均不应超过 300 mm。不准用其他型号的钢构件或钢梁承受特定的载荷进行耐火试验的结果来判定该防火涂料的质量,若特定的工程需要进行耐火试验,可提供检验结果且应在检验报告中注明其适用性。

6.5.6 判定条件

钢结构防火涂料的耐火极限以涂覆钢梁失去承载能力的时间来确定,当试件最大挠度达到 $L_0/20$(L_0 是计算跨度)时试件失去承载能力。

6.5.7 结果表示

耐火性能以涂覆钢梁的涂层厚度(mm)和耐火极限(h)来表示,并注明涂层构造方式和防锈处理措施。涂层厚度精确至:0.01 mm(CB 类)、0.1 mm(B 类)、1 mm(H 类);耐火极限精确至 0.1 h。

6.6 附加耐火性能

室外防火涂料的耐曝热、耐湿热、耐冻融循环、耐酸、耐碱和耐盐雾腐蚀等性能必须分别按 6.4.10、6.4.11、6.4.12、6.4.13、6.4.14、6.4.15 试验合格后,方可进行附加耐火试验。

6.6.1 试件制作

a)取 I16 热轧普通工字钢梁(长度 500 mm)7 根,按图 1 预埋热电偶(由于预埋热电偶产生的孔、洞应作可靠封堵)。

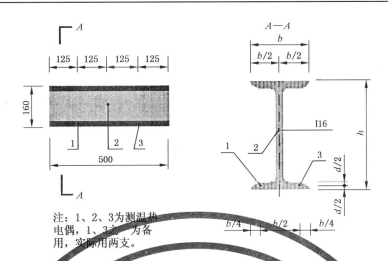

图 1 附加耐火试验热电偶埋设图（单位:mm）

注：1、2、3为测温热电偶，1、3之一为备用，实际用两支。

b）按涂料规定的施工工艺对 7 根短钢梁的每个表面进行施工，涂层厚度规定为 WCB(1.5～2.0)mm,WB(4.0～5.0)mm,WH(20～25)mm。但每根短钢梁试件的涂层厚度偏差相互之间不能大于10％。

6.6.2 试验程序

a）取 6 根达到规定的养护期的钢梁分别按 6.4.10、6.4.11、6.4.12、6.4.13、6.4.14、6.4.15 进行试验后放在(30±2)℃的环境中养护干燥后同第 7 根涂覆钢梁一起进行以下耐火试验。

b）将试件放入试验炉中，水平放置，三面受火，按 GB/T 9978—1988 规定的升温条件升温,同时监测三个受火面相应位置的温度。

6.6.3 判定条件

以第 7 根钢梁内部达到临界温度(平均温度 538℃，最高温度 649℃)的时间为基准，第 1～6 根钢梁试件达到临界温度的时间衰减不大于35%者，可判定该对应项理化性能合格。

7 检验规则

7.1 检验分类

检验分出厂检验和型式检验。

7.1.1 出厂检验

检验项目为外观与颜色、在容器中的状态、干燥时间、初期干燥抗裂性、耐水性、干密度、耐酸性或耐碱性(附加耐火性能除外)。

7.1.2 型式检验

检验项目为本标准规定的全部性能指标。有下列情形之一时，产品应进行型式检验。型式检验被抽样品应从分别不少于 1 000 kg（超薄型）、2 000 kg（薄型）、3 000 kg（厚型）的产品中随机抽取超薄型 100 kg、薄型 200 kg、厚型 400 kg。

a）新产品投产或老产品转厂生产时试制定型鉴定;

b）正式生产后，产品的配方或所用原材料有较大改变时;

c）正常生产满 3 年时;

d）产品停产一年以上恢复生产时;

e）出厂检验结果与上次例行试验有较大差异时;

f）国家质量监督机构或消防监督部门提出例行检验的要求时。

7.2 组批与抽样

7.2.1 组批

组成一批的钢结构防火涂料应为同一批材料、同一工艺条件下生产的产品。

7.2.2 抽样

抽样按 GB 3186—1982 第 3 章的规定进行。

7.3 判定规则

7.3.1 钢结构防火涂料的检验结果,各项性能指标均符合本标准要求时,判该产品质量合格。

7.3.2 钢结构防火涂料除耐火性能(不合格属 A,不允许出现)外,理化性能尚有严重缺陷(B)和轻缺陷(C),当室内防火涂料的 B≤1 且 B+C≤3,室外防火涂料的 B≤2 且 B+C≤4 时,亦可综合判定该产品质量合格,但结论中需注明缺陷性质和数量。

8 标志、标签、包装、贮运、产品说明书

8.1 产品应采取可靠的容器包装,并附有合格证和产品使用说明书。

8.2 产品包装上应注明生产企业名称、地址、产品名称、商标、规格型号、生产日期或批号、保质贮存期等。

8.3 产品放置在通风、干燥、防止日光直接照射等条件适合的场所。

8.4 产品在运输时应防止雨淋、曝晒,并应遵守运输部门的有关规定。

8.5 产品出厂和检验时均应附产品说明书,明确产品的使用场所、施工工艺、产品主要性能及保质期限。

附　录　A

（标准的附录）

钢结构防火涂料耐火试验加载计算

已知：钢梁为 Q235 钢材，设计强度为 f(N/mm²)，强度折减系数为 k，钢梁计算跨度为 L_0(m)，安装方式为水平，简支约束，自重为 g(N/m)；砼板为两块，长度相同，截面一致，自重为 q_0(N/m)，均匀覆盖在钢梁上翼缘，并与钢梁无结构联系。

求：钢梁所能承受的外载荷。

计算程序：

1. 验算整体稳定性

（见 GBJ 17—1988 第二节第 4.2.1 条）L/b_1，其中 L 为钢梁受压翼缘的自由长度；b_1 为受压翼缘的宽度。若 $L/b_1 > 13$，则应按整体稳定性计算；若 $L/b_1 < 13$ 或有刚性铺板密铺在梁的受压翼缘上，并能阻止梁截面的扭转，则应按强度计算。

2. 按整体稳定性计算稳定性系数 Ψ_b

a）对于型钢梁应根据载荷分布情况、工字钢型号和受压翼缘的自由长度查表确定 Ψ_b（见 GBJ 17—1988 附录一中附表 1.3）；

b）对于组合截面焊接工字钢梁应根据下式计算：

$$\Psi_b = \beta_b(4\,320/\lambda_y^2) \cdot (Ah/W_x)\left[\sqrt{1+(\lambda_y t_1/4.4n)} + \eta b\right] \cdot 235/f_y$$

〔见 GBJ 17—1988 附录一—（一）〕

若计算出 $\Psi_b > 0.6$，应按 GBJ 17—1988 附录一附表 1.2 查出相应的 Ψ_b 值代替 Ψ_b 作计算。

3. 求钢梁所能承受的均布载荷 q_{max}

$$M_{max}/(\Psi_b \cdot W_x) = k \cdot f \qquad \cdots\cdots\cdots\cdots\cdots\cdots\cdots\cdots\cdots (1)$$

$$M_{max} = 1/8 \cdot q_{max} \cdot L_0^2 \qquad \cdots\cdots\cdots\cdots\cdots\cdots\cdots\cdots\cdots (2)$$

由（1），（2）推出，$q_{max} = 8 \cdot k \cdot f \cdot \Psi_b \cdot W_x/L_0^2$

式中：W_x——钢梁截面抵抗矩。

4. 求外载荷 q

$q = q_{max} - g - q_0$

5. 求外载荷总量 p

$p = q \cdot L_0$

实例：I40b 热轧普通工字钢梁，$L_0 = 5\,630$ mm，$f = 215$ N/mm²，$W_x = 1\,140\,000$ mm³，$k = 0.9$。混凝土板截面尺寸：550 mm×150 mm；混凝土标号：C30。求：外载荷总量 p。

计算程序：

1. 求 Ψ_b

$L/b_1 = 5\,630/144 = 39.1 > 13$ 应按整体稳定性计算。

查表：$L = 5$，$L = 6$ 对应 $\Psi_b = 0.73$，$\Psi_b = 0.6$；

当 $L_0 = 5.63$ m 时，

$\Psi_b = [(0.6 - 0.73)/(6 - 5)] \times 0.63 + 0.73 = 0.65 > 0.6$

查表：$\Psi_b = 0.63$。

2. 求均布载荷设计值 q_{max}

$q_{max} = 8 \cdot k \cdot f \cdot \Psi_b \cdot W_x/L_0^2$

$= 8 \times 0.9 \times 215 \times 0.63 \times 1\,140\,000/5\,630^2 = 35.0$(N/mm)

3. 求外载荷 q

$$q = q_{max} - g - q_0 = 35\ 000 - 724 - 1\ 860 = 32\ 416(N/m)$$

4. 外载荷总量 p

$$p = qL_0 = 32\ 416 \times 5.63 = 182\ 502(N) = 183\ kN。$$

附 录 B

（提示的附录）

钢结构防火涂料腐蚀性的评定方法

B1 范围

此方法仅适用于未采用防锈漆、防锈液等防锈材料对钢基材作防锈处理而直接施涂于钢基材表面的钢结构防火涂料。

B2 技术要求

在规定的试验条件下该钢结构防火涂料应不腐蚀钢材。

B3 试验方法

B3.1 制样：取 Q235 钢板(尺寸及数量见表 3)彻底清除锈迹后选其中一面按规定的施工工艺将涂料施涂于表面。

B3.2 试验程序：将制作好的试件(涂覆表面)向上水平放置在试验台上，存放时间为 720 h。存放条件为环境温度(30±5)℃，相对空气湿度(60±5)%。

B4 评定

试件存放至规定时间后，剥开涂层，涂覆面钢材应无锈蚀。要求三个试件至少有二个符合要求。否则判定该涂料腐蚀性不合格。

B5 结果表示

腐蚀性检验结果不参与涂料产品质量的综合判定，但应在报告中明确注明腐蚀性是否合格。

ICS 91.100,13.220.01
C 80

中华人民共和国国家标准

GB/T 16172—2007/ISO 5660-1:2002
代替 GB/T 16172—1996

建筑材料热释放速率试验方法

Test method for heat release rate of building materials

（ISO 5660-1:2002,Reaction-to-fire tests—Heat release，smoke production
and mass loss rate—Part 1：Heat release rate(cone calorimeter method)，IDT)

2007-07-02 发布
2008-01-01 实施

中华人民共和国国家质量监督检验检疫总局
中国国家标准化管理委员会　发布

前　言

本标准等同采用 ISO 5660-1：2002《对火反应试验　热释放、产烟量及质量损失速率　第1部分：热释放速率（锥形量热仪法）》（英文版）。

本标准等同翻译 ISO 5660-1：2002。

为便于使用，本标准做了下列编辑性修改：

a)　"本国际标准"一词改为"本标准"；

b)　用小数点"."代替作为小数点的逗号","；

c)　删除国际标准的前言。

本标准代替 GB/T 16172—1996《建筑材料热释放速率试验方法》，因为国际上的发展原标准在技术上已过时；本标准与 GB/T 16172—1996 相比主要差异如下：

——增加了术语定义中的条目；

——增加了符号一章；

——增加了辐射屏蔽和可选防护屏；

——增加了对燃烧时间短暂材料数据采集周期的要求；

——增加了对尺寸不稳定材料制备的要求；

——增加了待测试样基材选用的要求及养护要求；

——增加了非经常性标定并增补了预标定、工作标定的要求；

——更改了最长数据采集时间和最短试验时间；

——增加了质量损失速率的测试和计算；

——增加了6个资料性附录。

本标准附录 A、附录 B、附录 C、附录 D、附录 E 和附录 F 均为资料性附录。

请注意本标准的某些内容有可能涉及专利的内容。本标准的发布机构不应承担识别这些专利的责任。

本标准由中华人民共和国公安部提出。

本标准由全国消防标准化技术委员会第七分技术委员会（SAC/TC 113/SC 7）归口。

本标准负责起草单位：公安部天津消防研究所。

本标准参加起草单位：公安部四川消防研究所。

本标准主要起草人：李晋、杜兰萍、张欣、张网、张羽、王钢、果春盛。

本标准于1996年首次发布，本次为首次修订。

本标准所代替标准的历次版本发布情况为：

——GB/T 16172—1996。

建筑材料热释放速率试验方法

1 范围

本标准规定了采用外部点火器,试样在水平定位受到可控制等级的热辐射时,测定热释放速率的方法。热释放速率的测量是通过燃烧产物气流中氧气浓度计算出的氧消耗量和燃烧产物的流量来确定的,同时也对试样引燃(持续有焰燃烧)时间进行了测量。

2 规范性引用文件

下列文件中的条款通过本标准的引用而成为本标准的条款。凡是注日期的引用文件,其随后所有的修改单(不包括勘误的内容)或修订版均不适用于本标准,然而,鼓励根据本标准达成协议的各方研究是否可使用这些文件的最新版本。凡是不注日期的引用文件,其最新版本适用于本标准。

GB/T 2918 塑料试样状态调节和试验的标准环境(GB/T 2918—1998,idt ISO 291:1997,Plastics—Standard atmospheres for conditioning and testing)

ISO 554 调节和/或试验用标准环境(Standard atmospheres for conditioning and/or testing—Specifications)

ISO 13943 消防安全 术语(Fire safety—Vocabulary)

ISO/TR 14697 建筑制品衬底的选择指南(Fire tests—Guidance on the choice of substrates for building products)

3 术语和定义

ISO 13943确立的以及下列术语和定义适用于本标准。

3.1

基本平整表面 essentially flat surface

不平整处与平面相差不超过±1 mm的表面。

3.2

闪燃 flashing

在试样表面或其上方出现的火焰持续时间少于1 s的燃烧现象。

3.3

引燃 ignition

出现持续火焰(参见3.10)。

3.4

辐射照度 irradiance

<在表面上一点>入射到试样表面某点处的面元上(包括该点和该单元区域)的辐射通量除以该面元的面积。

注:水平定位时试样上对流传热可以忽略。因此,本标准用术语"辐射照度"代替"热流",这样可以更好地表明辐射是主要的热传递方式。

3.5

建筑材料 material

单一物质或均匀分布的混合物。如金属、石材、木材、混凝土、矿纤和聚合物。

3.6

定位　orientation

试验时试样暴露表面所处平面,铅垂或水平。

3.7

耗氧原理　oxygen consumption principle

燃烧时消耗的氧气质量与释放热量之间的比例关系。

3.8

建筑制品　product

要求给出相关信息的建筑材料、复合材料或组件。

3.9

试样　specimen

有代表性的带基材或处理过的用来试验的制品。

注:对于某些类型的制品,例如包含空气隙或接合点的制品,可不必制备代表最终使用情况的试样(见第7章)。

3.10

持续燃烧　sustained flaming

在试样表面或其上方出现持续时间超过10 s的火焰。

3.11

短暂燃烧　transitory flaming

在试样表面或其上方出现持续时间介于1 s～10 s的火焰。

4　符号

见表1。

表 1　符号及其意义

符号	意　义	单位
A_s	试样初始暴露的表面积	m^2
C	孔板流量计标定常数	$m^{1/2} \cdot g^{1/2} \cdot K^{1/2}$
Δh_c	净燃烧热	$kJ \cdot g^{-1}$
$\Delta h_{c,eff}$	有效净燃烧热	$MJ \cdot kg^{-1}$
m	试样的质量	g
Δm	总质量损失	g
m_f	试验结束时试样的质量	g
m_s	持续火焰期间试样的质量	g
$\dot{m}_{A,10\text{-}90}$	质量损失在10%到90%之间,单位面积上的平均质量损失速率	$g \cdot m^{-2} \cdot s^{-1}$
m_{10}	总质量损失为10%时试样的质量	g
m_{90}	总质量损失为90%时试样的质量	g
$\dot{m}$	试样的质量损失速率	$g \cdot m^{-2} \cdot s^{-1}$
$\dot{m}_e$	排气管道内的质量流量	$kg \cdot s^{-1}$
Δp	孔板两侧的压差	Pa
$\dot{q}$	热释放速率	kW
$\dot{q}_A$	单位面积热释放速率	$kW \cdot m^{-2}$

表 1（续）

符号	意　义	单位
$\dot{q}_{A,max}$	单位面积热释放速率的最大值	$kW \cdot m^{-2}$
$\dot{q}_{A,180}$	试样在 t_{ig} 时被引燃后，180 s 内的单位面积平均热释放速率	$kW \cdot m^{-2}$
$\dot{q}_{A,300}$	试样在 t_{ig} 时被引燃后，300 s 内的单位面积平均热释放速率	$kW \cdot m^{-2}$
$Q_{A,tot}$	整个试验期间单位面积的放热总量	$kW \cdot m^{-2}$
r_0	氧与燃料的化学当量比	1
t	时间	s
t_d	氧分析仪的滞后时间	s
t_{ig}	引燃时间（出现持续火焰）	s
Δt	取样周期	s
t_{10}	总质量损失达到 10% 的时间	s
t_{90}	总质量损失达到 90% 的时间	s
T_e	孔板流量计处气体的绝对温度	K
X_{O_2}	氧分析仪读数，氧气的摩尔分数	1
$X_{O_2}^0$	氧分析仪初始读数	1
$X_{O_2}^1$	滞后时间修正前氧分析仪的读数	1

5　试验原理

本试验方法建立在观测基础上，一般来说，净燃烧热和燃烧所消耗的氧气质量成比例。这个关系是每消耗 1 kg 的氧气释放出的热量大约为 13.10×10³ kJ。在环境大气条件下，将试样置于规定的 0 kW/m²～100 kW/m² 的外部热辐射条件下，测量其燃烧时氧气浓度和排气流量。

本试验方法是通过有代表性的小试样，来评估试验制品对火反应时的热释放速率特性。

6　试验装置

装置示意图见图 1。6.1～6.5 中给出了各部件的详细描述。

装置稍加改动，试样便可在铅垂定位上进行试验。改动方式参见附录 D。

6.1　辐射锥

辐射锥额定功率为 5 kW，由电加热管构成。电加热管应紧紧缠绕成圆锥台形状装配在双层耐热合金锥套中（见图 2），内外锥壳内填以公称厚度为 13 mm、公称密度为 100 kg/m³ 的耐热纤维。辐射锥的辐射照度应通过控制 3 个热电偶（宜用 K 型不锈钢铠装热电偶，也可用铬镍铁合金或其他高性能材料）的平均温度维持在设定水平上。3 支热电偶对称放置，以非焊接方式与电加热管接触（见图 2）。3 支热电偶应采用外径为 1.0 mm～1.6 mm 的非暴露热节点的或外径为 3 mm 的暴露热节点的铠装热电偶。辐射锥应能在试样表面提供高达 100 kW/m² 的辐射照度。在暴露试样表面的中心部位 50 mm×50 mm 范围内，辐射照度应均匀，与中心处的辐射照度偏差不超过±2%。

6.2　辐射屏蔽层

辐射锥应有一个可抽取的辐射屏蔽层，以保护试样在试验开始之前不受辐射。屏蔽层应由不燃材料制成，总厚度不超过 12 mm。屏蔽层应为：

a)　水冷并涂有一层表面发射系数 ε=0.95±0.05 的耐磨无光黑色涂层，或

b)　非水冷，可以是有反射顶面的金属或是陶瓷，以将辐射传递降至最低。

屏蔽层应装有一个把手,或采用其他适宜快速插入和移出的方式。辐射锥的基座上应装有一个机械结构能使屏蔽层移动到位。

6.3 辐射控制

辐射控制系统应能做适当调节,在根据10.1.2描述标定期间,辐射锥热电偶的平均温度应保持在预设值±10℃以内。

6.4 称重设备

根据10.2.2中描述的标定程序进行测量时,称重设备的精度为±0.1 g或更好。称重设备的量程应不低于500 g。当根据10.1.3进行标定时,称重设备在10%~90%的响应时间应小于4 s。当根据10.1.4进行标定时,称重设备的输出漂移在30 min内不应超过1 g。

6.5 试样安装架

试样安装架见图3。试样安装架应为一个方形敞口盘,上端开口为(106±1)mm×(106±1)mm,深度为(25±1)mm。安装架应采用厚度为(2.4±0.15)mm的不锈钢板。包括一个便于插入和移出的把手,和一个保证试样的中心位置在加热器下方并能与称重设备准确对中的机械装置。安装架的底部应放置一层厚度至少为13 mm的低密度(公称密度65 kg/m³)耐热纤维垫。辐射锥下表面与试样顶部的距离应调节为(25±1)mm,对于尺寸不稳定的材料,其与辐射锥下表面的距离应为(60±1)mm(见7.5)。

6.6 定位架

定位架见图4,是采用厚度为(1.9±0.1)mm的不锈钢板制成的方盒,方盒内边尺寸为(111±1)mm,高度为(54±1)mm。用于试样面的开口为(94.0±0.5)mm×(94.0±0.5)mm。应以适当方式确保定位架与试样安装架之间能放置一个试样。

6.7 带流量测量仪的排气系统

排气系统应由工作温度适合的离心式风机、集烟罩、风机的进气和排烟管道,以及孔板流量计组成(见图5)。集烟罩底部与试样表面的距离应为(210±50)mm。在标准温度和压力条件下,排气系统的流量应不小于0.024 m³/s。风机的建议安装位置见图5。也可将风机放置在后面的位置,孔板流量计装在风机前,但应满足本条款其余部分的要求。

在集烟罩与进气管之间应装一内径为(57±3)mm的节流孔板以提高气体的混合度。

为了采集气体样本,环形取样器应装在距集烟罩(685±15)mm的风机进气管道内。环形取样器上应有12个直径为(2.2±0.1)mm的小孔,以均化气流组分,小孔与气流方向相反,以避免烟尘沉积。

气流温度应由外径为1.0 mm~1.6 mm的铠装热电偶或外径为3 mm的露端型热电偶来测量,热电偶安装在孔板流量计的上游(100±5)mm处、排气管轴线位置上。

如果按图5所示安装风机,排气流量应通过测量风机上方至少350 mm处的锐缘孔板[内径(57±3)mm,厚度(1.6±0.3)mm]两侧的压差来确定。如果风机装在比图5所示更远的下游,也可将孔板流量计装在环形取样器和风机之间。但是,这种情况下孔板流量计两侧直管段的长度至少应为350 mm。

6.8 气体取样装置

气体取样装置应包括取样泵、烟尘过滤器、除湿冷阱、排空的旁路系统、水分过滤器和CO_2过滤器。图6给出了一个实例的示意图。其他布置方式如果满足要求也可使用。氧分析仪的滞后时间t_d应根据10.1.5标定,且不应超过60 s。

注:如果使用了CO_2分析仪(可选的),计算热释放速率的公式与标准情形不同(参见第12章和附录F)。

6.9 点火电路

采用一个10 kV互感器提供能量的火花塞或电火花点火器进行外部点火。火花塞的火花隙应为(3.0±0.5)mm。电极长度和火花塞的位置应使火花隙位于试样表面中心上方(13±2)mm处,对于尺寸不稳定的材料其距离应为(48±2)mm(见7.5)。

6.10 点火计时器

点火计时器应能够分段计时,示值分辨力为 1 s,计时误差小于 1 s/h。

6.11 氧分析仪

应采用氧气量程为 0%～25% 的顺磁型氧分析仪。根据 10.1.6 标定时,氧分析仪在 30 min 内的漂移不应超过 50×10^{-6},且输出噪声也不应超过 50×10^{-6}。由于氧分析仪对气流压力敏感,应调整分析仪上游的气流压力,使气流波动最小化,大气压力变化时,可利用绝对压力传感器对分析仪的读数进行补偿。分析仪和绝对压力传感器应置于等温环境中。根据 10.1.5 标定时,氧分析仪满量程的 10%～90% 的响应时间应小于 12 s。

6.12 热流计

应使用工作热流计来标定辐射锥(见 10.2.5)。标定时热流计应放置在与试样表面中心相同的位置。

热流计应选用热电堆式,设计量程为 $(100\pm10)\mathrm{kW/m^2}$。辐射接收靶应该是平整圆形的,直径约为 12.5 mm,表面覆有发射系数 $\varepsilon=0.95\pm0.05$ 的耐磨的无光泽黑色涂层。接收靶应为水冷式。冷却温度不应使热流计的接收靶表面产生水分冷凝。

辐射达到接收靶前不应穿过任何窗孔。热流计应耐用,便于安装和使用,且在标定中稳定。热流计的精度应为 ±3%,重复性为 ±0.5% 以内。

用两支与工作热流计类型相同、量程相似的热流计专门作为参照热流计(参见附录 E)。工作热流计应按 10.3.1 进行标定。参照热流计之一应每年进行一次全面标定。

6.13 标定燃烧器

标定燃烧器的开孔是面积为 $(500\pm100)\mathrm{mm^2}$ 的方形或圆形,开孔上覆有金属丝网以使燃气扩散,管内充填陶瓷纤维以提高气流的均匀度。标定燃烧器应与可计流量的甲烷气源相连,甲烷纯度至少为 99.5%。相应于 5 kW 的热释放速率,流量计的精度应为读数的 ±2%。精度应根据 10.3.3 进行验证。

6.14 数据采集分析系统

数据采集分析系统应能记录氧分析仪、孔板流量计、热电偶和称重装置的输出,对于测氧通道的氧气测量精度应至少达到 50×10^{-6},对于温度测量通道应达到 0.5℃,其他的测量通道应为仪器输出全量程的 0.01%,时间的精度应至少为 0.1%。系统应能够记录每秒的数据,系统对每个参数应至少能存储 720 个数据。每次试验记录的原始数据都应存储,以便恢复和检查。

6.15 防护屏(可选)

为了操作方便或确保安全,允许用防护屏防护加热器和试样安装架,但应保证防护屏的存在不影响引燃时间和按 10.1.7 对热释放速率的测量。

如果防护屏形成了一个封闭空间,存在爆炸的可能,应采取适当的防护措施保护操作人员,如在背向操作人员的方向安装泄压口。

7 待测制品的要求

7.1 表面特性

待测制品应符合下列条件之一:

a) 暴露表面基本平整。

b) 暴露表面的不平整是均匀分布的,即:

    1) 在一个有代表性的 100 mm×100 mm 的面积内至少有 50% 的表面与暴露表面最高点所组成的平面间的距离在 10 mm 以内;或

    2) 对于含有宽度不超过 8 mm、深度不超过 10 mm 裂纹、缝隙或孔洞的表面,其裂纹、缝隙或孔洞的总面积不得超过代表性的 100 mm×100 mm 的暴露面积的 30%。

当暴露表面不满足 7.1a)或 7.1b)的要求时,应对制品进行处理,尽可能满足 7.1 的要求。试验报告应声明该制品是按加工后的形式进行试验的,并详述加工情况。

7.2 不对称制品

提交试验的制品,可以具有两个不同的表面,或可以包含以不同的顺序排列的不同材料层。如在实际使用时,任一表面都可能暴露的话,则两个表面均应测试。

7.3 燃烧时间短暂的材料

对于燃烧时间短暂(3 min 或更短)的试样,热释放速率的测量周期不应超过 2 s。对于燃烧时间较长的试样,测量周期可为 5 s。

7.4 复合试样

用于试验的复合试样应按 8.3 制备,并能代表最终使用的状况。

7.5 尺寸不稳定的材料

如果试样因膨胀或变形,在引燃之前接触到火花塞,或引燃之后接触到辐射锥下表面,这种情况下应使辐射锥的下表面和试样表面有 60 mm 的间隔。辐射锥标定(见10.2.5)时热流计应位于辐射锥下表面 60 mm 处。需要强调的是:以这种间隔测得的引燃时间不能与 25 mm 间隔下测得的引燃时间相比较。

其他尺寸不稳定的制品(例如试验期间卷曲或收缩),应采用 4 根金属丝限制其过分的变形。金属丝的直径应为(1.0±0.1)mm,长度至少为 350 mm。试样应按第 8 章的规定制备。用一根金属丝将试样安装架和定位架组件缠紧,并保证与组件的 4 个边之一平行,且距离约为 20 mm。将金属丝两端拧紧,使金属丝和定位架固定。试验前去掉金属丝多余部分。其余 3 根金属丝应以同样的方式固定,并分别与其余 3 条边平行。

8 试样制备及准备

8.1 试样

8.1.1 除非另有规定,对于选定的每一种辐射照度和暴露表面,应有 3 个试样进行试验。

8.1.2 试样应能表征制品的特征,其尺寸为 100_{-2}^{0} mm×100_{-2}^{0} mm 的正方形。

8.1.3 公称厚度等于或小于 50 mm 的制品应采用其实际厚度进行试验。

8.1.4 对于公称厚度超过 50 mm 的制品,应对非暴露表面一侧进行切割,使其厚度减少到 50 mm。

8.1.5 当从表面不规则的制品切取试样时,表面的最高点应处于试样的中心部位。

8.1.6 组件试样的制备应按 8.1.3 或 8.1.4 中适用的规定进行。如材料或复合材料在使用时与特定的基材相接触,试验时也应将基材加上,固定方式可采取黏结或机械固定。在没有唯一的或特定的基材时,应根据 ISO/TR 14697 选用适当的基材进行试验。

8.1.7 厚度小于 6 mm 的制品,在试验时应加上能代表其最终使用条件的基材,使总的试样厚度不小于 6 mm。

8.2 试样的状态调节

试验前,应根据 ISO 554 将试样在温度(23±2)℃,相对湿度(50±5)%的条件下养护至质量恒定。

在相隔 24 h 的两次称量中,试样的质量之差不超过试样质量的 0.1%或 0.1 g(取数值较大者),则认为达到恒定质量。

像聚酰胺这样需要养护超过一周才能达到平衡的材料,应根据 GB/T 2918 养护后再进行试验。养护时间不应少于一周,并应在试验报告中说明。

8.3 准备

8.3.1 试样包覆

用厚度为 0.025 mm～0.04 mm 的单层铝箔包住经过养护的试样,使光泽面朝向试样。铝箔应预先裁剪,使其能包覆试样的底面和侧面,并超出试样的上表面至少 3 mm。试样应放置在铝箔中间,将其底面和侧面包住,将多余的铝箔剪掉,使铝箔不超过试样上表面 3 mm。包覆之后,试样应放进试样安装架,并盖上定位架。完成这个过程后应看不到铝箔。

对于柔软的试样,可使用与试验试样厚度相同的模拟试样来预制铝箔。

8.3.2 试样准备

所有试样应使用图 4 所示的定位架进行试验,并按下列步骤准备试样:

a) 将定位架倒置于平面上;

b) 将包好铝箔的试样暴露表面向下放入定位架内;

c) 在顶部放上耐火纤维层(公称厚度 13 mm,公称密度 65 kg/m³),纤维层至少一层,不超过两层,超出定位架边缘即可;

d) 将试样安装架置于耐火纤维层顶部,并装入定位架、压紧;

e) 将定位架固定到试样安装架上。

9 试验环境

试验装置应放置在没有明显气流扰动的环境中。空气的相对湿度应在 20%~80%、温度应在 15℃~30℃之间。

10 标定

10.1 预标定

10.1.1 概述

除 10.1.7 以外,锥形量热仪交付使用,或加热组件、辐射控制系统(10.1.2)、称重设备(10.1.3 和10.1.4)、氧分析仪或气体分析系统(10.1.5 和 10.1.6)等主要部件进行了维修或更换时应进行预标定。10.1.7 中确定防护屏作用的标定应在安装防护屏的同时进行。对于交付使用的,有防护屏的新仪器,标定应由制造商完成。

10.1.2 辐射控制系统响应特性

接通辐射锥和风机的电源。设置辐射照度为(50±1)kW/m²,调节排气流量为(0.024±0.002)m³/s。平衡后,记录辐射锥的平均温度。根据第 11 章的程序测试黑色聚甲基丙烯酸甲酯(PMMA)。PMMA试样的厚度至少应为 6 mm。引燃后,前 3 min 内的平均热释放速率应大约为 530 kW/m²。试验期间,以 5 s 间隔记录辐射锥的平均温度。

10.1.3 称重设备的响应时间

进行此项标定时不应开启辐射锥。将装有(250±25)g 的不燃称重标准件的试样安装架放置在称重设备上(称重标准件取代了在此项标定中没有使用的定位架)。用机械或电子方式调零。将质量为(250±25)g 的第二个不燃称重标准件轻轻放置在试样安装架上,并记录称重设备的输出。达到平衡后,从试样安装架上轻轻地移去第二个不燃称重标准件,并再次记录称重设备的输出。称重设备的响应时间即为其输出从 10% 到 90% 之间变化所用时间的平均值。

10.1.4 称重设备的输出漂移

将辐射锥高度调节到带有定位架的试样试验时的高度。将隔热板放置在称重设备上。接通风机和辐射锥的电源。调节排气流量为(0.024±0.002)m³/s,辐射照度为(50±1)kW/m²。辐射锥温度达到平衡后,移开隔热板,将装有(250±25)g 的不燃称重标准件的试样安装架放置在称重设备上(称重标准件取代了在此项标定中没有使用的定位架)。达到平衡后,用机械或电子方式调零。将质量为(250±25)g 的第二个不燃称重标准件轻轻放置在试样安装架上。待达到平衡后,记录称重设备的输出。30 min 后,再次记录称重设备的输出。称重设备的输出漂移即为初始值和最后值之间的绝对差值。

10.1.5 氧分析仪的滞后时间和响应时间

进行此项标定时不应开启辐射锥。开启风机,调节排气流量为(0.024±0.002)m³/s。通过调节甲烷气体流量,使标定燃烧器的输出大约为 5 kW,以此来确定氧分析仪的滞后时间。在集烟罩外点燃燃烧器并使火焰稳定。迅速将燃烧器置于集烟罩下,持续 3 min。然后,从集烟罩下移去燃烧器并停止甲烷供气。记录这 3 min 内分析仪的输出。接通滞后是插入燃烧器与氧读数达到其最大偏差的 50% 时的时间差。计算断开滞后与接通滞后类似。滞后时间 t_d 是至少 3 次接通滞后与断开滞后的平均值。对于给定时刻,应把间隔 t_d 后记录的浓度记为该时刻的氧气浓度。

氧分析仪的响应时间为氧分析仪的输出从 10% 到 90% 之间变化所用时间的平均值。

注:标定氧分析仪滞后时间和响应时间,不需精确地控制甲烷流量,因为滞后时间和响应时间对氧气量的大小不敏感。

10.1.6 氧分析仪的输出噪声与漂移

进行此项标定时不应开启辐射锥。开启风机,调节排气流量为 $(0.024 \pm 0.002) m^3/s$。将无氧氮气通入氧分析仪。60 min 后,切换到样品气。样品气是来自排气管道正常流量和压力下的干燥空气。达到平衡后,将氧分析仪的输出调节为 $(20.95 \pm 0.01)\%$。开始以 5 s 间隔记录氧分析仪的输出,持续 30 min。利用最小平方拟合方法拟合过数据点的直线来确定漂移。对于直线拟合,0 min 时和 30 min 时读数差的绝对值代表短期漂移。根据下列公式,通过计算直线周围数据的均方根偏差来确定输出噪声:

$$r.m.s = \sqrt{\frac{\sum_{i=1}^{n} x_i^2}{n}}$$

式中:

x_i——数据点和呈线性趋势的直线之间的绝对差值。

噪声值 $r.m.s$ 记为百万分率。

10.1.7 防护屏的影响

评估防护屏对试验结果的影响,应根据第 11 章中描述的程序,用 6 个厚度为 $(25 \pm 0.5) mm$ 的黑色聚甲基丙烯酸甲酯(PMMA),在 $(50 \pm 1) kW/m^2$ 的辐射照度下进行试验。前 3 次试验应在移去防护屏的条件下进行,其余 3 次试验则在有防护屏的条件下进行。根据双侧 t 检验取 5% 的显著性水平,如果两组试验 t_{ig}、$\dot{q}_{A,180}$ 和 $\dot{q}_{A,max}$ 的平均值相差从统计学来说是可忽略的,那么就可以使用防护屏。这里,对于 3 个变量(t_{ig}、$\dot{q}_{A,180}$ 和 $\dot{q}_{A,max}$)的 t 检验应根据下列程序进行:

a) 对于两组的 3 个试验,通过下式计算平均值:

$$\bar{x} = \frac{\sum_{i=1}^{3} x_i}{3} \qquad\qquad\cdots\cdots\cdots\cdots\cdots\cdots(1)$$

和

$$\bar{y} = \frac{\sum_{i=1}^{3} y_i}{3} \qquad\qquad\cdots\cdots\cdots\cdots\cdots\cdots(2)$$

b) 计算合并标准差 s_p:

$$s_p = \sqrt{\frac{\sum_{i=1}^{3} (x_i - \bar{x})^2 + \sum_{i=1}^{3} (y_i - \bar{y})^2}{4}} \qquad\qquad\cdots\cdots\cdots\cdots\cdots\cdots(3)$$

c) 计算 t 检验统计量:

$$t_s = \left| \frac{\bar{x} - \bar{y}}{0.816\,5 s_p} \right| \qquad\qquad\cdots\cdots\cdots\cdots\cdots\cdots(4)$$

如果试验统计量不超过 2.776,或两个平均值相同,则 t 检验是成功的。

10.2 工作标定

10.2.1 概述

每个试验日开始试验时,应按下列顺序进行标定。当辐射照度改变时,也应对辐射锥进行标定。

10.2.2 称重设备的精度

称重设备标定应使用试验试样质量范围内的称重标准件。关闭辐射锥并使装置在进行标定之前冷却到环境温度。将装有(250 ± 25)g的不燃称重标准件的试样安装架放置在称重设备上,用机械或电子方式调零。将质量在 50 g 到 200 g 之间的称重标准件轻轻放置在试样安装架上。稳定后,记录称重设备的输出值。再增加上述量范围的称重标准件,重复这一过程至少 4 次。标定结束时,在试样安装架上的所有称重标准件的总质量应至少为 500 g。称重设备的精度即为称重标准件的质量和称重设备记录的输出值之间的最大差。

10.2.3 氧分析仪

氧分析仪校零和标定。标定时辐射锥可以工作也可以关闭,但不应处于升温阶段。开启风机,调节排气流量为(0.024 ± 0.002)m³/s。校零时,将纯氮气通入分析仪,使其流量和压力与样气的相同。将分析仪的示值调为(0.00 ± 0.01)%。通入干燥的环境空气时,则应将示值调为(20.95 ± 0.01)%,并将流量设置为测试试样时使用的流量。每个试样测试后,应利用干燥的环境空气确保分析仪的示值为(20.95 ± 0.01)%。

10.2.4 热释放速率标定

进行热释放速率标定是为了确定孔板系数 C。标定时辐射锥可以工作也可以关闭,但不应处于升温阶段。开启风机,调节排气流量为(0.024 ± 0.002)m³/s。以 5 s 的时间间隔开始收集基线数据,至少持续 1 min。根据甲烷的净燃烧热为 50.0×10^3 kJ/kg,将甲烷通入标定燃烧器,通过标定的流量计得到对应$\dot{q}_b=(5\pm0.5)$kW 的流量。平衡后,以 5 s 的采样周期采集数据,持续 3 min。利用 3 min 内测得的$\dot{q}_b$、T_e、Δp 和 X_{O_2} 数值的平均值,根据第 12 章中的公式(5)计算孔板系数 C。$X_{O_2}^0$ 由 1 min 基线测量期间测得的氧分析仪输出的平均值来确定。

也可利用在称重设备上放置一个专用器皿,在专用器皿内放入液体燃料(如酒精)的方法代替该项标定。用消耗的燃料总质量乘以燃料的净燃烧热,除以火焰的持续时间,得到平均的理论热释放速率。

10.2.5 辐射锥标定

每个试验日开始试验或改变辐射照度时,应利用热流计对辐射锥产生的辐射照度进行测量,并由此调节辐射照度控制系统,以使其达到所需辐射照度(误差不超过±2%)。当热流计插入标定位置时,不应使用试样或试样安装架。辐射锥稳定在设定温度至少运行 10 min,确保处于平衡状态。

10.3 非经常性标定

10.3.1 工作热流计的标定

工作热流计的标定最多间隔 100 个工作小时,应参见附录 E 的程序对比参照热流计进行。对比应在$(10、25、35、50、65、75 和 100)$kW/m² 的辐射照度下进行。工作热流计和参照热流计读数的不一致性应在±2%以内。如果在整个热流量量程范围内,两者读数通过修正,使不一致性控制在±2%以内,则该工作热流计可继续使用,否则应予替换。

10.3.2 热释放速率测量的线性

最多间隔 100 个工作小时,应进行该项标定。标定时,利用 10.2.4 在 5 kW 时的标定结果,以同样的程序,对 $1\times(1\pm10\%)$kW 和 $3\times(1\pm10\%)$kW 的流量进行进一步的标定。在 1 kW 和 3 kW 时测得的热释放速率应与设置值相差在±5%以内。

10.3.3 标定燃烧器用流量计的精度

每 6 个月,应对标定燃烧器用流量计的精度进行校验。根据 10.2.4 确定的标定常数,与前一次流量计校验后,首次热释放速率标定测得的标定常数相差大于 5%时,也应对流量计的精度进行校验。流量计精度的校验,使用的是一支与工作流量计串联的参照流量计,并按照10.2.4进行燃烧器标定。在3 min 的数据采集期间,两支流量计的不一致性应在±3%以内。如果两个测量之间的差超过±3%,那么应对工作流量计进行再标定。

11 试验程序

11.1 一般预防措施

警告:应采取适当预防措施进行安全防护,燃烧试验中应注意,试验试样暴露在辐射锥下时存在散发有毒或有害气体的可能性。

试验过程中伴随高温和燃烧。因此,可能存在引燃外部的物体或衣物的危险。在插入和移去试验试样时,操作人员应使用防护手套。在高温情况下,接触辐射锥或与其相连的固定设备时,应使用防护手套。不应触摸火花点火器,因其带有 10 kV 的高电压。试验之前,为使装置运转正常应检查其排气系统,且应将燃烧产物排放到排气能力足够大的建筑排气系统中。某些类型试样的熔融物或尖锐碎片有可能喷溅,因此应注意保护眼睛不受伤害。

11.2 试验准备

11.2.1 检查 CO_2 过滤器和水分过滤器。如必要则更换吸附剂。排净冷阱中的凝结水。冷阱的正常工作温度不应超过 4℃。

如果在检查期间打开过气体取样系统线路中的分离器或过滤器,宜检查气体取样系统的泄露情况(开启试样泵),如以与通入样品气相同的流量和压力通入纯氮气(气源尽可能接近环形取样器),此时氧分析仪读数宜为零。

11.2.2 按 6.5 或 7.5 的规定,调节辐射锥下表面和试样上表面之间的距离。

11.2.3 接通辐射锥(参见 A.4.1)和风机的电源。通常气体分析仪、称重设备和压力传感器的电源不应关闭。

11.2.4 调节排气流量为 $(0.024\pm0.002)m^3/s$。

11.2.5 按 10.2 进行标定。升温期间及试验间歇期间,在称重设备的上方放置一个隔热层(例如,带耐热纤维垫的空试样安装架或水冷的辐射屏蔽层),以避免过多的热量传递到称重设备。

11.3 步骤

11.3.1 开始采集数据。采集 1 min 的基线数据。标准采集周期为 5 s,预计燃烧时间短暂(见7.3)的情况除外。

11.3.2 将辐射屏蔽层放置到位(见6.2)。移去保护称重设备的隔热层(见11.2.5)。将根据8.3制备的试样安装架和试样放到称重设备上。

注:辐射屏蔽层在插入之前应冷却到100℃以下。

11.3.3 插入火花塞,根据屏蔽层的类型,按照下述规定,以正确的顺序移去辐射屏蔽层。

对于 6.2a)屏蔽层,移去屏蔽层,并开始试验。在 1 s 之内移去屏蔽层,插入并开启点火器。

对于 6.2b)屏蔽层,屏蔽层应在插入后 10 s 之内移去,并开始试验。在 1 s 之内移去屏蔽层,插入并开启点火器。

11.3.4 记录闪燃或短暂火焰出现的时间。当持续火焰出现时,记录时间,并关闭火花塞,移去火花点火器。如果在关闭火花塞之后火焰熄灭,重新插入火花点火器,并在 5 s 之内打开火花塞。在这种情况下,保持火花塞的工作状态至整个试验完成。在试验报告中记录上述情况(见第 13 章)。

11.3.5 下列情况下,停止采集数据:

a) 持续燃烧 32 min 后(32 min 包括 30 min 的试验时间和 2 min 的试验后追加数据收集时间);或

b) 试样 30 min 内未被引燃;或

c) X_{O_2} 回到试验前氧气浓度值的 0.01% 范围内,持续 10 min;或

d) 试样的质量变成零。

任何上述情况出现均可终止试验,但最短的试验持续时间应为 5 min。观察并记录试样的变化,如熔化、膨胀和爆裂。

11.3.6 移去试样和试样安装架。将隔热层放置在称重设备上。

11.3.7 应采用 3 个试样进行试验并按第 13 章所述进行报告。应对 3 个试样在 180 s 内的平均热释放速率进行比较。若其中的一个与这 3 个的平均值之差超过 10%,则应另取 3 个试样进行试验。这种情况下,应报告这 6 个数据的算术平均值。

> 注:如果试样因熔化溢出试样安装架、爆炸性剥落、试样过度膨胀接触到火花点火器或辐射锥下表面,对试验数据的有效性有影响。

12 计算

12.1 概述

本条中的公式是基于图 6 气体分析系统,只测量了氧气的情况。对于有辅助气体(CO_2、CO 或 H_2O)分析装置,而未从氧气的取样线路中去除 CO_2 的情况,公式可参见附录 F。如果去除了 CO_2(即使是单独对 CO_2 进行了测量),则应使用公式(5)~公式(7)。

12.2 耗氧分析的标定常数

每个试验日应进行 10.2.4 规定的热释放速率标定。如果某一次的标定常数 C 与前一次的差超过 5%,则表明装置可能存在问题。标定常数 C 由下式计算:

$$C = \frac{\dot{q}_b}{(12.54\times10^3)(1.10)}\sqrt{\frac{T_e}{\Delta p}}\cdot\frac{1.105-1.5X_{O_2}}{X_{O_2}^0-X_{O_2}} \quad\cdots\cdots(5)$$

式中:

$\dot{q}_b$——供给甲烷的热释放速率,单位为千瓦(kW)(见 10.2.4)。

其中 12.54×10^3 是甲烷的 $\Delta h_c/r_0$,单位为千焦每千克(kJ/kg);1.10 是氧气和空气的摩尔质量比。

12.3 热释放速率

12.3.1 在进行其他计算之前,利用记录的氧分析仪数据和滞后时间,根据下式计算氧分析仪读数:

$$X_{O_2}(t) = X_{O_2}^1(t+t_d) \quad\cdots\cdots(6)$$

12.3.2 热释放速率 $\dot{q}(t)$,由下式计算:

$$\dot{q}(t) = (\Delta h_c/r_0)(1.10)C\sqrt{\frac{\Delta p}{T_e}}\cdot\frac{X_{O_2}^0-X_{O_2}}{1.105-1.5X_{O_2}} \quad\cdots\cdots(7)$$

式中:

试样的 $\Delta h_c/r_0$ 取值为 13.1×10^3 kJ/kg,除非已知更准确的值,而且 $X_{O_2}^0$ 是根据 1 min 的基线测量期间测得的氧分析仪输出的平均值来确定的。

12.3.3 单位面积的热释放速率 $\dot{q}_A(t)$,由下式计算:

$$\dot{q}_A(t) = \dot{q}(t)/A_s \quad\cdots\cdots(8)$$

式中:

A_s——试样的初始暴露面积,为 0.008 8 m^2。

12.4 排气管道的流量

排气管道内的质量流量 $\dot{m}_e$,单位为千克每秒(kg/s),由下式计算:

$$\dot{m}_e = C\sqrt{\frac{\Delta p}{T_e}} \qquad \cdots\cdots\cdots\cdots\cdots\cdots(9)$$

12.5 质量损失速率

12.5.1 每一时间间隔的质量损失速率$-\dot{m}$,可以利用下列五点差分公式计算。

对于第一次采集($i=0$):

$$-[\dot{m}]_{i=0} = \frac{25m_0 - 48m_1 + 36m_2 - 16m_3 + 3m_4}{12\Delta t} \qquad \cdots\cdots\cdots\cdots\cdots(10)$$

对于第二次采集($i=1$):

$$-[\dot{m}]_{i=1} = \frac{3m_0 + 10m_1 - 18m_2 + 6m_3 - m_4}{12\Delta t} \qquad \cdots\cdots\cdots\cdots\cdots(11)$$

对于$1<i<n-1$的任何一次采集(这里n是采集的总次数):

$$-[\dot{m}]_i = \frac{-m_{i-2} + 8m_{i-1} - 8m_{i+1} + m_{i+2}}{12\Delta t} \qquad \cdots\cdots\cdots\cdots\cdots(12)$$

对于与最后一次采集相邻的那次采集($i=n-1$):

$$-[\dot{m}]_{i=n-1} = \frac{-3m_n - 10m_{n-1} + 18m_{n-2} - 6m_{n-3} + m_{n-4}}{12\Delta t} \qquad \cdots\cdots\cdots(13)$$

对于最后一次采集($i=n$):

$$-[\dot{m}]_{i=n} = \frac{-25m_n + 48m_{n-1} - 36m_{n-2} + 16m_{n-3} - 3m_{n-4}}{12\Delta t} \qquad \cdots\cdots\cdots(14)$$

12.5.2 主要燃烧期(即燃料质量损失从10%到90%变化期间)的质量损失速率$\dot{m}_{A,10-90}$,由下式给出:

$$\dot{m}_{A,10-90} = \frac{m_{10} - m_{90}}{t_{90} - t_{10}} \times \frac{1}{A_s} \qquad \cdots\cdots\cdots\cdots\cdots(15)$$

式中:

$m_{10} = m_s - 0.10\Delta m$

$m_{90} = m_s - 0.90\Delta m$

$\Delta m = m_s - m_f$

注:有效燃烧热$\Delta h_{c,eff}$的计算公式,参见附录C。

13 试验报告

试验结果仅与特定试验条件下试样的特性相关。其结果并非评价制品在使用时潜在火灾危险性的唯一标准。

试验报告应尽可能全面,并应包括试验期间观察到的现象及出现的问题。报告中应清楚地叙述所有的测量部分。下面给出建议报告的内容。

在试验报告中也应给出下列基本信息:

a) 实验室名称和地址。

b) 委托试验单位名称和地址。

c) 制造商/供应商的名称和地址。

d) 试验日期。

e) 试验者。

f) 商品名和试样标识码/号。

g) 组成或种类识别。

h) 试样厚度[1]，单位为毫米(mm)；质量[1]，单位为克(g)。对于复合材料和组件，应给出每种组分的公称厚度、密度及整个试样的密度。

i) 试样颜色。

j) 试样制备情况。

k) 试样安装，测试表面，以及使用的特殊安装程序(如对于膨胀试样)。

l) 孔板流量标定常数 C。

m) 辐射照度[1]，单位为千瓦每平方米(kW/m²)；排气流量[1]，单位为立方米每秒(m³/s)。

n) 相同条件下试验的重复试样数目(应最少是 3 个，除非是探索性试验)。

o) 持续燃烧时间[1]，单位为秒(s)。

p) 试验持续时间[1]，即根据 11.3.5 试验开始到结束的时间，单位为秒(s)。

q) 整个试验记录的热释放速率曲线；单位面积热释放速率[1]，单位为千瓦每平方米(kW/m²)。

r) 引燃后，前 180 s 和 300 s 内或其他时间段热释放速率的平均值[1] $\dot{q}_{A,180}$、$\dot{q}_{A,300}$ 和峰值[1] $\dot{q}_A(\dot{q}_{A,max})$，单位为千瓦每平方米(kW/m²)。

对于未出现持续火焰的试样，从试验开始后最后一个热释放速率负值之后的下一个读数开始记录。某些试样未出现可见的持续火焰，但却显示出非零的热释放速率数值。一般说来，应该出现负值，因为在试样开始燃烧之前输出数据为 $0\pm n$(噪声)。

应利用梯形积分法计算热释放速率平均值。例如，以 5 s 的数据采集周期，$\dot{q}_{A,180}$ 如下得出：

1) 将最接近引燃时刻采集到的热释放速率值，或最后一个热释放速率负值之后的那次采集值作为积分计算的初值，然后将此初值之后的 35 次采集到的热释放速率值求和；如果试验在 180 s 内结束，这种情况下用实验时间内的平均值作为热释放速率的平均值；

2) 将 1)中的积分初值的一半，和此初值后的第 36 次采集到的热释放速率值的一半相加；

3) 将 1)中 35 次采集的求和值与 2)中的求和值相加，再乘以采集周期(5 s)，然后除以 180。

s) 试样的放热总量[1]，单位为兆焦每平方米(MJ/m²)。放热总量应从试验开始后最后一个热释放速率负值的下一个读数开始计算，到试验记录的最后读数为止。

放热总量也可利用梯形积分法计算。此时，利用的第一次采集是试验开始出现最后一个热释放速率负值之后的那一次采集。

t) 持续燃烧时的质量[1] m_s；试验后剩余质量 m_f，单位均为克(g)。

u) 试样的质量损失[1]，单位为克每平方米(g/m²)；试样平均质量损失速率 $\dot{m}$，单位为克每平方米秒[g/(m²·s)]，根据引燃到试验结束期间的数据确定。

v) 试样单位面积上平均质量损失速率[1] $\dot{m}_{A,10-90}$，单位为克每平方米秒(g·m⁻²·s⁻¹)，根据质量损失 10%～90% 期间的数据确定。

w) 对于所有的重复试样，将 o)、p)、r)、s)、t)、u)和 v)条中确定的数值取其算术平均。

x) 其他现象[1]，如短暂燃烧或闪燃。

y) 试验中出现的问题[1]。

---

1) 每个试样均报告。

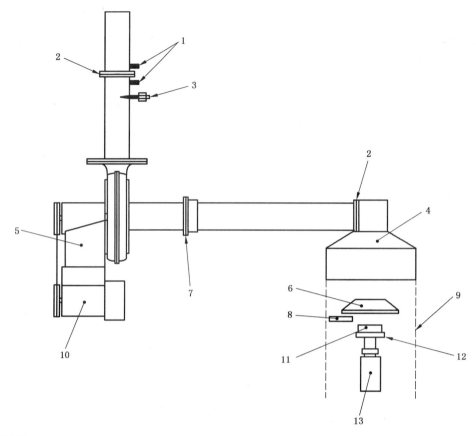

1——压力孔；

2——孔板；

3——热电偶(位于烟道中心线)；

4——集烟罩；

5——风机；

6——辐射锥；

7——环形取样器；

8——火花塞；

9——防护屏(可选)；

10——风机的电机；

11——定位架和试样；

12——试样安装架；

13——称重设备。

图 1   装置

单位为毫米

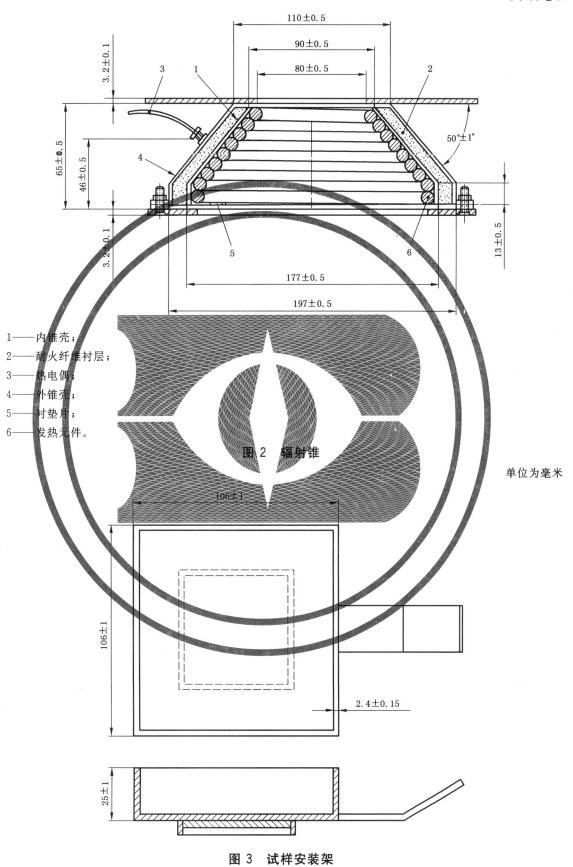

110±0.5

90±0.5

80±0.5

3.2±0.1

3 1 2

50°±1°

65±0.5

46±0.5

4

5 6

3.2±0.1

13±0.5

177±0.5

197±0.5

1——内锥壳;
2——耐火纤维衬层;
3——热电偶;
4——外锥壳;
5——衬垫片;
6——发热元件。

图 2 辐射锥

单位为毫米

106±1

106±1

2.4±0.15

25±1

图 3 试样安装架

单位为毫米

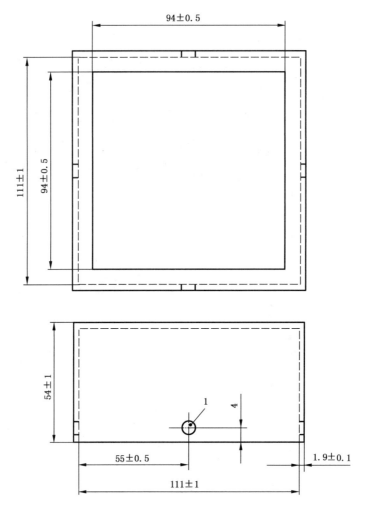

1——10×32 螺丝孔。

图 4 定位架

单位为毫米

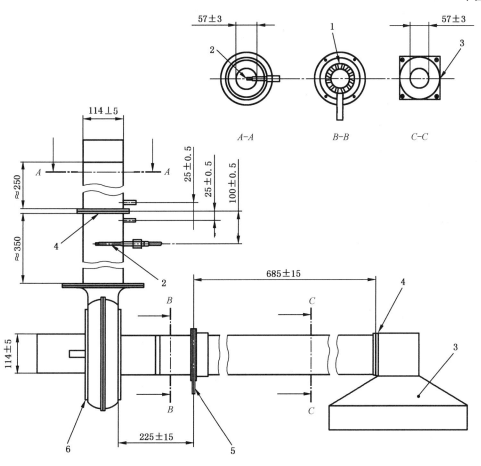

1——环形取样器；

2——热电偶；

3——集烟罩；

4——孔板；

5——环形取样器(取样孔对着风机)；

6——风机。

图 5 排气系统

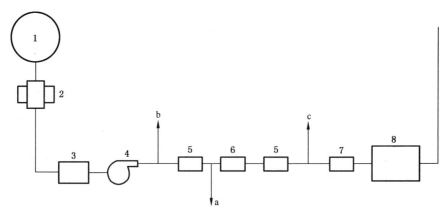

1——环形取样器;

2——颗粒过滤器;

3——冷阱和排水管;

4——取样泵;

5——除湿器;

6——CO_2 过滤器;

7——流量调节器;

8——氧分析仪;

a——通向可选的 CO_2 和 CO 分析仪;

b——废气管;

c——废气管的可选位置。

图 6　气体取样及测量系统

附 录 A

（资料性附录）

注释及操作员指导

A.1 简介

本附录的目的在于将有关这种方法的背景资料、装置和得到的数据,提供给试验操作员及试验结果的用户。

A.2 热释放速率的测量

A.2.1 热释放速率是确定火灾危险性的最重要的参数之一。在一个典型火灾中,许多由多种表面组成的制品对火灾的发展有影响,因而对该制品火灾危险性的评估变得十分复杂。当每一个分离表面要引燃时,首先宜确定其热释放速率。由于已经燃烧的制品会对邻近制品产生辐射影响,必须知道由它引发的火灾的大小,同时对每一个表面上的火焰蔓延也应进行评估。如果已知给定的辐射照度下单位面积的热释放速率,就可以利用这个试验数据,来计算整个表面的热释放速率(时间的函数)了。那么,总的放热量是所有材料所有表面上的热量总和。

A.2.2 使火灾放出的热量计算复杂化的因素有:

   a) 卷入火灾的每种单一材料的燃烧持续时间不同;

   b) 每个表面的几何尺寸;

   c) 材料的燃烧特性,比如:熔融、滴落或结构倒塌。

A.2.3 本试验方法没有规定辐射等级。宜根据每个被评价的制品分别确定辐射等级。在给定使用条件和具体制品时,通常需要根据一些全尺试验来确定用于计算热释放速率的时间。

对于研究性试验,建议使用火花点火器和 35 kW/m² 的初始辐射照度;没有委托单位的进一步指定时,建议以 25 kW/m²、35 kW/m² 和 50 kW/m² 的辐射照度进行试验。根据得到的结果决定是否需要其他不同辐射照度等级的试验。

A.3 工作原理的选择

A.3.1 目前已经开发了一些用于测量热释放速率的装置。传统上,最简单的方法是直接测量由热滞后空间模拟的绝热环境中烟气的焓。真正的绝热装置价格昂贵。燃烧室是以一种简易的方式隔热的,因而得到的热释放速率明显低于真实值,因此只能作为经验标定。另外,这种标定可能对可燃物的灰分比较敏感。更先进的设计是使用一个恒温仪器,它取代了燃烧室,在这样一个能够保持恒温的仪器内,对热释放速率进行测量。这种设计得到了更好的结果,但是,实际仪器复杂且价格昂贵。

A.3.2 无损失的直接测量热比较困难。但是,无损失地收集全部燃烧产物,测量烟气中的氧浓度就简单多了。利用耗氧原理的这种测量可以计算热释放速率。这种原理表明,对于大多数燃烧物每消耗 1 kg 氧气释放的热量等于 13.1×10^3 kJ。通常,对于大多数可燃物这个放热量的变化范围大约为 $\pm 5\%$。这个原理形成了本标准叙述的试验方法的基础。即使制品的有效组成变成了 CO 或烟灰,而不是 CO_2,这个方法依然有用;这种情况下,可以使用修正因子。

过高的 CO 浓度可能是由于氧气供给不足造成的,在本试验方法的正常工作条件下,这种情况不可能发生,因为进入的氧气量是足够的。

A.4 热锥的设计

A.4.1 各种热释放速率测量方法的经验表明,为了得到最小误差的辐射照度,试样宜放置在恒温调节加热器,或水冷盘或开放的空气条件下。因为在固体表面附近,如果没有温度调节,由于试样火焰的加热作用,会使附近的空气温度升高,然后作为另外的辐射热源反作用于试样,进而可能导致误差。此外,当耗氧原理作为测量原理时,不适合使用燃气加热器,因为即使考虑了燃气的氧消耗,也会对氧气读数产生影响。

A.4.2 截锥形的加热器,最初是为 ISO 5657 研制的,在本标准中已经改型。这些改动包括提供较高的辐射照度、温度控制、流线改进,而且采用了一种更加坚固的设计。在水平定位方向,锥的形状近似采取火羽流的轮廓,中心位置开孔,使气流能够排出而不影响加热器。空气的卷吸作用保证了火焰不能到达锥的侧面。

A.4.3 由于加热器的形状呈锥形,所以此装置通常被称为锥形量热仪。

A.5 点火器

在许多装置中试验试样的引燃是利用气体点火器来实现的。气体点火器会影响热释放速率的计算。此外,其设计也有困难,因为点火器应处于试样中心,要求受气流影响不会熄灭且耐热,关键是不应有额外的热作用于试样。电火花点火器由于没有上述这些困难而被采用。火花点火器只需不定期的清洁及对电极进行调节。

A.6 背面的条件

接近燃烧终止时刻时,试样背面的热损失可能会影响燃烧速率,可通过使用一层绝热材料来减小其影响。

附　录　B

（资料性附录）

分解、精度和误差

B.1　分解

甲烷标定研究表明，通常热释放速率±1.5%范围内呈线性波动（主要由于火焰自身的紊流），在 1 kW～12 kW 范围内，通过量热仪测得热释放速率值波动在 5%以内，在 5 kW～12 kW 范围内的波动在 2%以内。其他气体的标定的结果类似。将标定气体以一个稳定的速度输入燃烧器。但固体可燃物燃烧的均匀性是由表面高温分解是否均匀决定的。在某些情况下，燃烧均匀性可能显示出大幅度的波动。例如，聚乙烯（甲基丙烯酸甲酯）的波动性通常大于木制品。此外，对于固体材料，分解是由试样的热解过程决定的，而不受仪器限制。

B.2　响应的速度

任何用于测量热释放速率的方法，其响应速度是由最慢的响应元件决定的。在这种耗氧方法响应最慢的是氧分析仪。通常情况下，压力传感器和热电偶的响应时间较快。

B.3　精度

当在多个实验室进行试验时，B.3 和 B.4 中的重复性极限 r 和再现性极限 R 根据 ISO 5725:1986 计算。

　　注：ISO 5725-1 的最新版本提出 r 和 R 为 $1\times$ 关联标准偏差，而不是 $2.8\times$ 关联标准偏差。

根据 ISO/TC 92/SC 1/WG 5 在多个实验室进行了一系列试验。使用的草案功能上与本标准相同。试验的材料是：25 mm 的黑色 PMMA（$\rho=1\ 180$ kg/m³），30 mm 的硬质聚氨酯泡沫（$\rho=33$ kg/m³），13 mm 的粒子板（$\rho=640$ kg/m³），3 mm 的硬纸板（$\rho=1\ 010$ kg/m³），10 mm 的石膏板（$\rho=1\ 110$ kg/m³）和 10 mm 的耐火处理的粒子板（$\rho=750$ kg/m³）。每种材料以两种定位（水平和铅垂）和两种辐射照度（25 kW/m² 和 50 kW/m²）各进行了 3 次重复试验，在 6～8 个实验室进行了试验。

根据 ASTM E05 SC 21 TG 60 进行的类似系列试验得到的数据，对上述试验的数据进行了补充，再一次使用了功能相同的草案、相同的辐射照度、相同的定位方向和重复试样数目。因为 ASTM 试验中 r 和 R 的结果显示了与 ISO/TC 的结果基本类似的趋势，所以将这些数据作为组合数据集进行了分析。剔除了一种与实验室数据不同的（即对于 $\dot{q}_{A,180}$）ASTM 数据。有 6 个实验室测试了下列材料：6 mm 的耐火 ABS（$\rho=325$ kg/m³），12 mm 的粒子板（$\rho=640$ kg/m³），6 mm 的黑色 PMMA（$\rho=1\ 180$ kg/m³），6 mm 的聚乙烯（$\rho=800$ kg/m³），6 mm 的 PVC（$\rho=1\ 340$ kg/m³）和 25 mm 的硬聚异氰脲酸酯泡沫（$\rho=28$ kg/m³）。

根据 ISO 5725:1986，利用这个完整的数据集，计算了关于 5 种变量的 95%置信度的重复性极限 r 和再现性极限 R 数值。r 和 R 的数值等于 $2.8\times$ 适当标准偏差。被选为代表试验结果的变量是：t_{ig}、$\dot{q}_{A,max}$、$\dot{q}_{A,180}$、$Q_{A,tot}$ 和 $\Delta h_{c,eff}$。描述 r 和 R 的是线性回归模型（ISO 5725:1986 中的公式 Ⅱ），r 和 R 是上述 5 个变量对所有的重复试样和所有实验室的平均数的函数。回归方程在下面给出，同时也说明了得到拟合关系的平均值的范围。

在 5 s～150 s 范围内关于 t_{ig} 的结果是：

$$r = 4.1 + 0.125t_{ig} \qquad\qquad\qquad\qquad\text{（B.1）}$$

$$R = 7.4 + 0.220t_{ig} \qquad\qquad\qquad\qquad\text{（B.2）}$$

在 70 kW/m²～1 120 kW/m² 范围内关于 $\dot{q}_{A,max}$ 的结果是：

$$r = 13.3 + 0.131\dot{q}_{A,max} \qquad \cdots\cdots\cdots\cdots\cdots\cdots\cdots (B.3)$$

$$R = 60.4 + 0.141\dot{q}_{A,max} \qquad \cdots\cdots\cdots\cdots\cdots\cdots\cdots (B.4)$$

在 70 kW/m² ~ 870 kW/m² 范围内关于 $\dot{q}_{A,180}$ 的结果是：

$$r = 23.3 + 0.037\dot{q}_{A,180} \qquad \cdots\cdots\cdots\cdots\cdots\cdots\cdots (B.5)$$

$$R = 25.5 + 0.151\dot{q}_{A,180} \qquad \cdots\cdots\cdots\cdots\cdots\cdots\cdots (B.6)$$

在 5 MJ/m² ~ 720 MJ/m² 范围内关于 $Q_{A,tot}$ 的结果是：

$$r = 7.4 + 0.068Q_{A,tot} \qquad \cdots\cdots\cdots\cdots\cdots\cdots\cdots (B.7)$$

$$R = 11.8 + 0.088Q_{A,tot} \qquad \cdots\cdots\cdots\cdots\cdots\cdots\cdots (B.8)$$

在 7 kJ/g ~ 40 kJ/g 范围内关于 $\Delta h_{c,eff}$ 的结果是：

$$r = 1.23 + 0.050\Delta h_{c,eff} \qquad \cdots\cdots\cdots\cdots\cdots\cdots\cdots (B.9)$$

$$R = 2.42 + 0.055\Delta h_{c,eff} \qquad \cdots\cdots\cdots\cdots\cdots\cdots\cdots (B.10)$$

这些公式的意义可以借助一个例子很好地说明。假设一个实验室测试了一个某种材料的试样，并确定了引燃时间为 100 s。如果现在同一实验室对同样的材料进行第二次试验，r 的估计值为：

$$r = 4.1 + 0.125 \times 100 = 17 \text{ s}$$

那么第二次试验结果落在 83 s 和 117 s 之间的可能性为 95%。那么，假设相同的材料由不同的实验室来测试，R 的估计值为：

$$R = 7.4 + 0.22 \times 100 = 29 \text{ s}$$

那么这个实验室的测试结果落在 71 s 和 129 s 之间的可能性为 95%。

B.4 精度（对于膨胀或变形材料的试验程序）

根据 ISO/TC 61/SC 4/WG 3 在多个实验室进行了膨胀或变形材料的一系列试验。使用的草案功能上与本标准相同，按照 7.5 条的规定，试样表面和辐射锥下表面之间的距离为 60 mm（代替标准的 25 mm）。在这些试验中试验的材料是：9.6 mm 的黑色 PMMA、4 mm 的 PVC、3 mm 的耐火聚丙烯、5.8 mm 和 7.8 mm 的聚碳酸酯。每种材料取 3 个重复试样以水平定位和 50 kW/m² 的辐射照度，在 10 个实验室进行了试验。

根据 ISO 5725:1986，对 3 个变量：t_{ig}、$\dot{q}_{A,max}$ 和 $Q_{A,tot}$，计算了 95% 置信度的重复性极限 r 和再现性极限 R 数值。线性回归模型（ISO 5725:1986 中的公式 II）用来描述 r 和 R，r 和 R 是上述 3 个变量对所有的重复试样和所有实验室的平均数的函数。回归方程在下面给出，同时也说明了得到拟合关系的平均值的范围。

在 27 s ~ 167 s 范围内关于 t_{ig} 的结果是：

$$r = 2.3 + 0.255t_{ig} \qquad \cdots\cdots\cdots\cdots\cdots\cdots\cdots (B.11)$$

$$R = 2.3 + 0.652t_{ig} \qquad \cdots\cdots\cdots\cdots\cdots\cdots\cdots (B.12)$$

在 83 kW/m² ~ 855 kW/m² 范围内关于 $\dot{q}_{A,max}$ 的结果是：

$$r = 36.6 + 0.064\dot{q}_{A,max} \qquad \cdots\cdots\cdots\cdots\cdots\cdots\cdots (B.13)$$

$$R = 36.6 + 0.330\dot{q}_{A,max} \qquad \cdots\cdots\cdots\cdots\cdots\cdots\cdots (B.14)$$

在 27 MJ/m² ~ 319 MJ/m² 范围内关于 $Q_{A,tot}$ 的结果是：

$$r = 15.5 + 0.008Q_{A,tot} \qquad \cdots\cdots\cdots\cdots\cdots\cdots\cdots (B.15)$$

$$R = 15.5 + 0.125Q_{A,tot} \qquad \cdots\cdots\cdots\cdots\cdots\cdots\cdots (B.16)$$

公式（B.11）和公式（B.12）与公式（B.1）和公式（B.2）的比较表明，由于试样表面和辐射锥下表面之间距离增加到 60 mm，引燃时间的重复性和再现性变得很差。其余两个变量的重复性看起来不受影响［见公式（B.3）和公式（B.7）与公式（B.13）和公式（B.15）的对比］，但它们的再现性则因 60 mm 的距离而略显变差［见公式（B.4）和公式（B.8）与公式（B.14）和公式（B.16）的对比］。

B.5 误差

对于未知化学组分的固体试样,如建筑中使用的材料、家具等,已经证明使用耗氧原理 $\Delta h_c/r_0 = 13.1 \times 10^3$ kJ/kg 的标准值,得到了 $\pm 5\%$ 的期望误差范围。对于只有单一热解机制的均匀材料,通过氧弹仪测量确定 Δh_c 和通过最终元素分析得到 r_0,可以降低这个误差。然而,对于大多数试验,这是不实际的,因为试样通常是合成的、非均匀的或表现多次降解反应。但是,对于参照材料认真确定 $\Delta h_c/r_0$,可以大大地减少误差。

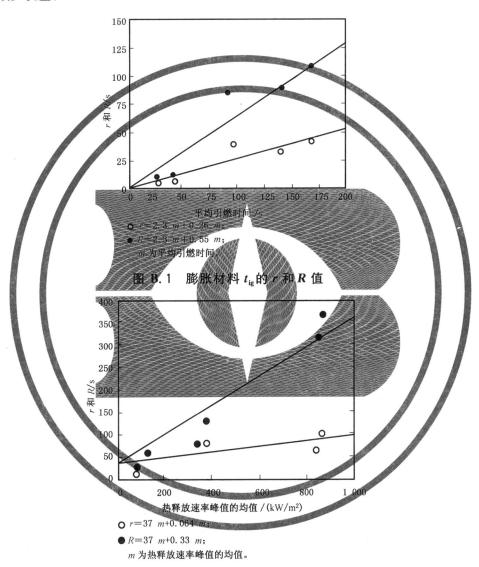

$\circ$ $r = 2.3\ m + 0.26\ m$;

$\bullet$ $R = 2.3\ m + 0.55\ m$;

m 为平均引燃时间。

图 B.1 膨胀材料 t_{ig} 的 r 和 R 值

$\circ$ $r = 37\ m + 0.064\ m$;

$\bullet$ $R = 37\ m + 0.33\ m$;

m 为热释放速率峰值的均值。

图 B.2 膨胀材料 $\dot{q}_{A,max}$ 的 r 和 R 值

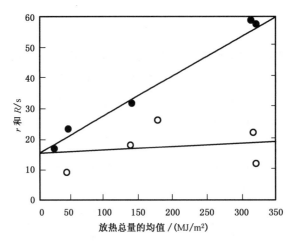

○ $r = 1\ m + 0.008\ m$;
● $R = 16\ m + 0.133\ m$;
m 为放热总量的均值。

图 B.3　膨胀材料 $Q_{A, tot}$ 的 r 和 R 值

附　录　C
（资料性附录）
质量损失速率和有效燃烧热

C.1　有效燃烧热

只具有单一降解模式的均质试样,燃烧期间的有效燃烧热是个常数,并且小于理论净燃烧热值。例如大多数有机液体具有单一降解模式,因此它的有效燃烧热恒定。相反,纤维素制品具有不只一种的降解模式,因此它的有效燃烧热是变化的。对于具有不只一种降解模式,或合成材料或非均质材料,有效燃烧热不一定是常数。有效燃烧热和质量损失速率可作为材料火灾特性的补充信息。

注：对于含水分或有分子结合水的材料,测得的质量损失将不能完全反映燃烧热。

C.2　符号

$\Delta h_{\mathrm{c,eff}}$——有效净燃烧热,单位为兆焦每千克(MJ/kg)。

C.3　计算

对于从引燃时间开始,按每个时间间隔计算的质量损失速率$-\dot{m}$(见12.5.1),可用于确定随时间变化的有效燃烧热值：

$$\Delta h_{\mathrm{c,eff}} = \frac{\dot{q}(t)}{-\dot{m}} \qquad\qquad\cdots\cdots\cdots\cdots\cdots\cdots（\mathrm{C.1}）$$

由于确定质量损失速率时采用了数值差分方法,这样比直接从仪器读数得到的测量噪声更大,因此最好计算$\Delta h_{\mathrm{c,eff}}$的平均值。为了得到这样的平均值,公式(C.1)中的分子和分母应分别进行平均,而不是计算比值的平均值。例如在整个试验上的平均$\Delta h_{\mathrm{c,eff}}$,由下式得出：

$$\Delta h_{\mathrm{c,eff}} = \frac{\sum \dot{q}(t)\Delta t}{m_{\mathrm{s}} - m_{\mathrm{t}}} \qquad\qquad\cdots\cdots\cdots\cdots\cdots\cdots（\mathrm{C.2}）$$

上面的求和是在引燃开始后的整个试验持续时间内进行的。

附 录 D

(资料性附录)

垂直定位的测试

D.1 引言

本标准的正文部分只涉及水平定位的试验。本标准也适用于制品的最终使用方向是垂直的情况,如墙衬。因为这种试验方法不代表实尺制品的缩尺模型,而只是测试试样对规定的外部辐射的基本响应。对试样的总加热量是外部辐射热加上来自试样本身燃烧的热流之和。两种定位方式,来自试样本身燃烧的热流不同。应当注意的是,实验室规格试样的这种燃烧热流与实尺制品相比较,它们之间没有关系,而是因制品使用的不同而不同。实验室规格的热释放速率和实尺制品热释放速率之间的关系,宜确定一个试验辐射值,与实验室设定的辐射值相比,该值应更接近于实尺制品暴露在火灾中的辐射热流值。

标准的试验定位是水平的,因为对于大多数试样,水平定位使试样融化、滴落和散落带来的试验问题较少。由于热解物在火花隙处的分布更广,因此水平定位时引燃数据的再现性更好。在某些特定研究中,也可采用垂直定位方式,因为在这种方式下更便于安装光学高温计、试样热电偶及其他的专门仪器。垂直定位的测试需要对试验装置和试验步骤进行一些细微的调整。调整方式如下。

D.2 装置的调整

D.2.1 锥形辐射电加热器

为了在垂直定位上试验,锥形加热器组件应向上旋转 90°,使热锥的下表面垂直,并平行于试样的暴露表面。

D.2.2 试样安装架

垂直定位试验中试样安装架与 6.5 所述不同。如图 D.1 所示,带有一个盛放少量熔化物的熔滴槽。

D.3 试样准备

按 8.3.1 中所述,将铝铂包覆的试样安装在垂直试样安装架中,背面衬以一层耐火纤维垫(公称密度 65 kg/m³),纤维垫厚度根据试样厚度确定,但不应少于 13 mm。在纤维垫层下面应放置一层硬的耐火纤维板。纤维板厚度应使一旦插上弹性钢丝卡(见图 D.1)后,所有组件能固定在一起。锥的高度要调整到使辐射锥的轴线与试样暴露表面的中心对准。

D.4 加热器的标定

应按 10.2.5 对垂直定位的加热器进行标定。热流计靶面朝向加热器,放置在与垂直试样表面中心相同的位置上。

注:下表面采用厚度为 4.8 mm±0.1 mm 的不锈钢板。其他部位采用厚度为 1.59 mm±0.1 mm 的不锈钢板。

D.5 试验步骤

垂直定位的试验步骤与第 11 章中所述的水平定位试验步骤基本相同。试验前垂直试样安装架的放置,应使试样的暴露表面平行于辐射锥的下表面且相距 25 mm。放置 6.9 中所述的火花塞时,应使火花塞间隙位于试样暴露表面并距试样安装架顶部 5 mm。

单位为毫米

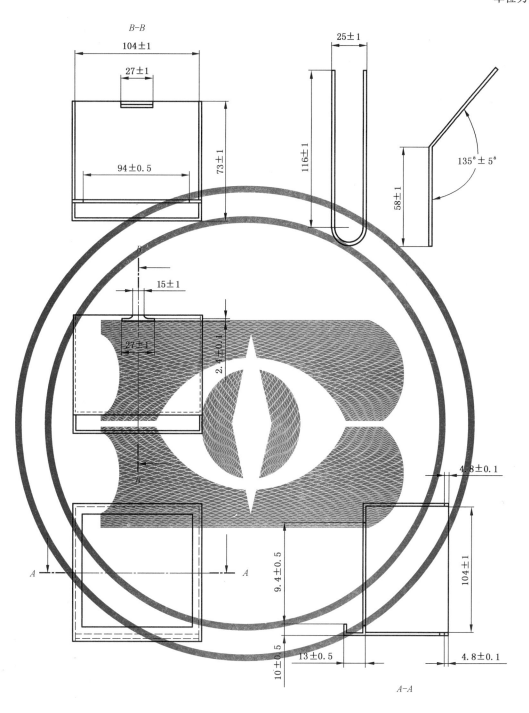

图 D.1　垂直定位的试样安装架

附 录 E

（资料性附录）

工作热流计的标定

可利用锥形加热器（见 6.1）对 6.12 所述的工作热流计及标准参照热流计进行比较，比较时，可将热流计依次放置在标定位置上。要保证整个装置达到热平衡。

为了更好地防止标准参照热流计的灵敏度发生变化，建议使用两只标准参照热流计。

附 录 F
（资料性附录）
有辅助气体分析的热释放速率计算

F.1 概述

第 12 章中计算热释放速率的公式,假设在测量 O_2 以前,已使用化学洗涤瓶将 CO_2 从气样中除去,如图 6 所示。某些实验室具备测量 CO_2 的能力,在这种情况下就不需要从 O_2 管线中除去 CO_2,其优点是可以避免使用价格昂贵并且需要认真处理的化学洗涤剂。

如果使用本附录中的公式计算热释放速率值,所用的辅助气体分析仪的响应时间,必须与氧分析仪的响应时间严格匹配。如果这个要求不能满足,就不应使用本附录的公式计算热释放速率。如果在系统中使用 CO_2 分析仪,则不应使用硅胶作干燥剂。

在本附录中,给出的公式只适用于对 CO_2 进行测量,且不从取样管线中除去的情况。包括以下两种情况:

——干燥并过滤的样气被导入红外 CO_2 和 CO 分析仪(见图 6 中的可选项);

——同时加上水蒸汽分析仪。

为避免水蒸汽冷凝,测定燃烧产物气流中 H_2O 浓度时,需要一个单独的取样系统。该系统中的过滤器、取样管线和分析仪均需加热。

F.2 符号

表 F.1 中给出本附录中使用的新符号。

表 F.1 符号及其意义

符号	意 义	单位
M_a	空气的分子质量	kg/kmol
M_c	燃烧产物的分子质量	kg/kmol
M_{O_2}	氧气的分子质量(32 g)	kg/kmol
t_d^1	CO_2 分析仪的滞后时间	s
t_d^2	CO 分析仪的滞后时间	s
t_d^3	H_2O 分析仪的滞后时间	s
$X_{CO_2}^0$	CO_2 的初始读数	1
X_{CO}^0	CO 的初始读数	1
$X_{H_2O}^0$	H_2O 的初始读数	1
$X_{O_2}^a$	环境中 O_2 的摩尔分数	1
$X_{CO_2}^1$	滞后时间修正前 CO_2 的读数	1
X_{CO}^1	滞后时间修正前 CO 的读数	1
$X_{H_2O}^1$	滞后时间修正前 H_2O 的读数	1
X_{CO_2}	CO_2 的读数,摩尔分数	1
X_{CO}	CO 的读数,摩尔分数	1
X_{H_2O}	H_2O 的读数,摩尔分数	1
Φ	耗氧因子	1

F.3 测量 CO_2 和 CO 的情况

正如氧分析仪,CO_2 和 CO 的测定也应考虑在取样管线中的传输时间,而进行如下转换:

$$X_{O_2}(t) = X_{O_2}^1(t+t_d) \qquad\cdots\cdots\cdots\cdots\cdots\cdots\cdots\cdots\cdots\text{（F.1）}$$

$$X_{CO_2}(t) = X_{CO_2}^1(t+t_d^1) \qquad\cdots\cdots\cdots\cdots\cdots\cdots\cdots\text{（F.2）}$$

$$X_{CO}(t) = X_{CO}^1(t+t_d^2) \qquad\cdots\cdots\cdots\cdots\cdots\cdots\cdots\cdots\text{（F.3）}$$

式中:

t_d^1 和 t_d^2——分别为 CO_2 和 CO 分析仪的滞后时间,通常与 O_2 分析仪的滞后时间 t_d 不同(更小)。

排气流量按 12.4 中同样的方法进行计算:

$$\dot{m}_e = C\sqrt{\frac{\Delta p}{T_e}} \qquad\cdots\cdots\cdots\cdots\cdots\cdots\cdots\cdots\cdots\text{（F.4）}$$

热释放速率可由下式确定:

$$\dot{q} = 1.10\left(\frac{\Delta p}{r_0}\right)X_{O_2}^a\left[\frac{\Phi-0.172(1-\Phi)X_{CO}/X_{O_2}}{(1-\Phi)+1.105\Phi}\right]\dot{m}_e \qquad\cdots\cdots\cdots\cdots\text{（F.5）}$$

耗氧系数 Φ 根据下式得出:

$$\Phi = \frac{X_{O_2}^0(1-X_{CO_2}-X_{CO})-X_{O_2}(1-X_{CO_2}^0)}{X_{O_2}^0(1-X_{CO_2}-X_{CO}-X_{O_2})} \qquad\cdots\cdots\cdots\cdots\text{（F.6）}$$

环境中氧的摩尔分数是:

$$X_{O_2}^a = (1-X_{H_2O}^0)X_{O_2}^0 \qquad\cdots\cdots\cdots\cdots\cdots\cdots\cdots\cdots\text{（F.7）}$$

在公式(F.5)中,括号里该项分子中的第二项,是对某些炭不完全燃烧成 CO 而不是 CO_2 的校正。在锥形量热仪试验中,X_{CO} 通常非常小,所以在公式(F.5)和公式(F.6)中可以被忽略。实际上,CO 分析仪通常不会明显地提升热释放速率测定的精度。因此,即使没有 CO 分析仪,忽略 X_{CO},公式(F.5)和公式(F.6)也可以使用。

F.4 同时测量水蒸汽的情况

在开放的燃烧系统中,例如本方法使用的,进入该系统的空气流量无法直接测量,但可以通过排气管道中测量的流量推导。由于部分空气燃烧,完全消耗掉这部分空气中的氧气,因此需要假设体积发生膨胀。这种膨胀取决于燃料的组成及燃烧的实际化学当量。体积膨胀系数的平均值取 1.105 比较适宜,该值对甲烷是合适的。

在 12.3.2 中的公式和公式(F.5)中已经使用了这个系数。对于锥形量热仪试验,可以认为 99% 以上的燃烧产物由 O_2、CO_2、CO、H_2O 和不反应气体组成。不反应气体是指那些进入和离开系统化学性质都未发生改变的气体,这里是指 N_2。如果测量 H_2O,可以和 O_2、CO_2、CO(认为 3 种都是干燥气体)的测量一起用来确定体积膨胀。排气管道中的质量流量通过下列公式可以更精确地给出:

$$\dot{m}_e = \sqrt{\frac{M_C}{M_a}}\times\sqrt{\frac{\Delta p}{T_e}} \qquad\cdots\cdots\cdots\cdots\cdots\cdots\cdots\cdots\text{（F.8）}$$

式中:

M_a——可以取作 29 kg/kmol。

燃烧产物的分子量由下式计算:

$$M_C = [4.5+(1-X_{H_2O})(2.5+X_{O_2}+4X_{CO_2})]\times 4 \qquad\cdots\cdots\cdots\text{（F.9）}$$

热释放速率由下式计算:

$$\dot{q} = \frac{M_{O_2}}{M_C}\left(\frac{\Delta h_c}{r_0}\right)(1-X_{H_2O})X_{O_2}^a\left[\Phi-0.172(1-\Phi)\left(\frac{X_{CO}}{X_{O_2}}\right)\right]\left[\frac{1-X_{O_2}-X_{CO_2}-X_{CO}}{1-X_{O_2}^0-X_{CO_2}^0}\right]\dot{m}_e$$

$$\cdots\cdots\cdots\cdots\cdots(\text{F.10})$$

H_2O 的读数必须按公式(F.1)~公式(F.3)中类似方式进行时间转换：

$$X_{H_2O}(t) = X_{H_2O}^1(t+t_d^3) \qquad\cdots\cdots\cdots\cdots\cdots\cdots(\text{F.11})$$

参 考 文 献

[1]   ISO 5657:1997,Reaction to fire tests—Ignitability of building products using a radiant heat source

[2]   ISO 5725:1986,Precision of test methods—Determination of repeatability and reproducibility for a standard test method by inter-laboratory tests(now withdrawn)

[3]   ISO 5725-1,Accuracy(trueness and precision) of measurement methods and results—Part 1:General principles and definitions

[4]   ISO 5725-2,Accuracy(trueness and precision) of measurement methods and results—Part 2:Basic method for the determination of repeatability and reproducibility of a standard measurement method

[5]   ISO/TR 3814:1989,Tests for measuring 'reaction-to-fire' of building materials—Their development and application

[6]   ISO/TS 14934-1,Reaction-to-fire tests—Calibration and use of radiometers and heat flux meters—Part 1:General principles

[7]   ASTM E 1354-99,Standard Test Method for Heat and Visible Smoke Release Rates for Materials and Products Using an Oxygen Consumption Calorimeter

[8]   BABRAUSKAS V. Development of the cone calorimeter—A bench-scale heat release rate apparatus based on oxygen consumption[J]. Fire and Materials,1984,8:81-95

[9]   TWILLEY W H and BABRAUSKAS V. User's guide for the Cone calorimeter. NBS Special Publication SP 745. National Bureau of Standards,U. S. ,1988

[10]   JANSSENS M L. Measuring rate of heat release by oxygen consumption[J]. Fire Technology,1991,27:234-249

[11]   BABRAUSKAS V and GRAYSON S J eds. Heat release in fires. Barking:Elsevier Applied Science Publishers,1992

ICS 13.220.40
C 80

中华人民共和国国家标准

GB/T 20284—2006

建筑材料或制品的单体燃烧试验

Single burning item test for building materials and products

2006-06-02 发布　　　　　　　　　　　　　　2006-11-01 实施

中华人民共和国国家质量监督检验检疫总局
中国国家标准化管理委员会　发布

前　言

本标准等同采用 EN 13823:2002《建筑制品对火反应——不含铺地材料的建筑制品单项燃烧试验方法》(英文版)。

本标准等同翻译 EN 13823:2002。

为便于使用,本标准做了下列编辑性修改:

a)　标准的名称作了修改,以适合我国的习惯。

b)　用我国国家标准代替了引用的国际标准(见"第 2 章 规范性引用文件")。

c)　"本欧洲标准"一词改为"本标准";

d)　用小数点'.'代替作为小数点的逗号",";

e)　删除了 EN 标准的前言及引言;

f)　增加了资料性附录 H 以指导使用。

本标准的附录 A、附录 C、附录 E 是规范性附录,附录 B、附录 D、附录 F、附录 G、附录 H 是资料性附录。

本标准由中华人民共和国公安部提出。

本标准由全国消防标准化技术委员会第七分技术委员会(SAC/TC 113/SC 7)归口。

本标准起草单位:公安部四川消防研究所。

本标准主要起草人:张羽、王莉萍、卢国建、邓小兵、赵丽。

建筑材料或制品的单体燃烧试验

1 范围

本标准规定了用以确定建筑材料或制品(不包括铺地材料以及 2000/147/EC 号《EC 决议》中指出的制品)在单体燃烧试验(SBI)中的对火反应性能的方法。计算步骤见附录 A。试验方法的精确度见附录 B。校准步骤见附录 C 和附录 D。

> 注：本标准的制定是用以确定平板式建筑制品的对火反应性能。对某些制品，如线性制品(套管、管道、电缆等)则需采用特殊的规定，其中管状隔热材料采用附录 H 规定的方法。

2 规范性引用文件

下列文件中的条款通过本标准的引用而成为本标准的条款。凡是注日期的引用文件，其随后所有的修改单(不包括勘误的内容)或修订版均不适用于本标准，然而，鼓励根据本标准达成协议的各方研究是否可使用这些文件的最新版本。凡是不注日期的引用文件，其最新版本适用于本标准。

GB/T 16839.1 热电偶 第 1 部分:分度表 (GB/T 16839.1—1997,idt IEC 584-1:1995)

GB/T 6379.1—2004 测量方法与结果的准确度(正确度与精密度) 第 1 部分:总则与定义 (ISO 5725-1:1994,IDT)

GB/T 6379.2—2004 测量方法与结果的准确度(正确度与精密度) 第 2 部分:确定标准测量方法重复性与再现性的基本方法(ISO 5725-2:1994,IDT)

ISO 13943 Fire safety-Vocabulary 消防安全术语

EN 13501-1 Fire classification of construction products and building elements—Part 1:Classification using test data from reaction to fire tests 建筑制品和构件的火灾分级 第1部分:用对火反应试验数据的分级

EN 13238 Reaction to fire tests for building products—Conditioning procedures and general rules for selection of substrates 建筑制品的对火反应试验——状态调节程序和基材选择的一般规则

3 术语和定义

ISO 13943 和 EN 13501-1 中的术语和定义以及下述术语和定义适用于本标准。

3.1

背板 backing board

用以支撑试样的硅酸钙板，既可安装于自撑试样的背面与其直接接触，亦可与其有一定距离。

3.2

试样 specimen

用于试验的制品。

> 注：这可包括实际应用中采用的安装技术，亦可包括适当的空气间隙和/或基材。

3.3

基材 substrate

紧贴在制品下面的材料，需提供与其有关的信息。

3.4

THR_{600s}

试样受火于主燃烧器最初 600 s 内的总热释放量。

3.5

LFS

火焰在试样长翼上的横向传播。

注：LFS 的详细说明见 8.3.3。

3.6

TSP$_{600 s}$

试样受火于主燃烧器最初 600 s 内的总产烟量。

3.7

FIGRA$_{0.2 MJ}$

燃烧增长速率指数。THR 临界值达 0.2 MJ 以后，试样热释放速率与受火时间的比值的最大值。

注：FIGRA$_{0.2 MJ}$ 的详细说明见附录 A 的 A.5.3。

3.8

FIGRA$_{0.4 MJ}$

燃烧增长速率指数。THR 临界值达 0.4 MJ 以后，试样热释放速率与受火时间的比值的最大值。

注：FIGRA$_{0.4 MJ}$ 的详细说明见附录 A 的 A.5.3。

3.9

SMOGRA

烟气生成速率指数。试样产烟率与所需受火时间的比值的最大值。

注：SMOGRA 的详细说明见附录 A 的 A.6.3。

3.10

持续燃烧   sustained flaming

火焰在试样表面或其上方持续至少一段时间的燃烧。

4 试验装置

4.1 概要

SBI 试验装置包括燃烧室、试验设备(小推车、框架、燃烧器、集气罩、收集器和导管)、排烟系统和常规测量装置。这些部件的详细说明见 4.2 至 4.7。设计图示见附录 E。除非文中给出了公差，否则图示中的尺寸为名义尺寸。

注：从小推车下方进入燃烧室的空气应为新鲜的洁净空气。

4.2 燃烧室

4.2.1 燃烧室的室内高度为(2.4±0.1)m，室内地板面积为(3.0±0.2)×(3.0±0.2)m²。墙体应由砖石砌块(如多孔混凝土)、石膏板、硅酸钙板或根据 EN 13501-1 划分为 A$_1$ 或 A$_2$ 级的其他类板材建成。

4.2.2 燃烧室的一面墙上应设一开口，以便于将小推车从毗邻的实验室移入该燃烧室里。开口的宽度至少为 1 470 mm，高度至少为 2 450 mm(框架的尺寸)。应在垂直试样板的两前表面正对的两面墙上分别开设窗口。为便于在小推车就位后能调控好 SBI 装置和试件，还需增设一道门。

4.2.3 小推车在燃烧室就位后，和 U 型卡槽接触的长翼试样表面与燃烧室墙面之间的距离应为(2.1±0.1)m。该距离为长翼与所面对的墙面的垂直距离。燃烧室的开口面积(不含小推车底部的空气入口及集气罩里的排烟开口)不应超过 0.05 m²。

4.2.4 如图 1 所示，样品采用左向或右向安装均可(图 1 中的小推车与垂直线成镜面对称即可)。

注1：为在不移动收集器的情况下而能将集气罩的侧板移开，应注意 SBI 框架与燃烧室天花板之间的连接情况。应能在底部将侧板移出。

注2：燃烧室中框架的相对位置应根据燃烧室和框架之间连接的具体情况而定。

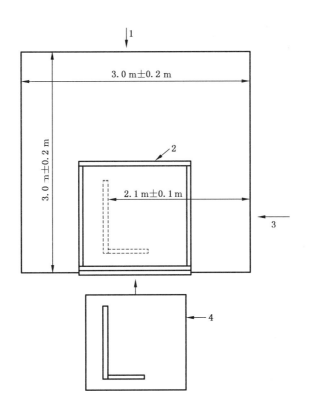

1——试验观察位置;

2——固定框架;

3——试验观察位置(左向安装的试样);

4——小推车(带左向安装的试样)。

注:样品既可左向安装亦可右向安装。对右向安装的试样而言,图形与垂直线成镜面对称即可。

图 1　SBI 燃烧室设计的俯视图(示意图)

4.3　燃料

4.3.1　商用丙烷气体,纯度≥95%。

4.4　试验设备

(见附录 E 中的图 E.1 至图 E.25)

4.4.1　小推车,其上安装两个相互垂直的样品试件,在垂直角的底部有一砂盒燃烧器。小推车的放置位置应使小推车背面正好封闭燃烧室墙上的开口;为使气流沿燃烧室地板均匀分布,在小推车底板下的空气入口处配设有多孔板(其开孔面积占总面积的 40%～60%;孔眼直径为 8 mm～12 mm)。

4.4.2　固定框架,小推车被推入其中进行试验并支撑集气罩;框架上固定有辅助燃烧器。

4.4.3　集气罩,位于固定框架顶部,用以收集燃烧产生的气体。

4.4.4　收集器,位于集气罩的顶部,带有节气板和连接排烟管道的水平出口。

4.4.5　J 型排烟管道,内径为(315±5)mm 的隔热圆管,用 50 mm 厚的耐高温矿物棉保温,并配有下列部件(沿气流方向):

——与收集器相连的接头;

——长度为 500 mm 的管道,内置四支热电偶(用以选择性地测量温度),且热电偶安装位置距收集器至少 400 mm;

——长度为 1 000 mm 的管道;

——两个 90°的弯头(轴的曲率半径为 400 mm);

——长度为 1 625 mm 的管道,该管道带一叶片导流器和节流孔板。导流器距弯头末端 50 mm,长度为 630 mm,紧接导流器后是一厚度为(2.0±0.5)mm 的节流孔板,该节流孔板的内开口直

径为 265 mm、外开口直径为 314 mm;

——长度为 2 155 mm 的管道,配有压力探头、四支热电偶、气体取样探头和白光消光系统等装置;该部分称为"综合测量区";

——长度为 500 mm 的管道;

——与排烟管道相连的接头。

注:应注意测量管道的安装方式。总质量(不包括探头)约为 250 kg。

4.4.6 两个相同的砂盒燃烧器(见附录 E 的图 E.9),其中一个位于小推车的底板上(为主燃烧器),另外一个固定在框架柱上(为辅助燃烧器),其规格如下:

a) 砂盒燃烧器形状:腰长为 250 mm 的等腰直角三角形(俯视),高度为 80 mm,底部除重心处有一直径为 12.5 mm 的管套插孔外,顶部开敞,其余全部封闭。在距离燃烧器底部 10 mm 高度处应安装一直角三角形多孔板。在距离底部 12 mm 和 60 mm 的高度处应安装最大网孔尺寸不超过 2 mm 的金属丝筛网。所有尺寸偏差不应超过±2 mm。

b) 材料:盒体由 1.5 mm 厚的不锈钢制成,从底部至顶部连续分布:高度为 10 mm 的间隙层;大小为(4~8)mm、填充高度至 60 mm 的卵石层;大小为(2~4)mm、填充高度至 80 mm 的砂石层。卵石层和砂石层用金属丝网加以稳固,以防止卵石进入气体管道内。采用的卵石和砂石应为圆形且无碎石。

c) 主燃烧器的位置:主燃烧器安装在小推车底板上(见附录 E 的图 E.18)并与试样底部的 U 型卡槽紧靠。主燃烧器的顶边应与 U 型卡槽的顶边水平一致,相差不超过±2 mm。

d) 辅助燃烧器的位置:辅助燃烧器固定在与试样夹角相对的框架柱上,且燃烧器的顶部高出燃烧室地板(1 450±5)mm(与集气罩的垂直距离为 1 000 mm),其斜边与主燃烧器的斜边平行且与该斜边的距离最近。

e) 主燃烧器在试样的长翼和短翼方位都与 U 型卡槽紧靠(见附录 E 的图 E.18 的第 10 部分)。在两个方向的 U 型卡槽里,都设有一挡片(见附录 E 的图 E.19),其顶面与 U 型卡槽的顶面高度相同,且距安装好的试样两翼夹角棱线 0.3 m(在燃烧器区域边界处,见 8.3.4)。

f) 根据 8.5c),如果先前同类制品的试验因材料滴落到砂床上而引起试验提前结束,那么应用斜三角形格栅对主燃烧器进行保护。格栅的开口面积至少应占总面积的 90%。格栅的一侧放在主燃烧器的斜边上。斜三角形栅与水平面夹角为(45±5)°,该夹角可通过主燃烧器斜边中点至试样夹角作一水平直线来测得。

4.4.7 矩形屏蔽板,宽度为(370±5)mm,高度为(550±5)mm,由硅酸钙板制成(其规格与背板规格相同),用以保护试样免受辅助燃烧器火焰辐射热的影响。矩形屏蔽板应固定在辅助燃烧器的底面斜边上,其底边中心位于燃烧器底面斜边的中心位置处且遮住斜边的整个长度,并在斜边两端各伸出(8±3)mm,其顶边高出辅助燃烧器顶端(470±5)mm。

4.4.8 质量流量控制器,量程至少为 0 g/s~2.3 g/s,在 0.6 g/s~2.3 g/s 内的读数精度为 1%。(亦见附录 C 的 C.1.5。)

注:采用丙烷气有效燃烧热的低值(46 360 kJ/kg)进行计算,2.3 g/s 的丙烷流量对应的热释放为 107 kW。

4.4.9 供气开关,用以向其中一个燃烧器供应丙烷气体。该开关应防止丙烷气体同时被供给两个燃烧器,但燃烧器切换的时间段除外(在切换瞬间,辅助燃烧器的燃气输出量在减少而主燃烧器的输出量在增加)。依据附录 A 的 A.3.1 计算的该燃烧器切换响应时间不应超过 12 s。应该能在燃烧室外操作开关及上述的主要阀门。

4.4.10 背板,用以支撑小推车中试样的两翼。背板的材料为硅酸钙板,其密度为(800±150)kg/m³,厚度为(12±3)mm,尺寸为:

a) 短翼背板:(≥570+试样厚度)mm×(1 500±5)mm;

b) 长翼背板:(1 000+空隙宽度±5)mm×(1 500±5)mm。

短翼背板宽于试样,多余的宽度只能从一侧延伸出。对安装留有空隙的试样而言,应增加长翼背板的宽度,所增加的宽度等于空隙的尺寸。

4.4.11 活动板,为允许在试样两翼的后面增加空气流,附录 E 的图 E.20 中板 22 和板 25 应用它们一半大小的板替换,遮挡上半部分间隙。

4.5 排烟系统

4.5.1 在试验条件下,当标准条件温度为 298 K 时,排烟系统应能以 0.50 m³/s～0.65 m³/s 的速度持续抽排烟气。

4.5.2 排烟管道应配有两个侧管(内径为 45 mm 的圆形管道),与排烟管道的纵轴水平垂直且其轴线高度位置与排烟管道的纵轴线高度相等(见附录 E 的图 E.32 和 E.33)。

4.5.3 排烟管道的两种可能性结构见附录 E 的图 E.1。图示的小推车在燃烧室的开口是位于顶部的。若能保证管道方向的改变不会对试样上方的气流产生影响,则管道方向可与附录 E 的图 E.1 中所示的方向有所不同。若能保证流量测量的不确定度相同或更小,可以拆卸排烟管道中 180°的弯头或更换管道中的双向压力探头。

> 注 1:因热输出的变化,所以在试验中,需对一些排烟系统(尤其是设有局部通风机的系统)进行人工或自动重调以满足 4.5.1 中的要求。
>
> 注 2:每隔一段时间便应清洁管道以避免堆积过多的煤烟。

4.6 综合测量装置

（见附录 E 的图 E.28 至 E.35）

4.6.1 三支热电偶,均为直径为 0.5 mm 且符合 GB/T 16839.1 要求的铠装绝缘 K 型热电偶。其触点均应位于距轴线半径为(87±5)mm 的圆弧上,其夹角为 120°。

4.6.2 双向探头,与量程至少为(0～100)Pa 且精度为 ±2 Pa 的压力传感器相连。压力传感器 90% 输出的响应时间最多为 1 s。

4.6.3 气体取样探头,与气体调节装置和 O_2 及 CO_2 气体分析仪相连。

    a) 氧气分析仪应为顺磁型且至少能测量出浓度为 16%～21%（$V_{氧气}/V_{空气}$）的 O_2。氧气分析仪的响应时间应不超过 12 s（根据附录 C 的 C.2.1 得出）。30 min 内,分析仪的漂移和噪声均不超过 100×10^{-6}（均根据附录 C 的 C.1.3 得出）。分析仪对数据采集系统的输出应有 100×10^{-6} 的最大分辨率。

    b) 二氧化碳分析仪应为 IR 型并至少能测量出浓度为 0%～10% 的 CO_2。分析仪的线性度至少应为满量程的 1%。分析仪的响应时间应不超过 12 s（根据附录 C 的 C.2.1 得出）。分析仪对数据采集系统的输出应有 100×10^{-6} 的最大分辨率。

4.6.4 光衰减系统,为白炽光型,采用柔性接头安装于排烟管的侧管上,并包含以下装置:

    a) 灯,为白炽灯并在(2 900±100)K 的色温下使用。电源为稳定的直流电,且电流的波动范围在 ±0.5% 以内(包括温度、短期及长期稳定性)。

    b) 透镜系统,用以将光聚成一直径至少为 20 mm 的平行光束。光电管的发光孔应位于其前面的透镜的焦点上,且其直径(d)应视透镜的焦距(f)而定以使 d/f 小于 0.04。

    c) 探测器,其光谱分布响应度与 CIE(光照曲线)相吻合,色度标准函数 $V(\gamma)$ 能达到至少 ±5% 精确度。在至少两位数以上的输出范围内,探测器输出的线性度应在所测量的透光率的 3% 以内或绝对透光率的 1% 以内。

光衰减系统的校准见附录 C 的 C.1.6。系统 90% 响应时间不应超过 3 s。

应向侧管内导入空气以使光学器件保持符合光衰减漂移要求的洁净度(见附录 A 的 A.3.4)。可使用压缩空气来替代附录 E 的图 E.34 中建议使用的自吸式系统。

4.7 其他通用装置

4.7.1 热电偶,为符合 GB/T 16839.1 要求、直径为(2±1)mm 的 K 型热电偶,用以测量进入燃烧室空气的环境温度。热电偶应安置在燃烧室的外墙上,与小推车开口间的距离不超过 0.20 m 且离地板的高度不超过 0.20 m。

4.7.2 测量环境压力的装置,精度为±200 Pa(2 mbar)。

4.7.3 测量室内空气相对湿度的装置,在相对湿度为 20%～80%范围内,精度为±5%。

4.7.4 数据采集系统(用以自动记录数据),对于 O_2 和 CO_2,精度至少为 $100×10^{-6}$(0.01%);对于温度测量,精度为 0.5℃;对于所有其他仪器,为仪器满量程输出值的 0.1%;对于时间,为 0.1 s。数据采集系统应每 3 s 便记录、储存以下有关数值(有关数据文件格式的信息见附录 F):

 a) 时间,s;
 b) 通过燃烧器的丙烷气的质量流量,mg/s;
 c) 双向探头的压差,Pa;
 d) 相对光密度,无单位;
 e) O_2 浓度,($V_{氧气}/V_{空气}$)%;
 f) CO_2 浓度,($V_{二氧化碳}/V_{空气}$)%;
 g) 小推车底部空气导入口处的环境温度,K;
 h) 综合测量区的三点温度值,K。

5 试验试样

5.1 试样尺寸

5.1.1 角型试样有两个翼,分别为长翼和短翼。试样的最大厚度为 200 mm。

板式制品的尺寸如下:
 a) 短翼:(495±5)mm×(1 500±5)mm;
 b) 长翼:(1 000±5)mm×(1 500±5)mm。

注:若使用其他制品制作成试样(根据5.3.2),则给出的尺寸指的是试样的总尺寸。

5.1.2 除非在制品说明里有规定,否则若试样厚度超过 200 mm,则应将试样的非受火面切除掉以使试样厚度为 200_{-10}^{0} mm。

5.1.3 应在长翼的受火面距试样夹角最远端的边缘、且距试样底边高度分别为(500±3)mm 和(1 000±3)mm处画两条水平线,以观察火焰在这两个高度边缘的横向传播情况。所画横线的宽度值≤3 mm。

5.2 试样的安装

5.2.1 实际应用安装方法

对样品进行试验时,若采用制品要求的实际应用方法进行安装,则试验结果仅对该应用方式有效。

5.2.2 标准安装方法

采用标准安装方法对制品进行试验时,试验结果除了对以该方式进行实际应用的情况有效外,对更广范围内的多种实际应用方式也有效。采用的标准安装方法及其有效性范围应符合相关的制品规范以及下述规定。

 a) 在对实际应用中自立无需支撑的板进行试验时,板应自立于距背板至少 80 mm 处。对在实际应用中其后有通风间隙的板进行试验时,其通风间隙的宽度应至少为 40 mm。对于这两种板,离试样角最远端的间隙的侧面应敞开,并去掉4.4.11中所述的活动盖板,且两个试样翼后的间隙应为开敞式连接。对于其他类型的板,离角最远的间隙的侧面应封闭,4.4.11中所述的盖板应保持原位且两个试样翼后的间隙不应为开敞式连接。

 b) 对于在实际应用中以机械方式固定于基材上的板,应采用适当的紧固件将板固定于相同基材上进行试验。对于延伸出试样表面的紧固件,其安装方法应使得试样翼能与底部的 U 型卡槽相靠并能与其侧面的另一试样翼完全相靠。

c) 对于在实际应用中以机械方式固定于基材且其后有间隙的板,试验时应将其与基材和背板及间隙一道进行试验。基材与背板之间的距离至少应为 40 mm。

d) 对于在实际应用中粘接于基材上的制品,应将其粘接在基材上后再进行试验。

e) 所试验制品有水平接缝的,试验时水平接缝设置在样品的长翼上,且距样品底边 500 mm。所试验制品有垂直接缝的,试验时垂直接缝在样品长翼上,且距夹角棱线 200 mm,试样两翼安装好后进行试验时测量上述距离。

注:当试样在小推车里安装完毕后,应看不见试样的底边。但高度仍从试样底边而不是从 U 型卡槽顶端开始测量。

f) 有空气槽的多层制品,试验时空气槽应为垂直方向。

g) 标准基材应符合 EN 13238 的要求。基材的尺寸应与试样的尺寸一致(见 5.1.1)。

h) 对表面不平整的制品进行试验时,受火面中 250 mm² 具有代表性的面上最多只有 30% 的面与 U 型卡槽后侧所在的垂直面相距 10 mm 以上。可通过改变表面不平整的样品的形状和/或使样品延伸出 U 型卡槽至燃烧器的一侧来满足该要求。样品不应延伸出燃烧器(即延伸出 U 型卡槽的最长距离为 40 mm)。

注 1:试验时,应使样品与 U 型卡槽的后侧相靠(见 5.3.1)。这样,表面完全平整的样品便在 U 型卡槽后侧的垂直面上。由于样品表面的位置对接受燃烧器火焰的释放热有影响,所以表面不平整的样品的主要部分不应远离 U 型卡槽后侧的垂直面。

注 2:图 2 是试样及背板的安装图例。

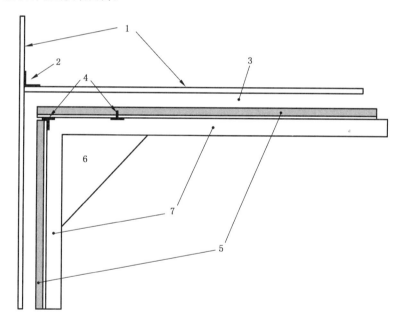

1——背板;
2——L 型角条;
3——空隙;
4——接缝;
5——试样翼边;
6——燃烧器;
7——U 型卡槽。

图 2 试样和背板的安装图例(示意图)

5.3 试样翼在小推车中的安装

5.3.1 试样翼在小推车中应按下列要求安装:

a) 试样短翼和背板安装于小推车上,背板的延伸部分在主燃烧器的侧面且试样的底边与小推车底板上的短 U 型卡槽相靠。

b) 试样长翼和背板安装于小推车上,背板的一端边缘与短翼背板的延伸部分相靠且试样的底边与小推车底板上的长 U 型卡槽相靠。

c) 试样双翼在顶部和底部均应用固定件夹紧。

d) 为确保背板的交角棱线在试验过程中不至于变宽,应符合以下其中一条规定:

    1) 长度为 1 500 mm 的 L 型金属角条应放于长翼背板的后侧边缘处,并与短翼背板在交角处靠紧。采用紧固件以 250 mm 的最大间距将 L 型角条与背板相连;或

    2) 钢质背网应安装在背板背面。

5.3.2 试验样品的暴露边缘和交角处的接缝可用一种附加材料加以保护,而这种保护要与该制品在实际中的使用相吻合。若使用了附加材料,则两翼边的宽度包含该附加材料在内应符合5.1.1的要求。

5.3.3 将试样安装在小推车上,应从以下几个方面进行拍照:

a) 长翼受火面的整体镜头:长翼的中心点应在视景的中心处。照相机的镜头视角与长翼的表面垂直。

b) 距小推车底板 500 mm 高度处长翼的垂直外边的特写镜头:照相机的镜头视角应水平并与翼的垂直面约成45°角。

c) 若按 5.3.2 使用了附加材料,则应拍摄使用这种材料处的边缘和接缝的特写镜头。

5.4 试样数量

应根据第 8 章用三组试样(三组长翼加短翼)进行试验。

6 状态调节

6.1 状态调节应根据 EN 13238 以及 6.2 中的要求进行。

6.2 组成试样的部件既可分开也可固定在一起进行状态调节。但是,对于胶合在基材上进行试验的试样,应在状态调节前将试样胶合在基材上。

注:对于固定在一起的试样,状态调节需要更长的时间才能达到质量恒定。

7 试验原理

由两个成直角的垂直翼组成的试样暴露于直角底部的主燃烧器产生的火焰中,火焰由丙烷气体燃烧产生,丙烷气体通过砂盒燃烧器并产生(30.7±2.0)kW 的热输出。

试样的燃烧性能通过 20 min 的试验过程来进行评估。性能参数包括:热释放、产烟量、火焰横向传播和燃烧滴落物及颗粒物。

在点燃主燃烧器前,应利用离试样较远的辅助燃烧器对燃烧器自身的热输出和产烟量进行短时间的测量。

一些参数测量可自动进行,另一些则可通过目测法得出。排烟管道配有用以测量温度、光衰减、O_2 和 CO_2 的摩尔分数以及管道中引起压力差的气流的传感器。这些数值是自动记录的并用以计算体积流速、热释放速率(HRR)和产烟率(SPR)。

对火焰的横向传播和燃烧滴落物及颗粒物可采用目测法进行测量。

8 试验步骤

8.1 概要

将试样安装在小推车上,主燃烧器已位于集气罩下的框架内,按8.2中的步骤依次进行试验,直至试验结束。整个试验步骤应在试样从状态调节室中取出后的 2 h 内完成。

8.2 试验操作

8.2.1 将排烟管道的体积流速 $V_{298}(t)$ 设为(0.60±0.05)m³/s[根据附录 A 的 A.5.1.1a 计算得出]。在整个试验期间,该体积流速应控制在 0.50 m³/s～0.65 m³/s 的范围内。

注：在试验过程中，因热输出的变化，需对一些排烟系统(尤其是设有局部通风机的排烟系统)进行人工或自动重调以满足规定的要求。

8.2.2 记录排烟管道中热电偶 T_1、T_2 和 T_3 的温度以及环境温度且记录时间至少应达 300 s。环境温度应在 $(20\pm10)\,^{\circ}\mathrm{C}$ 内，管道中的温度与环境温度相差不应超过 4 ℃。

8.2.3 点燃两个燃烧器的引燃火焰(如使用了引燃火焰)。试验过程中引燃火焰的燃气供应速度变化不应超过 5 mg/s。

8.2.4 记录试验前的情况。需记录的数据见 8.3.2。

8.2.5 采用精密计时器开始计时并自动记录数据。开始的时间 t 为 0 s。需记录的数据见 8.4。

8.2.6 在 t 为 (120 ± 5) s 时：点燃辅助燃烧器并将丙烷气体的质量流量 $m_{\text{气}}(t)$ 调至 (647 ± 10) mg/s，此调整应在 t 为 150 s 前进行。整个试验期间丙烷气质量流量应在此范围内。

注：在 210 s < t < 270 s 这一时间段是测量热释放速率的基准时段。

8.2.7 在 t 为 (300 ± 5) s 时：丙烷气体从辅助燃烧器切换到主燃烧器。观察并记录主燃烧器被引燃的时间。

8.2.8 观察试样的燃烧行为，观察时间为 1 260 s 并在记录单上记录数据。需记录的数据见 8.3.3 和 8.3.4。

注：试样暴露于主燃烧器火焰下的时间规定为 1 260 s。在 1 200 s 内对试样进行性能评估。

8.2.9 在 $t \geqslant 1\ 560$ s 时：
a) 停止向燃烧器供应燃气；
b) 停止数据的自动记录。

8.2.10 当试样的残余燃烧完全熄灭至少 1 min 后，应在记录单上记录试验结束时的情况。应记录的数据见 8.3.5。

注：应在无残余燃烧影响的情况下记录试验结束时的现象。若试样很难彻底熄灭，则需将小推车移出。

8.3 目测法和数据的人工记录

8.3.1 概要

本条中的数值应采用目测法观察得出并按规定格式记录。应向观察者提供安装有记录仪的精密计时器。得到的观察结果应记录在记录单上，示例见附录 G。

8.3.2 试验前的情况

应记录以下数值：
a) 环境大气压力(Pa)；
b) 环境相对湿度(%)。

8.3.3 火焰在长翼上的横向传播

在试验开始后的 1 500 s 内，在 500 mm 至 1 000 mm 之间的任何高度，持续火焰到达试样长翼远边缘处时，火焰的横向传播应予以记录。火焰在试样表面边缘处至少持续 5 s 为该现象的判据。

注：当试样安于小推车中时，是看不见试样的底边缘的。安装好试样后，试样在小推车的 U 型卡槽顶部位置的高度约为 20 mm。

8.3.4 燃烧颗粒物或滴落物

仅在开始受火后的 600 s 内及仅当燃烧滴落物/颗粒物滴落到燃烧器区域外的小推车底板(试样的低边缘水平面内)上时，才记录燃烧滴落物/颗粒物的滴落现象。燃烧器区域定义为试样翼前侧的小推车底板区，与试样翼之间的交角线的距离小于 0.3 m(见图 3)。应记录以下现象：
a) 在给定的时间间隔和区域里，滴落后仍在燃烧但燃烧时间不超过 10 s 的燃烧滴落物/颗粒物的滴落情况；
b) 在给定的时间间隔和区域里，滴落后仍在燃烧但燃烧时间超过 10 s 的燃烧滴落物/颗粒物的滴落情况；

需在小推车的底板上画一1/4圆,以标记燃烧器区域的边界。画线的宽度应小于3 mm。

注1:接触到燃烧器区域外的小推车底板上且仍在燃烧的试样部分应视为滴落物,即使这些部分与试样仍为一个整体(如强度较弱的制品的弯曲)。

注2:为防止熔化的材料从燃烧器区域里流到燃烧器区域外,需在燃烧器区域边界处两个长、短翼的U型卡槽上各安装一块挡片(见4.4.6)。

单位为毫米

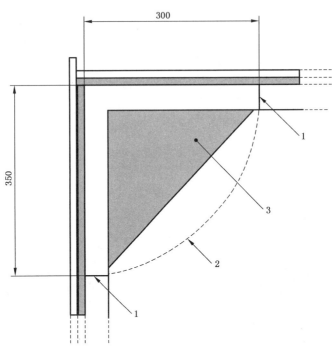

1——U型卡槽挡片;

2——燃烧器区域边界;

3——燃烧器。

图 3　燃烧器区域

8.3.5　试验结束时的情况

应记录以下数值:

a)　排烟管道中"综合测量区"的透光率(%);

b)　排烟管道中"综合测量区"的O_2摩尔分数;

c)　排烟管道中"综合测量区"的CO_2摩尔分数。

8.3.6　现象记录

应记录以下现象:

a)　表面的闪燃现象;

b)　试验过程中,试样生成的烟气没被吸进集气罩而从小推车溢出并流进旁边的燃烧室;

c)　部分试样发生脱落;

d)　夹角缝隙的扩展(背板间相互固定的失效);

e)　根据8.5可用以判断试验提前结束的一种或多种情况;

f)　试样的变形或垮塌;

g)　对正确解释试验结果或对制品应用领域具有重要性的所有其他情况。

8.4　数据采集

8.4.1　在8.2中规定的时间段内,应每3 s便自动测量和记录8.4.2至8.4.9中规定的数值,并储存这些数值以作进一步处理。

8.4.2 时间(t),s;定义开始记录数据时,$t=0$。

8.4.3 供应给燃烧器的丙烷气体的质量流量(m_{gas})mg/s。

8.4.4 在排烟管道的综合测量区,双向探头所测试的压力差(ΔP),Pa。

8.4.5 在排烟管道的综合测量区,从光接收器中发出的白光系统信号(l),%。

8.4.6 排烟管道气流中的O_2摩尔分数(xO_2),在排烟管道的综合测量区中的气体取样探头处取样。

注:仅在排烟管道中测量O_2和CO_2的浓度;假设进入燃烧室的空气里的两种气体的浓度均恒定。但应注意从耗氧(如通过燃烧试验耗氧)空间里来的空气不能满足这一假设。

8.4.7 排烟道气流中的CO_2摩尔分数(xCO_2),在排烟管道的综合测量区中的气体取样探头处取样。

8.4.8 小推车底部空气入口处的环境温度(T_0),K。

8.4.9 排烟管道综合测量区中的三支热电偶的温度值$(T_1,T_2$和$T_3)$,K。

8.5 试验的提前结束

若发生以下任一种情况,则可在规定的受火时间结束前关闭主燃烧器:

a) 一旦试样的热释放速率超过350 kW,或30 s期间的平均值超过280 kW;

b) 一旦排烟管道温度超过400℃,或30 s期间的平均值超过300℃;

c) 滴落在燃烧器砂床上的滴落物明显干扰了燃烧器的火焰或火焰因燃烧器被堵塞而熄灭。若滴落物堵塞了一半的燃烧器,则可认为燃烧器受到实质性干扰。

记录停止向燃烧器供气时的时间以及停止供气的原因。

若试验提前结束,则分级试验结果无效。

注1:温度和热释放速率的测量值包含一定的噪声。因此,建议不要仅根据仪表上的一个测量值或连续两个测量值超过最大规定值便停止试验。

注2:使用符合4.4.6要求的格栅可防止因c)中的原因而导致试验提前结束。

9 试验结果的表述

9.1 每次试验中,样品的燃烧性能应采用平均热释放速率$HRR_{av}(t)$、总热释放量$THR(t)$和$1\,000\times HRR_{av}(t)/(t-300)$的曲线图表示,试验时间为$0\leqslant t\leqslant1\,500$ s;还可采用根据附录A的A.5计算得出的燃烧增长速率指数$FIGRA_{0.2\,MJ}$和$FIGRA_{0.4\,MJ}$以及在600 s内的总热释放量$THR_{600\,s}$的值以及根据8.3.3判定是否发生了火焰横向传播至试样边缘处的这一现象来表示。

9.2 每次试验中,样品的产烟性能应采用$SPR_{av}(t)$、生成的总产烟量$TSP(t)$和$10\,000\times SPR_{av}(t)/(t-300)$的曲线图表示,试验时间为$0\leqslant t\leqslant1\,500$ s;还可采用根据附录A的A.6计算得出的烟气生成速率指数$SMOGRA$的值和600 s内生成的总产烟量$TSP_{600\,s}$的值来表示。

9.3 每次试验中,关于制品的燃烧滴落物和颗粒物生成的燃烧行为,应分别按照8.3.4a)或b)进行判定,以是否有燃烧滴落物和颗粒物这两种产物生成或只有其中一种产物生成来表示。

10 试验报告

试验报告应包含以下信息。应明确区分由委托试验单位提供的数据和由试验得出的数据。

a) 试验所依据的标准GB/T ××××;

b) 试验方法产生的偏差;

c) 燃烧室的名称及地址;

d) 报告的日期和编号;

e) 委托试验单位的名称及地址;

f) 生产厂家的厂名及地址(若知道);

g) 到样日期;

h) 制品标识;

i)   有关抽样步骤的说明；

j)   试验制品的一般说明,包括密度、面密度、厚度以及试样结构形状；

k)   有关基材及其紧固件(若使用)的说明；

l)   状态调节的详情；

m)   试验日期；

n)   根据第9章表述的试验结果；

o)   符合5.3.3的照片资料；

p)   试验中观察到的现象；

q)   下列陈述:"在特定的试验条件下,试验结果与试样的性能有关;试验结果不能作为评估制品在实际使用条件下潜在火灾危险性的唯一依据"。

附　录　A

（规范性附录）

计　算　程　序

A.1　概要

A.1.1　一般说明

A.1.1.1　试验程序见第 8 章。为方便使用者，在此重复有关信息。

 a)　该程序中的主要事项：

$t=0$ s   :启动数据采集系统；

$t=(120\pm5)$ s   :点燃辅助燃烧器；

$t=(300\pm5)$ s   :辅助燃烧器切换到主燃烧器；

$t\geqslant1\,560$ s   :关闭主燃烧器和数据采集系统。

 b)　在试验开始后的 1 200 s 内评估试样的性能（300 s≤t≤1 500 s）。在此时间段内，因试样暴露于主燃烧器的火焰下，故此段时间称为受火时间。

 c)　因采用了按时间平均的数值、可接受的误差和滞后时间，故有必要采用在暴露于燃烧器火焰条件下（$t=1\,500$ s 后）最大为 60 s 的附加数据。

 d)　210 s≤t≤270 s 的时间段仅用以测量燃烧器的热输出和烟气输出，该时间段称为基准时段。$t=300$ s 后，将燃烧器在基准时段的平均热输出和烟气输出从燃烧器和试样总的热输出和烟气输出中减去，这样只得出试样的输出。

 e)　每 3 s 便记录以下"原始"数据，记录时间为 1 560 s：气体流量、压力差、光衰减、O_2 和 CO_2 浓度以及环境温度和烟气温度，均按 8.4 进行。

A.1.1.2　符号

在本附录中，一段时间内的平均值可用一个简化的符号表示：

$\overline{f}(t_1\cdots t_2)$ 定义为在 $t_1\leqslant t\leqslant t_2$ 时间段内，$f(t)$ 的平均值。

A.1.2　根据试验数据进行的计算

试验后，应对一系列参数进行计算以评估制品的性能。本附录中所有的计算（不包括 A.2 中的计算）均应根据 A.2 中随时间变化的数据进行。应进行以下计算：

 ——数据的同步；

 ——设备响应时间的计算；

 ——受火时间的计算；

 ——$HRR(t)$ 的计算；

 ——按时间平均的 $HRR(t)$ 的计算：$HRR_{30\,s}(t)$；

 ——$THR(t)$ 和 $THR_{600\,s}$ 的计算；

 ——$FIGRA_{0.2\,MJ}$ 和 $FIGRA_{0.4\,MJ}$ 的计算；

 ——$SPR(t)$ 的计算；

 ——按时间平均的 $SPR(t)$ 的计算：$SPR_{60\,s}(t)$；

 ——$TSP(t)$ 和 $TSP_{600\,s}$ 的计算；

 ——$SMOGRA$ 的计算。

只有符合 A.2 和 A.3 的要求时，试验结果才有效。A.2 至 A.6 对计算进行了规定。

A.1.3　根据校准数据进行的计算

校准程序见附录 C。若 A.2 至 A.6 中未将需要计算的值规定为标准试验数据分析的一部分，则在 A.7 中有相应规定。

A.1.4 标准数据组

因计算方法较复杂,故计算步骤和基准软件的操作中可采用标准数据组。

A.2 数据的同步

A.2.1 用 T_{ms} 同步 O_2 和 CO_2

辅助燃烧器向主燃烧器的切换使主要测量数值在其时间段上会显示同一时刻的波峰或波谷。这些波峰和波谷用于数据的同步。假设:如果根据自动同步程序计算得出的漂移与根据附录 C 的 C.2.1 中的校准程序确定的分析仪的滞后时间相差大于 6 s,则该自动同步程序和/或测量的滞后时间是不正确的。

a) 根据附录 C 的 C.2.1,对校准过程中出现的 O_2 和 CO_2 的滞后时间数据进行调整。

b) 时间 t_{0-T} 是以综合测量区中的温度 $T_{ms}(t)$ 在 270 s 后的下降超过 2.5 K 之前的最后一个数据点的时间进行计算的,与基准时段($210 \text{ s} \leqslant t \leqslant 270 \text{ s}$) T_{ms} 的平均值相关。

$$\overline{T}_{ms}(210 \text{ s} \cdots 270 \text{ s}) - T_{ms}(t_{0-T}) \leqslant 2.5 \text{ K} \wedge \overline{T}_{ms}(210 \text{ s} \cdots 270 \text{ s})$$
$$- T_{ms}(t_{0-T} + 3) > 2.5 \text{ K} \quad \cdots\cdots\cdots\cdots\cdots\cdots (A.1)$$

其中:

$T_{ms}(t)$ 为根据 A.3.2 计算得出的综合测量区的温度。

c) 时间 t_{0-T} 是以氧气浓度在 270 s 后上升超过 0.05% 之前的最后一个数据点的时间进行计算的,与基准时段($210 \text{ s} \leqslant t \leqslant 270 \text{ s}$)的平均值相关。

$$xO_2(t_{0-O_2}) - \overline{xO_2}(210 \text{ s} \cdots 270 \text{ s}) \leqslant 0.05\% \wedge xO_2(t_{0-O_2} + 3)$$
$$- \overline{xO_2}(210 \text{ s} \cdots 270 \text{ s}) > 0.05\% \quad \cdots\cdots\cdots\cdots\cdots\cdots (A.2)$$

其中:

xO_2 是氧气的浓度,以摩尔分数表示。

d) 时间 t_{0-T} 是以 CO_2 的浓度 xCO_2 在 270 s 后降低超过 0.02% 之前的最后一个数据点的时间进行计算的,与基准时段($210 \text{ s} \leqslant t \leqslant 270 \text{ s}$)的平均值相关。

$$\overline{xCO_2}(210 \text{ s} \cdots 270 \text{ s}) - xCO_2(t_{0-CO_2}) \leqslant 0.02\% \wedge \overline{xCO_2}(210 \text{ s} \cdots 270 \text{ s})$$
$$- xCO_2(t_{0-CO_2} + 3) > 0.02\% \quad \cdots\cdots\cdots\cdots\cdots\cdots (A.3)$$

其中:

xCO_2 是二氧化碳的浓度,以摩尔分数表示。

e) 对 O_2 和 CO_2 的数据进行移位,这样 O_2 波峰和 CO_2 波谷与 T_{ms} 中的波谷一致(如 $t_{0-T} = t_{0-O_2} = t_{0-CO_2}$)。两种移位均不应超过 6 s。

$$xO_2(t) = xO_2(t - t_{0-T} + t_{0-O_2}) \quad \cdots\cdots\cdots\cdots\cdots\cdots (A.4)$$

其中:

xO_2 为氧气浓度,以摩尔分数表示;

t_{0-O_2} 为 c)中规定的时间;

t_{0-T} 为 b)中规定的时间。

将公式中的 O_2 换成 CO_2 后,该公式同样适用于 CO_2。

注:某些情形下,用以同步的波峰和波谷可能非常小以至于用这一程序无法被发现。在此情形下,对 t_{0-T}、t_{0-O_2} 和/或 t_{0-CO_2} 进行目测评估。

A.2.2 将所有数据移位至 $t = 300$ s。

用 T_{ms} 将 O_2 和 CO_2 同步后,为便于计算,对所有数据的时间进行了移位,如 $t_0 = t_{0-T} = t_{0-O_2} = t_{0-CO_2} = 300$ s。移位应小于 15 s。

注:在此,对所有数据($m_{气体}$、Δp、l、xO_2、xCO_2、T_0、T_1、T_2、T_3 和 T_{ms})进行时域移位。在 A.2.1e)中,及时地对与其他数据相关的 O_2 和 CO_2 进行了移位。

A.2.3 A.3 至 A.6 中的所有计算应采用按本条及时经过移位的数据进行。

A.3 检查设备的响应

A.3.1 燃烧器切换响应时间

燃烧器切换响应时间是 $t_{上}$ 和 $t_{下}$ 之差,其中:

$t_{上}$ 为第一个数据点的时间,在该数据点处,270 s 后的 O_2 浓度上升已超过向上方向中的"90%的燃烧器输出档"

$t_{下}$ 为第一个数据点的时间,之后在该数据点处,O_2 浓度下降已超过了向下方向中的相同档。

$$x O_2(t_{上}) > 0.1 \overline{xO_2}(30 \text{ s}\cdots90 \text{ s}) + 0.9 \overline{xO_2}(210 \text{ s}\cdots270 \text{ s}) \quad\cdots\cdots\cdots(\text{A.5})$$

$$t_{下} > t_{上} \wedge xO_2(t_{下}) < 0.1 \overline{xO_2}(30 \text{ s}\cdots90 \text{ s}) + 0.9 \overline{xO_2}(210 \text{ s}\cdots270 \text{ s}) \cdots\cdots\cdots(\text{A.6})$$

判据: $$t_{下} - t_{上} \leqslant 12 \text{ s} \quad\cdots\cdots\cdots(\text{A.7})$$

其中:

$xO_2(t)$ 为氧气浓度,以摩尔分数表示。

注1:数据同步为 $t=300$ s。时间 $t_{上}$ 等于 300 s 或 303 s,所以 $t_{下}$ 绝不会迟于 $t=315$ s。是否符合判据对正确评估 FIGRA 和 SMOGRA 的值极具重要性。

注2:在辅助燃烧器向主燃烧器的切换过程中($t\approx300$ s 时),在一小段时间里,两个燃烧器总的热输出低于一个燃烧器的标准热输出。结果,热释放速率出现一个波谷,O_2 浓度出现一个波峰(见图 A.1)。对于 xO_2 中的波峰,一个燃烧器的贡献约为 25%~50%。如下文所述,由于该"遗失"的热输出从试样的热输出中减去,波峰的宽度可以很小。波峰的宽度是在标准燃烧器为 90% 的贡献水平时测量的,并被称之为燃烧器的切换响应时间。在图 A.1 给出的示例中,响应时间为 9 s。

注3:燃烧器的 90% 输出水平是按从试验起始输出水平到基线水平,两者跨距的 90% 进行计算的,且被加到了试验的起始水平上。此处所使用的 O_2 试验起始水平是燃烧器点燃前($30 \leqslant t \leqslant 90$ s)的平均 O_2 浓度。O_2 的基准浓度水平是辅助燃烧器在燃烧过程中的平均 O_2 浓度($210 \leqslant t \leqslant 270$ s)。

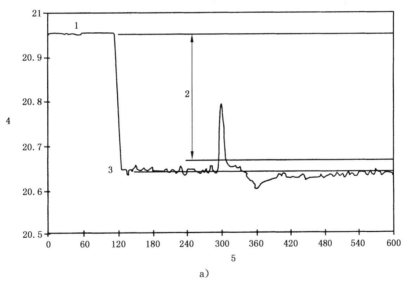

a)

1——起始浓度水平;

2——90%的标准燃烧器贡献;

3——基线浓度水平;

4——O_2 的百分比浓度;

5——时间(s);

6——$t_{上}$(为 300 s);

7——$t_{下}$(为 312 s)。

注:主要事项:(1)在 $t\approx200$ s 时,打开辅助燃烧器,(2)在 $t\approx300$ s 时将辅助燃烧器切换到主燃烧器。图 A.1b)中,$t=300$ s 左右时的时间间隔被放大。此情况下,计算出的燃烧器的响应时间为 9 s。

图 A.1 试验初始阶段的氧气浓度

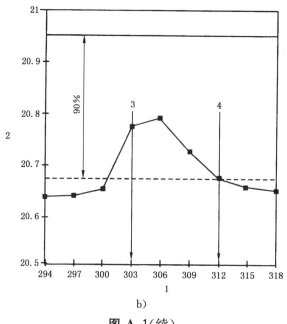

b)

图 A.1(续)

A.3.2 温度读数

在任意时刻,安装于综合测量区中的热电偶1、2和3的温度读数与平均值 $T_{ms}[=(T_1+T_2+T_3)/3]$ 的差在10个以上数据点均不应超过1%,但以下情况除外。

若一支热电偶的读数与 T_{ms} 的差在10个以上数据点均超过1%,而其他两支热电偶与这两支热电偶的温度平均值的差在10个以上数据点均不超过1%,那么在该试验中,应在 T_{ms} 的计算中将该热电偶完全排除。在其他情况下,所有的热电偶均应用以计算 T_{ms}。若仅使用两支热电偶,则应在试验报告中加以注明。

注1:该规定用以排除有故障的热电偶。仅几个数据点的偏差超过1%并不能认为是由热电偶故障引发的结果。

注2:对于试验开始阶段或校准情形还另有温度依据。

A.3.3 气体浓度测量中的漂移

xO_2 和 xCO_2 气体浓度测量中的漂移是按初始值(分别按 $xO_2(30\ s\cdots90\ s)$ 和 $xCO_2(30\ s\cdots90\ s)$ 进行计算的)和结束值(至少在60 s后通过目测记录得出,且在此期间无燃烧生成物进入排烟管道)之间的差值进行计算的。

判据:

$$|\,xO_{2-\text{开始}}-xO_{2-\text{结束}}\,|\leqslant 0.02\% \quad\cdots\cdots\cdots\cdots\cdots\quad(\text{A.8})$$

$$|\,xCO_{2-\text{开始}}-xCO_{2-\text{结束}}\,|\leqslant 0.02\% \quad\cdots\cdots\cdots\cdots\cdots\quad(\text{A.9})$$

其中:

xO_2 为氧气浓度,以摩尔分数表示;

xCO_2 为二氧化碳浓度,以摩尔分数表示。

A.3.4 光衰减测量中的漂移

光衰减 l 测量的漂移是按初始值(30 s$\cdots$90 s)和结束值(至少在60 s后通过目测记录得出,且在此期间无燃烧生成物进入排烟管道)之间的差值进行计算的。

判据:

$$|\,l_{\text{开始}}-l_{\text{结束}}\,|\,/l_{\text{开始}}\leqslant 0.02 \quad\cdots\cdots\cdots\cdots\cdots\quad(\text{A.10})$$

其中:

l 为光接收器输出的信号,%。

注:开始值和结束值之间的差值可能主要由光学测量系统透镜上的烟尘沉积物引起的。

A.4 受火时间

从 $t=t_0=300$ s 开始,试样暴露于主燃烧器的火焰中,直至停止向燃烧器供应丙烷时(t')才结束。受火时间等于 $t'-t_0$。

注意 t_0 后的第一时刻 t' 和下一个数据点($t'+3$ s)时丙烷的质量流量均低于 300 mg/s,以检查燃烧器是否关闭。

$$[m_{气体}(t'-3) \geqslant 300 \text{ mg/s}] \wedge [m_{气体}(t') < 300 \text{ mg/s}] \wedge$$
$$[m_{气体}(t'+3) < 300 \text{ mg/s}] \quad\cdots\cdots\cdots\cdots\cdots\cdots\text{(A.11)}$$

其中:

$m_{气体}(t')$ 为丙烷的质量流量,mg/s。

判据:
$$t'-t_0 \geqslant 1\ 245 \text{ s}$$

A.5 热输出

A.5.1 热释放速率的计算(HRR)

A.5.1.1 试样和燃烧器的总 HRR,$HRR_{总}$

a) 排烟系统体积流速 $V_{298}(t)$ 的计算,标准温度设为 298 K。

$$V_{298}(t) = cA\frac{k_t}{k_\rho}\sqrt{\frac{\Delta p(t)}{T_{ms}(t)}} \quad\cdots\cdots\cdots\cdots\cdots\text{(A.12)}$$

其中:

$V_{298}(t)$ 为排烟系统的体积流速,温度设为 298 K,m^3/s;

$c=(2T_0/\rho_0)^{0.5}=22.4[K^{0.5} \cdot m^{1.5} \cdot kg^{-0.5}]$;

A 为综合测量区中排烟管道的截面面积,m^2;

k_t 为流量分布因子,根据附录C的C.2.4确定;

k_ρ 为双向探头的雷诺校正系数,一般为 1.08;

$\Delta p(t)$ 为压力差,Pa;

$T_{ms}(t)$ 为综合测量区的温度,K。

b) 耗氧系数 $\phi(t)$ 的计算

$$\phi(t) = \frac{\overline{x}O_2(30 \text{ s}\cdots90 \text{ s})\{1-xCO_2(t)\}-xO_2(t)\{1-\overline{x}CO_2(30 \text{ s}\cdots90 \text{ s})\}}{\overline{x}O_2(30 \text{ s}\cdots90 \text{ s})\{1-xCO_2(t)-xO_2(t)\}}\cdots\cdots\text{(A.13)}$$

其中:

$xO_2(t)$ 为氧气浓度,以摩尔分数表示;

$xCO_2(t)$ 为二氧化碳浓度,以摩尔分数表示。

c) x_{a-O_2} 的计算

$$x_{a-O_2} = \overline{x}O_2(30 \text{ s}\cdots90 \text{ s})\left[1-\frac{H}{100p}\exp\left\{23.2-\frac{3\ 816}{\overline{T}_m(30 \text{ s}\cdots90 \text{ s})-46}\right\}\right]\cdots\cdots\text{(A.14)}$$

其中:

x_{a-O_2} 为氧气(含水蒸气)在环境温度时的摩尔分数;

$xO_2(t)$ 为氧气浓度,以摩尔分数表示;

H 为相对湿度,%;

P 为环境大气压,Pa;

$T_{ms}(t)$ 为综合测量区的温度,K。

d) $HRR_{总}(t)$ 的计算

$$HRR_{总}(t) = EV_{298}(t)x_{a-O_2}\left(\frac{\phi(t)}{1+0.105\phi(t)}\right) \quad\cdots\cdots\cdots\cdots\cdots\cdots\quad (\text{A.15})$$

其中：

$HRR_{总}(t)$ 为试样和燃烧器总热释放速率，kW；

E 为温度为 298 K 时单位体积耗氧的热释放量，等于 17 200，kJ/m^3；

$V_{298}(t)$ 为排烟系统的体积流速，标准条件温度设为 298 K，m^3/s；

x_{a-O_2} 为氧气（含水蒸气）在环境温度的摩尔分数；

$\phi(t)$ 为耗氧系数。

A.5.1.2 燃烧器的 HRR

$HRR_{燃烧器}(t)$ 等于基准时段的 $HRR_{总}(t)$。燃烧器的平均 HRR 是根据基准时段（210 s $\leqslant t \leqslant$ 270 s）的平均 $HRR_{总}(t)$ 进行计算的：

$$HRR_{av-燃烧器} = \overline{HRR}_{总}(210\ \text{s}\cdots270\ \text{s}) \quad\cdots\cdots\cdots\cdots\cdots\cdots\quad (\text{A.16})$$

其中：

$HRR_{av-燃烧器}$ 为燃烧器的平均热释放速率，kW；

$HRR_{总}(t)$ 为试样和燃烧器的总热释放速率，kW。

210 s $\leqslant t \leqslant$ 270 s 时间内 $HRR_{av-燃烧器}(t)$ 的标准偏差 σ_{bh} 采用"非偏差"或"$n-1$"方法按如下公式进行计算：

$$\sigma_{bh} = \sqrt{\frac{n\sum_{t=210\ \text{s}}^{270\ \text{s}}\{HRR_{燃烧器}(t)\}^2 - \left\{\sum_{t=210\ \text{s}}^{270\ \text{s}}HRR_{燃烧器}(t)\right\}^2}{n(n-1)}} \quad\cdots\cdots\cdots\quad (\text{A.17})$$

其中：

$HRR_{av-燃烧器}$ 为燃烧器的平均热释放速率，kW；

$HRR_{燃烧器}(t)$ 为燃烧器的热释放速率，kW；

n 为数据点数（$n=21$）。

基准时段内，燃烧器的稳定性和热释放水平应符合以下判据。

判据：

$$HRR_{av-燃烧器} = (30.7 \pm 2.0)\text{kW} \quad\cdots\cdots\cdots\cdots\cdots\cdots\quad (\text{A.18})$$

和

$$\sigma_{bh} < 1\ \text{kW} \quad\cdots\cdots\cdots\cdots\cdots\cdots\quad (\text{A.19})$$

其中：

$HRR_{av-燃烧器}$ 为燃烧器的平均热释放速率，kW；

σ_{bh} 为 210 s $\leqslant t \leqslant$ 270 s 时间内 $HRR_{燃烧器}$ 的标准偏差。

注：在打开燃烧器开关前，可用基准时段（210 s $\leqslant t \leqslant$ 270 s，燃烧气体仅有丙烷）所产生的 CO_2 与所消耗的 O_2 之间的比率来检测气体分析仪。该比率应等于 0.60 ± 0.05。

A.5.1.3 试样的 HRR

试样的热释放速率通常可认为是总热释放速率 $HRR_{总}(t)$ 减去燃烧器的平均热释放速率 $HRR_{av-燃烧器}$ 所得的差值：

$t > 312$ s 时：

$$HRR(t) = HRR_{总}(t) - HRR_{av-燃烧器} \quad\cdots\cdots\cdots\cdots\cdots\cdots\quad (\text{A.20})$$

其中：

$HRR(t)$ 为试样的热释放速率，kW；

$HRR_{总}(t)$ 为试样和燃烧器的总热释放速率，kW；

$HRR_{av-燃烧器}(t)$ 为燃烧器的平均热释放速率，kW。

开始受火时,在将辅助燃烧器切换到主燃烧器的过程中,两个燃烧器总的热输出小于 $HRR_{av-燃烧器}$ (t)。这时公式 A.20 中给出了在最多 12 s 内(燃烧器的切换响应时间)$HRR(t)$ 的负值。这些负值以及 $t=0$ 时的值设为 0,如下:

$t=300$ s 时:

$$HRR(300) = 0 \text{ kW} \qquad\qquad\cdots\cdots\cdots\cdots\cdots\cdots\text{(A.21)}$$

300 s $\leqslant t \leqslant 312$ s 时:

$$HRR(t) = \max.\{0 \text{ kW}, HRR_{总}(t) - HRR_{av-燃烧器}\} \qquad\cdots\cdots\cdots\cdots\text{(A.22)}$$

其中:

$HRR(t)$ 为试样的热释放速率,kW;

$HRR_{总}(t)$ 为试样和燃烧器总热释放速率,kW;

$HRR_{av-燃烧器}$ 为燃烧器的平均热释放速率,kW;

$\max.\{a,b\}$ 为 a 和 b 两个值的最大值。

A.5.1.4 $HRR_{30\,s}$ 的计算

$HRR_{30\,s}(t)$ 是 $HRR(t)$ 在 30 s 内的平均值:

$$HRR_{30\,s}(t) = \frac{0.5HRR(t-15) + HRR(t-12) + \cdots + HRR(t+12) + 0.5HRR(t+15)}{10}$$

$$\cdots\cdots\cdots\cdots\cdots\cdots\text{(A.23)}$$

其中:

$HRR_{30\,s}(t)$ 为 30 s 内 $HRR(t)$ 的平均值,kW;

$HRR(t)$ 为某一时刻 t 的热释放速率,kW。

A.5.2 $THR(t)$ 和 $THR_{600\,s}$ 的计算

试样总的热释放量 $THR(t)$ 和试样在受火期(300 s $\leqslant t \leqslant 900$ s)最初 600 s 内总的热释放量 $THR_{600\,s}$ 的计算如下:

$$THR(t_a) = \frac{3}{1\,000}\sum_{300\,s}^{t_a}(\max.[HRR(t),0]) \qquad\cdots\cdots\cdots\cdots\cdots\text{(A.24)}$$

$$THR_{600\,s} = \frac{3}{1\,000}\sum_{300\,s}^{900\,s}(\max.[HRR(t),0]) \qquad\cdots\cdots\cdots\cdots\text{(A.25)}$$

其中:

$THR(t_a)$ 为试样在 300 s $\leqslant t \leqslant t_a$ 内总热释放量,MJ;

$HRR(t)$ 为试样的热释放速率,kW;

$THR_{600\,s}$ 为试样在 300 s $\leqslant t \leqslant 900$ s 内的总热释放量,MJ;

$\max.[a,b]$ 为 a 和 b 两个值的最大值。

注:由于每 3 s 只有一个数据点,所以采用了系数 3。

A.5.3 $FIGRA_{0.2\,MJ}$ 和 $FIGRA_{0.4\,MJ}$(燃烧增长率指数)的计算

$FIGRA$ 指数为 $HRR_{av}(t)/(t-300)$ 的最大比值再乘上 1 000 所得的值。仅对 HRR_{av} 和 THR 的初始值被超过的受火期内的商值进行计算。受火期内,如果 $FIGRA$ 指数的一个或两个初始值均未被超过,那么 $FIGRA$ 指数为零。采用两个不同的 THR 初始值,得出了 $FIGRA_{0.2\,MJ}$ 和 $FIGRA_{0.4\,MJ}$。

a) 根据 A.5.1.4,用以计算 $FIGRA$ 的 HRR 和 HRR_{av} 的平均值等于 $HRR_{30\,s}$,但受火期的最初 12 s 除外。对于最初 12 s 内的数据点,只对受火期内在最大可能对称范围内的数据点进行平均。

$t=300$ s: $HRR_{av}(300\text{ s})=0$

$t=303$ s: $HRR_{av}(303\text{ s})=\overline{HRR}(300\text{ s}\cdots306\text{ s})$

$t=306\ \mathrm{s}: HRR_{\mathrm{av}}(306\ \mathrm{s})=\overline{HRR}(300\ \mathrm{s}\cdots312\ \mathrm{s})$

$t=309\ \mathrm{s}: HRR_{\mathrm{av}}(309\ \mathrm{s})=\overline{HRR}(300\ \mathrm{s}\cdots318\ \mathrm{s})$

$t=312\ \mathrm{s}: HRR_{\mathrm{av}}(312\ \mathrm{s})=\overline{HRR}(300\ \mathrm{s}\cdots324\ \mathrm{s})$

$t\geqslant315\ \mathrm{s}: HRR_{\mathrm{av}}(t)=HRR_{30\ \mathrm{s}}(t)$ $\cdots\cdots\cdots\cdots\cdots\cdots$ (A. 26)

b) 计算所有 t 的 $FIGRA_{0.2\ \mathrm{MJ}}$,其中

$(HRR_{\mathrm{av}}(t)>3\ \mathrm{kW})$ 和 $(THR(t)>0.2\ \mathrm{MJ})$ 和 $(300\ \mathrm{s}<t\leqslant1\ 500\ \mathrm{s})$;

并计算所有 t 的 $FIGRA_{0.4\ \mathrm{MJ}}$,其中

$(HRR_{\mathrm{av}}(t)>3\ \mathrm{kW})$ 和 $(THR(t)>0.4\ \mathrm{MJ})$ 和 $(300\ \mathrm{s}<t\leqslant1\ 500\ \mathrm{s})$;

两者均采用了:

$$FIGRA = 1\ 000\times\mathrm{max.}\left(\frac{HRR_{\mathrm{av}}(t)}{t-300}\right) \qquad\cdots\cdots\cdots\cdots\cdots\cdots\text{(A. 27)}$$

其中:

$FIGRA$ 为燃烧增长率指数,W/s;

$HRR_{\mathrm{av}}(t)$ 按 a)中规定,为 $HRR(t)$ 的平均值,kW;

$\mathrm{max.}[a(t)]$ 为规定时间内,$a(t)$ 的最大值。

注:结论,HRR_{av} 值在整个试验期间不超过 3 kW 或 THR 值在整个试验后不超过 0.2 MJ 的试样,其 $FIGRA_{0.2\ \mathrm{MJ}}$ 等于 0。HRR_{av} 值在整个试验期间不超过 3 kW 或 THR 值在整个试验后不超过 0.4 MJ 的试样,其 $FIGRA_{0.4\ \mathrm{MJ}}$ 等于 0。

A.6 产烟

A.6.1 产烟率的计算(SPR)

A.6.1.1 试样和燃烧器总产烟率:$SPR_{总}$

a) $V(t)$ 的计算

$$V(t)=V_{298}(t)\frac{T_{\mathrm{ms}}(t)}{298} \qquad\cdots\cdots\cdots\cdots\cdots\cdots\text{(A. 28)}$$

其中:

$V(t)$ 为排烟管道的体积流速,m³/s;

$V_{298}(t)$ 为排烟管道的体积流速,标准条件温度设为 298 K,m³/s;

$T_{\mathrm{ms}}(t)$ 为综合测量区的温度,K。

b) $SPR_{总}(t)$ 的计算

$$SPR_{总}(t)=\frac{V(t)}{L}\ln\left[\frac{\overline{l}(30\ \mathrm{s}\cdots90\ \mathrm{s})}{l(t)}\right] \qquad\cdots\cdots\cdots\cdots\cdots\text{(A. 29)}$$

其中:

$SPR_{总}(t)$ 为试样和燃烧器总产烟率,m²/s;

$V(t)$ 为排烟管道的体积流速(非标准条件下),m³/s;

L 为穿过排烟管道的光路长度,m,即为排烟管道的直径;

$l(t)$ 为光接收器的输出信号,%。

A.6.1.2 燃烧器的 SPR

燃烧器的产烟率等于基线时段的 $SPR_{总}(t)$。燃烧器的平均 SPR 是根据基线时段($210\ \mathrm{s}\leqslant t\leqslant270\ \mathrm{s}$)的平均 $SPR_{总}(t)$ 进行计算的:

$$SPR_{\mathrm{av-燃烧器}}=\overline{SPR}_{总}(210\ \mathrm{s}\cdots270\ \mathrm{s}) \qquad\cdots\cdots\cdots\cdots\cdots\text{(A. 30)}$$

其中:

$SPR_{总}(t)$ 为试样和燃烧器总产烟率,m²/s;

$SPR_{\text{av-燃烧器}}$为燃烧器的平均产烟率,m^2/s。

210 s$\leqslant$$t$$\leqslant$270 s 这一时段内,$SPR_{\text{燃烧器}}(t)$的标准偏差$\sigma_{\text{bs}}$采用"非偏差"或"$n-1$"方法按如下公式进行计算:

$$\sigma_{\text{bs}} = \sqrt{\frac{n \sum\limits_{t=210\text{ s}}^{270\text{ s}} \{SPR_{\text{燃烧器}}(t)\}^2 - \left\{\sum\limits_{t=210\text{ s}}^{270\text{ s}} SPR_{\text{燃烧器}}(t)\right\}^2}{n(n-1)}} \quad\cdots\cdots\cdots\cdots\cdots(\text{A.31})$$

其中:

$SPR_{\text{av-燃烧器}}$为燃烧器的平均产烟率,m^2/s;

$SPR_{\text{燃烧器}}(t)$为燃烧器的产烟率,m^2/s;

n为数据点数目($n=21$)。

燃烧器在基准时段的产烟水平档和稳定性应符合以下判据。

判据:

$$SPR_{\text{av-燃烧器}} = (0 \pm 0.1)\text{m}^2/\text{s} \quad\cdots\cdots\cdots\cdots\cdots(\text{A.32})$$

且

$$\sigma_{\text{bs}} < 0.01\ \text{m}^2/\text{s} \quad\cdots\cdots\cdots\cdots\cdots(\text{A.33})$$

其中:

$SPR_{\text{av-燃烧器}}$为燃烧器的平均产烟率,m^2/s;

σ_{bs}为 210 s$\leqslant$$t$$\leqslant$270 s 内,$SPR_{\text{燃烧器}}(t)$的标准偏差。

A.6.1.3 试样的 SPR

一般来说,试样的 SPR 为总产烟率 $SPR_{\text{总}}(t)$ 减去燃烧器的平均 SPR(即 $SPR_{\text{av-燃烧器}}$)得出的差值。

$t > 312$ s:

$$SPR(t) = SPR_{\text{总}}(t) - SPR_{\text{av-燃烧器}} \quad\cdots\cdots\cdots\cdots\cdots(\text{A.34})$$

其中:

$SPR_{\text{总}}(t)$为试样和燃烧器总产烟率,m^2/s;

$SPR_{\text{av-燃烧器}}$为燃烧器的平均产烟率,m^2/s;

$SPR(t)$为试样的产烟率,m^2/s。

开始受火时,在将辅助燃烧器转换为主要燃烧器的过程中,两个燃烧器总产烟率可能小于 $SPR_{\text{av-燃烧器}}$。这样,公式 A.34 给出几秒钟内的 $SPR(t)$ 可能为负值。将这些负值以及 $t=0$ 时的值设为 0:

$t = 300$ s:

$SPR(300) = 0\ \text{m}^2/\text{s}$

300 s$\leqslant$$t$$\leqslant$312 s:

$$SPR(t) = \text{max.}\left[0, SPR_{\text{总}}(t) - SPR_{\text{av-燃烧器}}\right] \quad\cdots\cdots\cdots\cdots\cdots(\text{A.35})$$

其中:

$SPR_{\text{总}}(t)$为试样和燃烧器总产烟率,m^2/s;

$SPR_{\text{av-燃烧器}}$为燃烧器的平均产烟率,m^2/s;

$SPR(t)$为试样的产烟率,m^2/s;

$\text{max.}[a,b]$为 a 和 b 两个值的最大值。

注:当试样开始产生可燃性挥发物时,燃烧器火焰的烟气生成极有可能发生改变。然而,基准时段的产烟量被认为是具有可接受精度的最佳近似值,尤其是在受火初期,基准时段的产烟量对 $SMOGRA$ 的计算极具重要性。

A.6.1.4 $SPR_{60\text{ s}}$ 的计算

$SPR_{60\text{ s}}(t)$ 为 $SPR(t)$ 在 60 s 内的平均值。

$$SPR_{60\text{ s}}(t) = \frac{\{0.5 SPR(t-30\text{ s}) + SPR(t-27\text{ s}) + \cdots + SPR(t+27\text{ s}) + 0.5 SPR(t+30\text{ s})\}}{20}$$

$$\cdots\cdots\cdots\cdots\cdots(\text{A.36})$$

其中：

$SPR_{60 s}(t)$为 60 s 内 $SPR(t)$的平均值，m^2/s；

$SPR(t)$为试样的产烟率，m^2/s。

A.6.2 $TSP(t)$和$TSP_{600 s}$的计算

试样总产烟量 $TSP(t)$和试样在受火期最初 600 s（300 s≤t≤900 s）内总产烟量 $TSP_{600 s}(t)$的计算如下：

$$TSP(t_a) = 3 \sum_{300 s}^{t_a} (max. [SPR(t),0]) \quad \cdots\cdots\cdots\cdots\cdots (A.37)$$

$$TSP_{600 s} = 3 \sum_{300 s}^{900 s} (max. [SPR(t),0]) \quad \cdots\cdots\cdots\cdots\cdots (A.38)$$

其中：

$TSP(t_a)$为试样在 300 s≤t≤t_a内总产烟量，m^2；

$SPR(t)$为试样的产烟率，m^2/s；

$TSP_{600 s}$为试样在 300 s≤t≤900 s 内总产烟量，m^2；[等于 $TSP(900)$]；

max.$[a,b]$为 a 和 b 两个值的最大值。

注：由于每 3 s 只有一个数据点，所以采用了系数 3。

A.6.3 $SMOGRA$ 的计算（烟气生成速率指数）

$SMOGRA$ 为 $SPR_{av}(t)/(t-300)$的最大商值再乘以 10 000 所得的值。只有受火期内超过 SPR_{av}初始值和 TSP 初始值的部分 SPR_{av}和 TSP 参与计算。受火期内，如果在上述的 SPR_{av}和 TSP 两个参数中有一个或两个均未超过其初始值，那么 $SMOGRA$ 为 0。

　a) 根据 A.6.1.4，用以计算 $SMOGRA$ 的 SPR_{av}等于 $SPR_{60 s}$，但受火期的最初 27 s 除外。对于最初 27 s 内的数据点，只在受火期内数据点最大可能对称范围内进行平均。

$t=300$ s：$SPR_{av}(300 s)=0$ m^2/s

$t=303$ s：$SPR_{av}(303 s)=\overline{SPR}(300 s\cdots306 s)$

$t=306$ s：$SPR_{av}(306 s)=\overline{SPR}(300 s\cdots312 s)$

等等，直至

$t=327$ s：$SPR_{av}(327 s)=\overline{SPR}(300 s\cdots354 s)$

$t≥330$ s：$SPR_{av}(t)=SPR_{60 s}(t)$ $\qquad\cdots\cdots\cdots\cdots\cdots\cdots (A.39)$

　b) 计算所有 t 的 $SMOGRA$，其中

$(SPR_{av}(t)>0.1$ $m^2/s)$ 和 $(TSP(t)>6$ $m^2)$ 和 $(300 s<t≤1 500 s)$；

$$SMOGRA = 10 000 \times max. \left(\frac{SPR_{av}(t)}{t-300} \right) \quad \cdots\cdots\cdots\cdots (A.40)$$

其中：

$SMOGRA$ 为烟气生成速率指数，m^2/s^2；

$SPR_{av}(t)$按 a)中规定，为 $SPR(t)$的平均值，m^2/s；

max.$[a(t)]$为规定时间内，$a(t)$的最大值。

注：结论，其 SPR_{av}值在整个试验期间不超过 0.1 m^2/s 或 THR 值在整个试验后不超过 6 m^2 的试样，其 $SMOGRA$ 值等于 0。

A.7 校准的计算

A.7.1 丙烷的热释放

A.7.1.1 丙烷质量流量的热释放速率理论值的计算如下：

$$q_{气体}(t) = \Delta h_{c,eff} m_{气体}(t) \quad \cdots\cdots\cdots\cdots\cdots\cdots (A.41)$$

其中：

$q_{气体}(t)$ 为丙烷质量流量的热释放速率理论值，kW；

$\Delta h_{c,eff}$ 为丙烷有效燃烧热的低值，为 46 360 kJ/kg；

$m_{气体}(t)$ 为丙烷的质量流量，kg/s。

A.7.1.2 $q_{气体}(t)$ 在 30 s 内平均值的计算如下：

$$q_{气体,30\,s}(t) = \frac{\{0.5q_{气体}(t-15) + q_{气体}(t-12) + \cdots + q_{气体}(t+12) + 0.5q_{气体}(t+15)\}}{10}$$

$$\cdots\cdots\cdots\cdots\cdots(\text{A.42})$$

其中：

$q_{气体,30\,s}(t)$ 为 $q_{气体}(t)$ 在 30 s 内的平均值，kW；

$q_{气体}(t)$ 为丙烷质量流量的热释放速率理论值，kW。

附　录　B

（资料性附录）

试验方法的精确性

B.1　一般说明与结果

试验方法的精确性是根据 1997 年进行的 SBI 系列循环试验的结果确定的。循环试验在 15 个实验室进行,对 30 个制品进行了 3 次试验。制品见表 B.1。

根据 GB/T 6379.1—2004、GB/T 6379.2—2004 对连续参数（$FIGRA_{0.2\,MJ}$、$FIGRA_{0.4\,MJ}$、$THR_{600\,s}$、$SMOGRA$ 和 $TSP_{600\,s}$)进行了统计分析。不合格参数未予以统计分析。

表 B.1　SBI 循环试验中采用的制品

编号	制品 ［除有说明的制品（如"FR"）外, 制品未进行阻燃处理)］	厚度/ mm	密度/ (kg/m³)	面密度/ (g/m²)
M01	纸面石膏板	13	700	
M02	FR PVC	3	1 180	
M03	FR XPS	40	32	
M04	铝面/纸油面 PUR 泡沫板	40	PUR:40	
M05	喷漆云杉板条(细木工制品)	10	380	
M06	FR 粗纸板	12	780	
M07	FR PC 三层板	16	175	
M08	喷漆纸面石膏纤维板	13	700	漆:145
M09	石膏纤维板上的墙纸	13	石膏:700	纸:200
M10	石膏纤维板上的 PVC 壁毯	13	石膏:700	PVC:1 500
M11	石棉上的塑钢板	0.15+1+50	纤维:160	
M12	未喷漆云杉板条(细木工制品)	10	450	
M13	聚苯乙烯上的石膏纤维板	13+100	EPS:20	
M14	酚醛泡沫	40		
M15	刨花板上的膨胀涂料	12	700	漆:500
M16	三聚氰胺面 MDF 板	12	MDF:750	三聚氰胺:120
M17	PVC 水管	直径 32;d:2		
M18	PVC 电缆			
M19	未装饰面的矿物纤维	50	145	
M20	三聚氰胺刨花板	12	680	
M21	EPS 上的钢板	0.5+100	EPS:20	
M22	普通型刨花板	12	700	
M23	普通型胶合板(桦木)	12	650	
M24	刨花板上的墙纸	12		纸:200
M25	中等密度纤维板(1)	12	700	

表 B.1（续）

编号	制品 [除有说明的制品（如"FR"）外，制品未进行阻燃处理）]	厚度/ mm	密度/ (kg/m³)	面密度/ (g/m²)
M26	低密度纤维板	12	250	
M27	FR PUR 上的石膏纤维板	13+87	PUR:38	
M28	喷漆吸音矿物纤维瓷砖	18	纤维:220	
M29	硅酸钙板上的织物墙纸	10	CaSi:875	织物:400
M30	纸面玻璃纤维	100	18	90

B.2 试验结果的计算

连续参数是由试验数据按本标准附录 A 中的计算方法计算得出。但是，由于经过一系列试验后部分试验程序和计算程序都有所改动，一部分试验数据并不满足附录 A 中的要求。因此，应排除有以下 a)至 f)条款中的偏差所得出的试验数据。这些偏差会导致用于统计分析的更大数据集，如果根据该数据集进行计算，计算方法的精确性相对较低。

a) 检查热电偶。循环试验规定采用的是两支而非一支的不同热电偶。对两支热电偶的要求是：在最多 20 个取样点处与其平均温度的最大偏差为 2%。

b) 同步。对未满足附录 A 中同步要求的试验而言，同步则间持续到 420 s，降低的极限值对应温度下降 1.5 K，O_2 增加 0.03% 和 CO_2 下降 0.002%。

c) 燃烧器切换响应时间。$FIGRA$ 或 $SMOGRA$ 确定时间不超过最初 1 min 和燃烧器响应时间超过 15 s 的试验不予以考虑。

d) 烟气测量。光信号返回率低于 90% 的试验不予以考虑。

e) 其他规定。数据分析不采用与试验无关的其他规定，如 O_2 或 CO_2 信号返回到起始水平档。

f) 试验时间。因试验时间较短，采用截止到时间 $t=1470$ s 的数据进行所有计算。

B.3 统计分析

计算和统计分析是只根据算法进行的，这意味着可按照 GB/T 6379.1—2004 中 7.3.2 规定的统计方法不考虑外部情形。Cochran 试验最多重复 4 次，但标准推荐的次数最多为 2 次。但仍有一些燃烧室因 $SMOGRA$ 值的测量原因未参与第 4 次重复试验。

B.4 统计结果

表 B.2 给出了 30 个受试制品的统计平均数(m)以及重复性和再现性的标准偏差(S_r 和 S_R)等参数。

另外增加了与平均值相关的标准偏差(S_r/m 和 S_R/m)。从统计角度看尽管不完全合理，但平均值 S_r/m 和平均值 S_R/m 均体现了方法的精确性。这些平均值均列在表 B.3 中，但 S_r/m 和 S_R/m 数值除外，因为其平均值非常小[1]。

表 B.2 平均相对标准偏差

	$FIGRA_{0.2\,MJ}$	$FIGRA_{0.4\,MJ}$	$THR_{600\,s}$	$SMOGRA$	$TSP_{600\,s}$
平均值(S_r/m)	14%	15%	11%	15%	18%
平均值(S_R/m)	23%	25%	21%	40%	44%

---

1) 计算平均值时未考虑的 S_r/m 和 S_R/m 值是：其对应的 m 值未超过国标等级 A2-E 最低分级界限的 50%（即：$FIGRA_{0.2\,MJ} \leqslant 60$ W/s，$THR_{600\,s} \leqslant 3.75$ MJ，$SMOGRA \leqslant 15$ m²/s² 及 $TSP_{600\,s} \leqslant 25$ m²）。

表 B.3 统计结果

$FIGRA_{0.2 MJ}$ [W/s]

	M01	M02	M03	M04	M05	M06	M07	M08	M09	M10	M11	M12	M13	M14	M15	M16	M17	M18	M19	M20	M21	M22	M23	M24	M25	M26	M27	M28	M29	M30
实验室编号	14	14	15	14	13	14	14	14	15	13	15	14	12	15	15	15	14	14	10	14	12	14	14	13	12	13	15	10	13	14
平均值	21	81	1375	1869	681	25	1028	16	202	380	78	440	9	82	16	601	92	435	1	381	21	404	399	479	436	1103	17	0	162	4073
试验编号	41	40	41	41	38	42	40	39	40	38	44	41	35	45	45	42	40	39	30	39	30	40	42	39	36	35	38	29	38	42
S_r	19	14	174	229	64	3	474	17	28	34	24	47	18	14	14	66	14	42	1	30	17	26	38	40	24	93	16	0	22	456
S_R	23	20	753	229	96	11	963	20	30	51	27	79	20	22	14	83	20	133	2	50	26	49	58	58	35	196	19	0	29	679
S_r/m	89	18	13	12	9	14	46	102	14	9	30	11	210	17	84	11	16	10	200	8	84	7	10	8	6	8	92		13	11
S_R/m	106	25	55	12	14	43	94	122	15	13	35	18	228	27	84	14	22	31	269	13	27	12	14	12	8	18	108		18	17

$FIGRA_{0.4 MJ}$ [W/s]

	M01	M02	M03	M04	M05	M06	M07	M08	M09	M10	M11	M12	M13	M14	M15	M16	M17	M18	M19	M20	M21	M22	M23	M24	M25	M26	M27	M28	M29	M30
实验室编号	13	14	15	14	13	14	14	14	15	13	13	14	8	14	15	15	14	14	14	14	11	14	14	13	12	13	15	13	14	13
平均值	8	73	1375	1869	681	21	1027	6	154	374	33	440	0	49	14	601	92	435	3	381	11	404	399	479	436	1103	6	1	108	3923
试验编号	38	40	41	41	38	42	40	38	43	38	38	41	23	42	45	42	40	39	42	39	27	40	42	39	36	35	38	37	40	39
S_r	9	12	174	229	64	3	475	7	31	36	11	47	0	8	7	66	15	42	4	30	13	26	38	40	24	93	5	4	34	309
S_R	12	21	753	229	96	9	964	9	34	53	11	79	0	13	7	83	21	133	6	50	17	49	58	58	35	196	7	4	39	630
S_r/m	121	17	13	12	9	16	46	110	20	9	33	11		16	52	11	16	10	134	8	115	7	10	8	6	8	81	439	32	8
S_R/m	148	29	55	12	14	43	94	143	22	14	33	18		26	54	14	23	31	181	13	152	12	14	12	8	18	114	439	36	16

$THR_{600 s}$ [MJ]

	M01	M02	M03	M04	M05	M06	M07	M08	M09	M10	M11	M12	M13	M14	M15	M16	M17	M18	M19	M20	M21	M22	M23	M24	M25	M26	M27	M28	M29	M30
实验室编号	15	14	15	13	14	15	14	14	15	14	15	13	14	15	15	15	14	13	15	14	13	13	15	12	12	12	15	15	13	14
平均值	1.0	5.9	40.5	28.6	15.1	2.3	17.2	0.8	1.4	6.5	1.2	15.7	0.8	3.2	1.9	24	9.4	45.4	0.7	20.1	1.3	26.9	21.7	26.7	33.4	39.7	0.7	0.7	1.9	6.7
试验编号	44	41	42	38	42	45	41	42	44	41	45	39	41	45	45	43	41	36	45	39	36	37	45	36	36	34	43	43	37	42

表 B.3（续）

THR_{600s} [MJ]

	M01	M02	M03	M04	M05	M06	M07	M08	M09	M10	M11	M12	M13	M14	M15	M16	M17	M18	M19	M20	M21	M22	M23	M24	M25	M26	M27	M28	M29	M30
S_r	0	2	7	1	1	0	3	0	0	0	0	1	0	0	1	2	3	2	0	2	2	1	2	1	1	3	1	0	0	1
S_R	1	2	17	4	2	1	12	0	0	1	1	2	1	1	1	2	4	10	1	2	2	2	4	2	2	5	1	0	0	1
S_r/m	38	35	18	5	9	10	19	33	27	7	36	8	51	9	50	7	35	5	58	10	151	4	9	5	4	7	72	38	22	8
S_R/m	61	35	41	13	11	33	70	51	34	17	48	13	69	17	58	9	39	23	95	11	151	8	18	7	6	13	72	47	22	13

$SMOGRA$ [m²/s²]

	M01	M02	M03	M04	M05	M06	M07	M08	M09	M10	M11	M12	M13	M14	M15	M16	M17	M18	M19	M20	M21	M22	M23	M24	M25	M26	M27	M28	M29	M30
实验室编号	10	12	9	11	11	13	11	10	12	13	11	14	9	11	9	12	11	6	11	9	12	11	12	8	8	9	12	10	8	14
平均值	0	120	216	212	2	12	167	0	0	114	67	3	0	1	1	1	224	109	0	2	5	3	1	2	1	9	0	10	0	14
试验编号	28	31	22	29	28	36	28	29	34	36	31	37	25	31	27	27	27	14	33	25	27	25	36	17	20	21	35	29	22	41
S_r	0	17	21	26	1	1	58	0	0	14	6	1	0	0	1	1	21	17	0	0	2	1	1	0	1	6	0	0	0	3
S_R	0	32	80	36	2	5	169	0	0	37	19	2	1	1	1	1	55	61	0	2	5	2	1	2	1	7	1	0	0	5
S_r/m		14	10	12	38	10	35	272	198	12	9	31	10	46	86	73	9	16		14	36	42	80	10	72	68	79			108
S_R/m		27	37	17	90	38	101	381	249	32	29	72	360	143	153	118	25	56		64	102	63	110	97	102	71	131			155

TSP_{600s} [m²]

	M01	M02	M03	M04	M05	M06	M07	M08	M09	M10	M11	M12	M13	M14	M15	M16	M17	M18	M19	M20	M21	M22	M23	M24	M25	M26	M27	M28	M29	M30
实验室编号	14	12	9	11	12	12	11	14	15	15	11	14	13	13	14	12	12	6	12	11	12	10	12	8	9	9	13	15	12	14
平均值	29	937	1057	410	45	101	531	29	30	164	108	47	34	43	55	24	1629	458	26	39	44	29	19	18	20	79	30	31	31	43
试验编号	40	32	23	29	30	34	29	41	44	42	31	38	34	37	41	27	29	14	36	31	26	22	36	19	22	21	38	44	34	41
S_r	3	163	208	38	8	5	94	5	5	16	13	10	8	6	7	7	289	49	3	8	11	8	4	7	10	39	5	7	6	10
S_R	12	198	474	60	22	28	412	17	16	47	33	22	22	22	24	16	391	122	10	17	20	19	12	18	15	57	12	12	15	22
S_r/m	12	17	20	9	18	5	18	17	17	10	12	20	22	14	10	30	18	11	13	20	25	27	23	36	48	49	17	22	20	24
S_R/m	41	21	45	15	50	28	78	59	53	28	30	46	64	52	44	68	24	27	38	42	45	65	66	99	77	71	41	37	47	51

附 录 C

（规范性附录）

系统校准程序

C.1 设备部件的校准程序

C.1.1 概要

应根据制品说明对设备进行保养和校准。

气体百分比浓度用 $100\,V_{O_2}/V_{空气}$ 和 $100V_{CO_2}/V_{空气}$ 表示，其中 V_{O_2} 或 V_{CO_2} 为一定量空气（$V_{空气}$）中 O_2 或 CO_2 的体积。

C.1.2 氧气分析仪的调节

每个试验日均应对氧气分析仪进行调零和跨度调节。跨宽应不超过由校准气体确定的范围的 0.04%，且表述为 $\%V_{O_2}/V_{空气}$。分析仪对干燥室内空气的输出应为（20.95±0.01）%。可行性调节程序见附录 D 的 D.1.2。

C.1.3 氧气分析仪输出的噪声和漂移

C.1.3.1 概要

氧气分析仪或气体分析系统的其他主要组件经安装、维护、维修或更换后，应对采用数据采集系统的氧气分析仪输出的噪声和漂移进行检测且至少每六个月应检测一次。

C.1.3.2 步骤

氧气分析仪输出的噪声和漂移的检测步骤如下：

a) 向氧气分析仪中输入无氧氮气直至分析仪达到稳定状态。

b) 在无氧条件下至少持续 60 min 后，将排烟管道中的体积流速调至（0.60±0.05）m^3/s，然后向排烟管道内输入流速、压力、干燥程序与样气完全相同的空气，当分析仪达到稳定后，调节分析仪输出至（20.95±0.01）%。

c) 1 min 内，开始以 3 s 的时间间隔记录氧气分析仪的输出，记录时间为 30 min。

d) 采用最小平方拟合程序拟合一条通过数据点的直线来确定漂移。该线性趋势线上 0 min 和 30 min 读数之间差的绝对值为漂移。

e) 通过计算线性趋势线的均方根（RMS）偏差来确定噪声。

C.1.3.3 判据

漂移和噪声（两者均视为正值）应不超过 0.01%（$V_{O_2}/V_{空气}$）。

C.1.3.4 校准报告

校准报告内容如下：

a) $O_2(t)$ 的曲线图，$\%V_{O_2}/V_{空气}$；

b) 根据 C.1.3.2d) 和 e) 计算出的噪声和漂移值，$\%V_{O_2}/V_{空气}$。

C.1.4 二氧化碳分析仪的校准

在每个试验日，应对二氧化碳分析仪进行调零和跨度调节。跨宽应不超过由校准气体所确定的 $V_{CO_2}/V_{空气}$ 范围的 0.1%。该分析仪对氮气（不含 CO_2）的输出应为（0.00±0.02）%。调节的可行性程序见附录 D 的 D.1.3。

C.1.5 丙烷质量流量控制器的检测

在丙烷质量流量为（647±10）mg/s（试验中所用的速率）时，质量流量控制器的精度应高于±6 mg/s。

应至少每六个月进行一次检测。检测的有关步骤见附录 D 的 D.1.4。

C.1.6 光系统的校准

C.1.6.1 概要

烟气测量系统支架或排烟系统的其他主要配件经安装、维护、修理或更换后,在试验前应对光系统进行校准且校准应至少每六个月进行一次。校准包括两个部分:输出稳定性的检测和滤光片的检测。

C.1.6.2 稳定性检测

将小推车(不含试样,但包括背板)放置于集气罩下的框架中,运行测量设备,进行下述步骤:

a) 将排烟系统的体积流速设为: $V_{298} = (0.60 \pm 0.05) m^3/s$ [按附录 A 的 A.5.1.1a)进行计算]。

b) 开始计时并持续 30 min 记录光接收器的输出信号。

c) 采用最小平方拟合程序拟合一条通过所测数据点的直线来确定漂移。该线性趋势线上 0 min 时读数和 30 min 时读数之间的差的绝对值为漂移。

d) 通过计算线性趋势线的均方根(rms)偏差来确定噪声。

判据:噪声和漂移均不超过初始值的 0.5%。

C.1.6.3 滤光片的检测

应采用至少五个中等光密度的滤光片(光密度范围为 0.05～2.0)对光系统进行校准。根据测量的光接收器信号计算得出的光密度应不超过滤光片标示值的 ±5% 或 ±0.01,二者以能体现较大公差者为准。校准的可行性程序见附录 D 的 D.1.5。

C.2 系统响应的校准

C.2.1 燃烧器热输出的梯级校准

C.2.1.1 概要

本校准程序采用标准燃烧器在一种不同的热输出水平下进行。该程序用以确定气体分析仪的响应和滞后时间、燃烧器切换响应时间、热电偶的响应时间和用以计算热释放速率的换算系数。该校准程序至少每月或 30 次试验后(两者以时间先者为准)应校准一次。

C.2.1.2 校准程序

将小推车(不含试样,但包括背板)放置于集气罩下的框架中,运行测量设备,进行下述操作:

a) 排烟系统的体积流速设为: $V_{298} = (0.60 \pm 0.05) m^3/s$ [根据附录 A 的 A.5.1.1a)进行计算]。在整个校准期间内,该体积流速应在 $0.65\ m^3/s$ 和 $0.50\ m^3/s$ 之间。

b) 记录排烟管道里的温度 T_1、T_2 和 T_3 以及环境温度,且至少持续记录 300 s。环境温度应不超过 $(20 \pm 10)℃$,管道中的温度与环境温度之差不应超过 4℃。

c) 在记录单上记录试验前的情况。应记录的数据见 8.3.2。

d) 开始记时和数据的自动记录:根据定义,此时 $t = 0 s$。根据 8.4,每 3 s 应记录的数据为 t、$m_{气体}$、xO_2、xCO_2、Δp 以及 T_0 至 T_3。

e) 点燃辅助燃烧器并根据表 C.1 在每个步骤开始的前 5 s 内调节丙烷的质量流量。

表 C.1 辅助燃烧器的丙烷供应

步骤号	时间/min	辅助燃烧器里的丙烷质量流量/(mg/s)
1	0～2	0
2	2～5	647±50

f) 将丙烷供应从辅助燃烧器切换到主燃烧器,并根据表 C.2 在每个步骤开始的前 5 s 内调节丙烷的质量流量。

表 C.2 主燃烧器的丙烷供应

步骤号	时间/min	主燃烧器中的丙烷质量流量/(mg/s)
3	5～8	647±50
4	8～11	2 000±100
5	11～14	647±50
6	14～17	0

g) 当步骤 6 结束时,停止数据的自动记录。

h) 记录试验结束时的情况。应记录的数据见 8.3.5。

注1:燃烧器在规定的丙烷质量流量水平时所产生的热输出约为 0 kW、30 kW 和 93 kW。

注2:质量流量的设置范围比试验程序中的设置偏差大,以便于对质量流量进行快速调节。

C.2.1.3 计算

根据原始数据,计算:

a) 对于每一个步骤(步骤 3 除外):

$t_{气体}$:步骤的开始时间,为丙烷流量与前一步骤最后 2 min 的平均值相比,以 100 mg/s 的速率发生了变化时的第一个数据点的时间;

t_T:为温度 T_{ms} 与前一步骤最后 2 min 的温度平均值相比,变化了 2.5 K 时的第一个数据点的时间;

t_{O_2}:为 O_2 浓度与前一步骤最后 2 min 的 O_2 浓度平均值相比,变化了 0.05% 时的第一个数据点的时间;

t_{CO_2}:为 CO_2 浓度与前一步骤最后 2 min 的 CO_2 浓度平均值相比,变化了 0.02% 时的第一个数据点的时间;

$t_{O_2,10\%}$:为 O_2 浓度达 10% 变化时的第一个数据点的时间,采用前一步骤最后 2 min 和当前步骤最后 2 min 的 O_2 浓度的平均值来计算;

$t_{O_2,90\%}$:类似于 $t_{O_2,10\%}$,即变化达到 90% 时第一个数据点的时间;

$t_{CO_2,10\%}$:CO_2 浓度达 10% 变化时的第一个数据点的时间,采用前一步骤最后 2 min 和当前步骤最后 2 min 的 CO_2 浓度的平均值来计算;

$t_{CO_2,90\%}$:类似于 $t_{CO_2,10\%}$,即变化达到 90% 时第一个数据点的时间;

$t_{T,10\%}$:T_{ms} 达 10% 变化时的第一个数据点的时间,采用前一步骤中最后 15 s 的 T_{ms} 平均值以及当前步骤开始后 15 s 和 30 s 之间的 T_{ms} 平均值来计算;

$t_{T,75\%}$:类似于 $t_{T,10\%}$,即变化达 75% 时第一个数据点的时间;

b) 氧气分析仪的滞后时间,为第 4、5 和 6 步骤中 $t_{O_2}-t_T$ 的平均值;

c) 二氧化碳分析仪的滞后时间,为第 4、5 和 6 步骤中 $t_{CO_2}-t_T$ 的平均值;

d) 氧气分析仪的响应时间,为第 4、5 和 6 步骤中 $t_{O_2,90\%}-t_{O_2,10\%}$ 的平均值;

e) 二氧化碳分析仪的响应时间,为第 4、5 和 6 步骤中 $t_{CO_2,90\%}-t_{CO_2,10\%}$ 的平均值;

f) 燃烧器切换响应时间,为 $t_上$ 和 $t_下$ 的差值,其中:

$t_上$ 为第 3 步骤中第一个数据点的时间,此时 O_2 浓度增加了步骤 1 和步骤 2 最后 2 min 内 O_2 浓度平均值差值的 10%;

$t_下$ 为步骤 3 中第一个数据点的时间,之后 O_2 浓度下降到相同水平。

g) 温度响应时间为步骤 2、4、5 和 6 中 $t_{T,75\%}-t_{T,10\%}$ 平均值;

h) $q_{气体}(t)$ 和 $q_{气体,30s}(t)$,见附录 A 的 A.7.1;

i) 根据 h),步骤 2、3 和 5 中最后 2 min 内 $q_{气体}(t)$ 的平均值($q_{气体,步骤2}$,$q_{气体,步骤3}$ 和 $q_{气体,步骤5}$);根据已得出的分析仪的滞后时间,在时域上对 O_2 和 CO_2 的数据向后移位,并计算:

j)　$HRR(t)$，根据附录 A 的 A.5.1.1，等于 $HRR_{总}(t)$，但 $E=16\ 800\ kJ/m^3$（丙烷热值）；

k)　$HRR_{30\,s}(t)$，根据附录 A 的 A.5.1.4，采用符合 j)的 $HRR(t)$；

l)　根据 j)，步骤 2、3 和 5 中最后 2 min 内 $HRR(t)$ 的平均值（$HRR_{步骤2}$，$HRR_{步骤3}$ 和 $HRR_{步骤5}$）；

m)　流量分布因子 $k_{t,q气体}$：

$$k_{t,q气体}=k_{t'}\frac{q_{气体,步骤2}+q_{气体,步骤3}+q_{气体,步骤5}}{HRR_{步骤2}+HRR_{步骤3}+HRR_{步骤5}} \quad\cdots\cdots\cdots\cdots\cdots（C.1）$$

其中：

$k_{t,q气体}$　　　为与丙烷能含量相应的流量分布因子；

$k_{t'}$　　　为用以计算 j)中 HRR 的流量分布因子；

$HRR_{步骤x}$　　根据 l)[kW]，为步骤 x 中燃烧器的热释放速率；

$q_{气体,步骤x}$　　根据 i)[kW]，为步骤 x 中丙烷质量流量的能量产生率。

注1：步骤 2 中分析仪的滞后时间和响应时间用于检测。步骤 4、5 和 6 中滞后时间的差指的是丙烷供应系统中增加的滞后时间。

注2：计算温度响应时间的目的在于检测热电偶是否功能正常以及热电偶上是否有煤烟沉积物。热电偶响应时间的判据中考虑了整个排烟系统的热响应的影响。

C.2.1.4　判据

应满足以下判据：

a)　两个分析仪的滞后时间均不应超过 30 s；

b)　两个分析仪的响应时间均不应超过 12 s；

c)　燃烧器切换响应时间不应超过 12 s；

d)　温度响应时间不应超过 6 s；

e)　设备响应应符合附录 A 的 A.3.3 和附录 A 的 A.3.4 中的判据；附录 A 的 A.3.3 和附录 A 的 A.3.4 中的最终值应视为步骤 6 中最后 30 s 的平均值；

f)　在执行步骤 2、3、4 和 5 后的 40 s 和 160 s 之间的间隔期内，比值 $q_{气体30\,s}(t)/HRR_{30\,s}(t)$ 应连续在 $(100\pm5)\%$ 之内。在开始进行步骤 2、4 和 5 时，采用 t_T；步骤 3 开始时，$t=300\ s$；

g)　根据 C.2.1.3，$HRR_{步骤2}$ 平均值和 $HRR_{步骤3}$ 平均值的差不应超过 0.5 kW。

C.2.1.5　校准报告

校准报告应包含以下内容：

a)　$q_{气体}(t)/HRR(t)$ 和 $q_{气体,30\,s}(t)/HRR_{30\,s}(t)$ 的曲线图；

b)　根据 C.2.1.4f)，比值 $q_{气体30\,s}(t)/HRR_{30\,s}(t)$ 在四个时段中每个时段的最大值和最小值；

c)　两个分析仪的滞后时间和响应时间；

d)　燃烧器切换响应时间；

e)　温度响应时间；

f)　步骤 2、步骤 3 和步骤 5 中 $q_{气体,步骤x}$ 和 $HRR_{步骤x}$ 的值；

g)　$HRR(t)$ 计算中采用的 k_t 值；

h)　$k_{t,q气体}$ 的值。

C.2.2　庚烷校准

C.2.2.1　概要

测量系统支架或排烟系统的其他主要配件经安装、维护、修理或更换后，在试验前应进行校准且校准应至少每年进行一次。采用以下设备和燃气进行测量：

a)　内径为 (350 ± 5) mm 的开敞式圆形钢质燃料托盘，其内壁高度为 152 mm，壁厚 3 mm；及

b)　庚烷（纯度（99%））。

C.2.2.2　程序

将小推车（不含试样，但包括背板）放置于集气罩下的框架中，运行测量设备，进行下述步骤：

GB/T 20284—2006

a) 将排烟系统的体积流速设为 $V_{298}=(0.60\pm0.05)m^3/s$（根据附录 A 的 A.5.1.1a)进行计算）。在整个校准期间,体积流速应在 $0.50\ m^3/s\sim0.65\ m^3/s$ 这一范围内。

b) 记录环境温度 T_0 以及排烟管道中的热电偶温度 T_1、T_2 和 T_3 且至少持续记录 300 s。测量燃料托盘的表面温度。环境温度应不超过$(20\pm10)℃$。排烟管道内的温度及燃料托盘的温度与环境温度相差应不超过 4℃。

c) 将燃料托盘放置在小推车平台的标准硅酸钙板上(其尺寸为 400 mm×400 mm),并高于穿过小推车底板对角线的燃气管道 100 mm。燃料托盘的放置应使试样支架内角与燃料托盘边壁间的距离为 500 mm。正确放置后,托盘边壁与背板及侧板间的距离至少为 300 mm。

d) 将$(2\ 000\pm10)g$水注入燃料托盘中。

e) 在记录单上记录试验前的情况。应记录的数据见 8.3.2。

f) 开始计时并开始自动记录数据:此时 t 定义为 $t=t_0$。按 8.4,每 3 s 应记录的数据为 t、$m_{气体}$、xO_2、xCO_2、Δp、T_0 和 T_3 以及光接收器的输出信号。

g) 至少 2 min 后,缓慢将$(2\ 840\pm10)g$的庚烷导入托盘内的水中。

h) 至少 1 min 后,点燃庚烷气体(t_1)。

i) 燃烧停止后,持续记录数据 5 min 再停止(t_2)。

j) 记录试验结束时的情况。需记录的数据见 8.3.5。

C.2.2.3 计算

计算以下数值:

a) 按附录 A 的 A.6,计算 t_1 至 t_2 时段生成的总烟量 TSP。再用 TSP 除以消耗的燃料质量(m);

b) 按附录 A 的 A.5,计算 t_1 至 t_2 时段总热释放量 THR。应采用 16 500 kJ/m³(庚烷的值)的 E 值计算热释放量(附录 A 的 A.5.1.1)。再用 THR 除以消耗的燃料质量(m);

c) 流量分布因子 $k_{t,q庚烷}$:

$$k_{t,q庚烷}=k_{t'}\frac{Y}{THR} \quad\quad\quad\quad\quad (C.2)$$

其中:

$k_{t,q庚烷}$　　为与庚烷能含量相应的流量分布因子;

$k_{t'}$　　　　为用以计算 b)中 THR 的流量分布因子;

THR　　根据 b),为庚烷总热释放,MJ/kg;

Y　　　　为庚烷的能含量,等于 4 456 MJ/kg。

C.2.2.4 判据

应符合以下判据:

a) 比值 THR/m (MJ/kg)应为 4 456 MJ/kg$\pm$222.8 MJ/kg;

b) 在 t_2 时刻,光接收器的输出信号应不超过其初始值的 1%(即在 l(30 s…90 s)的 99% 和 101% 之间);

c) 设备响应应符合附录 A 的 A.3.3 和附录 A 的 A.3.4 的判据。

注:比值 THP/m(m^2/kg)可用以表征烟气测量系统的性能。其值应为$(125\pm25)m^2/kg$。

C.2.2.5 校准报告

校准报告应包含以下内容:

a) $SPR(t)$ 和 $HRR(t)$ 的曲线图;

b) 比值 TSP/m 和 THR/m;

c) $HRR(t)$计算中使用的 k_t 和 $k_{t,q庚烷}$ 的值。

272

C.2.3 流速分布因子 $k_{t,v}$

C.2.3.1 概要

双向探头或排烟系统的其他主要配件经安装、维护、修理或置换后，应测定系数 $k_{t,v}$，且应至少每年进行一次。采用皮托管或热丝风速计进行测量。

C.2.3.2 测量说明

a) 设备应在减震装置上运行，以确保读数的稳定性。

b) 当将测量探头插入排烟管道中时，探头位置应用机械方式而非人工方式固定。应检查探头的水平或垂直位置（视要求而定）以及与管道成直角的情况。

c) 应关闭风速计中未使用的进风口。

d) 对每个测量点的气体流速应测量 20 次，当气体从中心向外逸出时，测量 10 次，气体从外向中心导入时再测量 10 次。

e) 单半径上的测量位置在距离管壁的以下位置点：0.038；0.153；0.305；0.434；0.722 和 1.000（中心），且用半径的分数表示（摘自 ISO 3966:1997）。测量位置见图 C.1。

注：对于所采用的管道直径（315 mm）而言，这些位置点（与中心的距离，mm）为：0 mm；43.7 mm；89.1 mm；109.5 mm；133.4 mm；151.5 mm。

单位为毫米

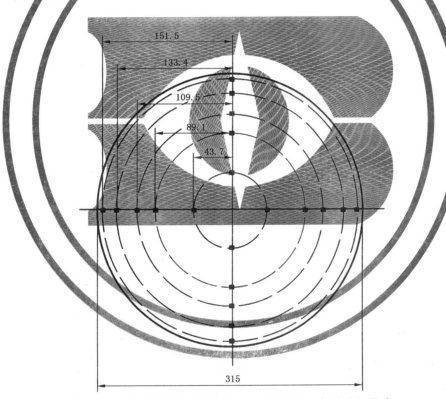

图 C.1 排烟管道的截面图——气体流速的测量位置点

C.2.3.3 操作

进行以下步骤：

a) 将排烟管道的体积流速设为：$V_{298} = (0.60 \pm 0.05) \, \text{m}^3/\text{s}$［根据附录 A 的 A.5.1.1a)进行计算］。

b) 记录排烟管道中的热电偶温度 T_1、T_2、T_3 和环境温度并至少持续记录 300 s。环境温度应不超过（20±10）℃，管道中的温度与环境温度之差不应超过 4 ℃。

c) 测量所有测量位置点的气体流速，每个进风口处测量 6 个位置点。

d) 设 V_c 为中心位置点的流速，V_n 值为每个进风口处其他 5 个位置点的数值，对所有测量位置点的气体流速都根据 20 个测量值的平均值进行计算。

注：这样，整个直径上的流速分布在水平和垂直方向上均得以测量和计算。

C.2.3.4　$k_{t,v}$ 的计算

就一个确定的半径而言，半径 n 上的平均速度设为 V_N，为该半径上四个测定的 V_n 值的平均值。中心位置处的速度设为 V_C，为中心位置四个测定的 V_C 值的平均值。这样，流速分布因子 $k_{t,v}$ 为：

$$\frac{1}{5}\sum \frac{V_N}{V_C}$$

C.2.3.5　测量报告

测量报告应包含以下内容：

a) 根据五个半径方向上的平均值 V_N 和 V_C 得出的每个进风口的流速分布图（一个垂直和一个水平截面）；

b) 四个 V_n、四个 V_c、及平均值 V_N 和 V_C 以及所得的 k_{tv}。

C.2.4　流量系数 k_t

系数 k_t（用以计算 A.5.1 中的热释放速率）应按 $k_{t,v}$、$k_{t,q气体}$ 和 $k_{t,q庚烷}$ 的平均值进行计算，并符合以下判据：

$$k_t = (k_{t,v} + k_{t,q气体} + k_{t,q庚烷})/3 \quad\cdots\cdots\cdots\cdots\cdots\cdots\cdots(C.3)$$

判据：

$$|(k_t - k_{t,v})/k_t| \leqslant 5\%$$

$$|(k_t - k_{t,q气体})/k_t| \leqslant 5\%$$

$$|(k_t - k_{t,q庚烷})/k_t| \leqslant 5\%$$

其中：

$k_{t,v}$　　根据 C.2.3 测定的流速分布因子；

$k_{t,q气体}$　根据 C.2.1 计算得出的流量分布因子；

$k_{t,q庚烷}$　根据 C.2.2 计算得出的流量分布因子。

附　录　D
（资料性附录）
设备校准程序

D.1　设备单个部件的校准程序

D.1.1　概要

本条款中包括校准程序,该程序满足所参考的性能化校准的要求。

气体百分比浓度用 $100\,V_{O_2}/V_{空气}$ 和 $100\,V_{CO_2}/V_{空气}$ 来表示。

D.1.2　氧气分析仪的校准

可采用以下程序对氧气分析仪进行校准。

a)　调零时,向分析仪里导入无 O_2 氮气,其流速和压力与样品气体相同。分析仪达到稳定后,将分析仪的输出调至 $(0.00\pm0.01)\%$。

b)　调跨度时,既可使用干燥的室内空气亦可使用 O_2 浓度为 $(21.0\pm0.1)\%$ 的特定气体。若使用的是干燥空气,则在整个校准期间排烟系统的速率应为 $(0.6\pm0.05)\,m^3/s$。若使用的是特定气体,则不需排烟系统。分析仪达到平衡后,若使用的是干燥空气,则将分析仪的输出调为 $(20.95\pm0.01)\%$;若使用的是特定气体,则分析仪的输出与实际 O_2 浓度的偏差不超过 0.01%。

注:对某些分析仪而言,术语零点和跨度可能有不同含义,比如量程小于 $(0\sim21)\%$ 氧分析仪。在这些情形下,可采用类似的校准程序。

D.1.3　二氧化碳分析仪的校准

a)　调零时,往分析仪里导入无 CO_2 的氮气,其流速和压力与样品气体相同。分析仪达到平衡后,将分析仪的输出调至 $(0.00\pm0.01)\%$。

b)　调跨度时,应使用 CO_2 浓度范围在 $5\%\sim10\%$ 之间的特定气体。以与样品气体相同的流速和压力向分析仪内导入气体。分析仪达到平衡后,将分析仪的输出调到该特定气体的 CO_2 浓度,偏差为 $\pm0.01\%$。

D.1.4　丙烷质量流量控制器的检测

D.1.4.1　概要

可用一个丙烷气瓶和主燃烧器来检查质量流量控制器的精度,丙烷质量流量与标准试验规定相同,均为 $(647\pm10)\,mg/s$。气体的消耗速率由气瓶的初始质量和最终质量确定。使用精度至少为 $5\,g$ 的天平或磅称取质量。

D.1.4.2　程序

a)　将气瓶放在磅称上并将其与供气系统连接。

b)　安装好背板后,按标准校准试验的方法要求调试试验设备。点燃主燃烧器并将供气速度调为 $(647\pm10)\,mg/s$,使主燃烧器的燃烧速率与标准试验中的速率相同。

c)　记录气瓶质量同时启动记时器。

d)　$(3\,600\pm30)\,s$ 后,再次记录气瓶质量同时关闭记时器。

e)　确定气体的平均消耗速率,mg/s。

D.1.4.3　判据

按 b)设定且按 e)确定的气体平均消耗速率应不超过 $6\,mg/s$。

D.1.5 对滤光器的检测

D.1.5.1 概要

采用以下程序校准光系统。

D.1.5.2 程序

将小推车(不含试样,但包括背板)放在集气罩下的框架中,运行测量设备,进行下述步骤:

a) 将一遮光片插入滤光片插槽里并进行调零。

b) 将遮光片取出,并将光接收器的输出信号调至100%。

c) 开始计时,记录光接收器的输出信号,记录时间为2 min。

d) 使用一种滤光片并记录相应的信号,滤光片的光密度(d)可选:0.1、0.3、0.5、0.8、1.0和2.0,记录时间至少为1 min。

e) 对其他滤光片重复程序 d)。

f) 停止数据采集并计算所有滤光片的平均透光率。

D.1.5.3 判据

根据平均透光率计算得出的每个数值 $d[d=-\log(l)]$ 与滤光片理论 d 值的偏差应不超过±5%或±0.01。

> 注:采用规定公式计算,光密度为0.1、0.3、0.5、0.8、1.0和2.0的滤光片的 d 值的理论透光率分别为79.43%、50.12%、31.62%、15.85%、10%和1%。

D.2 试样受热的检测

D.2.1 概要

主燃烧器或影响燃烧器火焰的其他主要构件经安装、维护、修理或更换后,应通过测量长翼上以下三处的热通量来对试样上的热流量的重复性进行检测:

——位置1:距离角线8 cm且距燃烧器的上边16 cm;

——位置2:距离角线8 cm且距燃烧器的上边75 cm;

——位置3:距离角线20 cm且距燃烧器的上边30 cm。

若进行常规校准,或对燃烧器进行了调整(例如:用新砂替代了旧砂),只测量位置3中的热流量。

用长翼硅酸钙背板进行检测(见4.4.10),在背板上的规定位置处有三个孔洞(直径为26 mm)。

D.2.2 程序

在点燃燃烧器前,将热流计放入长翼背板(短翼背板也安装在位)的一个孔洞中,封闭其他孔洞。

> 注:热流计应为直径为25.4 mm的Schmidt-Boelter热流计,并进行了0 kW/m² ~100 kW/m²的校准。应用20℃以上的水冷却热流计。热流计黑体表面应在背板的表面上。

SBI设备在正常情况下运行(见8.2),在点燃燃烧器后记录热流量,记录时间为5 min。接着计算着火后240 s至300 s期间测得的热流量的平均值。

主燃烧器或影响燃烧器火焰的其他主要构件经安装、维护、修理或更换后,重复测量5次。计算每个位置处五个测量结果的平均值。相对标准偏差应小于4%。

对于常规校准(位置3中),测量一次便足够。若该结果与五个测量结果平均值之间的偏差大于4%,则应对燃烧器或设备的其他部件进行检测并在三个位置处分别进行5次测量。

附　录　E
（规范性附录）
设　计　草　图

单位为毫米

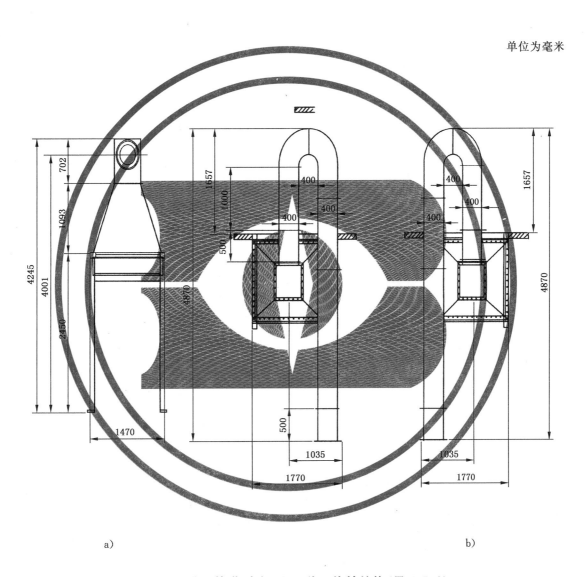

a)　　　　　　　　　　　　　　　　b)

图 E.1　排烟管道-全视图-两种可能性结构（见 4.5.3）

277

单位为毫米

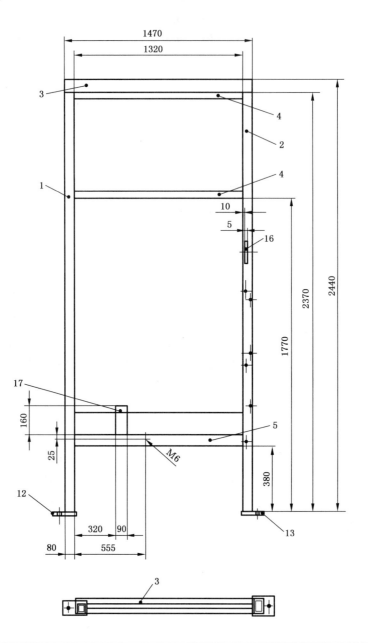

图 E.2　框架-焊接部分-右部分

序号	说明	数量	序号	说明	数量
1	管道 80×80×4/L=2 370	2	13	钢板 170×90×10	2
2	管道 70×70×5/L=2 370	2	14	管道 20×20×2/L=1 280	1
3	管道 70×70×5/L=1 470	2	15	管道 20×20×2/L=60	1
4	管道 40×20×3/L=1 320	2	16	钢板 240×130×5	1
5	管道 60×40×4/L=1 320	3	17	钢板 160×90×5	1
12	钢板 200×70×10	2			

单位为毫米

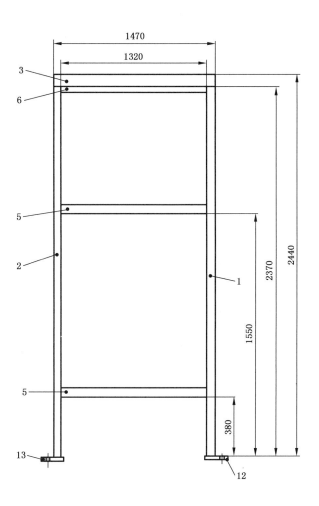

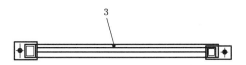

序号	说明	数量
1	管道 $80×80×4/L＝2\ 370$	2
2	管道 $70×70×5/L＝2\ 370$	2
3	管道 $70×70×5/L＝1\ 470$	2
5	管道 $60×40×4/L＝1\ 320$	3
6	管道 $40×40×3/L＝1\ 320$	1
12	钢板 $200×70×10$	2
13	钢板 $170×90×10$	2

图 E.3　框架-焊接部分-左部分

单位为毫米

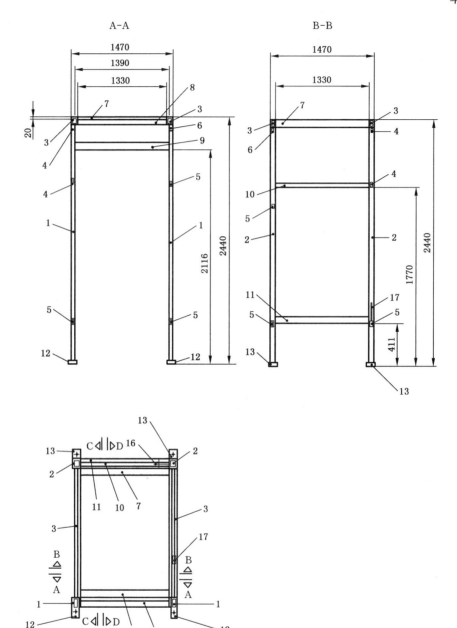

序号	说明	数量	序号	说明	数量
1	管道 80×80×4/L=2 370	2	9	管道 70×70×5/L=1 390	2
2	管道 70×70×5/L=2 370	2	10	管道 40×40×3/L=1 330	1
3	管道 70×70×5/L=1 470	2	11	管道 70×70×5/L=1 330	1
4	管道 40×20×3/L=1 320	2	12	钢板 200×70×10	2
5	管道 60×40×4/L=1 320	3	13	钢板 170×90×10	2
6	管道 40×40×3/L=1 320	1	14	管道 20×20×2/L=1 280	1
7	管道 70×70×5/L=1 330	2	16	钢板 240×130×5	1
8	管道 100×50×5/L=1 330	1	17	钢板 160×90×5	1

图 E.4 框架-焊接部分-结构图(a)

单位为毫米

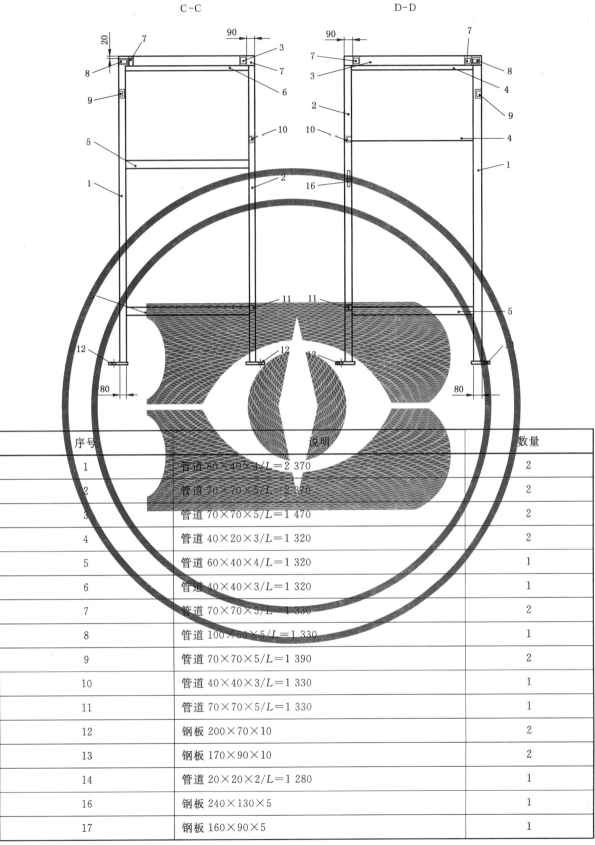

序号	说明	数量
1	管道 80×40×4/L=2 370	2
2	管道 70×70×5/L=2 370	2
3	管道 70×70×5/L=1 470	2
4	管道 40×20×3/L=1 320	2
5	管道 60×40×4/L=1 320	1
6	管道 40×40×3/L=1 320	1
7	管道 70×70×5/L=1 330	2
8	管道 100×50×5/L=1 330	1
9	管道 70×70×5/L=1 390	2
10	管道 40×40×3/L=1 330	1
11	管道 70×70×5/L=1 330	1
12	钢板 200×70×10	2
13	钢板 170×90×10	2
14	管道 20×20×2/L=1 280	1
16	钢板 240×130×5	1
17	钢板 160×90×5	1

图 E.5　框架-焊接部分-结构图（b）

单位为毫米

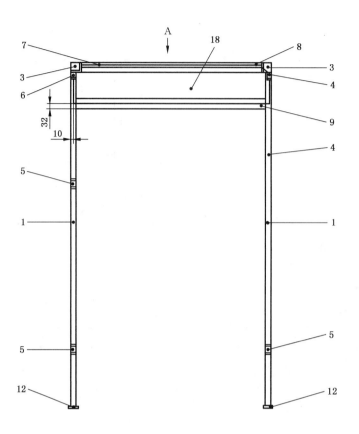

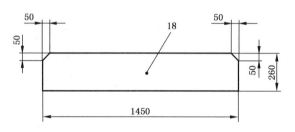

序号	说明	数量
A	正视图(注视前面钢板)	
1	管道 80×40×4/L=2 370	2
3	管道 70×70×5/L=1 470	2
4	管道 40×20×3/L=1 320	2
5	管道 60×40×4/L=1 320	3
6	管道 40×40×3/L=1 320	1
7	管道 70×70×5/L=1 330	2
8	管道 100×50×5/L=1 330	1
9	管道 70×70×5/L=1 390	2
12	钢板 200×70×10	2
18	钢板 1450×260×2	1

图 E.6　框架-焊接部分-结构图(c)

单位为毫米

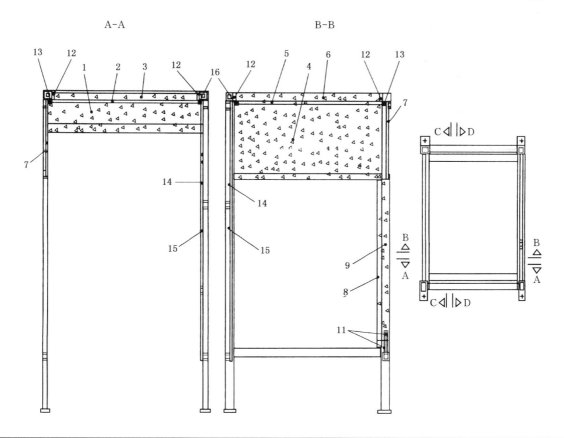

序号	说明	数量
1	硅酸钙板(450 kg/m³)1 375×255×20	1
2	硅酸钙板(450 kg/m³)1 375×100×20	1
3	硅酸钙板(450 kg/m³)1 300×70×20	1
4	硅酸钙板(450 kg/m³)1 375×600×20	1
5	硅酸钙板(450 kg/m³)1 345×70×20	1
6	硅酸钙板(450 kg/m³)1 325×90×20	1
7	硅酸钙板(450 kg/m³)1 320×600×20	1
8	硅酸钙板(450 kg/m³)1 285×70×20	1
9	硅酸钙板(450 kg/m³)1 235×90×20	1
10	硅酸钙板(450 kg/m³)240×130×12	2
11	硅酸钙板(450 kg/m³)160×90×12	2
12	硅酸钙板(450 kg/m³)1 095×90×20	2
13	硅酸钙板(450 kg/m³)1 185×30×20	2
14	硅酸钙板(450 kg/m³)1 395×795×12	1
15	硅酸钙板(450 kg/m³)1 395×1200×12	1
16	硅酸钙板(450 kg/m³)1 115×18×20	1

图 E.7　框架-包覆材料-结构图(a)

单位为毫米

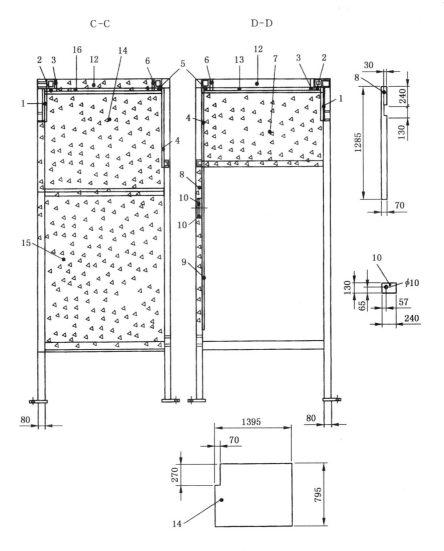

图 E.8 框架-包覆材料-结构图（b）

序号	说明	数量	序号	说明	数量
1	硅酸钙板(450 kg/m³)1 375×255×20	1	9	硅酸钙板(450 kg/m³)1285×70×20	1
2	硅酸钙板(450 kg/m³)1 375×100×20	1	10	硅酸钙板(450 kg/m³)1235×90×20	2
3	硅酸钙板(450 kg/m³)1300×70×20	1	11	硅酸钙板(450 kg/m³)160×90×12	2
4	硅酸钙板(450 kg/m³)1300×70×20	1	12	硅酸钙板(450 kg/m³)1095×90×20	2
5	硅酸钙板(450 kg/m³)1 375×600×20	1	13	硅酸钙板(450 kg/m³)1185×30×20	1
6	硅酸钙板(450 kg/m³)1 345×70×20	1	14	硅酸钙板(450 kg/m³)1395×795×12	1
7	硅酸钙板(450 kg/m³)1 325×90×20	1	15	硅酸钙板(450 kg/m³)1395×1200×12	1
8	硅酸钙板(450 kg/m³)1 320×600×20	1	16	硅酸钙板(450 kg/m³)1115×18×20	1

单位为毫米

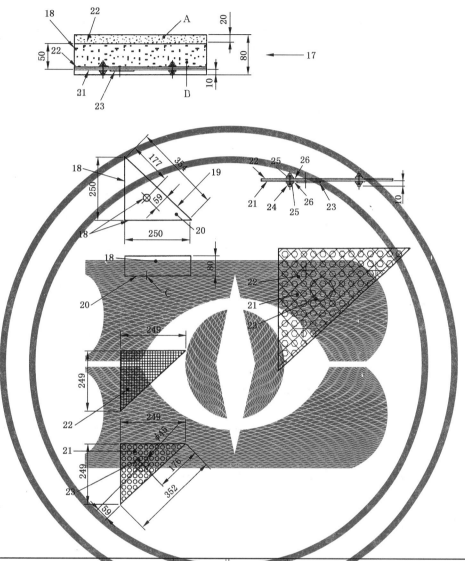

序号	说明	数量	序号	说明	数量
A	砂石 2 mm～4 mm(圆形)		21	穿孔(50%ϕ10)钢板 249×249×2	1
B	卵石 4 mm～8 mm(圆形)		22	金属丝网(<2×ϕ0.5)249×249	2
C	燃气连接口		23	钢板 ϕ25×2	1
17	燃烧器	1	24	螺丝钉 M6×15	3
18	钢板 250×80×2	2	25	螺母 M6	6
19	钢板 250×80×2	1	26	垫圈 M6	6
20	钢板 250×250×2	1			

图 E.9　框架-包覆材料-燃烧器

单位为毫米

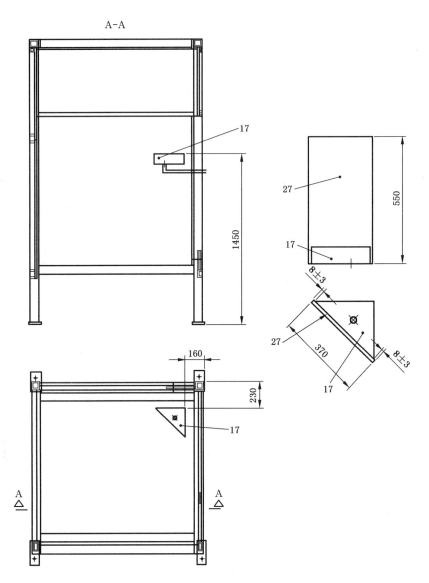

序号	说明	数量
17	燃烧器	1
27	硅酸钙板(870 kg/m³)550×370×12	1

图 E.10　框架-包覆材料-结构图

单位为毫米

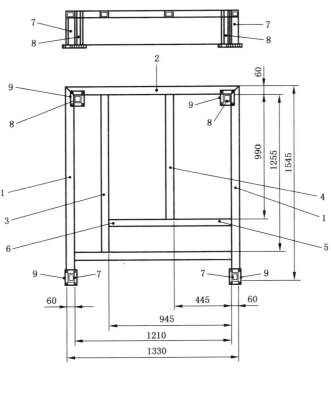

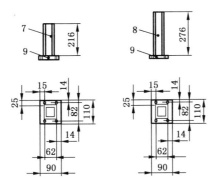

序号	说明	数量
1	管道 $60 \times 60 \times 5/L = 1\ 545$	2
2	管道 $60 \times 60 \times 5/L = 1\ 330$	1
3	管道 $60 \times 60 \times 5/L = 1\ 255$	1
4	管道 $60 \times 60 \times 5/L = 990$	1
5	管道 $60 \times 60 \times 5/L = 945$	1
6	管道 $60 \times 60 \times 5/L = 1\ 210$	1
7	管道 $60 \times 60 \times 5/L = 216$	2
8	管道 $60 \times 60 \times 5/L = 276$	2
9	钢板 $110 \times 90 \times 10$	4

图 E.11 小推车-焊接部分-底部框架

单位为毫米

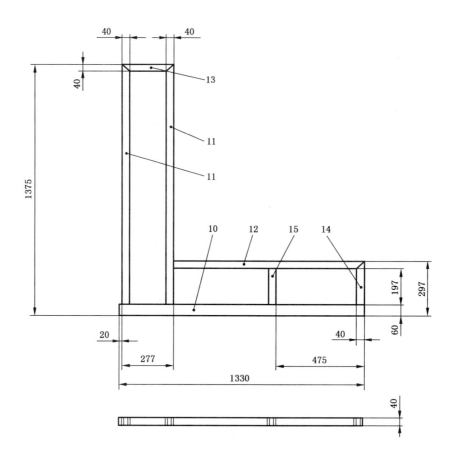

序号	说明	数量
10	管道 $60 \times 40 \times 4/L = 1\ 330$	1
11	管道 $40 \times 40 \times 4/L = 1\ 315$	2
12	管道 $40 \times 40 \times 4/L = 1\ 033$	1
13	管道 $40 \times 40 \times 4/L = 277$	1
14	管道 $40 \times 40 \times 4/L = 237$	1
15	管道 $40 \times 40 \times 4/L = 197$	1

图 E.12 小推车-焊接部分-上部框架

单位为毫米

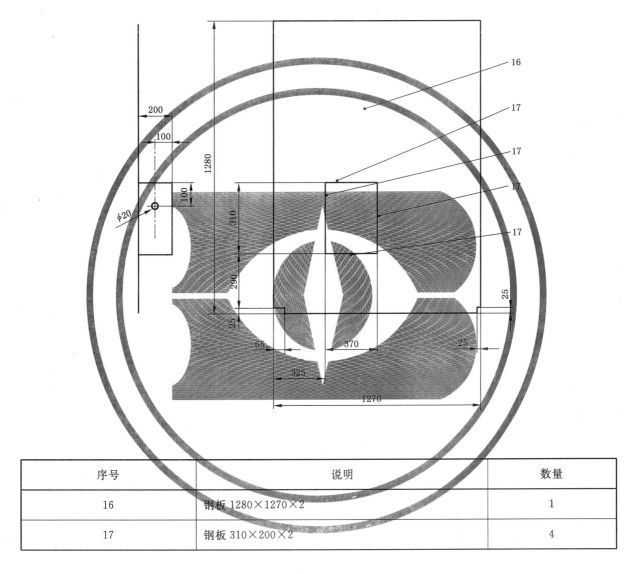

序号	说明	数量
16	钢板 1280×1270×2	1
17	钢板 310×200×2	4

图 E.13　小推车-焊接部分-底板

单位为毫米

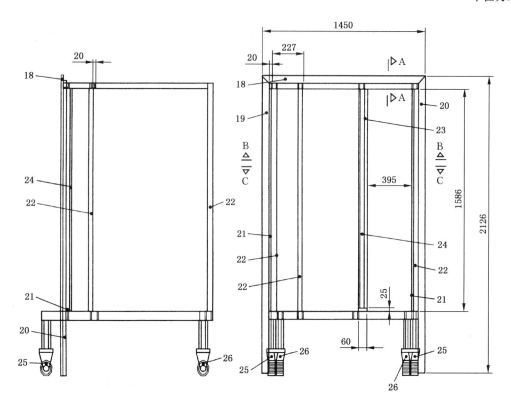

A—A

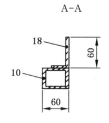

序号	说明	数量
18	L 型角条 $60 \times 40 \times 5/L = 1\ 450$	1
19	L 型角条 $60 \times 40 \times 5/L = 2\ 126$	1
20	L 型角条 $60 \times 40 \times 5/L = 2\ 126$	1
21	管道 $60 \times 60 \times 5/L = 1\ 586$	2
22	管道 $60 \times 40 \times 5/L = 1\ 586$	3
23	管道 $60 \times 40 \times 5/L = 1\ 586$	1
24	L 型角条 $30 \times 30 \times 5/L = 1\ 561$	1
25	自由轮/$h = 164$	2
26	固定轮/$h = 164$	2

图 E.14 小推车-焊接部分-结构图（a）

单位为毫米

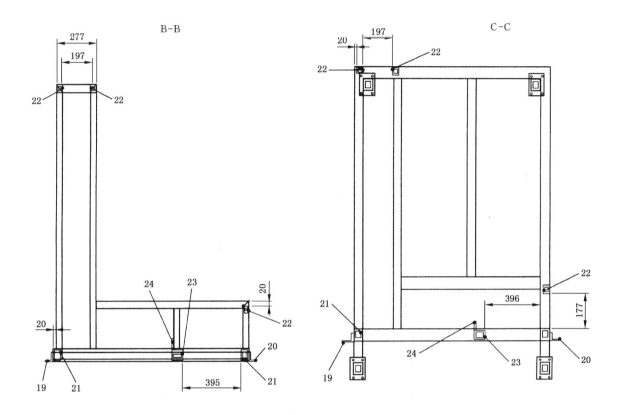

序号	说明	数量
19	L 型角条 $60 \times 40 \times 5/L = 2\ 126$	1
20	L 型角条 $60 \times 40 \times 5/L = 2\ 126$	1
21	管道 $60 \times 60 \times 5/L = 1\ 586$	2
22	管道 $60 \times 40 \times 5/L = 1\ 586$	3
23	管道 $60 \times 40 \times 5/L = 1\ 586$	1
24	L 型角条 $30 \times 30 \times 5/L = 1\ 561$	1

图 E.15　小推车-焊接部分-结构图（b）

单位为毫米

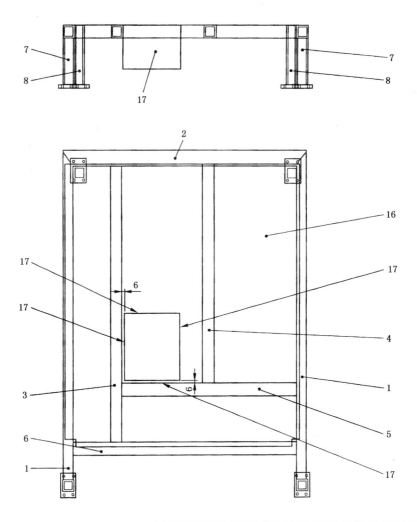

序号	说明	数量
1	管道 60×60×5/L=1 545	2
2	管道 60×60×5/L=1 330	1
3	管道 60×60×5/L=1 255	1
4	管道 60×60×5/L=990	1
5	管道 60×60×5/L=945	1
6	管道 60×60×5/L=1 210	1
7	管道 60×60×5/L=216	2
8	管道 60×60×5/L=276	2
16	钢板 1 280×1 270×2	1
17	钢板 310×200×2	4

图 E.16　小推车-焊接部分-结构图(c)

单位为毫米

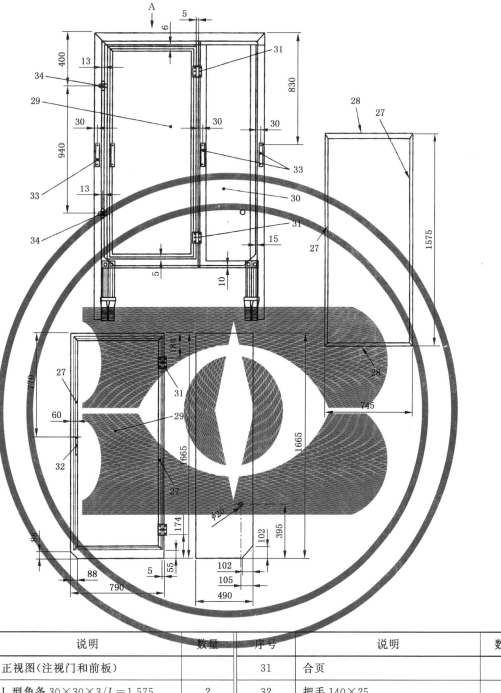

序号	说明	数量	序号	说明	数量
A	正视图（注视门和前板）		31	合页	2
27	L型角条30×30×3/L=1 575	2	32	把手140×25	1
28	L型角条30×30×3/L=745	2	33	把手170×25	3
29	钢板1 665×790×2	1	34	锁	2
30	钢板1 665×490×2	1			

图 E.17　小推车-焊接部分-结构图（d）

单位为毫米

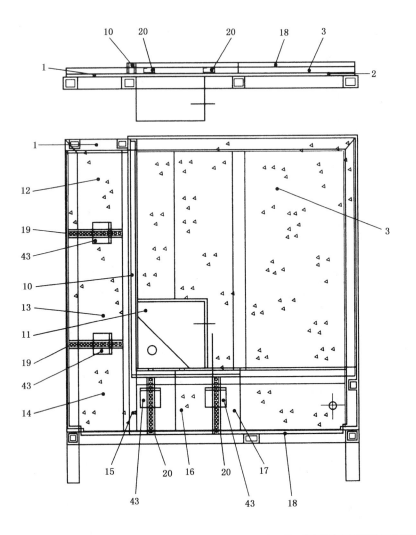

序号	说明	数量	序号	说明	数量
1	硅酸钙板(870 kg/m³)1 330×495×12	1	14	硅酸钙板(450 kg/m³)390×293×20	1
2	硅酸钙板(870 kg/m³)1 330×820×12	1	15	硅酸钙板(450 kg/m³)80×257×20	1
3	硅酸钙板(450 kg/m³)1 033×990×20	1	16	硅酸钙板(450 kg/m³)262×257×20	1
10	焊接的 U 型卡槽	1	17	硅酸钙板(450 kg/m³)86×257×20	1
11	燃烧器	1	18	硅酸钙板(450 kg/m³)527×40×20	1
			19	C 型图 35×20/L=293	2
			20	C 型图 35×20/L=257	2
12	硅酸钙板(450 kg/m³)350×293×20	1	43	L 型角条 55×55×4/L=60	43
13	硅酸钙板(450 kg/m³)460×293×20	1			

图 E.18　小推车-包覆材料-结构图(a)

单位为毫米

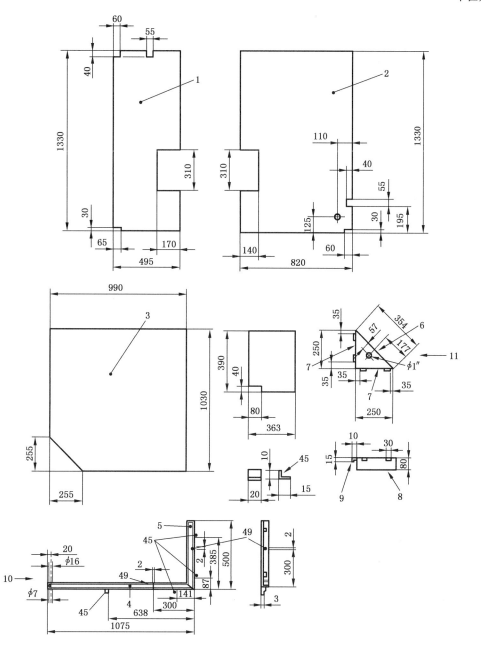

序号	说明	数量	序号	说明	数量
1	硅酸钙板(870 kg/m³)1 330×495×12	1	8	钢板 250×80×2	1
2	硅酸钙板(870 kg/m³)1 330×820×12	1	9	钢板 250×80×2	4
3	硅酸钙板(450 kg/m³)1 033×990×20	1	10	焊接的 U 型卡槽	1
4	U 型卡槽 40×40×3/L=1 075	1	11	燃烧器	1
5	U 型卡槽 40×40×3/L=500		14	硅酸钙板(450 kg/m³)390×293×20	1
6	钢板 354×80×2	1	45	钢板 27×20×2	4
7	钢板 250×80×2	2	49	钢板 37×34×2	2

图 E.19　小推车-包覆材料-覆盖板(a)

单位为毫米

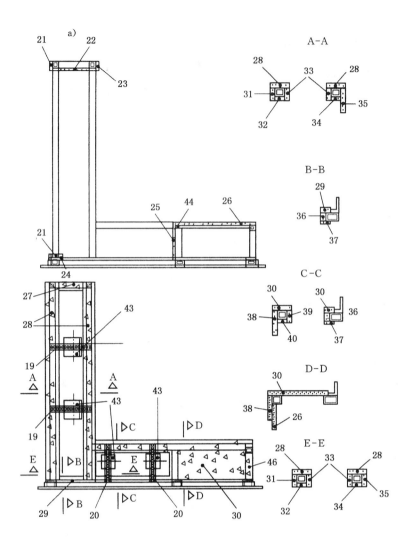

序号	说明	数量	序号	说明	数量
a)	顶视图	2	32	硅酸钙板(870 kg/m³)1 255×40×12	1
19	剖面 35×20/L=293	2	33	硅酸钙板(450 kg/m³)1 235×52×20	2
20	剖面 35×20/L=257	2	34	硅酸钙板(870 kg/m³)1 235×40×12	1
21	硅酸钙板(870 kg/m³)1 555×60×20	1	35	硅酸钙板(870 kg/m³)1 080×110×20	1
22	硅酸钙板(870 kg/m³)1 605×275×20	1	36	硅酸钙板(450 kg/m³)198×40×20	1
23	硅酸钙板(450 kg/m³)1 450×60×20	1	37	硅酸钙板(870 kg/m³)738×40×12	1
24	硅酸钙板(450 kg/m³)1 555×40×20	1	38	硅酸钙板(870 kg/m³)1 006×110×20	1
25	硅酸钙板(450 kg/m³)1 605×273×20	1	39	硅酸钙板(450 kg/m³)502×40×12	1
26	硅酸钙板(450 kg/m³)1 565×530×20	1	40	硅酸钙板(870 kg/m³)502×40×20	1
27	硅酸钙板(450 kg/m³)157×60×20	1	41	硅酸钙板(450 kg/m³)502×40×20	1
28	硅酸钙板(450 kg/m³)1 335×80×20	2	42	硅酸钙板(450 kg/m³)1 570×6 738×20	1
29	硅酸钙板(450 kg/m³)157×40×20	1	43	L 型角条 55×55×4/L=60	8
30	硅酸钙板(450 kg/m³)1 010×277×20	1	44	L 型角条 25×25×2	3
31	硅酸钙板(450 kg/m³)1 315×52×20	1	46	硅酸钙板(450 kg/m³)156×52×20	1

图 E.20　小推车-包覆材料-结构图(b)

296

单位为毫米

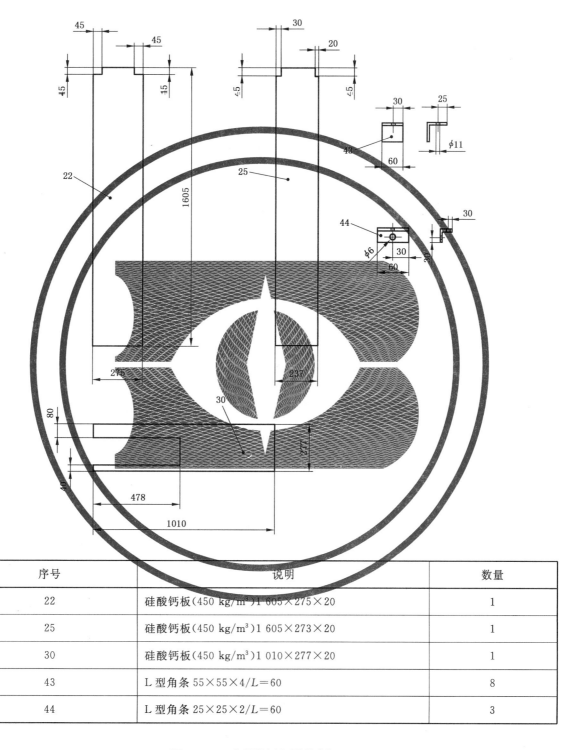

序号	说明	数量
22	硅酸钙板(450 kg/m³)1 605×275×20	1
25	硅酸钙板(450 kg/m³)1 605×273×20	1
30	硅酸钙板(450 kg/m³)1 010×277×20	1
43	L 型角条 55×55×4/L=60	8
44	L 型角条 25×25×2/L=60	3

图 E.21　包覆材料-覆盖板(b)

单位为毫米

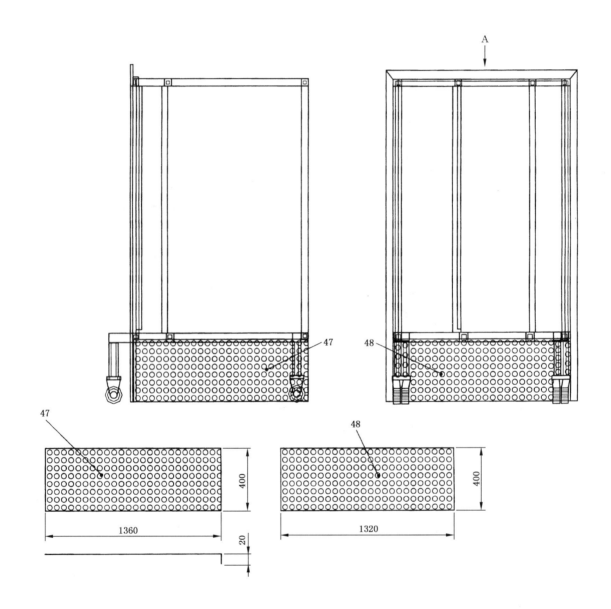

序号	说明	数量
A	后视图	
47	穿孔(50%φ10)钢板 1 380×400×2	2
48	穿孔(50%φ10)钢板	1

图 E.22　小推车-包覆材料-结构图（c）

单位为毫米

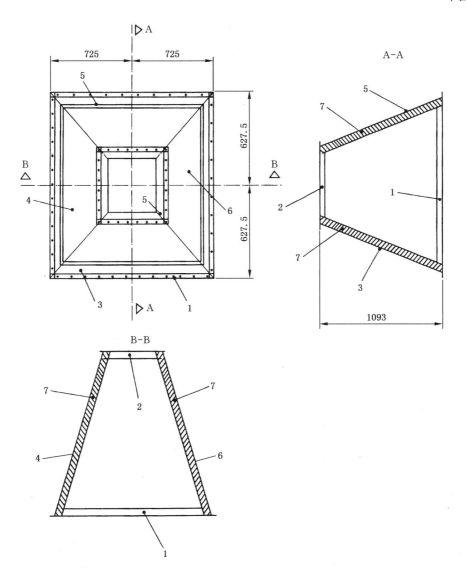

序号	说明	数量
1	底部框架/焊接耐腐蚀板/$t=2$	1
2	顶部框架/焊接耐腐蚀板/$t=2$	1
3	侧板1/焊接耐腐蚀板/$t=2$	1
4	侧板2/焊接耐腐蚀板/$t=2$	1
5	侧板3/焊接耐腐蚀板/$t=2$	1
6	侧板4/焊接耐腐蚀板/$t=2$	1
7	隔热/蛭石密度=475 kg/m³/$t=50$	4

图 E.23　第 4 阶段-原型-集气罩

单位为毫米

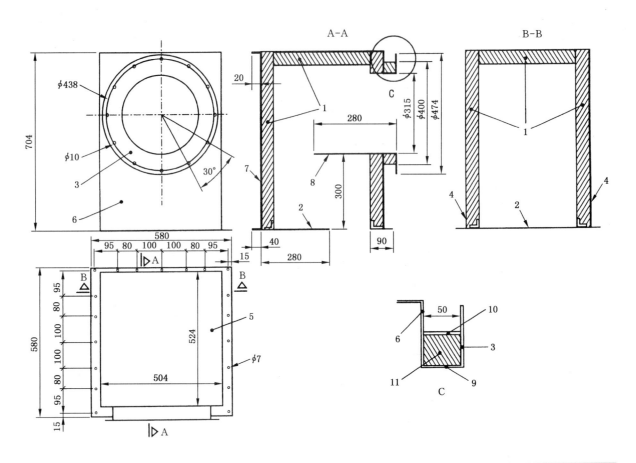

序号	说明	数量
C	细节1	
1	蛭石密度=475 kg/m³	
2	底板/耐腐蚀/t=2 mm	1
3	法兰/耐腐蚀板/ϕ315-474t=3 mm	3
4	侧板/耐腐蚀/t=2 mm	2
5	顶板/耐腐蚀/t=2 mm	1
6	前板/耐腐蚀/t=2 mm	1
7	后板/耐腐蚀/t=2 mm	1
8	耐腐蚀管/500×500/t=2 mm	
9	耐腐蚀管/ϕ315/L=50 mm	1
10	耐腐蚀管/ϕ400/t=2 mm/L=50 mm	1
11	矿物棉	

图 E.24　收集器-全视图

单位为毫米

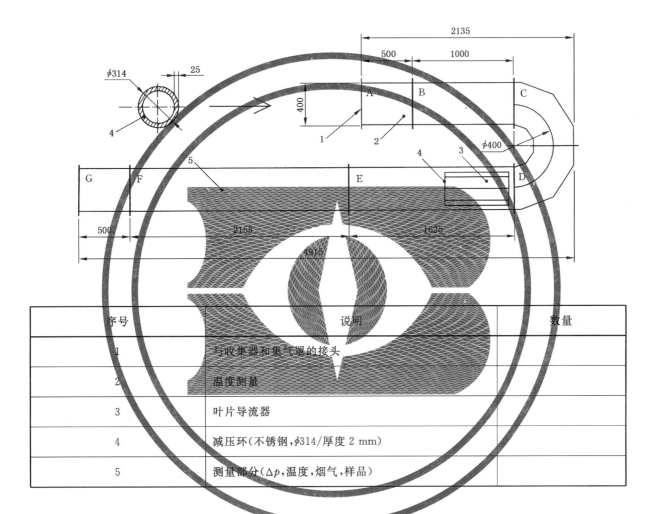

序号	说明	数量
1	与收集器和集气罩的接头	
2	温度测量	
3	叶片导流器	
4	减压环(不锈钢,ϕ314/厚度 2 mm)	
5	测量部分(Δp,温度,烟气,样品)	

图 E.25 排烟管道-全视图

单位为毫米

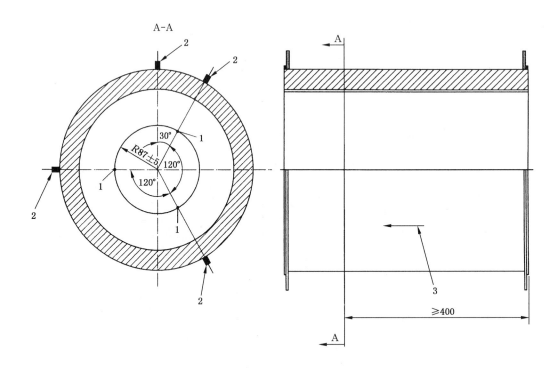

序号	说明	数量
1	片式热电偶/TK1	4
2	热锁紧装置/MG10	4
3	气流	

图 E.26　测量管道-温度测量

单位为毫米

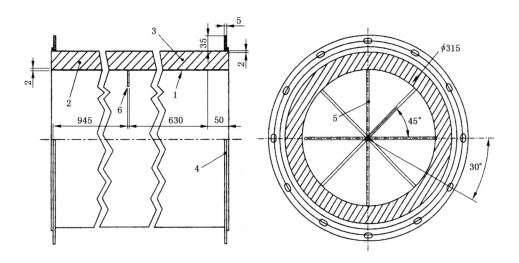

序号	说明	数量
1	管/耐腐蚀 304/ϕ315 mm/t=2 mm/L=1 625 mm	1
2	隔热/矿物棉/t=50 mm	1
3	管/镀锌钢/ϕ400 mm/t=2 mm/L=1 625 mm	1
4	法兰/内部 ϕ404/外部 ϕ474 mm/t=5 mm	2
5	叶片导流器/耐腐蚀 304/t=3 mm/L=630 mm/h=1 575 mm	8
6	减压环(不锈钢,ϕ264,ϕ314/厚度 2 mm)	1

图 E.27　测量管道-叶片导流器

单位为毫米

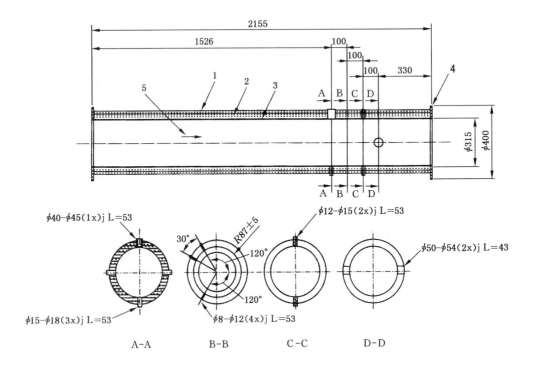

图 E.28　排烟管道-测量区

序号	说　　明
1	镀锌钢 1 mm
2	矿物棉 159
3	耐腐蚀 304-2 mm
4	法兰耐腐蚀 4 mm,在 φ438 处有 12 个 φ10 的孔
5	气流

单位为毫米

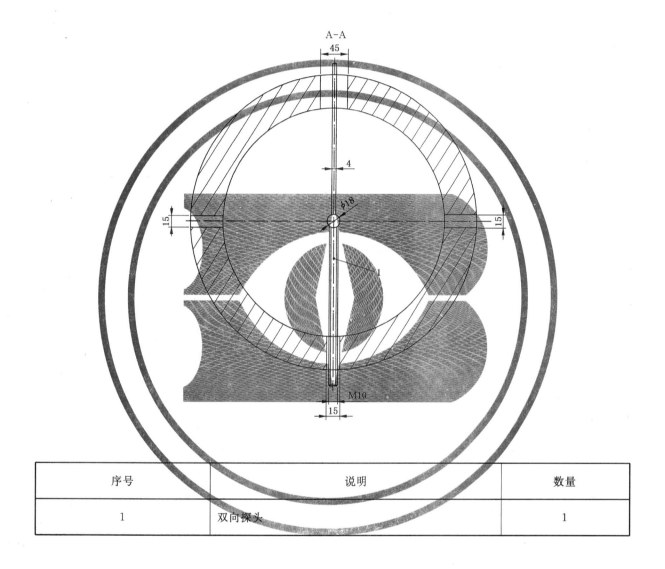

序号	说明	数量
1	双向探头	1

图 E.29　测量管道-双向探头(a)

单位为毫米

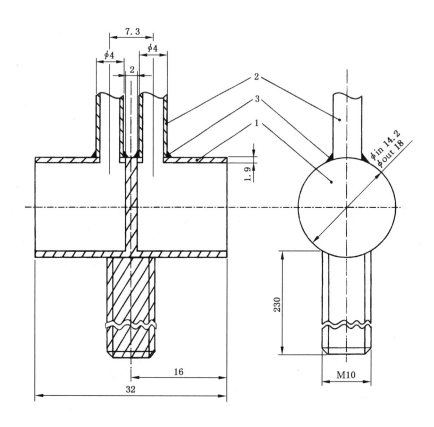

序号	说明	数量
1	不锈钢管/ϕ16 mm/L=32 mm/t=0.91 mm	1
2	不锈钢管/ϕ4.70 mm	2
3	焊接	

图 E.30　测量管道-双向探头(b)

单位为毫米

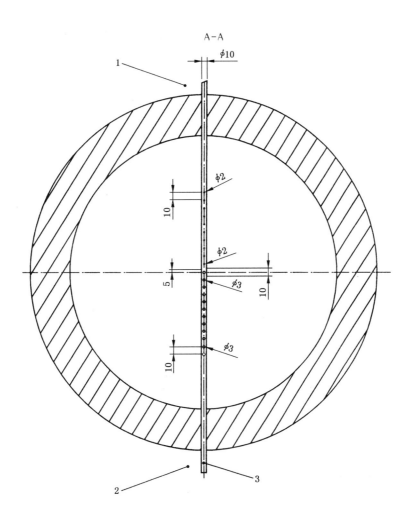

序号	说明	数量
1	开敞端口	
2	封闭端口	
3	气体取样探头/ϕ10/8 mm/L=500 mm	1

图 E.31 测量管道-气体取样探头和热电偶

单位为毫米

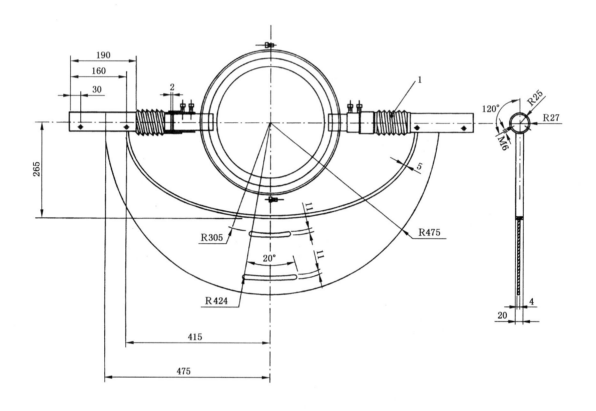

序号	说明	数量
1	可折叠(不透明)	

图 E.32　测量管道-烟气测量系统支架

单位为毫米

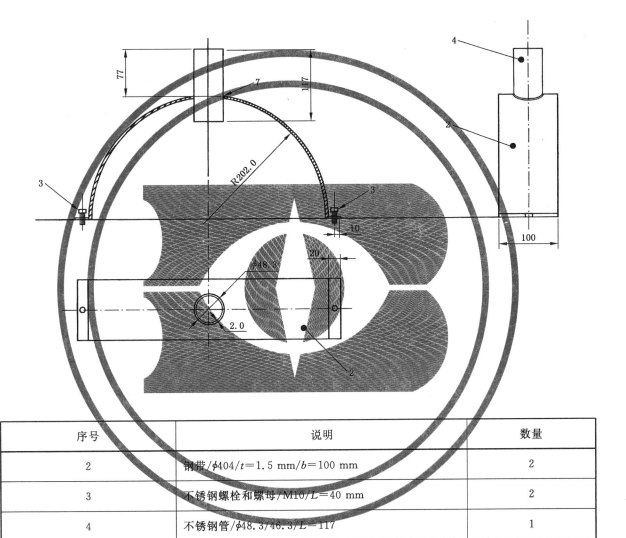

序号	说明	数量
2	钢带/ϕ404/t＝1.5 mm/b＝100 mm	2
3	不锈钢螺栓和螺母/M10/L＝40 mm	2
4	不锈钢管/ϕ48.3/46.3/L＝117	1
7	焊接	

图 E.33　测量管道-SMS 部分

单位为毫米

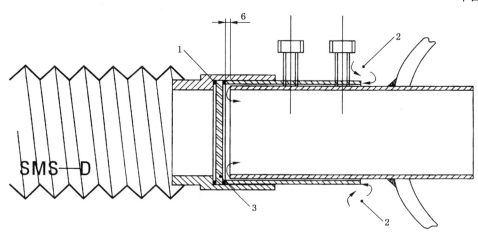

序号	说明	数量
1	玻璃两侧上的 O 型环	
2	空气	
3	有涂层的玻璃＋(可选择的)滤光片[a]	
a 若使用了滤光片,则应使用有涂层的玻璃(通常远离排气管道)对其进行保护以使其免受意外燃烧烟气的影响。

图 E.34　测量管道-SMS 托架

单位为毫米

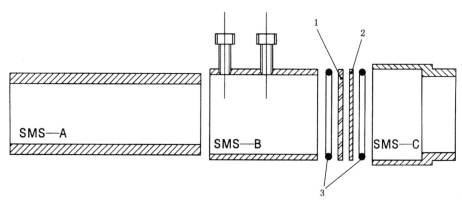

序号	说明	数量
1	有涂层的玻璃	
2	(可选择的)滤光片	
3	橡胶 O 型环	

图 E.35　测量管道-SMS 托架

附 录 F

（资料性附录）

数据文件格式

为便于交换试验结果，试验数据应以标准格式存储。文件中应包含所有被要求的信息，包括目测观察/记录和自动记录得出的数据。应该能进行需要的所有计算和等级评估（与其他试验结果一起进行）。

试验数据应保存在 ASCII 文件中，该文件有 12 个按制表符分隔的数据列。允许在规定数据列后面增加数据列（带有未规定的数据），但不允许在列之间增加数据列。

文件应该包含一个双行标题以及含一般性信息的附标题和按时间自动记录的（原始）数据。

第一行标题包含数据列标题：

a) 一般性信息；

b) ［空白］；

c) 时间(s)；

d) $m_{气体}(mg/s)$；

e) $\Delta p(Pa)$；

f) 光信号(%)；

g) O_2 的摩尔分数(%)；

h) CO_2 的摩尔分数(%)；

i) $T_0(K)$；

j) $T_1(K)$；

k) $T_2(K)$；

l) $T_3(K)$。

对第二行未作规定（默认为空白）。

其余的行在最初的两列里包含了一般性信息，在剩余的十列里包含了自动记录的（原始）数据。第 1 列和第 2 列里只有最初的 62 行被使用。在第 3 列至第 12 列中，至少有 520 行得到使用（1 560 时段，以 3 s 为步长）。

一般性信息（与试验、制品、实验室、仪器、试验前及试验后的情况以及目测观察有关）在第 2 列中给出，且是对第 1 列内容的说明。不同项的行序见下述示例。

自动记录数据的 10 个列与 8.4 相符且与 8.4 中的顺序相同。

	第 1 列	第 2 列
行 1	**一般性信息**	
2		
3	**试验**	
4	采用的标准	GB/T ××××
		(EN 13823:2002)
5	试验日期	2004 年 6 月 9 日
6	完整的试验时间/操作｛是/否｝	是
7		
8	**制品**	

	第 1 列	第 2 列
9	制品标识	聚合板 U40
10	样品编号	1
11	基材	无
12	安装	GB/T ××××中选项 3
13	接缝	标准垂直
14		
15	**状态调节**	
16	{恒定质量/恒定调节时间}	恒定质量
17	调节时间	42 h
18	质量 1(g)	5 264
19	质量 2(g)	5 261
20		
21	**实验室**	
22	实验室标识	NMP
23	操作人员	BS
24	文件名	PU40Ar.csv
25	报告标识	NMP-99-01234
26		
27	**规格:仪器**	
28	流量曲线 k_t(一) (一):校准参数	0.86
29	探头系数 k_p(一)	1.08
30	管道直径(m)	0.315
31	O_2 校准滞后时间(s)	18
32	CO_2 校准滞后时间(s)	15
33		
34	**试验前的情况**	
35	大气压力(Pa)	101300
36	相对湿度(%)	50
37		
38	**目测观察**	
39	横向火焰传播(LFS)至边缘{是/否}	否
40	燃烧滴落物/颗粒物≤10 s{是/否}	否
41	燃烧滴落物/颗粒物>10 s{是/否}	否
42		
43	**试验结束时的情况**	

	第 1 列	第 2 列
44	透光率(%)	99.8
45	O_2 的摩尔百分数(%)	20.95
46	CO_2 的摩尔百分数(%)	0.039
47		
48	**现象记录**	
49	表面闪燃{是/否}	否
50	试样的部分坠落	否
51	烟气未进入集气罩{是/否}	否
52	背板间相互固定失效{是/否}	否
53	出现可提前结束试验的情况{是/否}	否
54	变形/垮塌{是/否}	否
55	其他现象	无
56		
57	**试验的提前结束**	
58	气体供应的结束时间(s)	1563
59	HRR 过量{是/否}	否
60	温度过高{是/否}	否
61	燃烧器受到实质性的干扰或阻碍{是/否}	否
62	设备故障{是/否}	否

　　此处的数据文件格式仅考虑了原始数据(在进行计算前)。对经处理过的数据文件不考虑其文件格式。然而,可建议通过在末尾(而非在列与列和行与行之间)增加列和行,从而在原始数据文件中制定出经处理过的数据文件。这样,便可将经处理过的数据文件直接用作原始数据输入文件。

附　录　G

（资料性附录）

记　录　单

SBI 试验-记录单

一般信息	
操作员：	试验日期：
制品：	数据文件名：

试验前情形		
样品的状态调节：	开始日期：	结束日期：
	质量1(g)：	质量2(g)：
环境条件：	环境大气压(Pa)：	环境湿度(%)：

目测

总体观察和检查：			横向火焰传播	
观察	时间(s)		观察	是/否
数据记录开始时间	＝0		至试样边缘	
主燃烧器着火				
			燃烧滴落物或颗粒物：	
			观察	是/否
			燃烧滴落物/颗粒物≤10 s	
			燃烧滴落物/颗粒物＞10 s	

试验结束时情形		
透光率(mV)：	O₂ 浓度(%)：	CO₂ 浓度(%)：

备注：

附　录　H

（资料性附录）

管状隔热材料的标准化安装及固定条件

H.1　试件的尺寸

可在 SBI 中进行试验的制品为内径 22 mm、厚度 25 mm～75 mm 的管状隔热材料。若有必要，可对 25 mm～75 mm 范围内的每个厚度进行试验和分级。

厚度为 25 mm 的制品试验数据对小于 25 mm 厚度的制品同样有效。

以下条款可采用：

a)　制品必须按 25 mm 的厚度进行试验，或按比该厚度大且最接近于最大厚度的厚度进行试验。对于厚度小于 25 mm 的制品，应将其叠层以使其厚度达到或超过 25 mm 后再进行试验。

b)　对于厚度大于 25 mm 但不超过 50 mm 的制品：还应按实际的最大厚度进行试验。其最差的试验结果适用于小于所测最大厚度的所有制品厚度。这意味着制品应按两种厚度进行试验。

c)　对于厚度超过 50 mm、接近 75 mm 的制品：还应按最大厚度和最接近 50 mm 的厚度进行试验。其最差的试验结果适用于小于所测最大厚度的所有制品厚度。这意味着制品应按三种厚度进行试验。

d)　对于厚度超过 75 mm 的制品：按第 3 条进行试验，但试验的最大厚度为 75 mm。

可认为内径为 22 mm 的管状隔热材料的试验数据包括了所有其他内径尺寸的制品试验数据，厚度为 75 mm 的管状隔热材料的试验数据包括了较大厚度的制品试验数据。

对于被用于最大外径超过 500 mm 的圆柱形管道或平整表面上的保温材料，应将其按平板类建筑材料进行试验。

若管状隔热材料的生产长度超过 1 500 mm，则试件长度应切至 1 500 mm。若管状隔热材料的生产长度不足 1 500 mm，则试件应连接起来以使其长度达到 1 500 mm。

H.2　试件的安装

管状隔热材料应安装在钢管上。钢管的外径为 21.3 mm，其壁厚为 2.5 mm～2.6 mm。

钢管长度应为 1 500 mm，且应垂直安装于 SBI 小推车中。至少应将钢管的一个末端进行封闭以防止热对流，但考虑到安全因素，应注意不要将管道完全密封。安装管道时，相邻管道的隔热保温材料外表面之间以及外表面与背板之间的缝隙为 25 mm。在 SBI 试验中，应在每个翼上安装尽可能多的管道。若隔热材料厚度为 25 mm，则短翼上的管道数量为 5，长翼上的为 10。安装钢管时，应保证试验期间钢管的位置被固定。图 H.1 为 SBI 中的安装示意图。

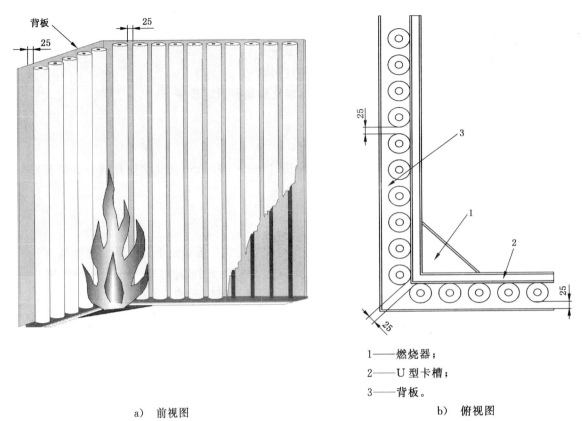

1——燃烧器；

2——U 型卡槽；

3——背板。

　　a) 前视图 　　　　　　　　　　　　　　　　　　　　　　　b) 俯视图

图 H.1　试件在 SBI 装置中的安装示意图（隔热材料厚度为 25 mm 时）

H.3　饰面/涂层

　　带饰面层或涂层的制品进行试验时,应将其饰面层或涂层(已预制好的)包括在内。应遵循 H.1 中所述的厚度要求。

H.4　背板

　　背板应安装在试件后面,与试件外表面的距离为 25 mm。

H.5　隔热套管在钢管上的固定

　　对于在实际应用中无任何固定措施的管状隔热材料,在 SBI 试验中也不应有固定措施,除非试件在试验过程中会下滑,应用钢丝在这种类型的每个试件的顶端将其固定。

　　对于其接缝在实际应用中用胶粘接的管状隔热材料,应与胶接缝一道进行安装,且在 SBI 试验中面向燃烧器。

　　对于在实际应用中采用管钩或其他机械固定件固定的管状隔热材料,只需用钢丝在试件的顶端将其固定。

ICS 13.220.50
Q 10

中华人民共和国国家标准

GB/T 20285—2006

材料产烟毒性危险分级

Toxic classification of fire effluents hazard for materials

2006-06-02 发布   2006-11-01 实施

中华人民共和国国家质量监督检验检疫总局
中国国家标准化管理委员会   发布

前　言

　　本标准是根据我国在实验室定量制取材料烟气方法学和实验小鼠急性吸入烟气染毒试验方法学研究取得的成果和材料产烟毒性评价的实践经验制定的。本标准中装置的产烟部分参考 DIN 53436 的内容,染毒部分参考 JIS A1321 的内容。

　　本标准自实施之日起,GA 132—1996《材料产烟毒性分级》废止。

　　本标准由中华人民共和国公安部提出。

　　本标准由全国消防标准化技术委员会第七分技术委员会(SAC/TC 113/SC 7)归口。

　　本标准负责起草单位:公安部四川消防研究所。

　　本标准参加起草单位:亚罗弗保温材料(上海)有限公司。

　　本标准主要起草人:张羽、李邦昌、赵成刚、曾绪斌。

　　本标准为首次制定。

材 料 产 烟 毒 性 危 险 分 级

1 范围

本标准规定了材料产烟毒性危险评价的等级、试验装置及试验方法。

本标准适用于材料稳定产烟的烟气毒性危险分级,不适用于非稳定产烟的烟气毒性危险分级。

2 规范性引用文件

下列文件中的条款通过本标准的引用而成为本标准的条款。凡是注日期的引用文件,其随后所有的修改单(不包括勘误的内容)或修订版均不适用于本标准,然而,鼓励根据本标准达成协议的各方研究是否可使用这些文件的最新版本。凡是不注日期的引用文件,其最新版本适用于本标准。

GB 5749 生活饮用水卫生标准

GB 14922.1 实验动物 寄生虫学等级与监测

GB 14922.2 实验动物 微生物学等级与监测

GB 14923 实验动物 哺乳类动物的遗传质量控制

GB 14924.3 实验动物 大鼠小鼠配合饲料

GB 14925 实验动物 环境及设施

3 术语和定义

下列术语和定义适用于本标准。

3.1

材料稳定产烟 generating stably smoke from a material

每时刻产烟材料的质量数稳定,烟生成物相对比例不变的产烟过程。

3.2

材料产烟浓度 concentration of the specimen mass for smoke

一种反映材料的火灾场景烟气与材料质量关系的参数,即单位空间所含产烟材料的质量数,mg/L。

3.3

材料产烟率 yield of smoke from material

材料在产烟过程中进入空间的质量相对于材料总质量的百分率。它是一种反映材料热分解或燃烧进行程度的参数。

3.4

充分产烟率 sufficient yield of smoke

材料最大或接近最大的产烟率。

3.5

烟气流量 flow of fire effluents

一种描述烟气流动性能的参数,即烟气单位时间内流动的体积,L/min。

3.6

材料产烟速率 rate of generating smoke from a material

单位时间内进行热分解及燃烧的材料质量数,mg/min。

3.7

吸入染毒 inhalation exposure

指人或动物处于污染气氛环境,主要通过呼吸方式,也包括部分感官接触毒物引起的一类伤害过程。

3.8

急性吸入染毒 acute inhalation exposure

指染毒时间较短(一般为 30 min 内)的一种吸入染毒。

3.9

终点 end point

指实验动物出现丧失逃离能力或死亡等生理反应点。

4 方法学原理

本标准采用等速载气流,稳定供热的环形炉对质量均匀的条形试样进行等速移动扫描加热,可以实现材料的稳定热分解和燃烧,获得组成物浓度稳定的烟气流。

同一材料在相同产烟浓度下,以充分产烟和无火焰的情况时为毒性最大。

对于不同材料,以充分产烟和无火焰情况下的烟气进行动物染毒试验,按实验动物达到试验终点所需的产烟浓度作为判定材料产烟毒性危险级别的依据:所需产烟浓度越低的材料产烟毒性危险越高,所需产烟浓度越高的材料产烟毒性危险越低。

按级别规定的材料产烟浓度进行试验,可以判定材料产烟毒性危险所属的级别。

5 材料产烟毒性危险级别

5.1 级别的划分

5.1.1 材料产烟毒性危险分为 3 级:安全级(AQ 级)、准安全级(ZA 级)和危险级(WX 级);其中,AQ 级又分为 AQ$_1$ 级和 AQ$_2$ 级,ZA 级又分为 ZA$_1$ 级、ZA$_2$ 和 ZA$_3$ 级。

5.1.2 不同级别材料的产烟浓度指标见表 1。

表 1 材料产烟毒性危险分级

级 别	安全级(AQ)		准安全级(ZA)			危险级(WX)
	AQ$_1$	AQ$_2$	ZA$_1$	ZA$_2$	ZA$_3$	
浓度/(mg/L)	≥100	≥50.0	≥25.0	≥12.4	≥6.15	<6.15
要求	麻醉性	实验小鼠 30 min 染毒期内无死亡(包括染毒后 1 h 内)				
	刺激性	实验小鼠在染毒后 3 天内平均体重恢复				

5.2 级别判定的试验终点

以材料达到充分产烟率的烟气对一组实验小鼠按表 1 规定级别的浓度进行 30 min 染毒试验,根据试验结果作如下判定:若一组实验小鼠在染毒期内(包括染毒后 1 h 内)无死亡,则判定该材料在此级别下麻醉性合格;若一组实验小鼠在 30 min 染毒后不死亡及体重无下降或体重虽有下降,但 3 天内平均体重恢复或超过试验时的平均体重,则判定该材料在此级别下刺激性合格;以麻醉性和刺激性皆合格的最高浓度级别定为该材料产烟毒性危险级别。

6 试验装置

6.1 装置的组成

试验装置由环形炉、石英管、石英舟、烟气采集配给组件、小鼠转笼、染毒箱、温度控制系统、炉位移系统、空气流供给系统、小鼠运动记录系统组成,如图 1 所示。

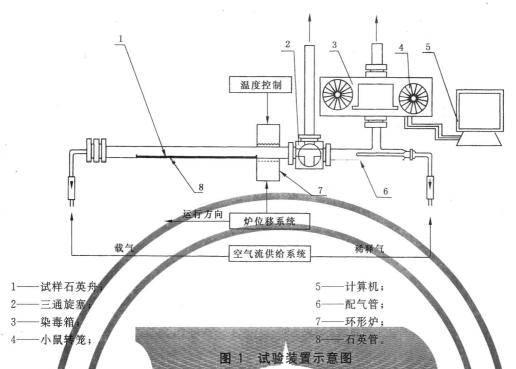

图 1 试验装置示意图

1——试样石英舟；　　　　　　　　　5——计算机；
2——三通旋塞；　　　　　　　　　　6——配气管；
3——染毒箱；　　　　　　　　　　　7——环形炉；
4——小鼠转笼；　　　　　　　　　　8——石英管。

6.2 环形炉

环形炉如图 2 所示，由炉壳、炉体、炉管和电加热丝组成，环形炉炉管内壁为供热面。炉管内径为 $\phi 47^{+1}_{-1}$ mm，长度为 100^{+10}_{-5} mm。电加热丝绕组及功率应满足 7.2 的要求。

6.3 石英管及石英舟

石英管及石英舟由石英玻璃制成，石英舟如图 3 所示。石英管公称通径为 (36 ± 1) mm，管壁厚 (2 ± 0.5) mm，长度 $1\,000^{+300}_{0}$ mm。

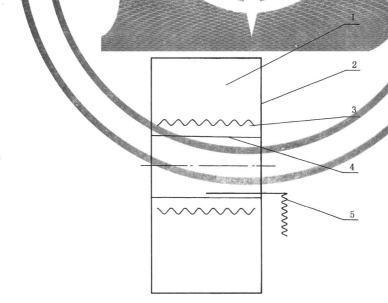

1——炉体；
2——炉壳；
3——电热丝；
4——炉管；
5——控温热电偶。

图 2 环形炉示意图

单位为毫米

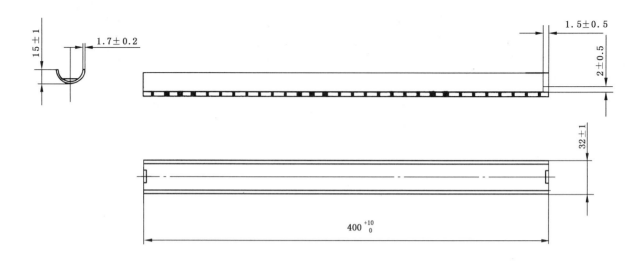

图 3　石英舟

6.4　烟气采集配给组件

烟气采集配给组件如图 4 所示,由三通旋塞、稀释气输入管和配气弯管组成,所有烟气流动管公称通径为(36±1)mm,管壁厚(2±0.5)mm。

6.5　小鼠转笼

小鼠转笼由铝制成,如图 5 所示,转笼的质量为(60±10)g;小鼠转笼在支架上应能灵活转动,无固定静止点。

6.6　染毒箱

染毒箱由无色透明的有机玻璃材料制成,如图 6 所示。染毒箱有效空间体积约 9.2 L,可容纳10 只小鼠进行染毒试验。

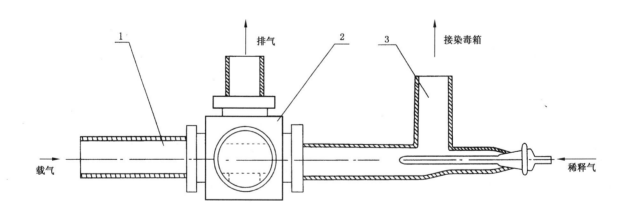

1——石英管;

2——三通旋塞;

3——配气弯管。

图 4　烟气配给组件示意图

单位为毫米

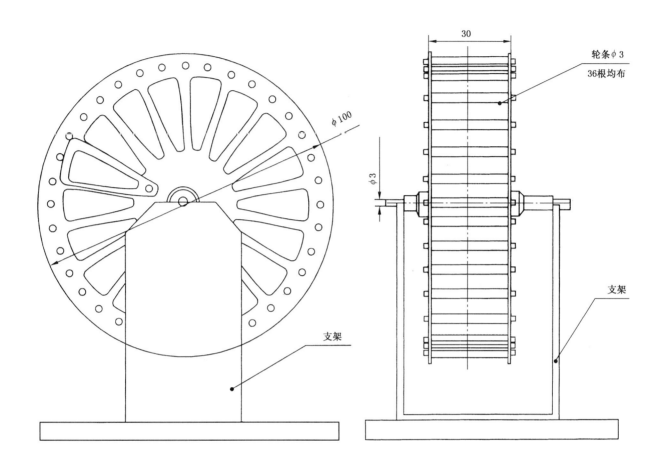

图 5　转笼示意图

6.7　温度控制系统

6.7.1　温度控制系统由控温热电偶、冷端温度补偿器和温度控制器组成。

6.7.2　控温热电偶为外径 1 mm 的铠装 K 型热电偶,其测试端应紧贴在环形炉中段内壁表面,冷端应经冷端温度补偿后与温度控制器连接。

6.7.3　温度控制器的控温方式宜采用比例微分积分(P.I.D)温度控制方式,满足对环形炉内壁温度静止时波动在±1℃,运行时波动在±2.5℃的要求。

6.7.4　温度控制系统对环形炉的温度控制应满足第 7 章的要求。

6.8　炉位移控制系统

炉位移控制系统应满足使环形炉位移速率在(10±0.1)mm/min、可移动距离≥600 mm 的要求。

6.9　载气和稀释气供给系统

载气和稀释气供给系统由空气源(瓶装压缩空气或空气压缩机抽取洁净的环境空气)和可调节的2.5 级气体流量计及输气管线组成。

6.10　小鼠运动记录系统

小鼠运动记录采用红外或磁信号监测小鼠转笼转动的情况,每只小鼠的时间-运动图谱应能定性地反映每时刻转笼的角速度。

单位为毫米

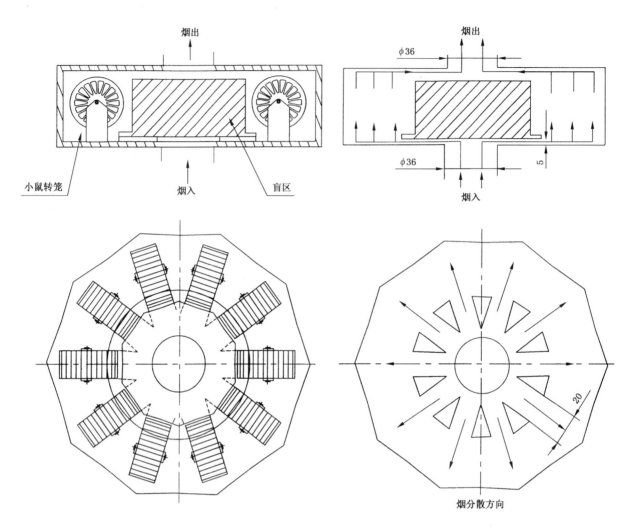

图 6　染毒箱示意图

7　试验装置校准

7.1　校温参照物

校温参照物如图 7 所示,由外径 1 mm 的 K 型铠装热电偶(2 级)和 1Cr18Ni9Ti 材料感温片经高熔银焊焊接而成。

7.2　环形炉供热强度校准步骤

如图 8 所示安放校温参照物,连接温度记录仪,选择载气流量为 5 L/min,设定环形炉内壁温度为 (300～1 000)℃范围中任一值,让环形炉升温,使静态温度控制在±1.0℃,并维持至少 2 min。运行炉子对校温参照物进行扫描加热,记录校温参照物测得的时间-温度曲线,它应满足表 2 要求。

表 2　环形炉供热强度规定

测量时间/min	$t_{\theta\max}-10$	$t_{\theta\max}-5$	$t_{\theta\max}$	$t_{\theta\max}+5$	$t_{\theta\max}+10$
测量温度占 $\theta_{\max}$ 的百分率/%	15±10	65±10	100	70±10	45±10

注 1：$\theta_{\max}$ 为峰值温度。

注 2：$t_{\theta\max}$ 为峰值温度 $\theta_{\max}$ 出现的时刻。

单位为毫米

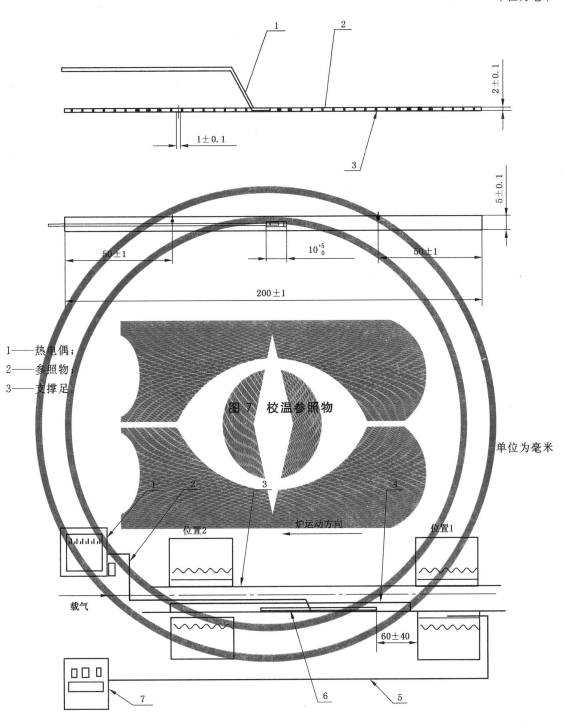

1——热电偶；

2——参照物；

3——支撑足。

图7 校温参照物

单位为毫米

1——温度记录仪；

2——校温热电偶；

3——石英管；

4——石英舟；

5——控温热电偶；

6——校温参照物；

7——温度控制系统。

图8 安装校温参照物示意图

7.3 试验加热条件的确定与表征

7.3.1 试验加热条件随载气流量和环形炉内壁控温热电偶设定温度(或控温设定毫伏值)选定而确定。

7.3.2 试验加热条件按7.2的要求以两次重复校准试验的时间-温度曲线的峰值温度(θ_{max})平均值 T 表征。两次 θ_{max} 测试值之差应≤0.75%T。

7.3.3 若改变载气流量或环形炉内壁控温热电偶设定,或两者同时改变,测得的 T 变化在±0.75%T 范围内,可视为加热条件相同。

7.3.4 对试验加热条件 T 应进行定期校准,当更换炉丝或变动控温热电偶位置后,应重新按7.2进行校准。

8 计算

8.1 材料产烟浓度的计算

$$C = VM/FL \qquad \cdots\cdots\cdots\cdots\cdots\cdots(1)$$

式中:

C——材料产烟浓度,单位为毫克每升(mg/L);

V——环形炉移动速率,10 mm/min;

M——试件质量,单位为毫克(mg);

F——烟气流量,单位为升每分(L/min);

L——试件长度,单位为毫米(mm)。

试验进行30 min,试件长度 L 取作400 mm。

烟气流量由载气流量和稀释气流量组成。其关系式如下:

$$F = F_1 + F_2 \qquad \cdots\cdots\cdots\cdots\cdots\cdots(2)$$

式中:

F——烟气流量,单位为升每分(L/min);

F_1——载气流量,单位为升每分(L/min);

F_2——稀释气流量,单位为升每分(L/min)。

一般情况下,载气流量 F_1 优先取作5 L/min,当烟气流量 F≤5 L/min 时,取 $F = F_1$,$F_2 = 0$。

8.2 产烟率的计算

8.2.1 产烟率计算公式:

$$Y = \frac{M - M_0}{M} \times 100 \qquad \cdots\cdots\cdots\cdots\cdots\cdots(3)$$

式中:

Y——材料产烟率,%;

M——试件质量,单位为毫克(mg);

M_0——试件经环形炉一次扫描加热后残余物质量,单位为毫克(mg)。

8.2.2 充分产烟率的确定:

当按(3)式获得产烟率后,有下述情况之一的产烟率可视为充分产烟率:

a) 产烟过程中只出现阴燃而无火焰,残余物为灰烬;

b) 产烟率>95%;

c) 随加热温度再增加100℃,产烟率的增加≤2%。

9 试件制作及处理

9.1 试件制作

9.1.1 对于能成型的试样,试件应制成均匀长条形。不能制成整体条状的试样,应将试样加工拼接成均匀长条形。

9.1.2 对于受热易弯曲或收缩的材料,试件制作可采用缠绕法或捆扎法(用 $\phi 0.5$ mm 铬丝)将试件固定在平直的 $\phi 2$ mm 铬丝上。

9.1.3 对于颗粒状材料,应将颗粒试样均匀铺在石英试样舟内。

9.1.4 对于有流动性的液体材料,制作试件应采用浸渍法或涂覆法将试样和惰性载体制成均匀不流动试件,放在石英试样舟内。浸渍用惰性载体宜在干燥的矿棉、硅酸铝棉、石英砂或玻璃纤维布中选择,涂覆用惰性载体宜选择玻璃纤维布。进行产烟浓度计算和确定产烟率时,应扣除惰性载体质量。

9.2 试件处理

试件应在环境温度(23±2)℃、相对湿度(50±5)%的条件下进行状态调节至少 24 h 以达到质量恒定。

10 实验动物要求

10.1 实验动物必须是符合 GB 14922.1 和 GB 14922.2 要求的清洁级实验小鼠。

10.2 实验小鼠必须从取得实验动物生产许可证的单位获得,其遗传分类应符合 GB 14923 的近交系或封闭群要求。

10.3 从生产单位获得的实验小鼠应作环境适应性喂养,在试验前 2 天,实验小鼠体重应有增加,试验时周龄应为(5~8)周,质量应为(21±3)g。

10.4 每个试验组实验小鼠为 8 只或 10 只,雄雌各半,随机编组。

10.5 实验小鼠引用水符合 GB 5749 要求;饲料符合 GB 14924.3 的要求;环境和设施符合 GB 14925 的要求。

11 试验程序

11.1 加热温度 *T* 的选定

11.1.1 在正式试验前,应根据不同的材料来进行加热温度 *T* 的确定,使该材料在此温度下能够充分产烟而无火焰燃烧。

11.1.2 按第 9 章的要求制作的试件放入石英试样舟内,选取一加热温度 *T* 进行不放实验小鼠的预试验。

11.1.3 按 11.2.1、11.2.3、11.2.4、11.2.7 的步骤进行 30 min 的预试验,按 8.2.2 的要求确定产烟率是否为充分产烟率,如果不是,可调整加热温度再进行预试验,以达到 8.2.2 的充分产烟率条件为止。

11.2 试验操作

11.2.1 调节环形炉到合适位置(如图 8 所示),按所选加热温度 *T* 设定环形炉内壁温度,开启载气至设计流量,参照校温操作程序使环形炉升温并达到静态控制稳定。

11.2.2 在试验前 5 min,应将实验小鼠按编号称量、装笼、安放到染毒箱的支架上,盖合染毒箱盖,开启稀释气至设计流量。

11.2.3 当静态温度控制在 ±1℃ 并稳定 2 min 后,放入装有试件的石英舟,使试件前端距环形炉 20 mm;启动炉运行,对试件进行扫描加热。

11.2.4 当环形炉行进到试件前端时开始计时,通过三通旋塞将初始 10 min 产生的烟气直接排放掉。然后旋转三通旋塞,让烟气和稀释气混合后进入染毒箱,试验开始。

11.2.5 试验进行 30 min,在此过程中,观察和记录实验小鼠的行为变化。

11.2.6 30 min 试验结束时,旋转三通旋塞让剩余烟气直接排放掉。此刻应迅速打开染毒箱盖,取出实验小鼠。

11.2.7 继续运行环形炉越过试样,停止加热,取出试样残余物,冷却、称量,计算材料产烟率。

11.2.8 为准备下一次试验,环形炉应回复原位。若有必要,可进行环形炉加热反运行,以对石英管或石英舟上的烟垢进行清洁。

11.3 试验现象观察

11.3.1 30 min 染毒期内观察小鼠运动情况:呼吸变化、昏迷、痉挛、惊跳、挣扎、不能翻身、欲跑不能等症状;小鼠眼区变化情况:闭目、流泪、肿胀、视力丧失等。记录出现上述现象的时间和死亡时间。

11.3.2 染毒刚结束及染毒后 1 h 内应观察小鼠行动的变化情况并记录。

11.3.3 染毒后的 3 天内,应观察小鼠各种症状的变化情况,每天称重及记录各种现象及死亡等情况。

11.4 烟气毒性伤害性质的确定

11.4.1 实验小鼠出现下列症状和特征时的烟气毒性判定为"麻醉":

——在染毒期中,小鼠有昏迷、惊跳、痉挛、失去平衡、仰卧、欲跑不能等症状出现;这些症状出现的时间与试验烟气浓度有关,浓度越高,出现时间越早。

——小鼠运动图谱显示:在染毒期中小鼠有较长时间停止运动或在某一时刻后不再运动的丧失逃离能力的特征图谱;试验烟气浓度越高,出现丧失逃逸能力时间越早。

——在足够高的烟气浓度试验中,小鼠将会在 30 min 染毒期或其后 1 h 内死亡;试验烟气浓度越高,出现死亡时间越早。

——染毒未死亡小鼠能在半天内恢复行动和进食,体重无明显下降,1 至 3 天内可见体重增加。

11.4.2 实验小鼠出现下列症状和特征时的烟气毒性判定为"刺激":

——染毒期中小鼠感烟跑动,寻求躲避,有明显的眼部和呼吸行为异常,口鼻黏液膜增多。轻度刺激表现为闭目、流泪、呼吸加快;中度和重度刺激表现为眼角膜变白、肿胀,甚至视力丧失,气紧促和咳嗽。

——小鼠运动图谱显示小鼠几乎一直跑动。

——小鼠染毒后行动迟缓,虚弱厌食,视刺激伤害的程度,小鼠平均体重在 3 天内可能恢复,可能下降或出现死亡现象。

12 试验报告

进行材料产烟毒性危险评价的试验报告应包括如下内容:

——实验小鼠资料(品种、品系、来源、等级、性别、周龄、质量);

——试验材料的相关资料(来源、形状、生产日期及处理);

——材料产烟浓度;

——材料产烟率;

——受试小鼠体重变化;

——试验现象观察记录;

——烟气毒性伤害性质判定;

——根据试验所作的危险级别判定结论。

ICS 13.220.50
Q 10

中华人民共和国国家标准

GB 20286—2006

公共场所阻燃制品及组件燃烧性能
要求和标识

Requirements and mark on burning behavior of fire retarding products and
subassemblies in public place

2006-06-19 发布
2007-03-01 实施

中华人民共和国国家质量监督检验检疫总局
中国国家标准化管理委员会 发布

前　言

本标准第 5 章、第 6 章为强制性的，其余为推荐性的。

本标准是根据 GB 8624《建筑材料及制品燃烧性能分级》、GB 50222《建筑内部装修设计防火规范》，并结合国内相关产品的实际情况制定的。

本标准附录 A 为资料性附录，附录 B、附录 C 和附录 D 均为规范性附录。

本标准由中华人民共和国公安部提出。

本标准由全国消防标准化技术委员会防火材料分委员会归口。

本标准负责起草单位：公安部四川消防研究所、中国阻燃学会、中国纺织科学研究院、中国建筑科学研究院。

本标准参加起草单位：中国家具协会、四川大学、富尔新纺织阻燃材料有限公司、成都铁路防火制品厂、山东华懋阻燃新材料科技有限公司。

本标准主要起草人：高伟、卢国建、周政懋、徐路、钱建民、张羽、季广其、赵成刚、马跃、王玉忠、马道贞、刘英俊、旷天申、黄险波。

公共场所阻燃制品及组件燃烧性能
要求和标识

1 范围

本标准规定了公共场所用阻燃制品及组件的定义及分类、燃烧性能要求和标识等内容。

本标准适用于公安部令第 39 号和公安部令第 61 号所规定的各类公共场所(参见附录 A)使用的阻燃制品及组件。

2 规范性引用文件

下列文件中的条款通过本标准的引用而成为本标准的条款。凡是注日期的引用文件,其随后所有的修改单(不包括勘误的内容)或修订版均不适用于本标准,然而,鼓励根据本标准达成协议的各方研究是否可使用这些文件的最新版本。凡是不注日期的引用文件,其最新版本适用于本标准。

GB/T 2408 塑料燃烧性能试验方法 水平法和垂直法(GB/T 2408—1996,eqv ISO 1210:1992)

GB 4943—2001 信息技术设备的安全(idt IEC 60950:1999)

GB/T 5454 纺织品 燃烧性能试验 氧指数法(GB/T 5454—1997,neq ISO 4589:1984)

GB/T 5455 纺织品 燃烧性能试验 垂直法

GB/T 8333 硬泡沫塑料燃烧性能试验方法 垂直燃烧法

GB 8624 建筑材料及制品燃烧性能分级

GB/T 8627 建筑材料燃烧或分解的烟密度试验方法

GB/T 11020 测定固体电气绝缘材料暴露在引燃源后燃烧性能的试验方法

GB/T 16172 建筑材料热释放速率试验方法(GB/T 16172—1996,neq ISO 5660-1:1993)

GB/T 17596 纺织品 织物燃烧试验前的商业洗涤程序(GB/T 17596—1998,eqv ISO 10528:1995)

GB 17927 软体家具 弹簧软床垫和沙发抗引燃特性的评定(GB 17927—1999,neq ISO 8191-1:1987)

GB/T 19981.2 纺织品 织物和服装的专业维护、干洗和湿洗 第 2 部分:使用四氯乙烯干洗和整烫时性能试验的程序

GB/T 20285 材料产烟毒性危险分级

GA 111—1995 表面材料的实体房间火试验方法(GA 111—1995,neq ISO 9705-1:1993)

GA 306.1 阻燃及耐火电缆:塑料绝缘阻燃及耐火电缆分级和要求 第 1 部分:阻燃电缆

公安部令第 39 号 公共娱乐场所消防安全管理规定

公安部令第 61 号 机关、团体、企业、事业单位消防安全管理规定

3 术语和定义

下列术语和定义适用于本标准。

3.1

公共场所 public place
提供公共服务或人员活动密集的设施和场所。

3.2

阻燃制品及组件 fire retarding products and subassemblies

由阻燃材料制成的产品及多种产品的组合。

3.3

阻燃 fire retarding

抑制、减缓或终止火焰传播。

4 分类、分级与命名

4.1 分类

公共场所阻燃制品及组件可分为 6 个大类：

a) 阻燃建筑制品；

b) 阻燃织物；

c) 阻燃塑料/橡胶；

d) 阻燃泡沫塑料；

e) 阻燃家具及组件；

f) 阻燃电线电缆。

4.2 分级

公共场所使用的阻燃制品及组件(除建筑制品外)按燃烧性能可分为 2 个等级：

——阻燃 1 级；

——阻燃 2 级。

4.3 命名

阻燃制品(除建筑制品外)采用下列方式命名:在阻燃等级后面括号内注明产品的类别,阻燃电线电缆尚应标明阻燃试样类别,阻燃织物应标明是否耐洗,对耐洗织物还应在括号内标明耐洗类型和耐洗次数。各类阻燃制品名称与代号举例如下:

一级非耐洗阻燃织物 …………………………… 阻燃 1 级（织物 非耐洗）

二级耐洗涤阻燃织物(水洗 30 次)………………… 阻燃 2 级（织物 耐水洗 30 次）

二级耐洗涤阻燃织物(干洗 6 次)………………… 阻燃 2 级（织物 耐干洗 6 次）

一级阻燃塑料和橡胶制品 ………………………… 阻燃 1 级（塑料/橡胶）

二级阻燃泡沫塑料制品 …………………………… 阻燃 2 级（泡沫塑料）

二级阻燃家具及组件 ……………………………… 阻燃 2 级（家具/组件）

二级 B 类阻燃电线电缆 …………………………… 阻燃 2 级（电线/电缆 B 类）

5 燃烧性能要求

5.1 公共场所使用的阻燃建筑制品的燃烧性能应符合下列要求:

a) 建筑制品(除铺地材料外)的燃烧性能不低于 GB 8624 规定的 D 级,且产烟毒性等级不低于 t1 级;

b) 铺地材料的燃烧性能不低于 GB 8624 规定的 D_{fl} 级,且产烟毒性等级不低于 t1 级。

5.2 公共场所使用的装饰墙布(毡)、窗帘、帷幕、装饰包布(毡)、床罩、家具包布等阻燃织物的燃烧性能应符合表 1 的规定。

表 1 公共场所阻燃织物的燃烧性能技术要求

阻燃性能等级	依据标准	判 定 指 标
阻燃 1 级 （织物）	GB/T 5454 GB/T 5455 GB/T 8627 GB/T 20285	a) 氧指数≥32.0； b) 损毁长度≤150 mm，续燃时间≤5 s，阴燃时间≤5 s； c) 燃烧滴落物未引起脱脂棉燃烧或阴燃； d) 烟密度等级（SDR）≤15； e) 产烟毒性等级不低于 ZA_2 级
阻燃 2 级 （织物）	GB/T 5455 GB/T 20285	a) 损毁长度≤200 mm，续燃时间≤15 s，阴燃时间≤15 s； b) 燃烧滴落物未引起脱脂棉燃烧或阴燃； c) 产烟毒性等级不低于 ZA_3 级
注：氧指数试验熔融织物除外。		

5.3 耐水洗的阻燃织物，在进行燃烧性能试验前，应按 GB/T 17596 中规定的缓和洗涤程序对试样进行洗涤，干燥宜用烘箱干燥法，洗涤次数不得少于 12 次。耐干洗的阻燃织物，在进行燃烧性能试验前，应按 GB/T 19981.2 中的正常材料干洗程序执行，洗涤次数不得少于 6 次。

5.4 公共场所使用的电线导管、燃气管道、插座、开关、灯具、家电外壳等塑料和橡胶制品的燃烧性能应符合表 2 的规定。

表 2 公共场所阻燃塑料和橡胶制品的燃烧性能技术要求

阻燃性能等级	产 品 类 别		依据标准	判 定 指 标
阻燃 1 级 （塑料/橡胶）	电器类阻燃塑料/ 橡胶制品	音频、视频制品 （外壳）	GB/T 16172 GB/T 11020 GB/T 8627	a) 热释放速率峰值≤150 kW/m²； b) FV-0 级； c) 烟密度等级（SDR）≤75
		信息技术设备 （外壳）	GB/T 16172 GB 4943 GB/T 8627	a) 热释放速率峰值≤150 kW/m²； b) V-0 级； c) 烟密度等级（SDR）≤75
		家电外壳、电器 附件及管道	GB/T 16172 GB/T 2408 GB/T 8627	a) 热释放速率峰值≤150 kW/m²； b) FV-0 级； c) 烟密度等级（SDR）≤75
阻燃 2 级 （塑料/橡胶）	电器类阻燃塑料/ 橡胶制品	音频、视频制品 （外壳）	GB/T 11020	FV-1 级
		信息技术设备 （外壳）	GB 4943	V-1 级
		家电外壳、电器 附件及管道	GB/T 2408	FV-1 级
注：热释放速率试验的辐射热流为：50 kW/m²。				

5.5 公共场所使用的座椅、沙发、床垫等软垫家具中所用的泡沫塑料的燃烧性能应符合表3的规定。

表 3 公共场所阻燃泡沫塑料的燃烧性能技术要求

阻燃性能等级	产品类别	依据标准	判 定 指 标
阻燃1级 （泡沫塑料）	阻燃泡沫塑料	GB/T 16172 GB/T 8333 GB/T 8627 GB/T 20285	a) 热释放速率峰值≤250 kW/m²； b) 平均燃烧时间≤30 s， 平均燃烧高度≤250 mm； c) 烟密度等级（SDR）≤75； d) 产烟毒性等级不低于 ZA₂ 级
阻燃2级 （泡沫塑料）	阻燃泡沫塑料	GB/T 8333 GB/T 20285	a) 平均燃烧时间≤30 s， 平均燃烧高度≤250 mm； b) 产烟毒性等级不低于 ZA₃ 级

注：热释放速率试验的辐射热流为:50 kW/m²。

5.6 公共场所室内使用的床、床垫、接线柜、沙发、茶几、桌、椅等家具/组件的燃烧性能应符合表4的规定。

表 4 公共场所阻燃家具及组件的燃烧性能技术要求

阻燃性能等级	产品类别	试验方法	判 定 指 标
阻燃1级 （家具/组件）	软垫家具	附录 B GB 17927	a) 热释放速率峰值≤150 kW； b) 5 min 内放出的总能量≤30 MJ； c) 最大烟密度≤75％； d) 无有焰燃烧引燃或阴燃引燃现象
	组件/其他家具	附录 C	a) 热释放速率峰值≤150 kW； b) 5 min 内放出的总能量≤30 MJ； c) 最大烟密度≤75％
阻燃2级 （家具/组件）	软垫家具	附录 B GB 17927	a) 热释放速率峰值≤250 kW； b) 5 min 内放出的总能量≤40 MJ； c) 试件未整体燃烧； d) 无有焰燃烧引燃或阴燃引燃现象
	组件/其他家具	附录 C	a) 热释放速率峰值≤250 kW； b) 5 min 内放出的总能量≤40MJ； c) 试件未整体燃烧

5.7 公共场所使用的光纤电缆、通讯电线电缆和电力电线电缆的燃烧性能应符合表5的规定。

表 5 公共场所阻燃电线电缆的燃烧性能技术要求

阻燃性能等级	依据标准	判 定 指 标
阻燃1级 （电线/电缆）	GA 306.1	a) 炭化高度≤2.5 m； b) 烟密度（最小透光率）≥60％； c) 产烟毒性等级不低于 ZA₂ 级
阻燃2级（电线/电缆）		a) 炭化高度≤2.5 m； b) 烟密度（最小透光率）≥20％； c) 产烟毒性等级不低于 ZA₃ 级

5.8 对公共场所阻燃制品及组件燃烧性能和使用的其他要求见附录 D。

6 标志

6.1 公共场所使用的阻燃制品及组件应经抽样送国家认可并授权的检验机构进行检验以确定其阻燃性能等级,阻燃制品及组件的阻燃性能等级应采用适当的方式标注在产品或产品包装上。公共场所使用的阻燃制品及组件的阻燃性能等级必须明示。

6.2 阻燃建筑制品(除铺地材料外)的标识方式如下:

A2-s1,d0,t0	A2-s1,d1,t0	A2-s1,d2,t0
A2-s2,d0,t0	A2-s2,d1,t0	A2-s2,d2,t0
A2-s3,d0,t0	A2-s3,d1,t0	A2-s3,d2,t0

A2-s1,d0,t1	A2-s1,d1,t1	A2-s1,d2,t1
A2-s2,d0,t1	A2-s2,d1,t1	A2-s2,d2,t1
A2-s3,d0,t1	A2-s3,d1,t1	A2-s3,d2,t1

B-s1,d0,t0	B-s1,d1,t0	B-s1,d2,t0
B-s2,d0,t0	B-s2,d1,t0	B-s2,d2,t0
B-s3,d0,t0	B-s3,d1,t0	B-s3,d2,t0

B-s1,d0,t1	B-s1,d1,t1	B-s1,d2,t1
B-s2,d0,t1	B-s2,d1,t1	B-s2,d2,t1
B-s3,d0,t1	B-s3,d1,t1	B-s3,d2,t1

C-s1,d0,t0	C-s1,d1,t0	C-s1,d2,t0
C-s2,d0,t0	C-s2,d1,t0	C-s2,d2,t0
C-s3,d0,t0	C-s3,d1,t0	C-s3,d2,t0

C-s1,d0,t1	C-s1,d1,t1	C-s1,d2,t1
C-s2,d0,t1	C-s2,d1,t1	C-s2,d2,t1
C-s3,d0,t1	C-s3,d1,t1	C-s3,d2,t1

D-s1,d0,t0	D-s1,d1,t0	D-s1,d2,t0
D-s2,d0,t0	D-s2,d1,t0	D-s2,d2,t0
D-s3,d0,t0	D-s3,d1,t0	D-s3,d2,t0

D-s1,d0,t1	D-s1,d1,t1	D-s1,d2,t1
D-s2,d0,t1	D-s2,d1,t1	D-s2,d2,t1
D-s3,d0,t1	D-s3,d1,t1	D-s3,d2,t1

6.3 阻燃铺地材料的标识方式如下:

$A2_{fl}$-s1,t0	$A2_{fl}$-s1,t1	$A2_{fl}$-s2,t0	$A2_{fl}$-s2,t1
B_{fl}-s1,t0	B_{fl}-s1,t1	B_{fl}-s2,t0	B_{fl}-s2,t1
C_{fl}-s1,t0	C_{fl}-s1,t1	C_{fl}-s2,t0	C_{fl}-s2,t1
D_{fl}-s1,t0	D_{fl}-s1,t1	D_{fl}-s2,t0	D_{fl}-s2,t1

6.4 除建筑制品外,其他阻燃制品及组件的标识方式举例如下:

阻燃 1 级(建材/饰材)

阻燃 1 级(织物　非耐洗)

阻燃 1 级(织物　耐水洗 30 次)

阻燃 1 级(塑料/橡胶)

阻燃 2 级(泡沫塑料)

阻燃 2 级(家具/组件)

阻燃 1 级(电线/电缆 C 类)

阻燃 2 级(电线/电缆 A 类)

6.5 阻燃性能标识除阻燃性能等级外尚应包括:能唯一识别的编号、依据标准、实施检验的机构名称等内容。

6.6 产品阻燃性能标识的内容应与产品的检验结果一致。若阻燃制品及组件的结构、组成发生重大变化,或者超过报告的有效性期限时,应重新抽样送国家认可并授权的检验机构进行检验,以确认其是否可继续使用相应的阻燃性能等级标识。

7 试验报告

试验报告中应包括下列内容:

a) 试验报告的编号和试验日期;

b) 试验机构的名称、地点;

c) 试验委托方的名称、地址;

d) 制品特性和用途的详尽描述;其中应包括制品的名称、商标,以及试样尺寸、重量或密度;

e) 对制品的详尽描述;其中应包括对制品结构和材料的详细说明,以及应用于该制品的各组成部分的相关制品的规格和性能指标;

f) 试验依据的标准和试验内容;

g) 试样生产厂或提供试样厂家的名称;

h) 试验结果和阻燃性能等级;

i) 试验报告负责人的姓名和签名;

j) 试验报告的签发日期;

k) 本报告有效性的期限。

附　录　A

（资料性附录）

公安部令第 39 号和第 61 号所规定的公共场所

A.1 公安部令第 39 号《公共娱乐场所消防安全管理规定》中规定的娱乐性公共场所包括：

  a) 影剧院、录像厅、礼堂等演出、放映场所；

  b) 舞厅、卡拉 OK 厅等歌舞娱乐场所；

  c) 具有娱乐功能的夜总会、音乐茶座和餐饮场所；

  d) 游艺、游乐场所；

  e) 保龄球馆、旱冰场、桑拿浴室等营业性健身、休闲场所。

A.2 公安部令第 61 号《机关、团体、企业、事业单位消防安全管理规定》对公共场所的界定是：

  a) 商场(市场)、宾馆(饭店)、体育场(馆)、会堂、公共娱乐场所等公众聚集场所(统称公众聚集场所)；

  b) 医院、养老院和寄宿制的学校、托儿所、幼儿园；

  c) 客运车站、码头、民用机场；

  d) 公共图书馆、展览馆、博物馆、档案馆以及具有火灾危险性的文物保护单位。

附　录　B
（规范性附录）
暴露在明焰点火源下软垫家具的燃烧性能试验方法

B.1　适用范围

本附录规定了软垫家具暴露在明焰点火源下的燃烧性能试验方法。

本附录适用于软垫家具或者软垫家具的实体模型。

B.2　试验装置

B.2.1　试验装置由点火源、锥形收集器、排烟管道、风机、称重台及测量装置等组成。

B.2.2　本试验方法使用(250 mm±10 mm)×(250 mm±10 mm)的方形点火器作为点火源,点火源可采用工业丙烷或天然气作燃料。点火器的边管由不锈钢管制作,材料厚度0.89 mm±0.05 mm,管直径13 mm±1 mm。前边管开有14个向外的孔,9个向下的孔,每个孔相距13 mm±1 mm;右边管和左边管向外各开6个孔,每个孔间距13 mm±1 mm,另在右边管、左边管和后边管向内45°的位置各开4个孔,每个孔间距50 mm±2 mm。所有孔的直径均为1 mm±0.1 mm(见图B.1和图B.2)。长1.07 m±0.2 m的点火器直臂焊接在前边管的后部,与点火器平面呈30°角(见图B.3)。点火器置于可调高度的支撑杆上,通过砝码或其他机械装置保持平衡。

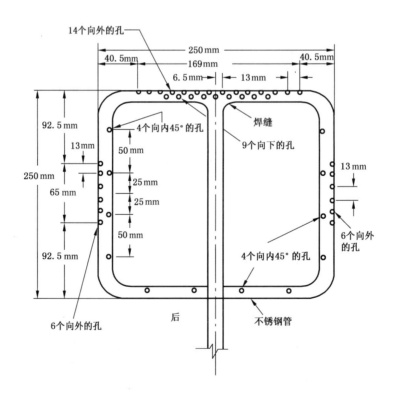

图 B.1　方形点火器俯视图

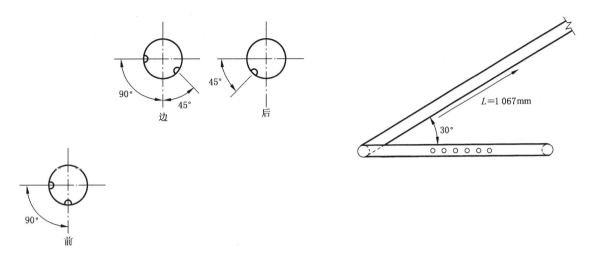

图 B.2　方形点火器各边的截面图　　　　图 B.3　方形点火器的侧视图

B.2.3　锥形收集器应当安装在称重台和试样的正上方,底部尺寸 3 000 mm×3 000 mm,高 1 000 mm,锥形收集器的顶部为一 900 mm×900 mm×900 mm 的正方体,为增加气体混合效果,采用两块 500 mm×900 mm 的钢板安装在顶部的正方体内,形成烟气均混器。收集罩底边与称重台距离 2.4 m。其结构尺寸见图 B.4。

单位为毫米

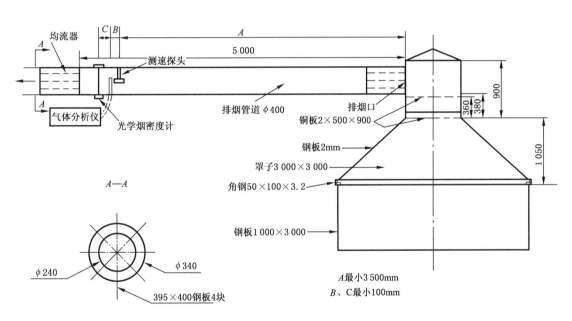

图 B.4

B.2.4　排烟管道的安装要求及测量位置见 GA 111—1995 中 3.4.3～3.4.5,及 GA 111—1995 图 5。

B.2.5　风机的安装要求见 GA 111—1995 中 3.6。

B.3　测量装置

B.3.1　气体体积流量的测量装置见 GA 111—1995 中 5.2.1。

B.3.2　气体取样和气体分析装置见 GA 111—1995 中 5.3.1 和 5.3.2.1～5.3.2.2。

B.3.3　烟密度的测量装置见 GA 111—1995 中 5.4。

B.3.4　试验样品的质量损失由称重台测量。

B.3.4.1　试验时,用称重台支撑试验样品,台上放一张(1.2 m±0.1 m)×(2.4 m±0.1 m)的加强型无机板;称重台的边界超出无机板的上表面 100 mm±10 mm 以防止试验材料的溢出。

B.3.4.2 称重台的测量范围不少于 90 kg,精度不低于±150 g;称重台的安装应该保证试验燃烧生成的热量和荷载的偏心不会影响称重的精确度。在测量过程中应防止量程的偏移。

B.3.4.3 称重台可以支撑离地板高 1 270 mm±76 mm 的家具试样。

B.3.4.4 称重台位于收集罩的几何中心的正下方。

B.3.5 数据采集系统可以采集和记录氧气浓度、一氧化碳浓度、二氧化碳浓度、温度、烟密度、热释放速率、质量损失率等试验数据;每次数据采集和数据处理不应超过 5 s。

B.4 系统的校准

系统的校准按照 GA 111—1995 中 6.1~6.4 进行。

B.5 试验样品

B.5.1 试验样品包括实际使用的软垫家具和实体软垫家具模型。

B.5.2 实体软垫家具模型的结构应该完全仿造实际家具的结构,作为实体模型的试验样品应包括组成家具的垫子。垫子厚度、结构和产品的设计特性应该与实际使用的产品一致。

B.6 试验步骤

B.6.1 将试样安装到位。

B.6.2 启动风机、测量装置和数据处理系统,试验前 2 min,整套系统应处于正常的工作状态,并采集所需的数据。

B.6.3 点火器中心位于试样中心线上,距垂直软垫 51 mm±3 mm,在水平软垫上方 25 mm±3 mm。

B.6.4 调节燃气流量至规定值,使输出的热释放量为 20 kW。

B.6.5 打开燃气阀,点火器同时点火。

B.6.6 调节风机的排风量,保证能收集到试样燃烧所生成的所有产物。

B.6.7 点火 10 min 后,将点火器从试样移开。

B.6.8 关闭点火器。

B.6.9 如果出现下列情况,试验停止:

    a) 所有的有焰燃烧停止;

    b) 试验进行到 30 min 时。

B.6.10 试验过程中,应对试样进行拍照和录像。

B.6.11 试验结束后,打印试验数据。

B.7 试验记录

试验记录中应包括下列内容:

    a) 试样生产厂或提供试样厂家的名称;

    b) 样品描述(包括对试样结构和材料的详细说明);

    c) 试样尺寸、重量或密度;

    d) 试验日期和参加试验人员;

    e) 试验结果。

        1) 热释放速率-时间曲线;

        2) 总热释放量-时间曲线;

        3) 二氧化碳浓度;

        4) 一氧化碳浓度;

5) 烟浓度；

6) 质量损失率；

7) 有焰燃烧停止的时间；

8) 试验结束的时间。

B.8 试验的安全措施及注意事项

B.8.1 试样在燃烧过程中,试验人员可能受到有毒或有害气体的伤害,必须采取适当的防护措施。

B.8.2 试验装置附近应设置灭火设施。

附　录　C

（规范性附录）

暴露在明焰点火源下组件和家具的燃烧性能试验方法

C.1　适用范围

本附录规定了组件和家具暴露在明焰点火源下的燃烧性能试验方法。

本附录适用于组件和家具或组件和家具的实体模型。

C.2　试验装置

C.2.1 试验装置由点火源、锥形收集器、排烟管道、风机、称重台及测量装置等组成。

C.2.2 采用 GA 111—1995 中 3.3 所规定的点火源,点火源可以根据需要移动,并能安全地固定。点火源可采用工业丙烷或天然气作燃料。

C.3　测量装置

C.3.1 气体的体积流量的测量装置见 GA 111—1995 中 5.2.1。

C.3.2 气体取样和气体分析装置见 GA 111—1995 中 5.3.1 和 5.3.2.1～5.3.2.2。

C.3.3 烟密度的测量装置见 GA 111—1995 中 5.4。

C.3.4 试验样品的质量损失由称重台测量,称重台应满足:

    a)　试验时,用称重台支撑试验样品,台上放一张(1.2 m±0.1 m)×(2.4 m±0.1 m)的加强型无机板;称重台的边界超出无机板的上表面 100 mm±10 mm,以防止试验材料的溢出。

    b)　称重台的测量范围不少于 90 kg,精度不低于±150 g;称重台的安装应该保证试验燃烧生成的热量和荷载的偏心不会影响称重的精确度。在测量过程中应防止量程的偏移。

    c)　称重台可以支撑离地板高 2 000 mm±76 mm 的家具试样。

    d)　称重台位于收集罩的几何中心的正下方。

C.3.5 数据采集系统可以采集和记录氧气浓度、一氧化碳浓度、二氧化碳浓度、温度、烟密度、热释放速率、质量损失率等试验数据;每次数据采集和数据处理不应超过 5 s。

C.4　系统的校准

系统的校准按照 GA 111—1995 中 6.1～6.4 进行。

C.5　试验样品

C.5.1 试验样品包括实际的组件和家具或实体组件和家具的模型。

C.5.2 实体组件和家具模型的结构应该完全仿造实际家具的结构,其结构和产品的设计特性应该与实际的产品一致。

C.6　试验步骤

C.6.1 将试样安装到位。

C.6.2 启动风机、测量装置和数据处理系统,试验前 2 min,整套系统应处于正常的工作状态,并采集所需的数据。

C.6.3 试验时可以采用下列点火方式:

    a)　通常情况下,点火器位于试样的下面,点火器上表面距试样下部的暴露面 500 mm±3 mm,点火器边缘靠近试样暴露表面。

b)　也可以选择试样的最不利部位施加火焰,点火器边缘靠近试样暴露表面。

C.6.4　调节燃气流量至规定值,使输出的能量为 100 kW。

C.6.5　打开燃气阀,点火器点火。

C.6.6　增大风机的排风量,保证能收集到试样燃烧所生成的所有产物。

C.6.7　点火 10 min 后,关闭点火器。

C.6.8　如果出现下列情况,试验停止:

a)　点火器关闭后,所有的有焰燃烧停止;

b)　试验进行到 30 min 时。

C.6.9　试验过程中,应对试样进行拍照和录像。

C.6.10　试验结束后,打印试验数据。

C.7　试验记录

试验记录中应包括下列内容:

a)　试样生产厂或提供试样厂家名称;

b)　样品描述(包括对试样结构和材料的详细说明);

c)　试样尺寸、重量或密度;

d)　试验日期和参加试验人员;

e)　试验结果。

1)　热释放速率-时间曲线;

2)　总热释放量-时间曲线;

3)　二氧化碳浓度;

4)　一氧化碳浓度;

5)　烟浓度;

6)　质量损失率;

7)　有焰燃烧停止的时间;

8)　试验结束的时间。

C.8　试验的安全措施及注意事项

C.8.1　试样在燃烧过程中,试验人员可能受到有毒或有害气体的伤害,必须采取适当的防护措施。

C.8.2　试验装置附近应设置灭火设施。

附　录　D

（规范性附录）

公共场所阻燃制品的使用

D.1 顶棚、墙面、地面和固定家具等使用的建筑制品（含铺地材料），当相关设计防火规范规定需采用燃烧性能等级更高的产品时，应按相应防火规范的规定执行。

D.2 厨房内使用的橱柜及台面板，其材料的燃烧性能应不低于 GB 8624 规定的 B 级，且产烟等级不低于 s2 级、燃烧滴落物/微粒的附加等级不低于 d1 级、产烟毒性等级不低于 t1 级；采用塑料制成的燃气管道和电线导管，其材料的燃烧性能应不低于表 2 中规定的阻燃 1 级。

D.3 公共场所使用的座椅、沙发、床垫等家具或组件，除采用的泡沫塑料、织物需满足本标准的要求外，家具或组件本身也应满足本标准的要求。

D.4 公共场所顶棚、墙面使用的装饰软包，其材料的燃烧性能应不低于 GB 8624 规定的 C 级，且产烟等级不低于 s2 级、燃烧滴落物/微粒的附加等级不低于 d1 级、产烟毒性等级不低于 t1 级。

D.5 公共场所中的阻燃电线/电缆和可能导致发热的电器件，当在可燃类材料上布置时应采用阻燃电线导管或防火材料进行保护。

D.6 采用不耐洗的阻燃织物时，在每次洗涤后均应重新进行阻燃处理，其阻燃性能应符合本标准要求。采用耐洗阻燃织物，其洗涤次数超过标识中注明的洗涤次数时，需经重新检验合格方能继续使用。窗帘、帷幕、床罩等需要经常洗涤的阻燃织物应采用耐洗阻燃织物。

D.7 在疏散通道和人员密集场所，使用阻燃泡沫塑料制品作保温材料时，泡沫塑料的表面不得直接暴露于使用空间，否则其表面应采用不燃材料或防火材料进行保护。

D.8 公共场所内选用的阻燃制品及组件的阻燃性能等级和使用的产品数量应满足相应的防火安全设计要求。防火安全设计应优先采用以国际、区域或国家标准发布的，或由知名的技术组织或有关科学书籍和期刊公布的方法和已经权威机构试验验证或充分论证过的方案。

ICS 13.220.50
C 84

中华人民共和国国家标准

GB 23864—2009

防 火 封 堵 材 料

Firestop material

2009-06-01 发布

2010-02-01 实施

中华人民共和国国家质量监督检验检疫总局
中国国家标准化管理委员会 发布

前　言

本标准第 5 章、第 7 章和第 8 章为强制性的，其余为推荐性的。

本标准是在 GA 161—1997《防火封堵材料的性能要求和试验方法》的基础上，参考欧盟标准 EN 1366《防火封堵材料试验方法》制定的。

本标准自实施之日起，GA 161—1997《防火封堵材料的性能要求和试验方法》废止。

本标准附录 A 为规范性附录，附录 B 为资料性附录。

本标准由中华人民共和国公安部提出。

本标准由全国消防标准化技术委员会第七分技术委员会(SAC/TC 113/SC 7)归口。

本标准负责起草单位：公安部四川消防研究所。

本标准参加起草单位：喜利得(中国)有限公司、浙江省嵊州市电缆防火附件厂、3M(中国)有限公司、四川天府防火材料有限公司。

本标准主要起草人：卢国建、王良伟、聂涛、马昳、王洪、戴侑松、王聪慧。

防 火 封 堵 材 料

1 范围

本标准规定了防火封堵材料的术语和定义、分类与标记、要求、试验方法、检验规则、综合判定准则及包装、标志、贮存、运输等内容。

本标准适用于在建筑物、构筑物以及各类设施中的各种贯穿孔洞、构造缝隙所使用的防火封堵材料或防火封堵组件,建筑配件内部使用的防火膨胀密封件和硬聚氯乙烯建筑排水管道阻火圈除外。

2 规范性引用文件

下列文件中的条款通过本标准的引用而成为本标准的条款。凡是注日期的引用文件,其随后所有的修改单(不包括勘误的内容)或修订版均不适用于本标准,然而,鼓励根据本标准达成协议的各方研究是否可使用这些文件的最新版本。凡是不注日期的引用文件,其最新版本适用于本标准。

GB/T 2408—2008 塑料燃烧性能试验方法 水平法和垂直法

GB/T 2611 试验机通用技术要求

GB/T 5455 纺织品 燃烧性能试验 垂直法

GB/T 7019—1997 纤维水泥制品试验方法

GB/T 8333 硬质泡沫塑料燃烧性能试验方法 垂直燃烧法

GB/T 9978.1 建筑构件耐火试验方法 第1部分:通用要求

GA 304—2001 硬聚氯乙烯建筑排水管道阻火圈

3 术语和定义

下列术语和定义适用于本标准。

3.1

防火封堵材料 firestop material

具有防火、防烟功能,用于密封或填塞建筑物、构筑物以及各类设施中的贯穿孔洞、环形缝隙及建筑缝隙,便于更换且符合有关性能要求的材料。

3.2

防火封堵组件 firestop subassembly

由多种防火封堵材料以及耐火隔热材料共同构成的用以维持结构耐火性能,且便于更换的组合系统。

3.3

移动缝隙 moveable joint

受热后由于变形而可能使其宽度或位置发生变化的缝隙。

4 分类与标记

4.1 分类

4.1.1 防火封堵材料按用途可分为:孔洞用防火封堵材料、缝隙用防火封堵材料、塑料管道用防火封堵材料三个大类:

——孔洞用防火封堵材料是指用于贯穿性结构孔洞的密封和封堵,以保持结构整体耐火性能的防火封堵材料;

——缝隙用防火封堵材料是指用于防火分隔构件之间或防火分隔构件与其他构件之间(如:伸缩缝、沉降缝、抗震缝和构造缝隙等)缝隙的密封和封堵,以保持结构整体耐火性能的防火封堵材料。

——塑料管道用防火封堵材料是指用于塑料管道穿过墙面、楼地板等孔洞时,用以保持结构整体耐火性能所使用的防火封堵材料及制品。

4.1.2 防火封堵材料按产品的组成和形状特征可分为下列类型:

——柔性有机堵料:以有机材料为粘接剂,使用时具有一定柔韧性或可塑性,产品为胶泥状物体;

——无机堵料:以无机材料为主要成分的粉末状固体,与外加剂调和使用时,具有适当的和易性;

——阻火包:将防火材料包装制成的包状物体,适用于较大孔洞的防火封堵或电缆桥架的防火分隔(阻火包亦称耐火包或防火包);

——阻火模块:用防火材料制成的具有一定形状和尺寸规格的固体,可以方便地切割和钻孔,适用于孔洞或电缆桥架的防火封堵;

——防火封堵板材:用防火材料制成的板材,可方便地切割和钻孔,适用于大型孔洞的防火封堵;

——泡沫封堵材料:注入孔洞后可以自行膨胀发泡并使孔洞密封的防火材料;

——缝隙封堵材料:置于缝隙内,用于封堵固定或移动缝隙的固体防火材料;

——防火密封胶:具有防火密封功能的液态防火材料;

——阻火包带:用防火材料制成的柔性可缠绕卷曲的带状产品,缠绕在塑料管道外表面,并用钢带包覆或其他适当方式固定,遇火后膨胀挤压软化的管道,封堵塑料管道因燃烧或软化而留下的孔洞。

4.2 标记

各类防火封堵材料的名称与代号对应关系如下:

柔性有机堵料 ……… DR;

无机堵料 ………… DW;

阻火包 ……… DB;

阻火模块 ………… DM;

防火封堵板材 ……… DC;

泡沫封堵材料 ……… DP;

防火密封胶 ……… DJ;

缝隙封堵材料 ……… DF;

阻火包带 ………… DT;

标记顺序为:防火封堵材料代号—耐火性能级别代号—企业的产品型号。

标记示例:DW-A3-ZH08,表示具有三小时耐火完整性和耐火隔热性的无机堵料,企业的产品型号为ZH08。

5 要求

5.1 燃烧性能

5.1.1 除无机堵料外,其他封堵材料的燃烧性能应满足5.1.2～5.1.4的规定。燃烧性能缺陷类别为A类。

5.1.2 阻火包用织物应满足:损毁长度不大于150 mm,续燃时间不大于5 s,阴燃时间不大于5 s,且燃烧滴落物未引起脱脂棉燃烧或阴燃。

5.1.3 柔性有机堵料和防火密封胶的燃烧性能不低于GB/T 2408—2008规定的HB级;泡沫封堵材料的燃烧性能应满足:平均燃烧时间不大于30 s,平均燃烧高度不大于250 mm。

5.1.4 其他封堵材料的燃烧性能不低于GB/T 2408—2008规定的V-0级。

5.2 耐火性能

5.2.1 防火封堵材料的耐火性能按耐火时间分为：1 h、2 h、3 h 三个级别，耐火性能的缺陷类别为 A 类。

5.2.2 防火封堵材料的耐火性能应符合表 1 的规定。

表 1 防火封堵材料的耐火性能技术要求   单位为小时

序号	技术参数	耐 火 极 限		
		1	2	3
1	耐火完整性	≥1.00	≥2.00	≥3.00
2	耐火隔热性	≥1.00	≥2.00	≥3.00

5.3 理化性能

5.3.1 柔性有机堵料、无机堵料、阻火包、阻火模块、防火封堵板材和泡沫封堵材料的理化性能应符合表 2 的规定。

表 2 柔性有机堵料等防火封堵材料的理化性能技术要求

序号	检验项目	技 术 指 标						缺陷分类
		柔性有机堵料	无机堵料	阻火包	阻火模块	防火封堵板材	泡沫封堵材料	
1	外观	胶泥状物体	粉末状固体、无结块	包体完整，无破损	固体，表面平整	板材，表面平整	液体	C
2	表观密度/(kg/m³)	≤2.0×10³	≤2.0×10³	≤1.2×10³	≤2.0×10³		≤1.0×10³	C
3	初凝时间/min	—	10＜t≤45				t≤15	B
4	抗压强度/MPa		0.8≤R≤6.5		R≥0.10			B
5	抗弯强度/MPa	—	—	—	—	≥0.10	—	B
6	抗跌落性	—	—	包体无破损	—	—	—	B
7	腐蚀性/d	≥7,不应出现锈蚀、腐蚀现象	≥7,不应出现锈蚀、腐蚀现象	≥7,不应出现锈蚀、腐蚀现象	—		≥7,不应出现锈蚀、腐蚀现象	B
8	耐水性/d	≥3,不溶胀、不开裂;阻火包内装材料无明显变化,包体完整,无破损						B
9	耐油性/d	≥3,不溶胀、不开裂;阻火包内装材料无明显变化,包体完整,无破损						C
10	耐湿热性/h	≥120,不开裂、不粉化;阻火包内装材料无明显变化						B
11	耐冻融循环/次	≥15,不开裂、不粉化;阻火包内装材料无明显变化						B
12	膨胀性能/%	—	—	≥150	≥120		≥150	B
注：抗压强度指标弹性阻火模块除外。								

5.3.2 缝隙封堵材料和防火密封胶的理化性能应符合表3的规定。

表 3 缝隙封堵材料和防火密封胶的理化性能技术要求

序号	检验项目	技 术 指 标		缺陷分类
		缝隙封堵材料	防火密封胶	
1	外观	柔性或半硬质固体材料	液体或膏状材料	C
2	表观密度/(kg/m³)	≤1.6×10³	≤2.0×10³	C
3	腐蚀性/d	—	≥7,不应出现锈蚀、腐蚀现象	B
4	耐水性/d	≥3,不溶胀、不开裂		B
5	耐碱性/d			B
6	耐酸性/d			C
7	耐湿热性/h	≥360,不开裂、不粉化		B
8	耐冻融循环/次	≥15,不开裂、不粉化		B
9	膨胀性能/%	≥300		B

注：膨胀性能指标玻璃幕墙用弹性防火密封胶除外。

5.3.3 阻火包带的理化性能应符合表4的规定。

表 4 阻火包带的理化性能技术要求

序号	检 验 项 目		技 术 指 标	缺陷分类
1	外观		带状软质卷材	C
2	表观密度/(kg/m³)		≤1.6×10³	C
3	耐水性/d		≥3,不溶胀、不开裂	B
4	耐碱性/d			B
5	耐酸性/d			C
6	耐湿热性/h		≥120,不开裂、不粉化	B
7	耐冻融循环/次		≥15,不开裂、不粉化	B
8	膨胀性能/(mL/g)	未浸水(或水泥浆)	≥10	B
		浸入水中48 h后		
		浸入水泥浆中48 h后		

6 试验方法

6.1 外观

采用目测与手触摸结合的方法进行。

6.2 表观密度

6.2.1 试验条件

密度测试应在常温条件下进行。

6.2.2 试验装置

不锈钢容器:内径为 ϕ50 mm,高 50 mm;

电子天平:量程大于 100 g,精度 0.1 g;

电子天平:量程 1 000 g,精度 1 g;

直尺:精度 1 mm;

游标卡尺:精度 0.02 mm;

量筒:1 200 mL;

电热鼓风干燥箱:0 ℃～200 ℃。

6.2.3 试验程序

6.2.3.1 柔性有机堵料、防火密封胶

将防火密封胶或混合均匀的柔性有机堵料放入一个内径为 ϕ50 mm,高 50 mm 的不锈钢容器中。用直径为 5 mm 的不锈钢棒插捣,使其充满整个容器,并用不锈钢板将表面抹平,使其上表面与不锈钢容器的上表面处于同一平面。准确称量其质量 m_2,m_2 减去不锈钢容器本身的质量 m_1 即为试样的质量 m,精确至 0.1 g。

表观密度 ρ(kg/m³)按式(1)计算:

$$\rho = m/V \qquad \cdots\cdots\cdots\cdots\cdots\cdots\cdots\cdots(1)$$

式中:

ρ——表观密度,单位为千克每立方米(kg/m³);

m——试样的质量,单位为千克(kg);

V——不锈钢容器净空体积,单位为立方米(m³)。

试验数据取两次试验结果的算术平均值,取整到 0.1×10^3 kg/m³。两次试验结果之差不得超过 0.2×10^3 kg/m³。

6.2.3.2 无机堵料、阻火包

将阻火包内装材料放入电热鼓风干燥箱内,在 65 ℃±2 ℃条件下烘干至恒重。

将试样(无机堵料或阻火包内装材料)混合均匀后,缓慢放入量程不小于 1 200 mL 的量筒中至 1 000 mL 左右,轻轻振动量筒,使量筒中的试样与刻度线相平,记录下刻度读数 V。

称量空量筒的质量和装入试样后的量筒质量,两者之差即为试样的质量,精确至 0.1 g。

表观密度按式(2)计算:

$$\rho = m/V \qquad \cdots\cdots\cdots\cdots\cdots\cdots\cdots\cdots(2)$$

式中:

ρ——表观密度,单位为千克每立方米(kg/m³);

m——试样的质量,单位为千克(kg);

V——试样的体积,单位为立方米(m³)。

试验数据取两次试验结果的算术平均值,取整到 0.1×10^3 kg/m³。两次试验结果之差不得超过 0.2×10^3 kg/m³。

6.2.3.3 阻火模块、防火封堵板材、泡沫封堵材料

将阻火模块、防火封堵板材或已成型的泡沫封堵材料切割成两个 50 mm×50 mm×20 mm 的试件（也可以是实际厚度），分别称量其质量，精确至 1 g，并测量其尺寸，精确至 1 mm。

表观密度按式（3）计算：

$$\rho = m/V \qquad\qquad\qquad\qquad\qquad (3)$$

式中：

ρ——表观密度，单位为千克每立方米（kg/m³）；

m——试样的质量，单位为千克（kg）；

V——试样的体积，单位为立方米（m³）。

试验数据取两次试验结果的算术平均值，取整到 $0.1×10^3$ kg/m³。两次试验结果之差不得超过 $0.2×10^3$ kg/m³。

6.2.3.4 阻火包带和缝隙封堵材料

将阻火包带或缝隙封堵材料切割成两个 100 mm×10 mm×2 mm 的试件（也可以是实际宽度和厚度），分别称量其质量，精确至 1 g，并测量其尺寸，精确至 1 mm。

表观密度按式（4）计算：

$$\rho = m/V \qquad\qquad\qquad\qquad\qquad (4)$$

式中：

ρ——表观密度，单位为千克每立方米（kg/m³）；

m——试样的质量，单位为千克（kg）；

V——试样的体积，单位为立方米（m³）。

试验数据取两次试验结果的算术平均值，取整到 $0.1×10^3$ kg/m³。两次试验结果之差不得超过 $0.2×10^3$ kg/m³。

6.3 初凝时间（t）

在 20 ℃±5 ℃条件下，按产品使用说明规定的混合比配料，用秒表测定从配料结束到丧失流动性时为止的时间。

6.4 抗压强度

6.4.1 试样的制备

将调和好的无机堵料倒入规格为 62.5 mm×40 mm×40 mm 的试模内，捣实抹平，待基本固化后脱模。试样的调和与养护应按产品使用说明进行，试样数量为五个。

将阻火模块切割成规格为 62.5 mm×40 mm×40 mm 的试样，试样数量为五个。

6.4.2 试验装置

试验采用符合 GB/T 2611 规定的压力试验机。

6.4.3 试验程序

选择试块的任一侧面作为受压面，用游标卡尺测量其受压截面长和宽的尺寸，精确至 1 mm。

将选定试块的受压面向上放在压力试验机的加压座上，使试件的中心线与压力机压头的中心线重合，以 1 500 N/min～2 000 N/min 的速度均匀加荷至试件破坏，记录试件破坏时的压力读数。

抗压强度按式（5）计算：

$$R = P/S \qquad\qquad\qquad\qquad\qquad (5)$$

式中：

R——抗压强度，单位为兆帕（MPa）；

P——压力读数，单位为牛顿（N）；

S——受压面积，单位为平方毫米（mm²）。

抗压强度结果以五个试验值中剔除粗大误差后的算术平均值表示，精确到 0.01 MPa。

6.5 抗弯强度

将样品加工成尺寸为 240 mm×100 mm 的试件，试件数量为五个。表面有涂层的防火封堵材料，其裸露的断面应采用相同的表面材料涂封。按 GB/T 7019—1997 中的 9.3.4 和 9.4.2 的规定测试并计算试件的抗弯强度，抗弯强度结果以五个试验值中剔除粗大误差后的算术平均值表示，精确至 0.01 MPa。

6.6 抗跌落性

分别将三个完整的阻火包从 5 m 高处自由落于混凝土水平地面上，观察包体。

6.7 腐蚀性

6.7.1 阻火模块

分别取长为 250 mm、外径为 $\phi30$ mm$\sim\phi40$ mm 的 Q235 普通碳素结构钢管两根和长为 250 mm、外径为 $\phi30$ mm$\sim\phi40$ mm 的 PVC 绝缘护套电缆 3 根，在阻火模块上钻出与钢管和电缆直径相同的孔洞，并对剖。将钢管和电缆置于阻火模块的孔洞中，并用夹具固定，固定方式见图 1。七天后，观察钢管和电缆外层胶皮与堵料试样接触部位是否出现锈蚀、腐蚀现象。

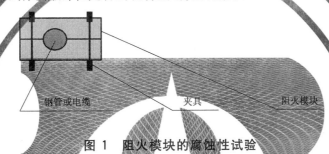

钢管或电缆　　　　夹具　　　　阻火模块

图 1　阻火模块的腐蚀性试验

6.7.2 其他封堵材料的腐蚀性试验

分别取 150 mm×100 mm×0.8 mm 的 Q235 普通碳素结构钢板两块和长为 25 mm、外径为 $\phi30$ mm$\sim\phi40$ mm 的电缆 3 根，将调和好的无机堵料、柔性有机堵料、泡沫封堵材料或防火密封胶涂在钢板和电缆外层胶皮表面，七天后观察钢板和电缆外层胶皮与堵料试样接触部位，是否出现锈蚀、腐蚀现象。

6.8 耐水性

6.8.1 试样的制备

无机堵料、防火密封胶：将调和好的试样注入 200 mm×20 mm×20 mm 的标准试模内，捣实抹平，待基本固化后脱模，养护期满后将试样锯切成三个 20 mm×20 mm×20 mm 的正方体试块。试样的调和与养护按产品使用说明进行。

柔性有机堵料：取一定量的试样，揉匀，制成三个直径均为 20 mm 的圆球。

阻火包：试样为完整的三个包体。

其他防火封堵材料：将试样切割成三个 20 mm×20 mm×20 mm 的试块，表面有涂层的防火封堵材料，其裸露的断面应采用相同的表面材料涂封。厚度小于 20 mm 的材料，试块厚度与材料厚度相同。

　　注：对无法固化的防火密封胶，可以涂在三个 50 mm×50 mm×2 mm 的不锈钢板或聚乙烯塑料板上进行试验，涂覆厚度为 1 mm±0.5 mm。

6.8.2 试验程序

将制作养护好的试样浸泡于自来水中，温度保持在 20 ℃±5 ℃，一天观察一次，三天后取出。观察试样是否溶胀、开裂，阻火包的包体是否完整、有无破损、内装材料是否有明显变化。

6.8.3 判定条件

阻火包浸泡三天后取出擦干，包体应完整、无破损且内装材料应无明显变化。

其他试样浸泡三天，三个试件中至少两个不应出现溶胀、开裂现象。

6.9 耐油性

6.9.1 试样的制备

按6.8.1的要求制样。

6.9.2 试验程序

将制作养护好的试样浸泡于变压器油中,油温保持在20 ℃±5 ℃,一天观察一次,三天后取出。

6.9.3 判定条件

按6.8.3的要求进行判定。

6.10 耐湿热性

6.10.1 试样的制备

按6.8.1的要求制样。

6.10.2 试验程序

将制作养护好的试件,放置在湿度为90%±5%、温度45 ℃±5 ℃的试验箱中,至规定时间后,取出试件放置于不受阳光直接照射的环境中,自然干燥。观察试样是否开裂、粉化。

6.10.3 判定条件

按规定进行试验后,阻火包内装材料应无明显变化,其他试样三个试件中至少两个不应出现开裂、粉化现象。

6.11 耐冻融循环性

6.11.1 试样的制备

按6.8.1的要求制样。

6.11.2 试验程序

将制作养护好的试件,先置于23 ℃±2 ℃的水中18 h,然后将试件放入−20 ℃±2 ℃的低温箱中,自箱内温度达到−18 ℃时起冷冻3 h再将试件从低温箱中取出,立即放入50 ℃±2 ℃的恒温箱中,恒温3 h。取出试件重复上述操作共15个循环。观察试样是否开裂、粉化。

6.11.3 判定条件

按6.10.3的要求进行判定。

6.12 耐酸性

6.12.1 试样的制备

按6.8.1的要求制样。

6.12.2 试验程序

将制作养护好的试件,放置于3%的盐酸溶液中,温度保持在20 ℃±5 ℃,一天观察一次,观察试样是否溶胀、开裂。

6.12.3 判定条件

浸泡三天后,三个试件中至少两个不应出现溶胀、开裂现象。

6.13 耐碱性

6.13.1 试样的制备

按6.8.1的要求制样。

6.13.2 试验程序

将制作养护好的试件,浸入3%的氨水溶液中,温度保持在20 ℃±5 ℃,一天观察一次,观察试样是否溶胀、开裂。

6.13.3 判定条件

浸泡三天后,三个试件中至少两个不应出现溶胀、开裂现象。

6.14 膨胀性能

6.14.1 试样的制备

阻火包:将阻火包的内装材料混合均匀后,分别放入三个内径为 $\phi50$ mm,高 50 mm 的钢质容器中。阻火包的内装材料在钢质容器中的松散堆积厚度为 10 mm。

阻火模块、缝隙封堵材料、泡沫封堵材料(已固化成型):将试样切割成三个直径为 $\phi48$ mm～$\phi50$ mm,厚度为 10 mm±3 mm 的试样块,厚度不足可以叠加,每个试件至少应包含一个使用表面。然后,分别放入三个内径为 $\phi50$ mm,高度不小于 50 mm 的钢质容器中。

防火密封胶:将防火密封胶注入三个内径为 $\phi50$ mm,高 50 mm 的钢质容器中,防火密封胶的注入高度为 3 mm±1 mm。然后,将钢质容器放入温度为 60 ℃±5 ℃的电热鼓风干燥箱中干燥 48 h 以上。根据产品的使用要求,也可以分层进行干燥,干燥后试件的厚度为 3 mm±1 mm。

6.14.2 试验程序

用钢直尺测量试样膨胀前的高度。然后,将装有试样的钢质容器置于温度为 540 ℃±10 ℃的电阻炉内,恒温 30 min 后取出。待充分冷却后,测量试样膨胀后的高度(若膨胀后的试样表面不平整,可测试多个点取平均值),试样膨胀后的高度与膨胀前的高度之比即为该材料的膨胀倍数。膨胀性能以三个试样膨胀倍数的算术平均值表示,精确至小数点后第一位。

阻火包带的膨胀性能按照 GA 304—2001 中 6.2 的规定进行试验。

6.15 燃烧性能

6.15.1 阻火包所用的织物材料按 GB/T 5455 进行试验。

6.15.2 将柔性有机堵料或防火密封胶置于模具内,制成尺寸不小于 300 mm×300 mm,厚度为 3 mm 的片材,并在温度为 60 ℃～65 ℃的烘箱中干燥 72 h 以上,然后按 GB/T 2408—2008 规定的水平法进行试验。

> 注:无法自支撑的试件,允许置于金属网上进行试验。

6.15.3 泡沫封堵材料按 GB/T 8333 的规定进行试验。

6.15.4 阻火模块、防火封堵板材、缝隙封堵材料、阻火包带的燃烧性能按 GB/T 2408—2008 规定的垂直法进行试验。

6.16 耐火性能

6.16.1 试验装置

6.16.1.1 耐火试验炉

符合 GB/T 9978.1 对耐火试验炉的要求。

耐火试验炉应满足试件安装、升温条件、压力条件、温度测试及试验观察等要求。

6.16.1.2 测温设备

耐火性能试验测温设备应满足下列要求:

a) 炉内温度测试

炉内温度测量,采用丝径为 $\phi0.75$ mm～$\phi2.30$ mm 的热电偶,其热端应伸出套管 25 mm,热电偶感温端距堵料受火平面 100 mm。炉内热电偶的数量不得少于 5 支。

b) 试件背火面温度测量

试件背火面——封堵材料、电缆表面或穿管表面、距堵料封堵边缘 25 mm 处的框架表面、塑料管道表面的温度测量,采用丝径为 $\phi0.5$ mm 的热电偶,工业Ⅱ级,数量不得少于 6 支。分布是:封堵材料表面距贯穿物表面 25 mm 处,不少于 2 支;贯穿物(电缆、电缆束或穿管)表面距封堵材料表面 25 mm 处不同的贯穿物至少设 1 支;支架或托盘表面距封堵材料表面 25 mm 处至少设 1 支;使用阻火包带时,在塑料管表面距楼板或墙体 25 mm 处设 2 支热电偶;距堵料封堵边缘 25 mm 处的框架表面设 1 支热电偶;另设 1 支移动测温热电偶,必要时用来监测试件背火面可疑点的温升,其数据应作为判定依据。

c) 测温设备的精确度

测温仪器设备的精确度(系统误差)应达到:

炉　　　内:±15 ℃;

表面或其他:±5 ℃。

6.16.2　试验条件

6.16.2.1　升温条件

符合 GB/T 9978.1 规定的升温条件要求。当有特殊要求时,也可采用其他升温曲线。

6.16.2.2　炉内压力条件

垂直安装的试件进行耐火试验时,试件底面所在水平面应保持正压;水平安装的试件进行耐火试验时,在离试件受火面 100 mm 的平面上应保持正压。

6.16.3　试件要求

进行耐火试验时,试件所用的材料、制作工艺、拼接与安装方法应足以反映相应构件在实际使用中的情况。为使试验能够实施而进行的安装方式的修改对试验结果应无重大影响,并应对修改作详细说明。

6.16.4　试件制作

6.16.4.1　概述

6.16.4.1.1　防火封堵材料在进行产品质量判定时,试件的制作可选择本标准中规定的标准试件的制作方式。针对实际工程应用的试件,试件的制作应与实际使用情况一致。当按实际工程应用制作的试件已包含标准试件中的所有贯穿物及其组合方式时,若其耐火性能达到规定要求,该试验结果也可用于对产品进行质量判定。

6.16.4.1.2　电缆受火端用所测试的堵料封头(封头长度 50 mm,厚度 25 mm),暴露于火场的电缆长度 300 mm;穿管受火端用所测试的堵料堵塞管内径,堵塞长度 100 mm,穿管伸出试件受火面 300 mm;贯穿物的长度为 1 500 mm。

6.16.4.1.3　背火面的贯穿物或支架应采用适当的方式固定,防止贯穿物或支架在试验前或试验过程中滑落。

6.16.4.2　孔洞用防火封堵材料试件

6.16.4.2.1　孔洞用防火封堵材料标准试件应包含混凝土框架、贯穿物、支架和孔洞用防火封堵材料等部分,标准试件的尺寸和详细制作要求见附录 A 的 A.1。

6.16.4.2.2　对于无机堵料、阻火包或阻火模块,图 A.1 中的防火封堵材料应采用被测试的无机堵料、阻火包或阻火模块中的某一种,允许与柔性有机堵料或泡沫封堵材料配合使用。

6.16.4.2.3　对于柔性有机堵料或泡沫封堵材料,图 A.1 中的封堵材料由预留矩形孔洞(孔洞长度:510 mm,高度:110 mm)的 C30 混凝土替代,预留矩形孔洞位于图 A.1 中需要铺设电缆桥架、电缆和钢管等贯穿物的位置。在预留矩形孔洞内按图 A.2 铺设电缆桥架、电缆和钢管等贯穿物,采用柔性有机堵料或泡沫封堵材料堵塞孔洞内所有间隙。

注:柔性有机堵料或泡沫封堵材料的试件制作见图 A.2。

6.16.4.2.4　对于防火封堵板材,图 A.1 中的防火封堵材料应采用受火面与背火面各设一块防火封堵板材,并允许在板材与框架及贯穿物结合处使用柔性有机堵料或泡沫封堵材料的安装方式。

6.16.4.3　缝隙用防火封堵材料试件

6.16.4.3.1　缝隙用防火封堵材料标准试件应包含混凝土框架、固定支架及结构缝隙用防火封堵材料等部分,试件应包括与防火封堵材料性能相适应的最大和最小两种固定缝隙宽度,最大和最小两种缝隙宽度由委托方确定,必要时可包括可移动缝隙。标准试件的尺寸和详细制作要求见附录 A 的 A.6。

6.16.4.3.2　如果缝隙用防火封堵材料具有封堵变形缝隙的能力,对于允许缝隙在使用过程中发生一定变形的缝隙封堵材料,在进行耐火性能试验前,缝隙应移动至其变形率为 100% 时的位置;对于允许缝隙在试验过程中发生一定变形的缝隙封堵材料,在试验过程中其缝隙应由其允许变形率的 20% 逐渐移动至其允许变形率的 100%,缝隙移动的时间必须控制在耐火试验开始后的前 60 min 以内。

6.16.4.4 塑料管道用防火封堵材料和防火封堵组件试件

6.16.4.4.1 塑料管道用防火封堵材料标准试件应包含混凝土框架、塑料管、支架及塑料管道用防火封堵材料等部分,标准试件的尺寸和详细制作要求见附录 A 的 A.3。

6.16.4.4.2 防火封堵组件标准试件应包含混凝土框架、贯穿物、支架、防火封堵材料和耐火隔热材料等部分,标准试件的尺寸和详细制作要求见附录 A 的 A.9。

6.16.5 状态调节

试件制作后应按产品使用说明的规定进行养护,待试件养护期满后方能进行耐火试验。

6.16.6 试验程序

6.16.6.1 试件的安装

试件安装应反映实际使用情况,根据测试要求将试件垂直或水平安装于燃烧试验炉上进行试验。在背火面的防火封堵材料、贯穿物及框架上布置热电偶以测量背火面温升情况。贯穿物的悬臂端应采用有效的支承(托架)。

6.16.6.2 测量与观察

炉内温度测量用热电偶应符合 GB/T 9978.1 的规定,热电偶的设置应不少于 5 支,温度记录周期不大于 30 s。

a) 试件背火面温度

测量并观察背火面封堵材料表面的温度、距封堵材料背火面 25 mm 处电缆表面的温度、距封堵材料背火面 25 mm 处穿管表面的温度、距封堵材料背火面 25 mm 处框架表面的温度。

b) 完整性

测量并观察试件背火面是否有火焰或热气流穿出点燃棉垫,以及试件背火面是否出现连续火焰达 10 s 以上。棉垫的要求与使用应符合 GB/T 9978.1 的规定。

c) 隔热性

测量并记录背火面所有测温点包括移动热电偶的温升,以及任一测温点温升达到 180 ℃ 的时间。

6.16.7 耐火极限判定准则

6.16.7.1 耐火极性判定

试验中出现 6.16.7.2 和 6.16.7.3 中规定的完整性丧失或失去隔热性的任何一项时,即表明该防火封堵材料的完整性或隔热性已达到极限状态,所记录的时间即为该防火封堵材料的完整性丧失或失去隔热性的极限耐火时间。

6.16.7.2 完整性丧失

完整性丧失的特征是,在试件的背火面有如下现象出现:

a) 点燃棉垫;

b) 有连续 10 s 的火焰穿出。

6.16.7.3 失去隔热性

隔热性丧失的特征是,在试件的背火面有如下现象出现:

a) 被检试样背火面任何一点温升达到 180 ℃;

b) 任何贯穿物背火端距封堵材料 25 mm 处表面温升达到 180 ℃;

c) 背火面框架表面任何一点温升达到 180 ℃。

6.16.8 耐火性能的表示

以试件的极限耐火时间表示防火封堵材料的耐火性能,精确至 0.01 h。

6.16.9 耐火极限的修正

如果试验过程中因异常情况炉内温度超过规定的允许偏差,应根据炉内的升温情况对实际耐火时间进行修正。其修正值为实际耐火时间的前3/4时间内的实际炉温曲线与相应时间的标准温度曲线的面积差的2/3乘以实际耐火时间,它们的积除以实际耐火时间的前3/4时间内的标准温度曲线下的面积。如果实际炉温超过标准炉温,调整时间为增加,反之减少。修正公式如下:

$$C = 2I(A - A_s)/3A_s \quad\quad\quad\quad\quad\quad\quad\quad\quad (6)$$

式中:

C——I 的等时段修正值,单位为分(min);

I——实际耐火时间,单位为分(min);

A——前 $3/4I$ 的实际炉温曲线下的面积;

A_s——与 A 相同时段内标准炉温曲线下的面积。

6.16.10 耐火性能试验结果的应用

耐火性能试验结果的应用参照附录 B。

7 检验规则

7.1 本标准规定的耐火性能、燃烧性能及所有的理化性能技术指标均为型式检验项目。

7.2 有下列情形之一时,产品应进行型式检验:

    a) 新产品投产或某产品转厂生产的试制鉴定;

    b) 正式生产后,产品的原材料、配方、生产工艺有较大改变时或正常生产满三年时;

    c) 产品停产一年以上,恢复生产时;

    d) 出厂检验结果与上次型式检验有较大差异时;

    e) 国家质量监督机构提出要求时。

7.3 本标准中所规定的外观、表观密度、初凝时间、抗跌落性、膨胀性能、耐水性、耐油性、耐碱性、燃烧性能等为出厂检验项目。

8 综合判定准则

8.1 防火封堵材料所需的样品应从批量产品或使用现场随机抽取。

8.2 防火封堵材料的耐火性能达到某一级(1 h、2 h、3 h)的规定要求,且其他各项性能指标均符合标准要求时,该产品被认定为产品质量某一级合格。

8.3 经检验,该防火封堵材料除耐火性能和燃烧性能(不合格属 A 类缺陷,不允许出现)外,理化性能尚有重缺陷(B 类缺陷)和轻缺陷(C 类缺陷),在满足下列要求时,亦可判定该产品质量某一级合格,但需注明缺陷性质及数量:

    a) 表 2 中所列的防火封堵材料,当 B≤2 或 B+C≤3 时;

    b) 表 3 或表 4 中所列的防火封堵材料,当 B≤1 或 B+C≤2 时。

9 包装、标志、贮存、运输

9.1 产品应采取清洁、干燥、能密封的包装袋或容器包装并附有合格证和产品使用说明。

9.2 产品包装上应注明生产企业名称、地址、产品名称、产品商标、规格型号、生产日期或批号、贮存期、包装外形尺寸或质量等。

9.3 产品应存放在通风、干燥、防止日光直接照射的地方。

9.4 产品在运输时,应防止雨淋、曝晒,并应符合运输部门的有关规定。

附 录 A
（规范性附录）
防火封堵材料耐火性能试验标准试件的安装

A.1 电缆贯穿标准试件的安装方式如图 A.1 所示。

单位为毫米

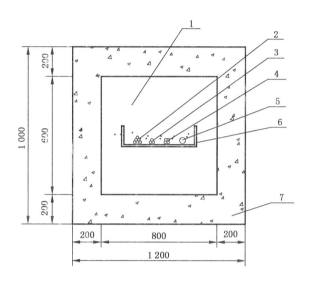

1——封堵材料；

2——6 根(7×1.5)mm² KVV 电缆；

3——3 根(3×50+1×25)mm² YJV 电缆；

4——4 根(3×50+1×25)mm² YJV 电缆；

5——DN32 钢管；

6——不带孔钢质电缆桥架(500 mm 宽,100 mm 高,1.5 mm 厚)；

7——C30 混凝土框架。

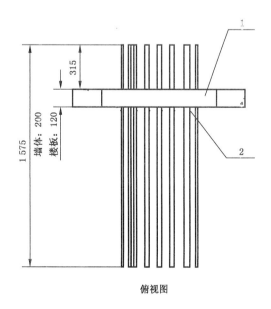

俯视图

1——封堵材料；

2——热电偶。

图 A.1 电缆贯穿标准试件的安装方式

A.2 柔性有机堵料、泡沫封堵材料电缆贯穿标准试件的安装方式如图 A.2 所示。

单位为毫米

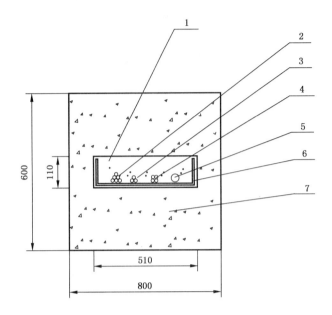

1——封堵材料；

2——6 根(7×1.5)mm² KVV 电缆；

3——3 根(3×50+1×25)mm² YJV 电缆；

4——4 根(3×50+1×25)mm² YJV 电缆；

5——DN32 钢管；

6——不带孔钢质电缆桥架(500 mm 宽,100 mm 高,1.5 mm 厚)；

7——C30 混凝土框架。

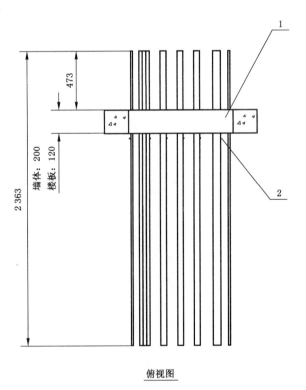

俯视图

1——封堵材料；

2——热电偶。

图 A.2 柔性有机堵料、泡沫封堵材料电缆贯穿标准试件的安装方式

A.3 管道贯穿标准试件的安装方式如图 A.3 所示。

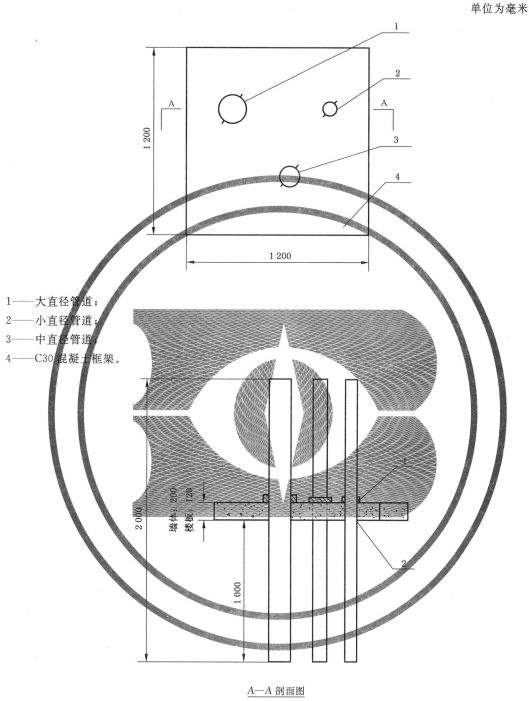

1——大直径管道；
2——小直径管道；
3——中直径管道；
4——C30 混凝土框架。

A—A 剖面图

1——封堵材料；
2——热电偶。

图 A.3 管道贯穿标准试件的安装方式

A.4 管道封堵材料安装在楼板或墙体上进行耐火试验,楼板和墙体应预留可穿试验用管的孔洞。管道封堵材料的安装方式应足以反映其实际使用情况,为使试验能够进行而作的安装修改应对管道封堵材料性能无重大影响。试验用塑料管材应符合相关产品的国家或行业标准的要求。

A.5 试验时将管道封堵材料用金属膨胀螺栓等金属件固定在结构厚度为 120 mm 的现浇整体式 C30 砼楼板下(砼板受火面保护层厚度为 10 mm)或厚度为 200 mm 砼墙体受火面一侧。试验用塑料管材总

361

长度为 2 000 mm,背火面塑料管材露出楼板或墙体长度为 1 000 mm,受火面管口用同材质堵头或矿物棉封堵,封堵长度为(50±10)mm,背火面试验管距管口 50 mm 处用支承件固定。在背火面距楼板或墙体 25 mm 处管外表面对称两侧各安装 1 支热电偶。

A.6 缝隙标准试件的安装方式如图 A.4 所示:

单位为毫米

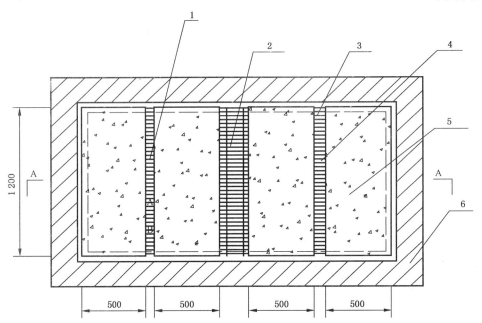

1——最小封堵缝隙;

2——最大封堵缝隙;

3——可变封堵缝隙;

4——热电偶;

5——可移动 C30 混凝土版(可沿平行及剪切方向移动);

6——钢质框架。

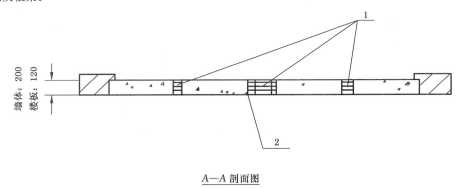

A—A 剖面图

1——缝隙封堵材料;

2——热电偶。

图 A.4 缝隙封堵标准试件的安装方式

A.7 框架内用于支撑缝隙的板材为 C30 混凝土板(砼板受火面保护层厚度为 10 mm)。对于缝隙封堵材料,可根据委托方的要求,在实施耐火试验前或试验过程中采用机械的方式移动缝隙,移动方式可以是沿被支撑的平面移动缝隙的宽度,也可以是沿剪切方向或其他方向移动,移动的最大距离应根据缝隙封堵材料的性能由委托方确定。

A.8 在缝隙封堵材料的砼支撑构件上,在背火面距离缝隙边缘 25 mm 处每条缝隙布置两支热电偶。

在封堵材料背火面,沿缝隙中心线每条缝隙布置两支热电偶。

A.9 防火封堵组件标准试件的安装方式如图 A.5 所示。

单位为毫米

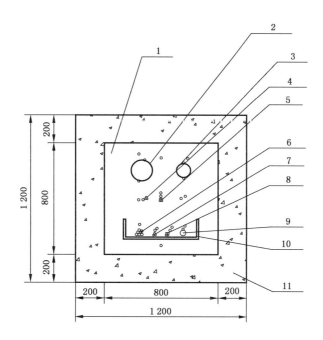

1——防火封堵组件;

2,3——PE 管道;

4,7——3 根(3×50+1×25)mm² YJV 电缆;

5,8——4 根(3×50+1×25)mm² YJV 电缆;

6——6 根(7×1.5)mm² KVV 电缆;

9——钢管;

10——500 mm 宽钢质无孔电缆桥架(500 mm 宽,100 mm 高,1.5 mm 厚);

11——C30 混凝土框架。

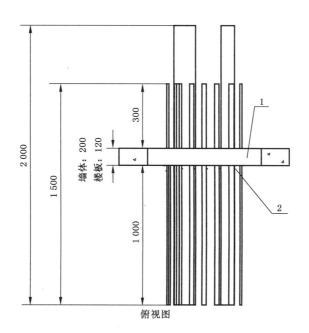

俯视图

1——防火封堵组件;

2——热电偶。

图 A.5 防火封堵组件标准试件的安装方式

A.10 在电缆贯穿标准试件和防火封堵组件标准试件的防火封堵材料表面,距离每种贯穿物25 mm处各布置一支热电偶。在每种贯穿物表面距背火面25 mm处布置一支热电偶。当贯穿物背火面作了绝热处理或有涂层时,在贯穿物上距离绝热层或涂层边缘25 mm处布置热电偶。其他任何可疑点均可设置热电偶。

附 录 B

（资料性附录）

耐火性能试验结果的应用

B.1 防火封堵组件在实际应用中只能用于耐火极限要求小于或等于其耐火极限测试结果的部位。

B.2 采用本标准规定的标准试件进行试验时，水平试件进行耐火性能试验得出的耐火性能试验结果可用于相应结构形式的垂直构件。

B.3 混凝土构件的耐火性能测试结果可用于厚度大于或等于测试用混凝土构件厚度的混凝土或砖石结构。

B.4 标准试件的耐火性能测试结果只能应用于电缆填充率（管道贯穿率）不大于测试时电缆填充率（管道贯穿率）的情况。

B.5 缝隙标准试件的耐火性能测试结果只能用于与之相同类型的缝隙。在实际应用中，当缝隙宽度和/或位移量小于或等于标准试件时，耐火性能测试结果有效。

B.6 采用标准试件获得的试验结果可用于对防火封堵材料产品的质量进行判定，但其耐火试验结果只能表明其在本标准所确定的结构形式下的耐火性能，并不能用于所有的结构形式。

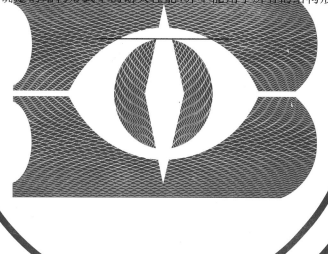

GB 23864—2009《防火封堵材料》
国家标准第 1 号修改单

本修改单经国家标准化管理委员会于 2012 年 12 月 7 日批准，自 2013 年 2 月 1 日起实施。

增加 6.16.4.5 条,内容如下：

6.16.4.5　试件安装时的电缆间隙

按附录 A 中图 A.1、图 A.2、图 A.5 进行标准试件安装时,($3 \times 50 + 1 \times 25$)mm² YJV 电缆之间应保留与电缆直径相同的间隙。

ICS 13.220.40
C 82

中华人民共和国国家标准

GB/T 25206.1—2014

复合夹芯板建筑体燃烧性能试验
第 1 部分：小室法

Reaction-to-fire tests for sandwich panel building systems—
Part 1：Test method for small rooms

（ISO 13784-1：2002，MOD）

2014-06-09 发布

2014-10-01 实施

中华人民共和国国家质量监督检验检疫总局
中国国家标准化管理委员会 发布

前　言

GB/T 25206《复合夹芯板建筑体燃烧性能试验》分为2个部分：

——第1部分：小室法；

——第2部分：大室法。

本部分为GB/T 25206的第1部分。

本部分按照GB/T 1.1—2009给出的规则起草。

本部分使用重新起草法修改采用ISO 13784-1:2002《复合夹芯板建筑体燃烧性能试验　第1部分：小室法》。

本部分与ISO 13784-1:2002的技术性差异及其原因如下：

——关于规范性引用文件，本部分做了具有技术性差异的调整，以适应我国的技术条件并便于标准使用者使用本部分，调整的情况集中反映在第2章"规范性引用文件"中，具体调整如下：

- 用GB/T 14107—1993代替ISO 13943（见第3章）；
- 用GB/T 16839.2代替IEC 60584-2（见9.1）；
- 用GB/T 25207代替ISO 9705（见10.2）；
- 用GB/T 25206.2代替ISO 13784-2（见第1章）。

——为便于理解标准，增加了术语和定义"3.4建筑体"，同时删除ISO 13784-1的术语和定义"3.4质量恒定（constant mass）"。

——因ISO 13784-1:2002第12章表述的是将来标准修订版本中的有关内容，与现行标准无关，故删除此章；

——因ISO 13784-1:2002第13章列项o)表述的内容纳入我国标准中无实质性意义，故删除此列项；

——为便于理解，在附录A的A.3.2中增加关于系统响应时间的解释内容，即"系统的响应时间是指由点火源输出跃变到一个给定值至测得热释放速率达到该给定值的90%所需时间"。

本部分还做了下列编辑性修改：

——为与现有标准系列一致，将标准名称改为《复合夹芯板建筑体燃烧性能试验　第1部分：小室法》；

——修改了ISO 13784-1中7.7的笔误内容，将"依据第9章的要求"更正为"依据第10章的要求"。

本部分由中华人民共和国公安部提出。

本部分由全国消防标准化技术委员会防火材料分技术委员会（SAC/TC 113/SC 7）归口。

本部分起草单位：公安部天津消防研究所、公安部四川消防研究所。

本部分主要起草人：薛思强、邓松华、胡锐、胡群明、戴殿峰、薛岗、孙晓涛、邓小兵。

复合夹芯板建筑体燃烧性能试验
第1部分:小室法

安全警示:燃烧试验释放的有毒或有害气体可能威胁试验人员的人身安全,应注意做好防护措施。

试验涉及从点燃至全面发展的室内火燃烧过程,因此存在导致烧伤、引燃外部物体或衣物的危险。操作人员应当穿戴防护服、头盔、面罩或其他有助于避免与有毒有害气体发生接触暴露的防护装备。

采用自支撑房间结构进行试验时,特别是如果试验房间接缝处发生开裂的时候,燃烧产物可能会从试验房间的背面逸出。试样也可能在试验室中坍塌。考虑到以上诸多因素,为保证人身安全,必须制定试验室安全防范措施,以确保能够安全终止复合夹芯板产品燃烧试验。标准的试验室灭火设备对于扑灭试样金属面层之间的可燃内容物火灾可能存在困难,试验现场应当配备有效扑灭此类火灾的器材或设备。

1 范围

GB/T 25206的本部分规定了采用小室规模试验评估绝热复合夹芯板建筑体燃烧性能的方法。在试验房间的内部角落处,采用特定火焰直接作用于采用复合材料制成的表面制品,以此模拟室内火灾,评价绝热复合夹芯板建筑体表面或内部的火焰传播特性。本试验方法不适用于评估复合夹芯板建筑体的耐火性能。

本部分适用于具有自支撑结构或框架支撑结构的复合夹芯板建筑体。

本部分不适用于采用粘接、钉挂或捆绑的方法安装在基础墙或天花板上,并以基础墙或天花板为支撑体的复合夹芯板结构。

注:由于设计上的原因,对某些建筑体不能应用本部分规定的方法进行试验,但适合采用 GB/T 25206.2 规定的试验方法;内衬材料的产品试验可参考 GB/T 25207。

2 规范性引用文件

下列文件对于本文件的应用是必不可少的。凡是注日期的引用文件,仅注日期的版本适用于本文件。凡是不注日期的引用文件,其最新版本(包括所有的修改单)适用于本文件。

GB/T 14107—1993 消防基本术语 第二部分

GB/T 16839.2 热电偶 第2部分:允差(GB/T 16839.2—1997,IEC 60584-2:1982,IDT)

GB/T 25206.2 复合夹芯板建筑体燃烧性能试验 第2部分:大室法(GB/T 25206.2—2010,ISO 13784-2:2002,IDT)

GB/T 25207 火灾试验 表面制品的实体房间火试验方法(GB/T 20207—2010,ISO 9705:1993,MOD)

3 术语和定义

GB/T 14107—1993 中界定的以及下列术语和定义适用于本文件。

3.1

复合材料 composite

由两种或两种以上单一材料组合而成的复合物,如表面有涂层的材料或层压材料。

3.2

受火面 exposed surface

制品与试验的热条件邻近的表面。

3.3

制品 product

材料、复合材料或其组件。

3.4

建筑体 building structure

由单种或多种材料制成的构配件组合而成的建筑结构。

3.5

表面制品 surface product

用于建筑物墙体、吊顶或屋面上的表面材料。

3.6

绝热复合夹芯板 heat-insulating sandwich panel

由三层或三层以上材料复合而成的多层制品。

> 注：中间层为绝热材料，如矿物棉、玻璃纤维、泡沫塑料或天然材料（如软木板）。面层可采用的材料种类很多，即可
> 是平板材料，也可是异型材料，其中涂层钢板的应用最为广泛。根据实际应用条件和性能要求，复合夹芯板即
> 可是具有简单结构的组件，也可是通过特殊的固定、连接或支撑方式形成的、具有复杂结构的组件。

3.7

试样 specimen

代表实际应用结构的组件。

4 原理

采用绝热复合夹芯板制品组装成一个小型试验房间，燃烧试验过程中将火焰直接作用于其内部墙
角，根据试验结果评价复合夹芯板建筑体的燃烧性能。需要注意的是，在燃烧试验过程中，由于复合夹
芯板制品释放的可燃气体、脱落的碎片或熔滴物等燃烧物的存在，可能出现不同的火焰传播类型，包括
火焰在复合夹芯板的芯材内部传播、在表面传播或穿过接缝传播等。

本试验获得的试验结果，可用于评估以下可能发生的火灾危害性：

——建筑体对于火灾发生、发展直至轰燃所起的作用；

——室内火灾传播至外部空间、其他隔间或邻近建筑的潜在可能性；

——结构倒塌的可能性；

——试验房间内部火灾烟气的发展情况。

5 结构类型

本试验方法适用于以下两种结构，其结构和材料在实际应用中具有代表性：

a) 框架支撑结构。此种结构是将绝热复合夹芯板以机械方式镶嵌固定在框架结构（通常为钢质）
的外部或内部，吊顶或屋顶即可按传统形式，也可采用夹芯板建造，工业建筑的外部围护结构
就是这种结构类型广泛应用的实例。在多数情况下，复合夹芯板组件主要应用于建筑的外墙
和（或）屋顶。框架结构的变化会影响复合夹芯板建筑体的燃烧特性。如果在实际应用中基于
耐火性能的要求需要对框架进行防火保护，则在试验中应采用相同的方法对框架进行防火保
护，这可以通过使用防火板或涂料来实现。

b) 自支撑结构。此种结构是将绝热复合夹芯板相互组装在一起,形成一个不依赖于任何其他框架结构,并具有稳定性的房间或者封闭空间(如简易建筑结构内的冷库、食品储藏室或洁净室)。此类复合夹芯板建筑体通常设置在建筑内部,建筑体的吊顶可悬挂固定。

6 试样

6.1 试样应包含试验所需数量的绝热复合夹芯板,试样的结构和材质应能代表实际使用情况,所有的结构细节,如联接、固定等,应根据实际使用情况在试样中予以体现。如果用于试验的复合夹芯板在实际应用中需要与内部或外部框架结构共同使用,那么对这种结构也应一并进行试验。

6.2 试样应由具备此类结构建造资格的人员建造而成。

6.3 如果在实际应用中采用不同材质的吊顶板与墙面板,那么试验应按照实际的吊顶板和墙面板组合类型实施。

6.4 如果复合夹芯板建筑体在实际应用中具有表面涂层或贴膜等附加装饰材料,那么这些附加的装饰材料也应在试样中予以体现。

7 试验房间设计和建造

7.1 本试验方法规定了以实际使用规模和实际使用结构,对绝热复合夹芯板组件进行评估的程序。评估应以复合夹芯板实际使用时的联接和固定方式进行。如果钢质支撑框架是建筑体结构的一部分,则此框架应包含在试件中一并进行试验;如果建筑体中的复合夹芯板属于自支撑型,则试件不应包含有支撑框架,但出于安全考虑,应在试件周围设置与试件不相连接的外部框架,达到安全防护的目的。

7.2 采用绝热复合夹芯板组件构建的试验房间应满足第6章的规定,应包含有相互成直角连接的四面墙体和一个屋顶。试验房间安装在刚性不燃材料地面上,应确保墙面之间、墙与地板之间、屋顶与墙面之间的连接方法与实际的使用情况相符。试验房间的示意图及内部空间尺寸见图1。

单位为毫米

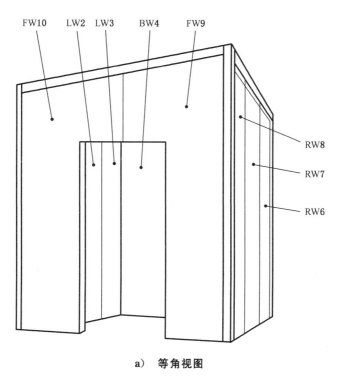

a) 等角视图

图 1 试样示意图

单位为毫米

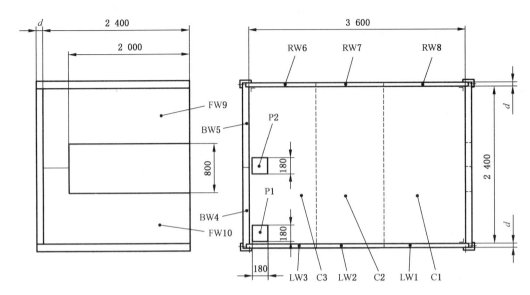

b) 燃烧器位置平面图

说明：

C ——吊顶板；

d ——板厚度；

P1 ——燃烧器位置1，在角落；

P2 ——燃烧器位置2，在接缝处；

LW——左墙板；

BW——后墙板；

RW——右墙板；

FW——前墙板。

图 1（续）

试验房间的内部基本尺寸为：

——长度：3.6 m±0.05 m；

——宽度：2.4 m±0.05 m；

——高度：2.4 m±0.05 m。

7.3 在其中一面尺寸为 2.4 m×2.4 m 的墙板中央设置一个开口，其他墙板、地面或吊顶板上不应存在任何供空气流动的开口。设置的开口尺寸如下：

——宽：0.8 m±0.01 m；

——高：2.0 m±0.01 m。

7.4 试验房间应安放在室内，试验过程中，室内温度应控制在 10 ℃～30 ℃。

7.5 绝热复合夹芯板之间、墙壁与吊顶板之间的连接方式应能代表试验制品的实际应用情况。

7.6 如果实际应用中绝热复合夹芯板建筑体包含有附加的支柱或支撑件等部件，则这些部件应在试样的结构中予以体现。如果试验的复合夹芯板建筑体在实际应用中含有内部或外部的结构框架，则这些也应在试件中予以体现，见图 2 和图 3。

注：夹芯板的数量和厚度可以与示例有所不同，这主要取决于试验板的类型。此外，支撑框架的类型取决于实际使用要求，但试验房间的内部尺寸和开口位置是强制性控制内容。

7.7 试验房间应根据第 10 章的要求放置在集气罩下方。根据产品设计开发或质量控制的需求、试验委托者或有关管理组织的特殊要求，以及试验过程中不需要测量热释放或/和烟气释放参数等因素，试验房间也可不必放置在集气罩下方。

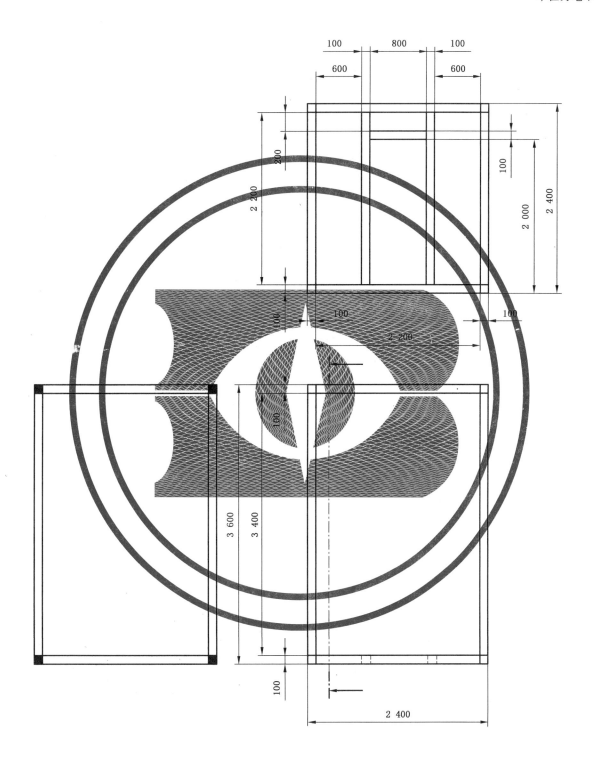

图 2　内部框架结构示意图

单位为毫米

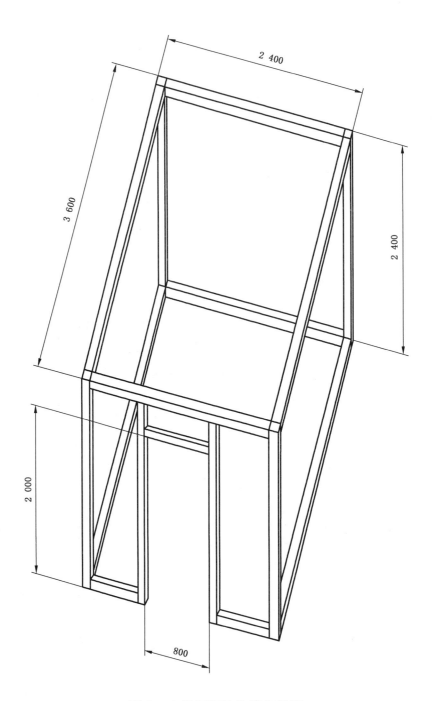

图 3 内部框架结构等角视图

8 点火源

8.1 点火源是一个顶部呈正方形且装满沙子的丙烷气体燃烧器。燃烧器截面内尺寸为 170 mm×170 mm,顶端距地面高 200 mm,见图 4。该结构应能满足均匀气流全部到达整个开口区域。

　　安全警示:点火源为大供气量的丙烷气体燃烧器。所有设备(如管道、接头、流量计等)应适用于丙烷,并按规定进行安装。为安全起见,燃烧器应配备远程控制点火装置,如引火源或引火线等。此外还应配备燃气泄漏报警系统和点火源熄灭时自动切断燃气供给阀门的装置。

单位为毫米

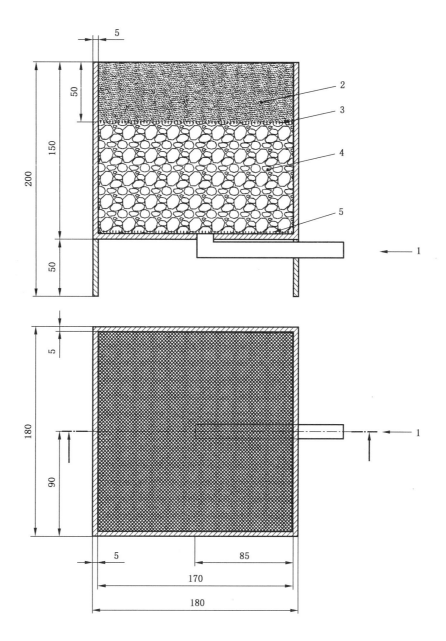

说明:

1——进气口;

2——沙子(直径 2 mm～3 mm);

3——黄铜丝网(网格宽 1.8 mm);

4——沙砾(直径 4 mm～8 mm);

5——黄铜丝网(网格宽 2.8 mm)。

图 4 燃烧器

8.2 燃烧器应放置在试验房间内与开口墙相对的一个墙角地面上,并与试样相接触。如果该位置有结构框架(如直接设在墙角的柱子),则燃烧器应放置在距后墙角最近的复合夹芯板接缝处,该接缝距墙角柱子的距离不应少于 300 mm,见图 1。如果结构构件限制了燃烧器与试样的接触,则应抬高或调整燃烧器,使之与试样受火面接触。

8.3 供给燃烧器的丙烷气体纯度应达到 95%,气体流量的测量准确度应达到 ±3%。燃烧器的热值输出偏差应控制在规定值的 ±5% 范围内。

8.4 根据丙烷的净热值计算,燃烧器的输出功率在试验开始的最初 10 min 内应保持在 100 kW,在第 2 个 10 min 内应增加到 300 kW,20 min 后关闭燃烧器并观察 10 min。

9 仪器

9.1 热电偶

热电偶应安装在每块绝热复合夹芯板的外表面及其夹芯内部,并且应在背火面安装,以便于监控火焰在夹芯内部传播的情况。

热电偶分布见图 5。每块复合夹芯板中心轴线处的外表面和夹芯层内部应各安装一支热电偶。对于墙板,热电偶安装位置为从复合夹芯板顶部到底部距离的三分之一处;对于吊顶板,热电偶安装位置为复合夹芯板的中点处。开口的二分之一高度以上位置也应设置热电偶,其中的 02、06 和 10 号热电偶必须安装,其他为选择安装。热电偶应为铠装式或焊接式。铠装型热电偶应为 K 型镍铬合金、不锈钢铠装热电偶,其丝径为 0.3 mm、外径为(1.5±0.1)mm,热接点应绝热和不接地。焊接式(非铠装)热电偶的最大直径为 0.3 mm。复合夹芯板外表面测温热电偶的热接点应与夹芯板表面相连接。带铜片的表面热电偶用于测量复合夹芯板的外表面温度,铠装热电偶用于测量复合夹芯板的夹芯内部温度,焊接式非铠装热电偶用于测量气体温度。热电偶应满足 GB/T 16839.2 规定的公差等级 1 的要求。

单位为毫米

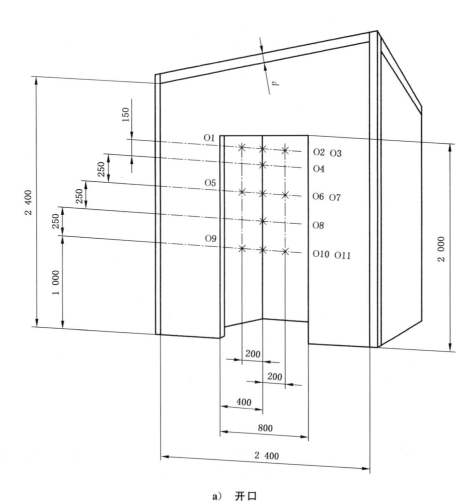

a) 开口

图 5 热电偶分布图

单位为毫米

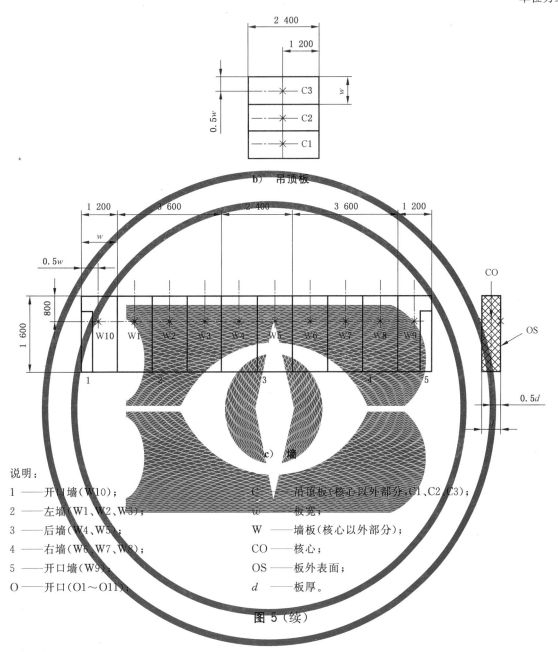

说明：
1 ——开口墙(W10)；
2 ——左墙(W1、W2、W3)；
3 ——后墙(W4、W5)；
4 ——右墙(W6、W7、W8)；
5 ——开口墙(W9)；
O ——开口(O1～O11)；

C ——吊顶板(核心以外部分,C1、C2、C3)；
w ——板宽；
W ——墙板(核心以外部分)；
CO ——核心；
OS ——板外表面；
d ——板厚。

图 5（续）

9.2 热流计

热流计应放置在试验房间地面的中心位置,并应在全量程内得到校准。

热流计应为金属箔片型(Gardon)或热电堆型(Schmidt-Boelter),量程为 0 kW/m² ～50 kW/m²。辐射热流的接收靶表面应光滑平整,呈圆形,直径不超过 10 mm,并且涂有耐久的黑色无光漆。接收靶应设置在一个水冷式壳体内,壳体正面是光滑、扁平的圆形金属片结构,与接收靶的平面相吻合,其直径为 25 mm。

热流在到达接收靶之前不应穿过任何开口。热流计应高效、易于安装和使用,不受气流影响且稳定性符合标准要求,其准确度应达到±3%,重复测量的偏差应在 0.5% 以内。

9.3 附属设备

9.3.1 数据记录器:无论是图表记录器还是数据记录器,均应能记录和储存时间间隔不超过 10 s、来自热电偶的数据输入,且能提供数据拷贝。

9.3.2 计时器:精确到秒的时钟或相当的设备。

9.3.3 热和烟释放测量系统:见第 10 章和附录 A、附录 B、附录 C。

10 热和烟释放测量

10.1 概要

根据试验结果的实际应用情况,可选择以下两种方法中的一种完成热和烟释放的测量,试验报告中应清晰注明选择使用的方法。由于产品开发或质量控制的需求、以及试验委托者或有关管理组织的特殊要求等原因,如果将热和(或)烟气释放的测量从试验程序中删除,则试验报告中应清楚注明这些细节内容。

安全警示:以下提供的两种试验方法,试验中如果出现危及人身和试验室安全的情况,应终止试验。

10.2 方法 1(见附录 A)

依据 GB/T 25207 规定的方法,将绝热复合夹芯板建筑体连接到集气罩系统中进行热、烟气释放的测量。采用这种方法,只有从开口处释放出的烟气和热才是测量结果的来源,从建筑体外部接缝处释放出的火焰和烟气将被排除在外。根据此试验方法可以判断火灾发展直至出现轰燃的危险性,以及由室内火发展到外部空间、或蔓延到相邻房间、或蔓延到临近建筑的潜在可能性(见第 4 章)。试验过程中,应记录穿过夹芯板接缝处的、持续时间超过 10 s 的任何可见火焰。见附录 A。

注:当烟气和火焰从接缝处逸出时,对于整个系统来讲,热和烟释放的测量结果将不准确,因为这部分热量和烟气不能被集气罩收集。

10.3 方法 2(见附录 B)

将绝热复合夹芯板建筑体放置在下面的任一测量系统中进行热和烟释放的测量:
a) 加大的集气罩和管道系统(见图 6)下面;
b) 具有单面开口,且开口通向加大的集气罩和管道系统的通风围护结构(见图 7)内,围护结构的墙和顶板距复合夹芯板建筑体的外表面不小于 0.5 m,这样设计的目的是可以忽略板面之间的影响。

a)和 b)中的集气罩和围护结构应能够收集从复合夹芯板建筑体的接缝和开口处释放出的所有烟和热气流,而且对于复合夹芯板建筑体的燃烧性能及燃烧过程的观察不应产生反射影响。穿过接缝的燃烧是可能出现的。

对于围护结构内部,应按 A.3.1 的规定进行热释放速率的校准操作,确使至少 95% 的燃烧产物被收集和引导到集气罩内,如图 6 和图 7 所示。试验过程中,应记录穿过复合夹芯板接缝处的、持续时间超过 10 s 的任何可见火焰。

单位为毫米

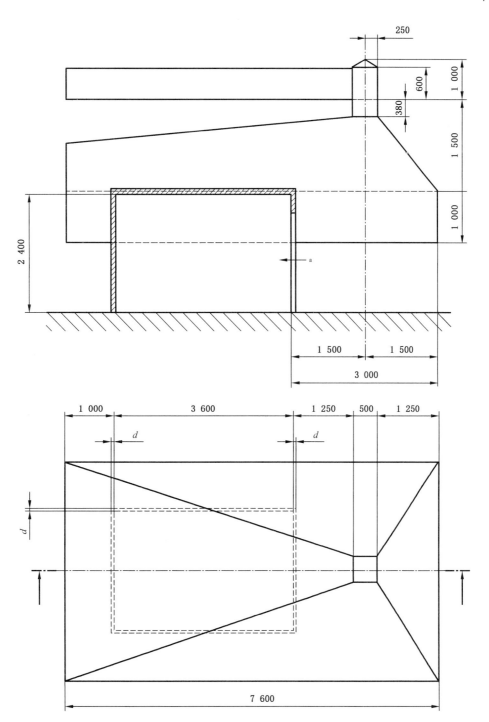

说明：

d ——板厚。

[a] 空气。

图 6 加大的集气罩示意图——方法 2a)

单位为毫米

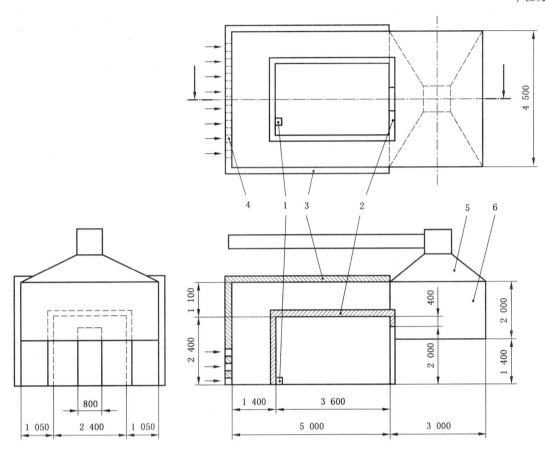

说明：

1——燃烧器；

2——试验房间；

3——围护结构；

4——通风口；

5——集气罩；

6——钢制挡烟帘。

图 7　带有集气罩的围护结构示意图——方法 2b)

11　程序

11.1　初始条件

11.1.1　试验开始时,试验装置的初始温度应保持在 10 ℃～30 ℃之间。

11.1.2　从试验房间开口中心到房间内水平距离 1 m 处测定的水平风速不应超过 1.75 m/s。

11.1.3　燃烧器应与墙角受火面相接触,燃烧器开口表面应保持清洁。如果墙角有类似柱状结构的框架,则燃烧器应放置在后墙距墙角最近的接缝处,但距墙角距离不得少于 300 mm(见图 1)。

11.1.4　试验开始之前应对试样的结构进行拍照或录像。

11.2　试验

11.2.1　燃烧器点燃之前,至少提前 2 min 打开记录和测量设备并记录数据。

11.2.2 点火后10 s内,将燃烧器调整到要求的输出功率(见图8),对排气装置的排气量进行调节,以便收集所有的燃烧产物。

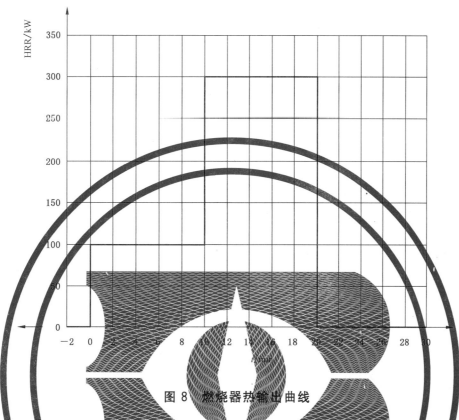

图 8 燃烧器热输出曲线

11.2.3 用照相机或录像机记录试验情况。所有图片记录上应有精确到秒的时间显示。

11.2.4 在试验过程中,记录以下观察到的现象并记录该现象发生的时间:

　　a) 试样引燃;

　　b) 火焰在复合夹芯板内外表面的传播;

　　c) 试样出现开口、裂缝、缺损或间隙;

　　d) 火焰穿透接缝;

　　e) 分层、燃烧碎片、燃烧滴落物;

　　f) 烟或火焰通过接缝蔓延到室外;

　　g) 烟气的浓度和颜色;

　　h) 燃烧通过试样芯材传播的迹象(如面板表面的变色);

　　i) 火焰从开口冒出;

　　j) 轰燃;

　　k) 结构坍塌。

11.2.5 如果出现轰燃现象(如热释放速率达到1 000 kW),或试验时间达到30 min,则停止试验;如果试样结构坍塌,或出现可能威胁试验人员人身安全的危险情况,则应尽早结束试验。继续观察直到可见燃烧现象结束。

11.2.6 试验结束后,应记录试样的损毁范围。试样的损毁情况(分层和接缝开裂的范围、烧焦的范围和深度,以及炭化、开裂、收缩等可能的情况)应在试验报告上明确说明。

11.2.7 记录任何其他非正常现象。

12 试验报告

试验报告应包含以下信息：

a) 实验室名称和地址；

b) 报告的日期和审核人；

c) 委托者的姓名和住址；

d) 试验目的；

e) 取样方法；

f) 产品制造商或供应商的名称和地址；

g) 产品的名称或其他辨别标识及描述；

h) 试样的结构和安装细节，包括：

    1) 图片；

    2) 文字描述；

    3) 装配说明；

    4) 材质说明；

    5) 联接和固定细节。

i) 产品提供日期；

j) 试验日期；

k) 采用自支撑结构还是框架支撑结构，以及所引用的本部分的内容；

l) 试样的状态调节，试验过程的环境数据(温度、风速、气压、相对湿度等)；

m) 任何与试验方法不一致的情况；

n) 试验结果包括：

    1) 绝热复合夹芯板芯材内部的温度随时间变化曲线；

    2) 最高温度值；

    3) 火灾损毁情况说明(图片)和描述；

    4) 试验过程和结束后观察到的现象；

    5) 排气管道的体积流量-时间关系；

    6) 总的热释放率与时间关系以及燃烧器的热释放率与时间关系[标明使用方法——方法1、方法2a)或2b)]；

    7) 在规定温度和压力下的一氧化碳产量和时间关系；

    8) 在规定温度和压力下的二氧化碳产量和时间关系；

    9) 在实际管道气流温度下烟浓度与时间关系。

附 录 A

（规范性附录）

热和烟释放测量程序 方法1

A.1 集气罩和排气管道

燃烧产物的收集系统应有足够的容量，以便在试验过程中收集从试样开口逸出的所有燃烧产物。按照方法1（见10.2）的规定，复合夹芯板建筑体应与 GB/T 25207 规定的集气罩系统相连。集气罩系统不应在开口处对火焰产生扰动。在常压和25 ℃条件下，排气量应不小于3.5 m³/s。集气罩和排气管道设计见 GB/T 25207。

A.2 排气管道中的最低仪器配置

A.2.1 体积流量

排气管道中体积流量的测量精确度不应低于±5%。

排气管道中体积流量阶跃变化为最终值的90%时，仪器的响应时间不应超过1 s。

A.2.2 气体分析

A.2.2.1 取样管

气体取样应在排气管内燃烧产物混合均匀的某一位置进行，取样管应由不影响被分析气体组分的惰性材料制成。

A.2.2.2 氧气

氧消耗的测量精确度不应低于±0.05%（氧的体积百分比），氧分析仪的响应时间不应超过3 s。

A.2.2.3 一氧化碳和二氧化碳

测定二氧化碳组分的气体分析仪精确度至少应达到体积百分比的±0.1%，测定一氧化碳的气体分析仪精确度至少应达到±0.02%。分析仪的响应时间应不超过3 s。

A.2.3 烟气的光密度

A.2.3.1 概要

烟气的光密度可以通过用白炽灯光度计测定的透射光强度来确定，作为选择也可采用激光光度计（参见附录D）进行测量。对于烟气测量系统，应做到在整个试验过程烟灰沉积物对光透过率的影响不超过5%。

A.2.3.2 白炽灯光度计

光源应采用白炽灯，工作时的色温应为2 900 K±100 K。光源应采用稳定的直流电源供电，稳定性（包括温度、短期和长期稳定度）应保持在±0.2%范围内。透镜系统应使透射光成为直径 D 不小于20 mm 的平行光束。光圈放置在透镜 L_2 的焦点处，如图 A.1 所示，光圈直径 d 的选择应根据透镜 L_2

的焦距 f 确定，$d/f<0.04$。

探测器的光谱分布响应度应与 CIE（光照曲线）相吻合，色度标准函数 $V(\lambda)$ 至少达到 ±5% 精度。

在不小于 3.5 个十倍程输出范围内，该探测器的输出线性度应该在 5% 以内。

A.2.3.3 位置

光学烟密度计应安装在排气管道烟气分布均匀的位置，光束应沿直径横穿排气管道。光学烟密度计的安装不应影响测速及取样。光学烟密度计的玻璃窗宜选用石英玻璃。

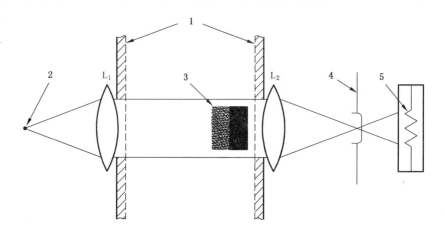

说明：
1 ——排气管壁；
2 ——灯（光源）；
3 ——烟气粒子；
4 ——光圈；
5 ——探测器（光电接受元件）；
L_1、L_2——透镜。

图 A.1 光学系统

A.3 系统性能

A.3.1 校准

每次试验之前或连续试验之前应进行校准试验。

校对燃烧器的输出功率值应将燃烧器直接置于集气罩下，根据表 A.1 给出的燃烧器热输出要求进行标定。测量应至少每 6 s 进行一次，且应在点燃燃烧器前 1 min 开始。在每个热输出值稳定条件下，基于测量氧消耗量计算的每分钟平均热释放率与基于气体流量计算的值，其相差不应超过 5%。

注 1：校准计算公式参见附录 C。

注 2：采用气体燃烧器或液体燃料池火时，通过高于 300 kW 的 HRR 校准可以降低测量的不确定度。

表 A.1 燃烧器热输出标定

时间 min	热输出 kW
0～2	0
2～7	100

表 A.1（续）

时间 min	热输出 kW
7～12	300
12～17	100
17～19	0

A.3.2 系统响应

系统的响应时间是指将点火源热输出调节到一个给定值至测得热释放速率达到该给定值的90%所需的时间。当燃烧器放置在集气罩中心下方1 m的位置时，燃烧器热输出值阶梯式变化的时间延迟不能超过20 s，且应对试验数据进行修正。按表 A.1 所给出的阶梯式程序进行试验时，延迟时间为达到最终测得的热释放值的10%所用的时间，至少每隔6 s进行一次测量。

在0.1 MPa大气压力和25 ℃环境温度条件下，将排气管道的体积流量从2 m³/s开始，分四步调节至最大值，每步升高的流量值均相同，在不同体积流量下对系统进行校核以保证其测量精度。燃烧器的热输出应为300 kW。在1 min内测量的热释放率平均值与实际热输出的平均值相比较，误差不应超过10%。

附　录　B
（规范性附录）
热和烟释放测量程序　方法2

B.1　围护结构

围护结构应有足够的体积容量,且试验过程中通过墙的接缝、天花板/吊顶和开口逸出的燃烧产物中至少95%应被收集。加大的集气罩或围护结构应与 GB/T 25207 规定的排气管道系统相联接。围护结构的底部在所有面上应开敞,以便使新鲜空气自由进入围护结构,开口的高度应大于1.5 m。围护结构或加大的集气罩应由不燃材料(如轻质建筑不燃板)制成。集气罩最小尺寸应符合 GB/T 25207 的规定,见图6和图7。

B.2　集气罩和排气管道

集气罩和排气管道应根据 GB/T 25207 进行设计。
较大直径的集气罩应能收集至少95%的烟气,见图6和图7。

B.3　排气管道系统中的仪器

排气管道系统中的仪器应与 GB/T 25207 的要求一致。

附　录　C

（规范性附录）

计　　算

C.1　体积流量

排气管道中的体积流量 $q_{V,298}$，单位为立方米每秒（m³/s），与大气压力和 25 ℃环境温度有关，由式（C.1）给出。

$$q_{V,298} = (Ak_{qm}/K_p) \times \frac{1}{\rho_{298}} \times (2\Delta p T_{273}\rho_{273}/T_e)^{1/2} = 22.4(Ak_{qm}/K_p)(\Delta p/T_e)^{1/2} \quad \cdots\cdots (\,C.1\,)$$

式中：

T_e —— 排气管道中的气体温度，单位为开尔文（K）；

T_{273} —— 设定为 273.15 K；

Δp —— 双向探测头测量压差，单位为帕斯卡（Pa）；

ρ_{298} —— 在 25 ℃和大气压力下的空气密度，单位为千克每立方米（kg/m³）；

ρ_{273} —— 在 0 ℃和 0.1 MPa 大气压力下的空气密度，单位为千克每立方米（kg/m³）；

A —— 排气管道的横截面积，单位为平方米（m²）；

k_{qm} —— 每单位面积上的平均质量流量与排气管道中心每单位面积上质量流量之比；

K_p —— 双向探测头的雷诺数校正值，常数等于 1.08。

式（C.1）假设燃烧气体的密度变化（相对于空气）仅仅是由于温度增加引起的。除使用水的灭火过程以外，因化学组成或水分含量变化而导致的校正值可以被忽略。标准常数 k_{qm} 可通过测量排气管道内横截面直径温度和流量分布确定。应当选择具有代表性的质量流量和热、冷气体流量进行系列测量。k_{qm} 系数的误差不应超过 ±3%。

C.2　热释放率、校准和试验程序

C.2.1　在校准过程中，对于消耗丙烷气的点火源，其热释放速率 Φ_b 的单位为千瓦（kW），由式（C.2）计算：

$$\Phi_b = q_m \Delta h_{c,eff} \quad \cdots\cdots\cdots\cdots\cdots\cdots\cdots\cdots\cdots\cdots\cdots (\,C.2\,)$$

式中：

q_m —— 输送到燃烧器的丙烷质量流量，单位为克每秒（g/s）；

$\Delta h_{c,eff}$ —— 丙烷的低效燃烧热，单位为千焦每克（kJ/g）。

假设燃烧效率为 100%，$\Delta h_{c,eff}$ 可以设定为 46.4 kJ/g。

C.2.2　试样的热释放速率 Φ_s，单位为千瓦（kW），由式（C.3）计算：

$$\Phi_s = q_{h,s} q_{V,298} x_{O_2,a} \left[\frac{\gamma}{\gamma(\alpha-1)+1} \right] - \frac{q_{h,s}}{q_{C_3H_8}} \Phi_b \quad \cdots\cdots\cdots\cdots\cdots (\,C.3\,)$$

耗氧系数 γ 由式（C.4）给出：

$$\gamma = \frac{x_{O_2,0}(1-x_{CO_2}) - x_{O_2}(1-x_{CO_2,0})}{x_{O_2,0}(1-x_{CO_2}-x_{O_2})} \quad \cdots\cdots\cdots\cdots\cdots\cdots (\,C.4\,)$$

周围环境的氧摩尔分数 $x_{O_2,a}$ 由式（C.5）给出：

$$x_{O2,a} = x_{O2,0}(1 - x_{H2O,a}) \qquad\qquad\qquad (C.5)$$

式中：

$q_{h,s}$ ——燃烧试验制品时的热释放，设定为 17.2×10^3 kJ/m³(25 ℃)；

q_{C3H8} ——燃烧丙烷时的热释放，设定为 16.8×10^3 kJ/m³(25 ℃)；

$q_{V,298}$ ——在大气压和 25 ℃ 条件下，排气管道的气体体积流量，根据 C.1 的规定计算得出，单位为立方米每秒(m³/s)；

α ——空气中消耗氧气发生化学变化产生的膨胀系数(对于试验制品的燃烧，$\alpha = 1.105$)；

$x_{O2,a}$ ——包括水蒸气的氧环境摩尔分数，该数值应在试验前没有吸收水的条件下测量得出；

$x_{O2,0}$ ——氧分析仪的初始值读数，表示为摩尔分数；

x_{O2} ——试验期间氧分析仪的读数，表示为摩尔分数；

$x_{CO2,0}$ ——试验期间二氧化碳分析仪初始值读数，表示为摩尔分数；

x_{CO2} ——试验期间二氧化碳分析仪的读数，表示为摩尔分数；

$x_{H2O,a}$ ——环境水蒸气的摩尔分数。

注：在试验最开始时减去燃烧器的热释放值可能导致 Φ_s 出现负值，这是由于燃烧气体多次充满测试室以及多次输送到集气罩等原因所致。对此可以通过将燃烧器置于室内测量其热释放，并减去所测得的与时间有关的响应而得到修正。

C.2.3 式(C.2)～式(C.5)因基于某些近似而具有以下局限性：

a) 对一氧化碳的产生量未做考虑。通常情况下此误差可被忽略。当可以测出一氧化碳浓度时，如果存在对不完全燃烧的影响需要量化的情况，其误差校正可以通过计算得出。

b) 仅部分考虑水蒸气对于流量测量和气体分析的影响，通过连续测量水蒸气分压可以得到误差校正。

c) $q_{h,O2}$ 的取值(17.2 kJ/m³)是一个基于大量制品的平均值，并且具备在大多数情况下可以接受的精度。除非有更精确的数值，否则应采用此数值。

C.2.4 上述误差的累计通常应小于 10%。

C.3 燃烧气体

通过测量规定气体的摩尔分数能够计算出 0.1 MPa 和 25 ℃ 条件下的瞬时产气速率 $q_{V,gas}$、单位为立方米每秒(m³/s)、产气总量 V_{gas}、单位为立方米(m³)，在 0.1 MPa 和 25 ℃ 条件下，按式(C.6)计算：

$$q_{V,gas} = q_{V,298}x_i \qquad\qquad\qquad (C.6)$$

$$V_{gas} = \int_0^t q_{V,gas}\,\mathrm{d}t \qquad\qquad\qquad (C.7)$$

式中：

$q_{V,298}$ ——在 0.1 MPa 和 25 ℃ 条件下，排气管道中的体积流量，单位为立方米每秒(m³/s)；

x_i ——分析仪器中规定气体的摩尔分数；

t ——从开始引燃起算的时间，单位为秒(s)。

C.4 光亮度衰减

光亮度衰减由遮光系数 ε 来描述，单位为负一次方米(m⁻¹)，并定义如下：

$$\varepsilon = \frac{1}{l}\ln\left(\frac{I_0}{I}\right) \qquad\qquad\qquad (C.8)$$

式中：

I_0——在无烟环境中,用具有和人眼相同光谱灵敏度的探测器,测量的平行光束的光强度;

I——穿过一定距离烟环境的平行光束的光强度;

l——光束穿过烟环境的距离,单位为米(m)。

烟气的瞬时遮光率 $E_{p,inst}$,单位为平方米每秒(m^2/s),总产烟量 $E_{p,tot}$,单位为平方米(m^2),由式(C.9)计算：

$$E_{p,inst} = \varepsilon q_{V,e} \qquad \cdots\cdots\cdots\cdots\cdots\cdots\cdots\cdots\cdots\cdots (C.9)$$

$$E_{p,tot} = \int_0^t \varepsilon q_{V,e} \mathrm{d}t \qquad \cdots\cdots\cdots\cdots\cdots\cdots\cdots\cdots\cdots (C.10)$$

式中：

$q_{V,e}$——在实际管道温度下,排气管道中的体积流量,单位为立方米每秒(m^3/s);

t——从引燃开始计量的时间,即燃烧时间,单位为秒(s)。

附　录　D

（资料性附录）

激光光度计

激光光度计可作为白炽灯光度计(见 A.2.3.2)的替代品,用于测量烟气的光密度。它包含有一只输出功率为 0.5 mW～2.0 mW 的氦氖激光器,产生的激光辐射应为偏振光。图 D.1 给出了这种激光光度计的总体构成。它包括两个硅光敏二极管,其中一个是主光束探测器,另一个是补偿探测器。

电子设备的配置应使其能够提供主光束探测器和补偿光束探测器信号的比值输出。

系统包括两个滤波器固定器:其中一个用于检查光学标定,另一个直接位于激光光源之后,用于检查正常的补偿功能。校准滤光片应为玻璃材质且散射均匀,不应使用镀膜滤波器(干扰滤波器)。

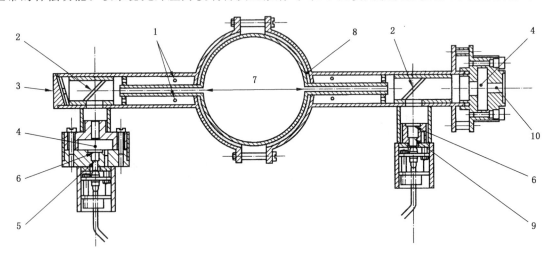

说明:

1 ——空气净化孔;

2 ——射束滤波器;

3 ——密封盖;

4 ——乳色玻璃;

5 ——主探测器;

6 ——乳色玻璃;

7 ——光程;

8 ——陶瓷纤维包覆;

9 ——补偿探测器;

10——0.5 mW 氦激光。

图 D.1　遮光率测量系统——激光光度计

ICS 13.220.40
C 82

中华人民共和国国家标准

GB/T 25206.2—2010/ISO 13784-2:2002

复合夹芯板建筑体燃烧性能试验
第2部分：大室法

Reaction-to-fire tests for sandwich panel building systems—
Part 2：Test method for large rooms

（ISO 13784-2:2002，IDT）

2010-09-26 发布　　　　　　　　　　　　2011-02-01 实施

中华人民共和国国家质量监督检验检疫总局
中国国家标准化管理委员会　发 布

前　言

GB/T 25206《复合夹芯板建筑体燃烧性能试验》分为两个部分：
——第1部分：小室法；
——第2部分：大室法。

本部分为GB/T 25206的第2部分。

本部分等同采用ISO 13784-2:2002《复合夹芯板建筑体燃烧性能试验　第2部分：大室法》（英文版）。

本部分等同翻译ISO 13784-2:2002。

为便于使用，本部分做了下列编辑性修改：

a) "国际标准的本部分"一词改为"本部分"；

b) 用小数点"."代替作为小数点的逗号","；

c) 在规范性引用文件中删除"ISO 13784-1　复合夹芯板建筑体燃烧性能试验　第1部分：小室法"，因为该标准未在ISO 13784-2:2002中出现，本部分也未引用。

本部分由中华人民共和国公安部提出。

本部分由全国消防标准化技术委员会防火材料分技术委员会(SAC/TC 113/SC 7)归口。

本部分起草单位：公安部四川消防研究所、公安部天津消防研究所。

本部分主要起草人：曾绪斌、赵成刚、赵丽、薛思强。

复合夹芯板建筑体燃烧性能试验
第2部分：大室法

1 范围

GB/T 25206 的本部分规定了用于评价复合夹芯板建筑体燃烧性能的试验方法。通过模拟室内火灾条件，在建筑房间角落处，用特定火焰直接作用于制品来评价建筑体复合夹芯板表面或内部的火焰传播特性。本试验不用作对制品耐火性能的评估。

本部分规定了复合夹芯板建筑体可采用自支撑和框架支撑等结构，但是只适用于对建筑的墙、吊顶或屋面结构进行测试。

2 规范性引用文件

下列文件中的条款通过 GB/T 25206 的本部分的引用而成为本部分的条款。凡是注日期的引用文件，其随后所有的修改单（不包括勘误的内容）或修订版均不适用于本部分，然而，鼓励根据本部分达成协议的各方研究是否可使用这些文件的最新版本。凡是不注日期的引用文件，其最新版本适用于本部分。

ISO 13943　消防安全词汇

IEC 60584-2　热电偶　第2部分：允差

3 术语和定义

ISO 13943 中确立的以及下列术语和定义适用于 GB/T 25206 的本部分。

3.1

复合材料　composite

由两种或两种以上单一材料组合而成的复合物，如表面有涂层的材料或层压材料。

3.2

受火面　exposed surface

制品与试验的热条件邻近的表面。

3.3

制品　product

材料、复合材料或其组件。

3.4

质量恒定　constant mass

当间隔 24 h 的两次连续称量偏差不超过试样质量的 0.1% 或 0.1 g（取两者的较大值）时试样的状态。

3.5

表面制品　surface product

建筑中的墙体、吊顶、屋面的任何暴露表面。

3.6

绝热复合夹芯板　insulating sandwich panel

由三层或多层材料复合而成的多层制品。

注：中间一层为绝热材料，如矿棉、玻璃棉、塑料纤维或天然材料，两面为有保护作用的面材。面材可选择不同的材

料,可以是平板或者异型材定,应用最广泛的是涂层钢板。根据应用及其性能要求,复合材料通过特定的安装连接和支撑可以由单一结构变成复杂的复合组件。

3.7

试样 specimen

代表最终结构的组件。

4 原理

本试验规定了在复合夹芯板建筑内部角落处,通过火焰的直接作用来评价复合夹芯板建筑体的燃烧性能的试验方法。由于可燃气体、复合夹芯板组件的脱落碎片或熔滴物的影响,可出现不同的火焰传播类型,火焰可在夹芯板芯材中传播,也可在表面或接缝处传播。本试验可评价下列火灾危险性参数:

——火灾从发生发展到轰然,建筑体所做的贡献;

——室内火灾传播至外部、其他隔间或相邻建筑的潜在危险性;

——结构倒塌的可能性;

——试验房间内部的火灾烟气的发展。

5 结构类型

本试验规定了用以下两种类型来代表实际使用中的结构和材料:

a) 框架支撑结构

复合夹芯板建筑体以机械方式固定在框架结构(通常为钢制)的外部或内部(在板的厚度方向),吊顶或屋面可按传统方式安装或使用复合夹芯板,常见的例子是工业建筑的外部覆层结构。大多数情况下,这种复合夹芯板组件用于建筑的外部墙体、屋面或同时用于两者中。

b) 自支撑结构

由复合夹芯板组件组成一个不依靠其他任何框架结构而能保持稳定性的房间或封闭空间(如建筑内的冷冻室、食物存储室、无尘室)。通常对于建筑内部的这类结构,它的吊顶可由上部部件来固定。

6 试样

试样应满足试验所要求的数量,所有试样应具有实际使用中结构和材料的代表性,所有试样的拼接缝、安装固定等结构细节都应按实际使用情况进行设置和体现。如果复合夹芯板在实际使用中有内框架或外框架,试验时应体现这种安装结构。

试样在结构安装中应符合此结构的质量要求。

如果在实际使用中,吊顶板和墙板不同,试验时应采用实际使用的墙板与吊顶的组合来进行试验。

如果复合夹芯板组件在实际使用时有装饰涂层或薄膜面层,则应在试样上体现出来。

7 试验房间设计和建造

7.1 本试验规定了复合夹芯板建筑体燃烧性能的评价方法,复合夹芯板组件的尺寸和结构应与实际使用情况相一致。按照实际使用中制品的拼接和安装方法对其进行评估,如果支撑件是结构的一部分,则试验时在特定位置要使用此支撑件。如果板材是自支撑,为安全起见,应采用非连接的外部框架。

7.2 根据实际使用情况,按第6章的要求用复合夹芯板试样建造一个实体房间(见图1)进行试验。试验房间由四面垂直的墙和吊顶组成,建造在硬质的不燃地面上,房间的内部空间尺寸如下。

长:(4.8±0.05)m。

宽:(4.8±0.05)m。

高:(4.0±0.05)m。

7.3 房间的正面应设置一个门洞,其他墙上无任何通风开口,门洞大小如下。

宽:(4.8±0.05)m。

高:(2.8±0.05)m。

7.4 试验房间可建造在室内或室外。

7.5 试验前生产商应提供不同构件的整体布局图和结构详图,包括样品的拼接和任何框架连接的详细要求。

图2和图3是一个安装了内支撑框架的复合夹芯板建筑体的示意图。

注:样品数量和厚度根据试样类型可与示例所要求的不同,另外,支撑架的型号也应根据实际的安装方式来确定。

单位为毫米

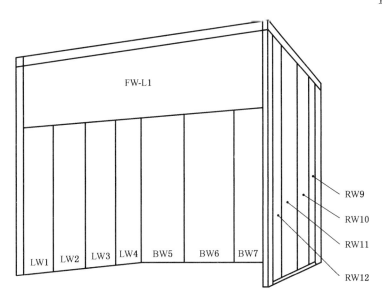

a) 等角视图

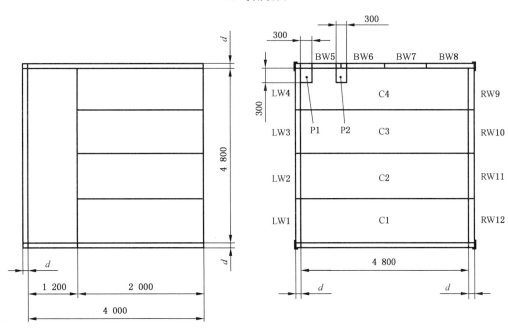

b) 燃烧器位置

C——吊顶板;   LW——左墙板;

d——板材厚度;   BW——背墙板;

P1——角落处燃烧器位置1;   RW——右墙板;

P2——接缝处燃烧器位置2;   FW-L——前墙过梁板。

图 1 试样

GB/T 25206.2—2010/ISO 13784-2：2002

单位为毫米

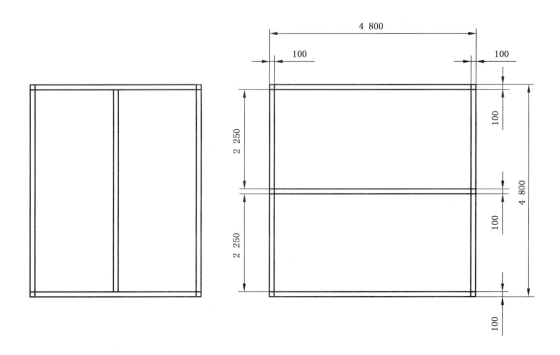

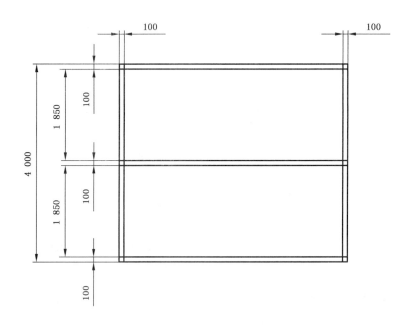

图 2　内部支撑框架结构示意图

396

单位为毫米

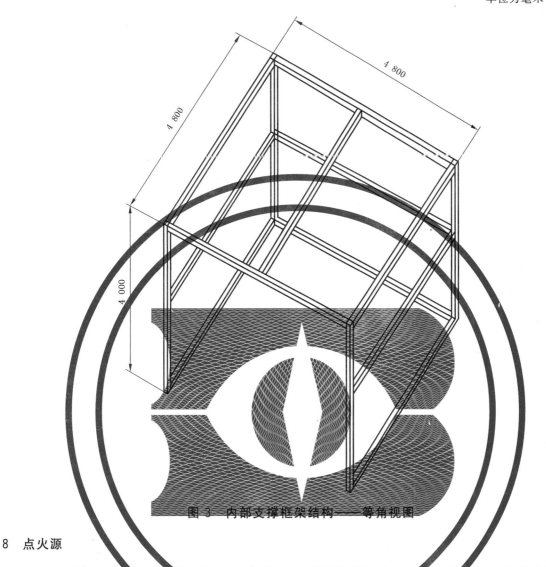

图 3 内部支撑框架结构——等角视图

8 点火源

8.1 点火源为钢制丙烷燃烧器,顶面为正方形,以多孔的惰性材料(如砂)填充制作而成,燃烧器尺寸为 300 mm×300 mm,高于地面 200 mm,燃烧器出口的气流应均匀分布(见图4)。

　　警示:燃烧器采用丙烷气体,消耗量相对较大。所有仪器(管路、夹具、流量计等)都应适合丙烷,应 参照现有规范进行安装。为安全起见,宜安装一个可以远程控制的点火装置,如引燃焰或灼热丝。并且 线路中宜安装一个漏气警报装置和安全阀,当燃烧器火焰熄灭时,阀门能立刻自动切断燃气供应。

8.2 燃烧器应安装在一个小车上,必要时可以在试验期间将燃烧器移出试验房间,建议安装一个附加 的燃气控制阀。

8.3 燃烧器应安装在与有门洞的前墙直接相对的角落处的地面上,并与试样接触。如果在角落处正好 有一个框架构件如钢柱,则燃烧器应安装于与背墙角落最近的拼接缝处,此拼接缝距离角落处的钢柱不 应小于 300 mm,见图1。

　　如果某些器件使燃烧器不能接触试样,则应升高燃烧器,使它与试样接触。

8.4 燃烧器应使用丙烷气体(纯度应不低于95%),燃烧器的气体流量的测试精度至少±3%,燃烧器 的热输出偏差应控制在规定值的±5%以内。

8.5 试验时燃烧器的热输出前 5 min 应为 100 kW,紧接着 5 min 为 300 kW,如果试样没有被点燃或 没有出现持续燃烧,则接下来 5 min 燃烧器热输出应增至 600 kW。燃烧器的热释放速率的计算为气体 流量与丙烷燃烧热值的乘积,应使用 46.4 kJ/g 的燃烧热值。

单位为毫米

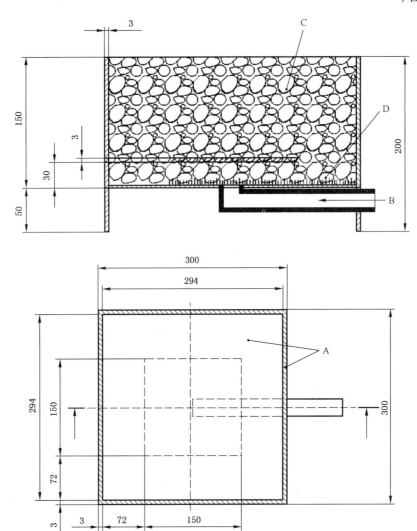

A——钢制筛网；

B——燃气入口；

C——砂(直径 5 mm~12 mm)；

D——铜丝纱布。

图 4　燃烧器

9　装置

9.1　热电偶

在每块试样的表面和芯材内安装热电偶,热电偶的安装应能监测火焰在芯材内部的传播。

在每块试样的表面和芯材里应各安装一根热电偶,安装的位置应在试样中心高于地面 2.7 m 处(见图 5),在门洞开口处的 O1、O2、O3 热电偶应安装,其他可选安装。

热电偶应为铠装或装配式的,前者应为丝径 0.3 mm、外径 1.5 mm 的 K 式镍铬不锈钢铠装热电偶,测量端应绝热但不接地。装配式热电偶最大直径为 ϕ0.3 mm。安装在试样外表面的热电偶测量端应与试样表面接触,以带铜片的表面热电偶测试表面温度,以铠装热电偶测试芯材温度,以装配式热电偶测试气体温度。热电偶应达到 IEC 60584-2 规定的 1 级要求。

从门洞开口流出的气流可通过开口处的热电偶和附加的压力测试仪计算得出,计算方法可参见 GB/T 25207—2010。

在芯材内安装热电偶时,应检查确保插入热电偶后开口被良好的密封,避免这些开口影响板材的燃烧性能。

9.2 辅助设备

9.2.1 数据记录仪:可使用数表或数字记录仪,数据采集的时间间隔不超过 10 s,并能进行数据拷贝。

9.2.2 时间记录仪:分度为 1 s 的时钟或相当的其他装置。

单位为毫米

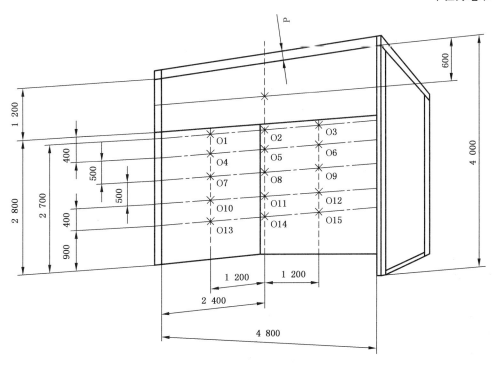

a) 门洞开口

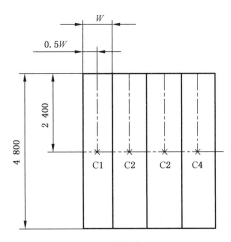

b) 吊顶

1——左墙;	LW——左墙板;
2——背墙;	RW——右墙板;
3——右墙;	BW——背墙板;
4——墙体;	CO——芯材;
O——开口(1~15);	OS——板材外表面;
C——吊顶板;	d——板材厚度。
W——板材宽度;	

图 5 热电偶分布

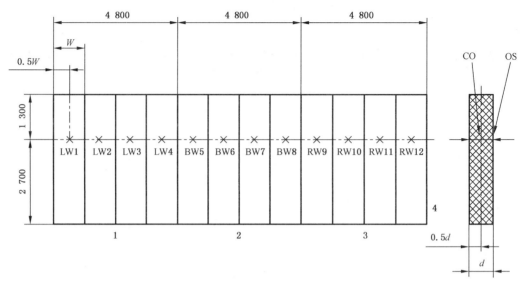

单位为毫米

c) 墙体

图 5（续）

10 程序

10.1 初始条件

10.1.1 试验开始时环境温度应在 10 ℃～30 ℃之间。

10.1.2 从门洞中心到房间水平距离 1 m 位置的水平风速不应超过 1.75 m/s。

10.1.3 燃烧器应与角落墙体接触，燃烧器的开口表面应清洁。如果房间角落处有框架构件如钢柱，则应将燃烧器安装于距离角落最近的背墙拼接缝处，但距离应不少于 300 mm（见图 1）。

10.1.4 试验前应对试样照相或摄像记录。

10.2 试验

10.2.1 开启所有记录仪和测试装置，在燃烧器点燃前至少记录 2 min。

10.2.2 在 10 s 内将燃烧器调节到要求的热输出（见图 6），调节排烟装置收集所有燃烧产物。

10.2.3 用相机或摄像机记录试验过程，影像记录应有时间，精确至秒。

10.2.4 试验期间，记录以下试验现象及其发生的时间：

　　a) 试样着火；

　　b) 试样内侧或外侧的火焰传播；

　　c) 试样出现开口、裂缝、损坏、间隙；

　　d) 拼接缝开裂和火焰冒出；

　　e) 分层、碎片脱落、燃烧熔滴；

　　f) 烟气或火焰从接缝穿出；

　　g) 烟气浓度和颜色（视觉）；

　　h) 试样芯材中的火焰传播迹象（如面板变色）；

　　i) 火焰从门洞冒出；

　　j) 轰燃；

　　k) 结构倒塌。

10.2.5 发生轰燃或试验进行 30 min 后停止试验，如果建筑倒塌或对试验室人员构成潜在危险时应提前中断试验。

10.2.6 报告试验结果，如温度随时间的变化、燃烧现象、火焰传播范围、机械性能等，记录试验后制品的损毁范围，应清楚地报告试样的损毁情况（试样分层或接缝开裂范围，试样碳化、烧焦、裂缝、收缩的程度及深度等)。

10.2.7 记录其他异常现象。

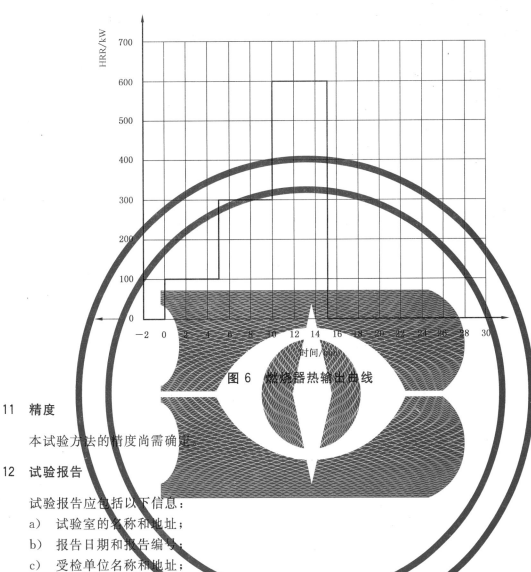

图 6 燃烧器热输出曲线

11 精度

本试验方法的精度尚需确定。

12 试验报告

试验报告应包括以下信息:

a) 试验室的名称和地址;

b) 报告日期和报告编号;

c) 受检单位名称和地址;

d) 试验目的;

e) 抽样方法;

f) 产品制造商或供应商的名称或地址;

g) 产品的名称或标识及其描述;

h) 产品的结构和安装方法,包括:

    1) 图纸;

    2) 描述;

    3) 组装说明;

    4) 材料说明;

    5) 拼接和固定的详细说明。

i) 到样日期;

j) 试验日期;

k) 说明按照本部分是采用自支撑还是框架支撑结构;

l) 试样状态调节、试验过程中的环境条件(温度、大气压力、相对湿度等);

m) 试验方法的偏离;

n) 试验结果,包括:

　　1) 热电偶 O1、O2、O3 的温度随时间的变化曲线;

　　2) 复合夹芯板表面、芯材温度和附加的烟气温度随时间的变化曲线(可选择);

　　3) 最高温度;

　　4) 制品损毁的说明(如图像)和描述;

　　5) 试验间和试验后的现象。

参 考 文 献

[1] GB/T 25207—2010 火灾试验 表面制品的实体房间火试验方法(ISO 9705:1993,MOD)

ICS 13.220.40
C 82

中华人民共和国国家标准

GB/T 25207—2010

火灾试验
表面制品的实体房间火试验方法

Fire tests—Full-scale room test for surface products

(ISO 9705:1993, MOD)

2010-09-26 发布
2011-02-01 实施

中华人民共和国国家质量监督检验检疫总局
中国国家标准化管理委员会 发布

前　言

　　本标准修改采用 ISO 9705:1993《火灾试验　表面制品的实体房间火试验方法》(英文版),包括其技术勘误 ISO 9705:1993/Cor.1:1993。

　　本标准根据 ISO 9705:1993 重新起草。本标准条款号与 ISO 9705:1993 的条款号一一对应。本标准与 ISO 9705:1993 的技术性差异及其原因如下,这些技术性差异用垂直单线标识在所涉及的条款的页边空白处:

　　——第 2 章引用文件 GB/T 5907 代替原国际标准引用文件 ISO 3261:1975,这是由于 ISO 3261:1975 已于 1996 废止;

　　——第 2 章增加了引用文件 GB 8624—2006,这是因为本标准正文中引用了 GB 8624—2006;

　　——原国际标准 5.3、11.4 中的“不燃”修改为“燃烧性能符合 GB 8624—2006 规定的 A1 级”,这是为了适应我国对建筑材料及制品燃烧性能分级的要求。

　　为便于使用,本标准在修改采用 ISO 9705:1993 时还做了下列编辑性修改:

　　——“本国际标准”一词改为“本标准”;

　　——用小数点“.”代替作为小数点的逗号“,”;

　　——删除国际标准的前言和引言;

　　——技术勘误的内容在其修改条文的页边空白处用垂直双线(‖)标识。

　　本标准的附录 A 为规范性附录,附录 B、附录 C、附录 D、附录 E、附录 F 和附录 G 为资料性附录。

　　本标准由中华人民共和国公安部提出。

　　本标准由全国消防标准化技术委员会防火材料分技术委员会(SAC/TC 113/SC 7)归口。

　　本标准负责起草单位:公安部天津消防研究所。

　　本标准参加起草单位:公安部四川消防研究所。

　　本标准主要起草人:李晋、张欣、张网、任常兴、王婕、吕东、孙金香、果春盛、刘松林。

火灾试验
表面制品的实体房间火试验方法

警示——试样在燃烧过程中,实验人员可能受到高温、有毒或有害气体的伤害,所以实验人员应配戴防护用具。

试验装置附近应设置灭火设施。

1 范围

本标准规定了表面制品实体房间火试验装置、测量装置及试验程序。

本标准适用于墙壁内表面及天花板表面制品,尤其是因某种原因(绝热基材、接缝、较大的不规则表面的影响)不能以实验室规模进行试验的制品,如热塑材料。

本标准不适用于评价制品的耐火性能。

2 规范性引用文件

下列文件中的条款通过本标准的引用而成为本标准的条款。凡是注日期的引用文件,其随后所有的修改单(不包括勘误的内容)或修订版均不适用于本标准,然而,鼓励根据本标准达成协议的各方研究是否可使用这些文件的最新版本。凡是不注日期的引用文件,其最新版本适用于本标准。

GB/T 5907 消防基本术语 第一部分[1]

GB 8624—2006 建筑材料及制品燃烧性能分级

3 术语和定义

GB/T 5907 确立的以及下列术语和定义适用于本标准。

3.1
组件 assembly

材料及其复合材料的制成品,如夹心板。

注:组件可包含空气间隙。

3.2
复合材料 composite

由两种或两种以上单一材料组合而成的复合物,如表面有涂层的材料或层压材料。

3.3
暴露表面 exposed surface

暴露于试验加热条件下的制品表面。

3.4
材料 material

单一物质或均匀分布的混合物,如金属、石材、木材、混凝土、矿纤、聚合物。

3.5
制品 product

要求给出相关信息的建筑材料、复合材料或组件。

---

[1] 该标准将在整合修订 GB/T 5907—1986、GB/T 14107—1993 和 GB/T 16283—1996 的基础上,以《消防词汇》为总标题,分为 5 个部分。

3.6

试样　specimen

试验用有代表性带基材或处理过的制品。

注：试样可包含空气间隙。

3.7

表面制品　surface product

用于建筑物内墙和(或)天花板上的表面材料,如顶板、贴砖、护板、墙纸、喷或刷的涂层。

4　原理

通过设置在地面中心的热流计测量总热流量,估算房间内火自点火源向其他物体蔓延的可能性。

通过测量燃烧的总热释放速率来估算火向房间外物体蔓延的可能性。

通过测量某些有毒气体来提供毒性危害指示。

通过测量遮光烟气的生成量来测定能见度降低的危害。

通过拍照及摄像方式记录火灾增长。

注：如果需要更详细的资料,可以测量房间内气体温度和进出门口的质量流量。

5　试验房间

5.1　试验房间(见图 1)应由相互垂直的四面墙壁、地面和天花板组成,内部尺寸如下：

a)　长：(3.6 ± 0.05) m；

b)　宽：(2.4 ± 0.05) m；

c)　高：(2.4 ± 0.05) m。

试验房间应设置在自然通风条件好、干燥的室内。室内空间应足够大,以保证外界环境对试验火没有影响。试验房间的设置宜便于安装仪器和点火源。

5.2　试验房间的门应设在 2.4 m×2.4 m 的一面墙壁中心,其他墙壁、地面和天花板不应有任何可以通风的开孔。门的尺寸应为：

a)　宽：(0.8 ± 0.01) m；

b)　高：(2.0 ± 0.01) m。

5.3　试验房间宜采用密度为 500 kg/m³～800 kg/m³、燃烧性能符合 GB 8624—2006 规定的 A1 级材料构建。试验房间构件的最小厚度应为 20 mm。

6　点火源

6.1　推荐点火源

使用附录 A 中规定的满足下列要求的点火源：

a)　点火源应为丙烷气体燃烧器,燃烧器填充多孔、惰性材料(如砂),上表面为方形,其构造应使气流均匀到达整个开孔表面；

b)　燃烧器应放置在与门相对角落的地面上,器壁应与试样接触；

c)　燃烧器气源应为纯度不低于 95% 的丙烷。供气流量测量精度不低于 ±3%。燃烧器的热输出应控制在规定值的 ±5% 范围内。

警示——所有设备(如管道、连接件、流量计等)应适于使用丙烷,并按规定安装。

为了安全,燃烧器宜装设远距离控制的点火装置,例如引燃火焰或电热丝。宜加装气体泄漏报警装置和燃气紧急切断装置。

6.2　其他点火源

可以使用其他点火源,参见附录 B。

单位为米

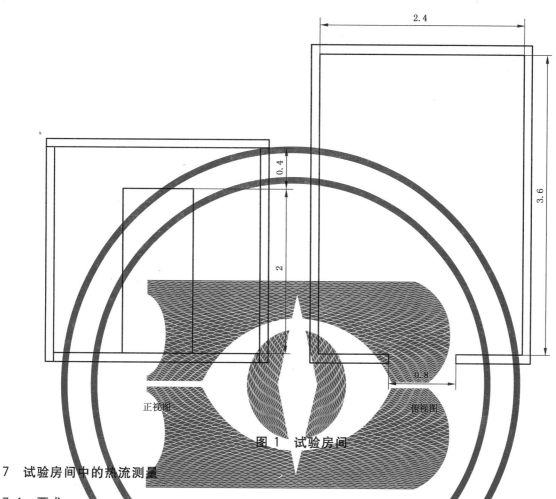

图 1　试验房间

7　试验房间中的热流测量

7.1　要求

热流计应是 Gardon 或 Schmidt-Boelter 型,其设计量程宜为 50 kW/m²。接收表面应是平整的黑色表面,视角为 180°。热流计的精度应不低于±3%,重复性误差应在 0.5%以内。补充资料和设计方案参见附录 C。

7.2　位置

热流计应安装在试验房间地面的几何中心上。接收表面应在地面上方 5 mm~30 mm 处。辐射达到接收表面前不应穿过任何窗孔。

7.3　标定

用两支热流计专门作为参照热流计进行标定。参照热流计应每年进行一次标定。

8　燃烧产物收集系统

燃烧产物收集系统应能收集试验期间燃烧所产生的全部烟气,并且不应干扰门口处的火羽流。常压状态 25 ℃时,其排烟能力应不低于 3.5 m³/s。

注:集烟罩和排烟管道的设计参见附录 D。

9　排烟管道中仪器的最低要求

9.1　体积流量

排烟管道中体积流量的测量精度不应低于±5%。

阶跃变化的响应时间(到最终状态流量的90%)不超过1 s。

9.2 气体分析

9.2.1 取样管线

应在排烟管道内燃烧产物混合均匀的位置处抽取气样。为不影响被分析气体物质的浓度,取样管的材质应选用惰性材料。补充资料和设计方案参见附录E。

9.2.2 氧气

氧消耗的测量精度不应低于±0.05%(氧的体积分数)。氧分析仪的响应时间不应超过3 s(参见附录E)。

9.2.3 一氧化碳和二氧化碳

利用分析仪测量气体样品,分析仪对二氧化碳体积分数的测量精度不应低于±0.1%,对一氧化碳体积分数的测量精度不应低于±0.02%。分析仪的响应时间不应超过3 s(参见附录E)。

9.3 光学烟密度计

9.3.1 概述

光学烟密度计由光源、透镜、光圈和光电元件(见图2)组成,测量过程中由于烟的积尘,光透过率的减小不应超过5%。

9.3.2 光源

光源应是白炽光型,色温应为(2 900±100)K。电源应为直流稳压电源,其精度不应低于±0.2%(包括温度、短期及长期稳定性)。

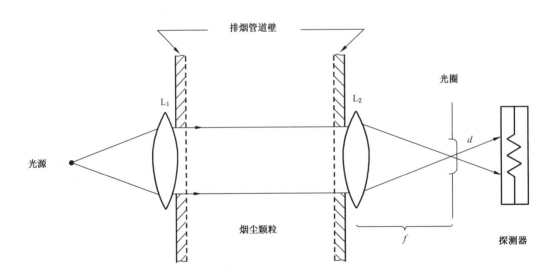

图 2 光学系统

9.3.3 透镜

透镜系统应将光聚成一直径不小于20 mm的平行光束。

9.3.4 光圈

光圈应放置在透镜 L_2 的焦点上(如图2所示),且其直径(d)与透镜的焦距(f)之比应满足 $d/f <$ 0.04。

9.3.5 探测器

探测器的光谱分布响应度应与CIE(光照曲线)相吻合,色度标准函数 $V(\lambda)$ 的精度不低于±5%。在不小于3.5个十倍程输出范围内,该探测器的输出线性度应在5%以内。

9.3.6 位置

光束应沿直径方向横穿排烟管道,且所在位置烟气均匀。

10 系统性能

10.1 标定

每次试验或连续试验以前应进行标定。

注：计算公式参见附录F。

燃烧器应直接放置在集烟罩下,使用表1中给出的燃烧器热输出进行标定。数据采集时间间隔不应超过6 s,且应从燃烧器引燃前1 min开始测量。火源稳定后,对于每个热输出水平,基于氧消耗计算热释放速率在1 min内的平均值,与基于气体流量计算的热输出平均值不一致性的偏差应在5%以内。

表 1 燃烧器热输出分布

时间/min	热输出/kW
0～2	0
2～7	100
7～12	300
12～17	100
17～19	0

10.2 系统响应

系统的响应时间是指由点火源输出跃变到一个给定值至测得热释放速率到达该给定值的90%所需时间。将燃烧器放置在集烟罩下方1 m的中心处时,燃烧器热输出阶跃变化的滞后时间不得超过20 s,当按表1进行标定时,数据采集时间间隔不应超过6 s。

10.3 精度

排烟管道的流量由2 m³/s(在0.1 MPa和25 ℃条件下)到最大值平均分为四级。燃烧器的热输出为300 kW。每级稳定状态下,测量的热释放速率在1 min内平均值与实际热输出的平均值比较,误差不应超过10%。

11 试样制备

11.1 应尽可能按与实际使用相同的方法安装试样。

注：在标准试样配置中,三面墙和天花板均要敷以试样。可选的试样配置形式参见附录G。

11.2 以板材形式进行试验时,应尽可能使用板材的标准宽度、长度和厚度。

11.3 试样应固定在基材上或直接固定在试验房间内部,应尽可能采用该制品的实际安装方式(如敲钉、胶粘、使用支撑等)。报告中应清楚地描述其安装方式。

11.4 薄型表面制品、可熔化的热塑制品、涂料应根据其实际使用情况,选用下列基材：

 a) 干密度为(680±50)kg/m³、燃烧性能符合GB 8624—2006规定的A1级纤维增强硅酸钙板；

 b) 干密度为(1 650±150)kg/m³、燃烧性能符合GB 8624—2006规定的A1级板材；

 c) 在温度(23±2)℃、相对湿度(50±5)%的条件下处理以后,密度为(680±50)kg/m³的刨花板(粒子板)；

 d) 在温度(23±2)℃、相对湿度(50±5)%的条件下处理以后,密度为(725±50)kg/m³的石膏板；

 e) 热性质与a)～d)的基材明显不同的实际基材,例如：钢、矿棉。

  注：a)～d)基材的厚度宜为9 mm～13 mm。

11.5 涂料应以委托方规定的涂敷率涂敷在11.4中所列基材上。

11.6 试样(不吸湿的试样除外)应在(23±2)℃,相对湿度(50±5)%的条件下养护至平衡[2]。

> 注:对于木质基材制品和可能发生溶剂蒸发的制品,至少需要四周的养护时间。

12 试验程序

12.1 初始条件

12.1.1 从试样安装直到开始试验,试验房间内和周边环境的温度应为(20±10)℃。

> 注:试样从停止养护到开始试验之间的时间宜尽可能短。

12.1.2 试验房间门中心1 m范围内,水平风速不应超过0.5 m/s。

12.1.3 燃烧器应与墙角接触。燃烧器表面应清洁。

> 注:在放置燃烧器的墙角内表面上,划0.3 m×0.3 m的方格,以帮助确定火焰蔓延的范围。

12.1.4 试验前应为试样拍照或摄像。

12.2 试验步骤

12.2.1 开启所有的记录和测量装置,采集2 min数据后,点燃燃烧器。

12.2.2 在点燃燃烧器后10 s内,应将燃烧器的热输出调整到附录A中所给的输出水平。随着火势的发展适当调整风机的排烟量,以使集烟罩能收集所有的燃烧产物。

12.2.3 试验应进行拍照及摄像记录。照片及录像中应有一个显示时间的时钟,时钟的最小刻度为1 s。

12.2.4 试验期间记录下列现象及其发生时间:
a) 天花板被引燃;
b) 火焰蔓延到墙壁和天花板;
c) 燃烧器热输出的改变;
d) 门口出现火焰。

12.2.5 发生轰燃或试验进行20 min(A.1点火源)或15 min(A.2点火源)(以先出现者为准)以后,结束试验。

试验结束后,应继续观察直到没有燃烧现象,或2 h后停止观察。

> 注:危及安全的情况下可提前结束试验。

12.2.6 试验结束后,记录试样损坏的程度。

12.2.7 记录其他异常现象。

13 试验报告

试验报告应包括下列内容:
a) 实验室的名称及地址;
b) 报告日期和编号;
c) 委托试验单位名称及地址;
d) 试验目的;
e) 取样方法;
f) 制造商或供应商名称;
g) 制品的名称或其他标识及制品描述;
h) 制品的密度或面密度及制品厚度;
i) 到样日期;
j) 试样安装方式;
k) 试样的养护;
l) 试验日期;

---

2) 间隔24 h进行称重,试样质量之差不大于0.1%或0.1 g(以较大者为准)时,则认为达到了质量平衡。

m) 试验方法；

n) 试验结果（参见附录 F）：

    1) 地板几何中心的热流-时间曲线；

    2) 排烟管道中的体积流量-时间曲线；

    3) 热释放速率-时间曲线；

    4) 一氧化碳的产生量-时间曲线；

    5) 二氧化碳的产生量-时间曲线；

    6) 烟的产生量-时间曲线；

    7) 火灾的发展状况说明；

    8) 标定结果。

o) 报告中可补充下列试验结果（参见附录 C）：

    1) 试样的表面温度-时间曲线；

    2) 门口的垂直温度分布-时间曲线；

    3) 通过门口的质量流量-时间曲线；

    4) 通过门口的对流热流-时间曲线；

    5) 碳氢化合物（CH_4）的产生量-时间曲线；

    6) 氮氧化合物（NO_x）的产生量-时间曲线；

    7) 氰化物（HCN）的产生量-时间曲线；

p) 是否发生轰燃；

q) 发生轰燃的时间（如果发生）。

附　录　A
（规范性附录）
推荐点火源

A.1　标准点火源

A.1.1　燃烧器

燃烧器应采用 4 mm～8 mm 粒径的砾石和 2 mm～3 mm 粒径的砂子填充,见图 A.1。壳体由金属丝网分为两层,上层网孔口规格为 1.4 mm,下层网为 2.8 mm。上层砂子顶层与燃烧器上缘齐平。

A.1.2　热输出水平

引燃后,前 10 min 热输出调整到 100 kW,如果未出现轰燃,10 min 后热输出调至 300 kW。

A.2　替代点火源

A.2.1　燃烧器

燃烧器上表面宜为多孔耐火材料,规格为 (0.305 ± 0.005) m $\times(0.305\pm0.005)$ m。

燃烧器上表面距地面 0.3 m,且保持水平。

燃烧器气源的最大热输出应为 (162 ± 4) kW（总热输出为 176 kW）。试验期间应当测试其流量。

注:燃烧器既可以由 20 mm 充实物上覆盖 25 mm 厚的多孔陶瓷纤维板构成,也可以采用厚度不小于 100 mm 的渥太华砂,形成水平表面供气(见图 A.2)。对于滴落材料,宜选用后者。

A.2.2　热输出水平

引燃后,热输出按表 A.1 调整。

表 A.1　热输出调整

引燃时间/s	热　输　出
0～30	最大值的 25%
30～60	最大值的 50%
60～90	最大值的 75%
90～120	最大值

单位为毫米

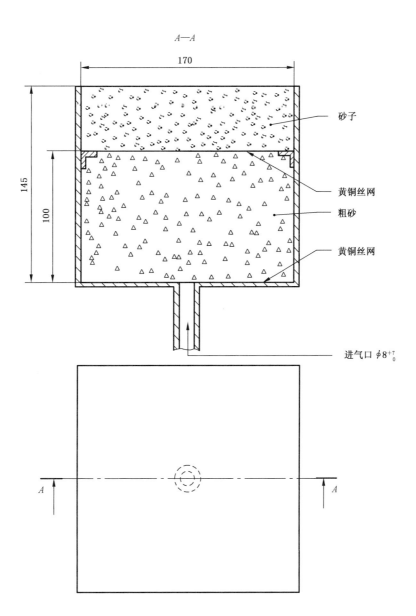

图 A.1 标准点火源

单位为毫米(另有规定的除外)

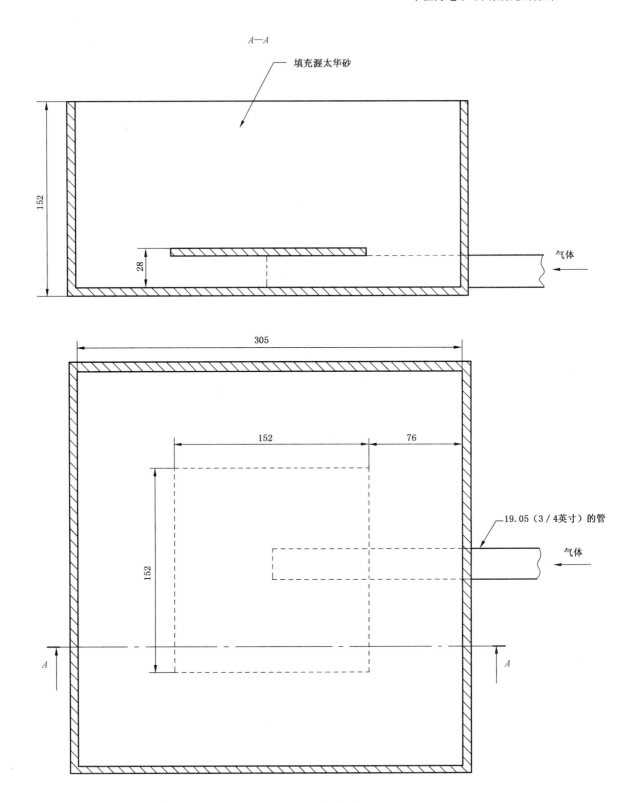

图 A.2 替代点火源

附　录　B

（资料性附录）

其他点火源

B.1　试验可使用其他点火源，例如：

a)　A.2中规定的替代点火源，引燃后，第一个5 min内热输出为40 kW，此后10 min内热输出为160 kW；

b)　直接点火源，如碰撞产生的火焰；

c)　间接点火源，如房间内的家具或废纸篓等。

B.2　如果使用其他点火源，则应给出详细说明。间接点火源应与火灾场景相关，并经证实具有可重复性和可再现性。

注：为了便于实验室之间数据的比对，点火源应尽量相似并明确描述。

附 录 C

（资料性附录）

试验房间的测量仪器

C.1 热流

接收辐射热的表面（可能接收少量对流热）为一圆形平面，直径不大于 15 mm，表面覆有耐磨的无光泽黑色涂层。接收表面应包含在水冷壳体中，壳体正面直径不大于 50 mm，平整、高度抛光，与接收表面的平面齐平。

热流计应耐用、便于安装和使用、受通风影响小。热流计的精度应该为±3%，重复性的误差应在 0.5%以内。

注：辐射是对热流计的主要热传递方式，但仪器与其周围空气的对流传热也不能忽略，因此用术语"热流"代替"辐射照度"。

C.2 气体温度

为了使气体温度测量误差最小，应选用辐射高温计或非常细的热电偶（50 μm）。

辐射高温计或热电偶的布置位置见图 C.1。

C.3 表面温度

C.3.1 通过在试样上安装表面热电偶的方式研究天花板下的火焰蔓延，表面温度的测量也可用于研究试验过程中的热平衡。

C.3.2 热电偶丝的直径不应超过 0.25 mm。将热电偶固定于表面积约为 100 mm² 的耐热薄玻璃纤维带上测量试样表面温度，可避免对流、辐射和气温变化等的影响。在达到 500 ℃之前，玻璃纤维带和试样之间应保持接触良好。

表面热电偶位置见图 C.2。

C.4 试验房间门口的气体流量

C.4.1 采用 E.1 中规定的双向测速探头、差压变送器、辐射高温计测量流入流出试验房间门口的气体流量。差压变送器宜选用电容型，分辨率为 0.05 Pa，量程为 0 Pa～25 Pa。

C.4.2 单位时间和面积上的质量流量 $\dot{m}''$，单位为千克每平方米秒（kg/m² · s），由下式计算：

$$\dot{m}'' = \rho_s v = \rho_s / k_\rho (2\Delta p / \rho_s)^{1/2} \quad \cdots\cdots\cdots\cdots\cdots\cdots\cdots（C.1）$$

$$\dot{m}'' = 1 / k_\rho (2\Delta p \rho_0 T_0 / T_s)^{1/2} \quad \cdots\cdots\cdots\cdots\cdots\cdots\cdots（C.2）$$

式中：

ρ_s——测量点的气体密度，单位为千克每立方米（kg/m³）；

v——气体流速，单位为米每秒（m/s）；

k_ρ——双向测速探头的雷诺数校正；

Δp——压差，单位为帕（Pa）；

ρ_0——空气在 0 ℃和 0.1 MPa 时的密度，单位为千克每立方米（kg/m³）；

T_0——273.15 K；

T_s——测量点的气体温度，单位为开尔文（K）。

k_ρ 取 1.08，当风速为 0.3 m/s 时，最大误差约为 7%。随着风速的降低，最大误差也会增加。

流出房间门口气体的总质量流量 $\dot{m}_{out}$ 可通过 $\dot{m}''$ 在开口宽度对中性面以上部位积分得到。

C.4.3 流出房间门口的单位面积对流热流量,$\dot{Q}''$,单位为千瓦每平方米(kW/m²),由下式计算:

$$\dot{Q}'' = \dot{m}'' c_p (T_s - T_i) \qquad\qquad\qquad\qquad \text{(C.3)}$$

式中:

$\dot{m}''$——单位面积的质量流率,单位为千克每平方米秒(kg/m² · s);

c_p——燃烧气体的比热,单位为千焦每千克开尔文[kJ/kg · K(≈1.0 kJ/kg · K)];

T_s——气流温度,单位为开尔文(K);

T_i——环境温度,单位为开尔文(K)。

按 C.4.2 规定积分,得到总对流热流量。

C.4.4 为了绘制房间门口处气体流线谱,至少需要 10 支探头,其精度可达±20%以内。也可用三支固定于门中心(该处的气流方向基本水平),安装高度距地面分别为 1 300 mm、1 800 mm、1 900 mm 的双向测速探头粗略估算门口气体的流动速率。

C.5 通过房间门口的辐射

将 C.1 中规定的热流计放置在门口的几何中心点上,测量通过门口的辐射。

单位为毫米

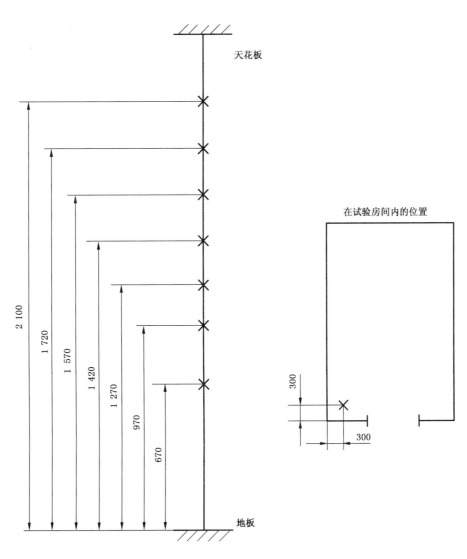

图 C.1 试验房间内气体温度的测量

419

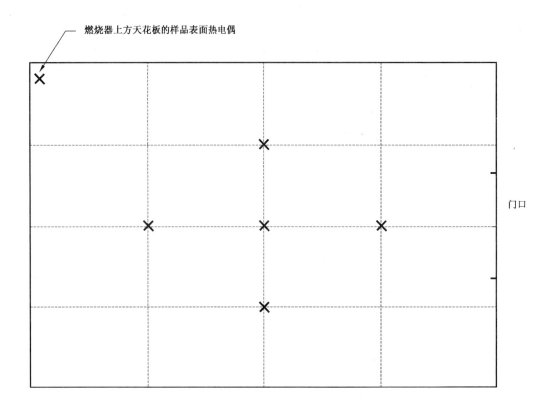

注：用大约 100 mm² 的玻璃纤维带将热电偶的热接头固定在样品表面上。

图 C.2　天花板上试样表面热电偶的位置

附　录　D

（资料性附录）

排烟系统的设计

D.1 火灾增长过程中，流出试验房间的燃烧气体质量流速大小可能为 1 kg/s，随温度变化的气体流速可能高达 4 m/s。集烟罩收集流出的烟气。经验证，下述排烟系统符合本标准的要求：

a) 集烟罩位于试验房间门口的正上方，底部与房间顶部齐平。集烟罩底部尺寸为 3 m×3 m，高 1.0 m（见图 D.1）。集烟罩底部一边紧贴试验房间，其余三边的钢板向下延伸 1.0 m，集烟罩的有效高度为 2 m（见图 D.2）。集烟罩连接到横截面积为 0.9 m×0.9 m 的混气室。混气室的高度最小为 0.9 m。为增加端流效果，混气室中设置两块约 0.5 m×0.9 m 的隔板（见图 D.2）。集烟罩的设计和制造应确保无烟气泄漏；

b) 排烟管与混气室相连，内径为 400 mm，直管段不应小于 4.8 m。为了便于流量测量，在排烟管两端设置均流器（见图 D.1 和 D.2），使测量点处气体流动均匀。排烟管道与排烟系统连接；

c) 风机的排烟能力不应小于 4 kg/s（在标准大气压条件下约为 12 000 m³/h）以收集试验时产生的所有烟气，风机尾部的真空度为 2 kPa。试验过程中，风机排烟量在 0.5 kg/s～4 kg/s 之间连续可调。试验初期应调低空气流量，否则将影响试验的测试精度。

D.2 也可使用符合第 10 章规定的其他排烟系统，但是主自然对流的排烟系统不适用于本装置。

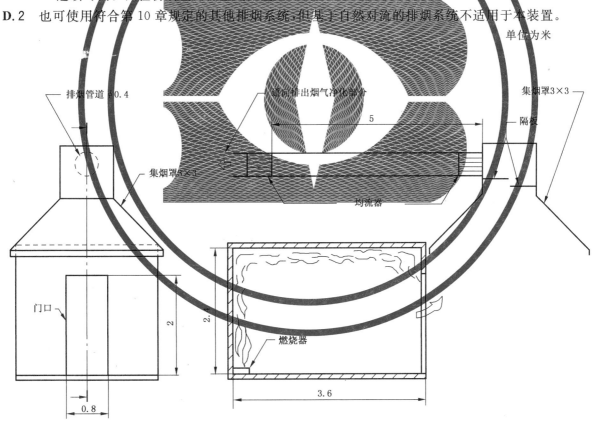

单位为米

图 D.1　排烟系统原理图（集烟罩上无延伸钢板）

单位为毫米

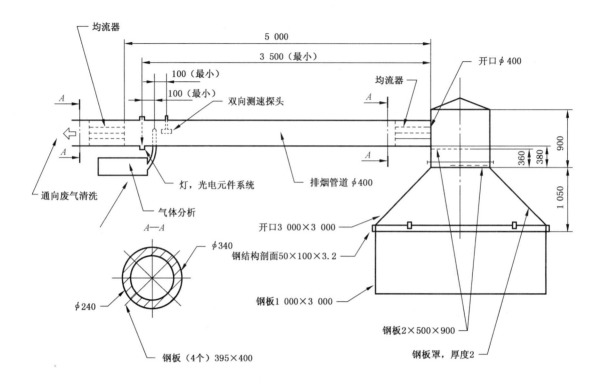

图 D.2 排烟系统及取样头位置

附　录　E
（资料性附录）
排烟管道中的测量仪器

E.1　体积流量

E.1.1　流量由放置在排烟管道中心线上的双向测速探头测量。图 E.1 中所示的探头由长 32 mm、内径为 φ14 mm 的不锈钢管构成。该管分成两个相同的小室,两室之间的压差由差压变送器测量。探头响应雷诺数的变化曲线见图 E.2。

E.1.2　差压变送器选用电容型,分辨率高于±5 Pa,测量范围为 0 Pa～2 000 Pa。

E.1.3　探头附近的气体温度由直径不大于 0.25 mm 的热电偶测量。热电偶不应对双向测速探头附近的气流形成扰动。

E.2　取样系统

E.2.1　取样头应放置在排烟管道中气体混和均匀的部位。探头应为圆管形,以使气流扰动最小。应当沿着排烟管道的整个直径抽取气样。

E.2.2　取样管(见图 E.3)应采用耐腐蚀材料制成,如 PTFE(聚四氟乙烯)。气体在进入分析仪器前,应经过二级或以上过滤。气样应冷却到 10 ℃以下。

　　对于分析除 CO、CO_2 和 O_2 以外的气体,应对取样管加热(150 ℃～175 ℃)。取样管应尽可能短,且气体不应过滤(见 E.3.3 和 E.3.4)。

E.2.3　气样由取样泵(可使用隔膜泵)送到分析仪器,取样过程中应避免油脂或类似物质污染气样。

E.2.4　气样由排烟管道进入气体分析仪器的时间间隔不应超过 1 s。

E.2.5　取样系统见图 E.3,取样头见图 E.4。取样泵容量宜为 10 L/min～50 L/min,每一气体分析仪消耗约为 1 L/min。泵产生的压差不应小于 10 kPa,以免烟垢阻塞过滤器。取样头进气孔应向下,以避免烟尘阻塞。

E.3　燃烧气体分析

E.3.1　一般要求

　　气样进入二氧化碳和氧气分析仪前应经过干燥处理,去除气样中的水蒸气。

　　注:燃烧气体分析的详细资料参见 ISO/TR 9122-3。

E.3.2　氧浓度

　　选用符合 9.2.2 规定的顺磁型氧分析仪测量。

E.3.3　一氧化碳和二氧化碳浓度

　　使用红外光谱仪进行连续测量。一氧化碳测量量程为 0%～1%,二氧化碳为 0%～6%。

E.3.4　碳氢化合物浓度

　　用己烷作为参照标准,采用红外光谱法进行测量,量程为 0%～0.2%,最大误差为 2%,响应时间宜小于 6 s,取样管线宜加热。

E.3.5　氮氧化合物浓度

　　采用化学发光分析仪测量 NO 和 NO_2 的总浓度。分析仪的最大误差为 2%,测量量程 0%～0.025%。响应时间宜小于 6 s,取样管线宜加热。

E.4　烟密度计

　　烟密度计主要部件要求如下:

a)　透镜：凸透镜，直径 40 mm，焦距 50 mm；

b)　光源：卤素灯，6 V，10 W；

c)　光电元件：带有色玻璃滤光片的硅光电元件，能产生等效于人眼的光谱响应。

光电元件连接到一个适当的电阻或放大器上，以得到最小 3.5 个十倍程的分辨率。透镜、光源和光电元件安装在位于排烟管道内的彼此直接相对的两个护罩内。

系统对沉积的烟尘应具有自洁能力。通过两个护罩可以对烟尘进行清洁。

光测量系统参见 ISO/TR 5924。

注：E.1～E.4 中描述的探头位置见图 D.2。

单位为毫米

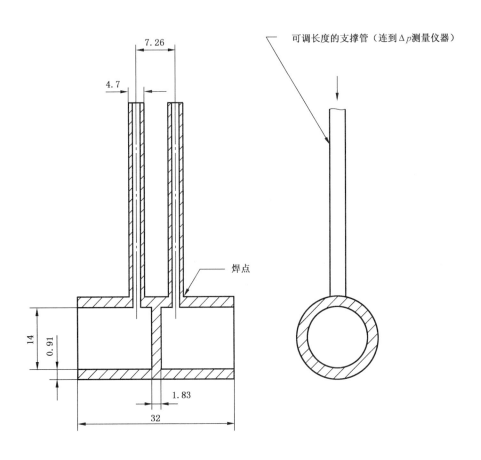

注：源自 McCaffrey 和 Heskestad[10]。

图 E.1　双向测速探头

单位为毫米

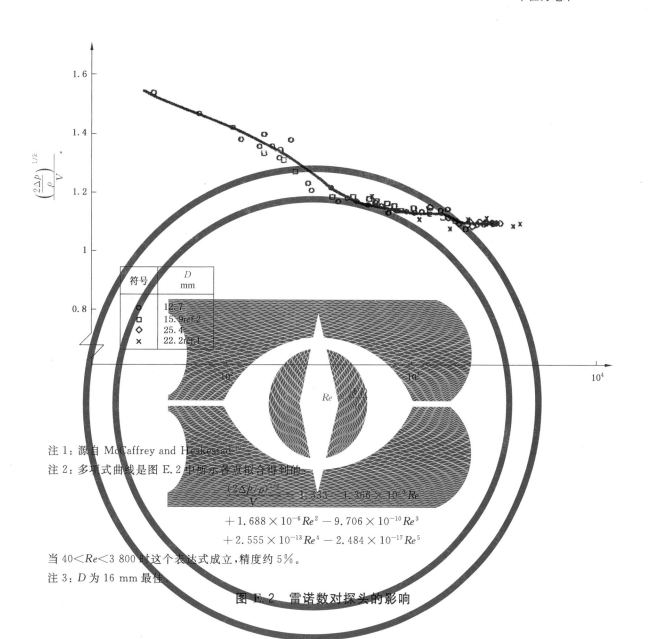

注1：源自 McCaffrey and Heskestad[13]。

注2：多项式曲线是图 E.2 中所示各点拟合得到的。

$$\frac{(2\Delta p/\rho)^{1/2}}{V} = 1.533 - 1.366 \times 10^{-3} Re$$
$$+ 1.688 \times 10^{-6} Re^2 - 9.706 \times 10^{-10} Re^3$$
$$+ 2.555 \times 10^{-13} Re^4 - 2.484 \times 10^{-17} Re^5$$

当 $40 < Re < 3\,800$ 时这个表达式成立，精度约 5%。

注3：D 为 16 mm 最佳。

图 E.2　雷诺数对探头的影响

单位为毫米（另有规定的除外）

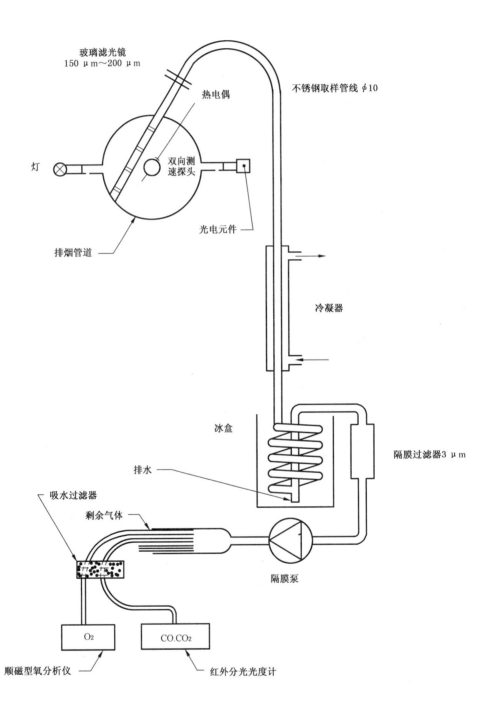

注：也可使用其他气体冷却系统。如果脱水器效率高可以不再冷却。

图 E.3　取样系统原理图（含气体分析仪器）

单位为毫米

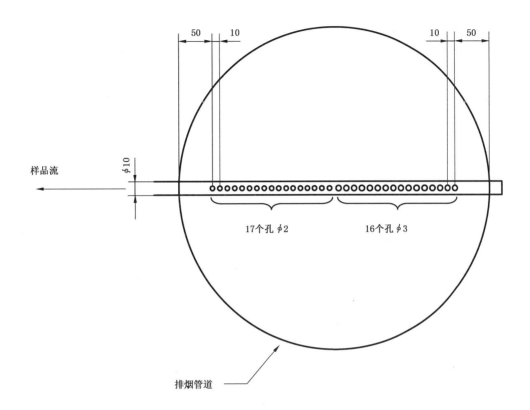

图 E.4　取样头

附 录 F

（资料性附录）

计 算

F.1 体积流量

大气压力下,25 ℃时,排烟管道中的体积流量 $\dot{V}_{298}$,单位为立方米每秒(m³/s),由式 F.1 计算:

$$\dot{V}_{298} = (Ak_t/k_\rho) \times \frac{1}{\rho_{298}} \times (2\Delta p T_0 \rho_0 / T_s)^{1/2} \quad \cdots\cdots\cdots\cdots\cdots\cdots \text{(F.1)}$$

$$\dot{V}_{298} = 22.4(Ak_t/k_\rho)(\Delta p/T_s)^{1/2} \quad \cdots\cdots\cdots\cdots\cdots\cdots\cdots \text{(F.2)}$$

式中:

T_s——排烟管道中的气体温度,单位为开尔文(K);

T_0——273.15,单位为开尔文(K);

Δp——双向测速探头的压差,单位为帕(Pa);

ρ_{298}——大气压力、25 ℃状态下的空气密度,单位为千克每立方米(kg/m³);

ρ_0——0 ℃、0.1 MPa下的空气密度,单位为千克每立方米(kg/m³);

A——排烟管道的横截面积,单位为平方米(m²);

k_t——单位面积上的平均质量流量与排烟管道中心质量流量之比;

k_ρ——双向测速探头的雷诺数校正,取 1.08。

式 F.1 的假设条件:气体密度变化(相对空气)只与温度有关,化学成分和湿度忽略不计(除非研究用水灭火的过程)。标定常数 k_t 通过测量管道截面直径方向一系列有代表性的点的质量流量分布来确定。应分别用冷、热空气校准 k_t,k_t 的测量误差不应超过 $\pm 3\%$。

F.2 热产生率、标定和试验程序

F.2.1 标定过程中,以丙烷为燃料,点火源的热输出 $\dot{q}_b$,单位为千瓦(kW),计算公式见式 F.3:

$$\dot{q}_b = \dot{m}_b \Delta h_{c.eff} \quad \cdots\cdots\cdots\cdots\cdots\cdots\cdots \text{(F.3)}$$

式中:

$\dot{m}_b$——通过燃烧器的丙烷质量流率,单位为克每秒(g/s);

$\Delta h_{c.eff}$——丙烷的有效燃烧热,单位为千焦每克(kJ/g)。假设燃烧效率为 100%,取 46.4 kJ/g。

F.2.2 试样的热释放速率 $\dot{q}$,单位为千瓦(kW),其计算公式见式 F.4:

$$\dot{q} = E^1 \dot{V}_{298} x^a_{O_2} \left[\frac{\Phi}{\Phi(\alpha-1)+1} \right] - \frac{E^1}{E_{C_3H_8}} \dot{q}_b \quad \cdots\cdots\cdots\cdots \text{(F.4)}$$

耗氧系数 Φ 由式 F.5 计算:

$$\Phi = \frac{x^0_{O_2}(1 - x_{CO_2}) - x_{O_2}(1 - x^0_{CO_2})}{x^0_{O_2}(1 - x_{CO_2} - x_{O_2})} \quad \cdots\cdots\cdots\cdots\cdots \text{(F.5)}$$

氧的环境摩尔分数 $x^a_{O_2}$ 由式 F.6 计算:

$$x^a_{O_2} = x^0_{O_2}(1 - x^a_{H_2O}) \quad \cdots\cdots\cdots\cdots\cdots\cdots \text{(F.6)}$$

式中:

E——消耗单位体积的氧所释放的能量,单位为千焦每立方米(kJ/m³),对于试样,$E^1 = 17.2 \times 10^3$ kJ/m³(25 ℃);对于丙烷 $E_{C_3H_8} = 16.8 \times 10^3$ kJ/m³(25 ℃);

$\dot{V}_{298}$——大气压下 25 ℃时排烟管道内的气体体积流量,单位为立方米每秒(m³/s);

α——燃烧反应的耗氧扩展系数($\alpha = 1.105$);

$x_{O_2}^a$——含水蒸气环境中氧的摩尔分数；

注1：试验前未吸收水以前应测量 $x_{O_2}^a$。

$x_{O_2}^0$——氧分析仪测得排烟管道中氧的初始摩尔分数读数；

x_{O_2}——试验过程中氧分析仪测得排烟管道中氧的摩尔分数；

$x_{CO_2}^0$——二氧化碳分析仪测得二氧化碳初始摩尔分数；

x_{CO_2}——试验过程中排烟管道中二氧化碳的摩尔分数；

$x_{H_2O}^a$——环境中水蒸气的摩尔分数。

注2：减去试验初始时燃烧器的热输出得到的 $\dot{q}$ 有可能为负值，这是由于气体取样存在滞后，可通过燃烧器测量响应时间进行校正。

F.2.3 式 F.3～式 F.6 是基于一定的近似得到的，因此有以下局限性：

a) 未考虑一氧化碳的产生量。如测定了一氧化碳浓度，可以对应定量计算的不完全燃烧影响等情况进行计算修正。

b) 未完全考虑水蒸气对流量测量和气体分析的影响。可通过连续测量水蒸气浓度进行修正。

c) $E^1=17.2 \text{ kW/m}^3$ 是通过大量试样试验得到的平均值，对于大多数燃烧物适用，但表 F.1 和 F.2 中所列物质除外。

一般情况下，这些误差累计应小于10%。

F.3 燃烧气体

通过测量气体的摩尔分数，能够计算出 0.1 MPa、25 ℃时气体的瞬时流量 $\dot{V}_{gas}$，单位为立方米每秒（m^3/s）和气体产生总量 V_{gas}，单位为立方米（m^3），计算公式见式 F.7、F.8：

$$\dot{V}_{gas} = \dot{V}_{298} \cdot x_i \quad\quad\quad\quad\quad\quad\quad (F.7)$$

$$V_{gas} = \int_0^t \dot{V}_{gas} dt \quad\quad\quad\quad\quad\quad\quad (F.8)$$

式中：

$\dot{V}_{298}$——0.1 MPa、25 ℃时排烟管道中的体积流量，单位为立方米每秒（m^3/s）；

x_i——分析仪器中气体的摩尔分数；

t——燃烧时间，单位为秒（s）。

F.4 遮光系数

遮光系数 k 是表征光学烟密度的参数，单位为 m^{-1}，按式 F.9 计算：

$$k = \frac{1}{L}\ln\left[\frac{I_0}{I}\right] \quad\quad\quad\quad\quad\quad\quad (F.9)$$

式中：

I_0——无烟环境中平行光束强度；

I——穿过有烟环境的光强度；

L——光束穿过有烟环境的长度，单位为米（m）。

烟气的瞬时遮光率 R_{inst}，单位为平方米每秒（m^2/s），总产烟量 R_{tot}，单位为平方米（m^2），由式 F.10 和式 F.11 计算：

$$R_{inst} = k\dot{V}_s \quad\quad\quad\quad\quad\quad\quad (F.10)$$

$$R_{tot} = \int_0^t k\dot{V}_s dt \quad\quad\quad\quad\quad\quad\quad (F.11)$$

式中：

$\dot{V}_s$——实际管道温度下，排烟管道中的体积流量，单位为立方米每秒（m^3/s）；

t——燃烧时间，单位为秒（s）。

表 F.1 常见合成聚合物的燃烧热及其单位耗氧量的燃烧热

燃　料	重复单元	燃烧热/(kJ/g)	单位耗氧量的燃烧热/(kJ/g)
聚乙烯	$-(C_2H_4)-$	-43.28	-12.65
聚丙烯	$-(C_3H_6)-$	-43.31	-12.66
聚丁烯	$-(C_4H_8)-$	-43.71	-12.77
聚丁二烯	$-(C_4H_6)-$	-42.75	-13.14
聚苯乙烯	$-(C_8H_8)-$	-39.85	-12.97
聚氯乙烯	$-(C_2H_3Cl)-$	-16.43	-12.84
聚酯纤维(亚乙烯基氯)	$-(C_2H_2Cl_2)-$	-8.99	-13.61
聚酯纤维(亚乙烯基氟)	$-(C_2H_2F_2)-$	-13.32	-13.32
聚酯纤维(甲基丙烯酸酯)	$-(C_5H_8O_2)-$	-24.89	-12.98
聚丙烯腈	$-(C_3H_3N)-$	-30.80	-13.61
聚甲醛	$-(CH_2O)-$	-15.46	-14.50^a
聚酯纤维(乙烯对苯二酸酯)	$-(C_{10}H_8O_4)-$	-22.00	-13.21
聚碳酸酯	$-(C_{16}H_{14}O_3)-$	-29.72	-13.12
纤维素三醋酸基酯	$-(C_{12}H_{16}O_8)-$	-17.62	-13.23
尼龙 6.6	$-(C_6H_{11}NO)-$	-29.58	-12.67
异丁烯聚砜	$-(C_4H_8O_2S)-$	-20.12	-12.59
未加权平均数			-13.02
注1：数据来自参考文献[11]。			
注2：数据在 25 ℃条件下测得。燃料为固体，所有产物均为气体。			
a 权重忽略不计。			

表 F.2 部分天然燃料的燃烧热及其单位耗氧量的燃烧热

燃料	燃烧热/(kJ/g)	单位耗氧量的燃烧热/(kJ/g)
纤维素	-16.05	-13.59
棉	-15.55	-13.61
新闻纸	-18.40	-13.40
瓦楞纸箱	-16.04	-13.70
树叶,阔叶树	-19.30	-12.28
木材,枫树	-17.76	-12.51
褐煤	-24.78	-13.12
煤,含沥青	-35.17	-13.51
未加权平均数		-13.21
注1：数据来自参考文献[11]。		
注2：数据在 25 ℃条件下测得。燃料为固体，所有产物均为气体。		

附 录 G
（资料性附录）
试样的配置形式

G.1 试样的标准配置形式

为了实验室之间的数据具有可比性,要求墙壁和天花板都要敷以试样。

注：根据试验和研究设定条件下制品的实际使用配置试样,允许存在不同的试样配置形式。

G.2 可选的试样配置形式

可选的配置形式有：

——只对墙壁敷以试样而天花板采用标准材料；

——只对天花板敷以试样而墙壁采用标准材料。

按照 11.4 中所述的基材选择标准材料。

特殊情况下,不同的墙壁和天花板材料组合也是可行的。

参 考 文 献

[1] ISO 3261:1975,Fire tests—Vocabulary[S].

[2] GB/T 14107—1993,消防基本术语 第二部分[S].

[3] GB/T 16283—1996,固定灭火系统基本术语[S].

[4] ISO 13943:2008,Fire safety—Vocabulary[S].

[5] ISO/TR 9122-3:1993,Toxicity testing of fire effluents—Part 3:Methods for the analysis of gases and vapours in fire effluents.

[6] ISO/TR 5924:1989,Fire tests—Reaction to fire—Smoke generated by building products (dual-chamber test).

[7] BS 6809:1987,Method for calibration of radiometers for use in fire testing[S].

[8] ASTM E 603-77,Standard Guide for Room Fire Experiments[S].

[9] PARKER,W. J. Calculations of the heat release rate by oxygen consumption for various applications. Journal of Fire Science,2(September/October):1984.

[10] McCAFFRE and HESKESTAD. Combustion and Flame,26(1976).

[11] HUGGETT. C Estimation of rate of heat release by means of consumption measurement. Fire and materials. Fire and materials,4(2)(1980).

ICS 13.220.50
C 82

中华人民共和国国家标准

GB 25970—2010

不燃无机复合板

Non-combustible inorganic compound board

2011-01-10 发布

2011-06-01 实施

中华人民共和国国家质量监督检验检疫总局
中国国家标准化管理委员会 发布

前　言

本标准的 4.4、4.5、第 6 章和 7.1 为强制性的,其余为推荐性的。

本标准由中华人民共和国公安部提出。

本标准由全国消防标准化技术委员会防火材料分技术委员会(SAC/TC 113/SC 7)归口。

本标准起草单位:公安部四川消防研究所。

本标准主要起草人:程道彬、李凤、张羽、濮爱萍、邓小兵、熊存健。

不 燃 无 机 复 合 板

1 范围

本标准规定了不燃无机复合板的术语和定义、要求、试验方法、检验规则、标志、贮存、包装和运输等要求。

本标准适用于不燃性纤维增强水泥板、不燃性纤维增强硅酸钙板、玻镁平板或其他不燃性纤维增强无机复合板。

2 规范性引用文件

下列文件中的条款通过本标准的引用而成为本标准的条款。凡是注日期的引用文件,其随后所有的修改单(不包括勘误的内容)或修订版均不适用于本标准,然而,鼓励根据本标准达成协议的各方研究是否可使用这些文件的最新版本。凡是不注日期的引用文件,其最新版本适用于本标准。

GB/T 5464 建筑材料不燃性试验方法(GB/T 5464—2010,ISO 1182:2002,Reaction to fire tests for building products—Non-combustibility test,IDT)

GB/T 7019—1997 纤维水泥制品试验方法(neq ISO 393-1:1983)

GB 8624 建筑材料及制品燃烧性能分级(GB 8624—2006,EN 13501-1:2002,MOD)

GB/T 14402 建筑材料及制品的燃烧性能 燃烧热值的测定(GB/T 14402—2007,ISO 1716:2002,IDT)

3 术语和定义

下列术语和定义适用于本标准。

3.1

不燃无机复合板 non-combustible inorganic compound board

采用无机材料为胶凝材料并添加多种改性物质,用纤维增强、能满足不燃性要求的复合板材(如:纤维增强水泥板、硅酸钙板、玻镁平板或其他无机复合板材)。

4 要求

4.1 分类和物理力学性能要求

按产品表观密度分为七类,其类别和基本物理力学性能见表1。

表 1 类别和物理力学性能

类别	表观密度 ρ/ (kg/m^3)	干态抗弯强度/MPa		
		3.0 mm≤板厚 e ≤7.0 mm	7.0 mm<板厚 e ≤12.0 mm	12.0 mm<板厚 e ≤70.0 mm
1	1 750<ρ	≥45	≥40	≥35
2	1 500<ρ≤1 750	≥20	≥17	≥13
3	1 250<ρ≤1 500	≥11	≥9	≥8
4	1 000<ρ≤1 250	≥8	≥6	≥4
5	750<ρ≤1 000	≥6	≥5	≥4
6	500<ρ≤750	≥5	≥4	≥3
7	ρ≤500	—	—	≥1.5

4.2 外观质量

板材应至少有一个表面是平整的,不应有裂纹、分层、缺角、鼓泡、孔洞、凹陷等缺陷。

4.3 尺寸和尺寸偏差

4.3.1 尺寸

板材长不宜超过3 000 mm、宽不宜超过1 250 mm、厚度在70.0 mm以下。

4.3.2 尺寸偏差

尺寸偏差允许值应符合表2的要求。

表 2 尺寸偏差允许值

密度/(kg/m³)	尺寸规格/mm	尺寸偏差	
		长、宽/mm	厚 度
ρ≤1 500	>2 000	±5	1. 不超过标称厚度的±10%,最大不超过±1.5 mm;
	≤2 000	±3	2. 同一板材所测到的最大、最小厚度之差不超过标称厚度的±10%,最大不超过1.0 mm
ρ>1 500	>2 000	±5	1. 不超过标称厚度的±15%,最大不超过±2.0 mm;
	≤2 000	±5	2. 同一板材所测到的最大、最小厚度之差不超过标称厚度的±15%,最大不超过1.5 mm

4.3.3 边缘平直度和对角线之差允许值

边缘平直度和对角线之差允许值应符合表3规定。

表 3 边缘平直度和对角线之差允许值

项 目	ρ≤1 500 kg/m³	ρ>1 500 kg/m³
边缘平直度	≤0.2%,板材与参考边的最大距离不超过3.0 mm	≤0.3%,板材与参考边的最大距离不超过5.0 mm
对角线之差	长度≤2 000 mm时,对角线之差不超过3.0 mm; 长度>2 000 mm时,对角线之差不超过5.0 mm	长度≤2 000 mm时,对角线之差不超过5.0 mm; 长度>2 000 mm时,对角线之差不超过7.0 mm

4.4 物理力学性能

物理力学性能应符合表4的规定。

表 4 物理力学性能

项 目	指 标
干态抗弯强度/MPa	符合表1中的规定值
吸水饱和状态的抗弯强度/MPa	不小于表1中规定值的70%
吸湿变形率/%	≤0.20
抗返卤性	无水珠、无返潮
注:抗返卤性只适用于玻镁平板。	

4.5 燃烧性能

燃烧性能应符合GB 8624中对匀质材料A1级的规定要求。

5 试验方法

5.1 外观质量

板材的外观质量检查采用目测的方式进行。

5.2 尺寸和尺寸偏差

5.2.1 量具

尺寸的测量应采用如下精度不同的量具：

a) 精度为 1 mm 的钢卷尺；

b) 精度不超过 0.1 mm 的卡尺。

5.2.2 长度和宽度测量

长度和宽度分别用钢卷尺在板边的中点和距两端 25 mm 处测量,各测量两次,精确至 1 mm。测量时应避开肉眼可见的局部缺陷,6 个测量结果的算术平均值即作为板材的长度或宽度,且应满足表 2 的规定要求。

5.2.3 厚度测量

在板的一边,按图 1 所示的测量位置,用游标卡尺测量 8 个点的厚度,精确至 0.1 mm。8 次测量结果平均值应满足表 2 的要求。

图 1 厚度测量位置

5.2.4 边缘平直度测量

将板的四边依次分别靠在一条比板长的参考直线上,用游标卡尺测量板边和参考直线边的最大距离,精确至 0.1 mm。该距离及其与边长之比应满足表 3 的要求。

5.2.5 对角线长度测量

用钢卷尺测量板的对角线长度,精确至 1 mm。两对角线长度之差应满足表 3 的要求。

5.3 物理力学性能

5.3.1 试件的制备

物理力学性能试件,均应在距板边不小于 200 mm 的位置截取。其中,干态抗弯强度和吸水饱和状态抗弯强度试件的截取位置见图 2。

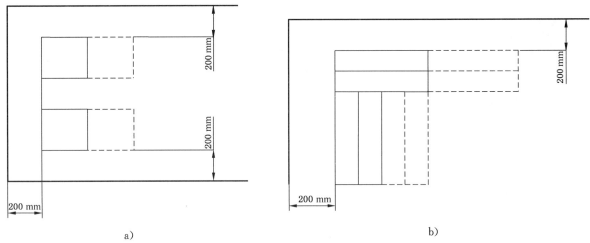

图 2　抗弯强度试件截取位置

5.3.2　表观密度

按 GB/T 7019—1997 中第 5 章的规定方法测定。

5.3.3　干态抗弯强度

当试件厚度 $e \leqslant 20.0$ mm 时,按图 2a)实线所示位置从每张板截取 2 个试件;$e > 20.0$ mm 时,按图 2b)实线所示位置从每张板上截取 4 个试件,试件尺寸见表 5。试件放入温度为 +100 ℃～+105 ℃ 的 烘箱中烘至间隔 2 h 两次连续称量的质量变化率不超过 1%。将烘干的试件放入干燥器中,冷却至室温 后,按 GB/T 7019—1997 中 9.3.4 和 9.4.2 的规定测试并计算试件的抗弯强度。2 个试件取 4 次试验 结果、4 个试件取 8 次试验结果的平均值作为试件的干态抗弯强度。

表 5　抗弯强度试件尺寸　　　　　　　　　单位为毫米

厚度	试　件　尺　寸		支点间的距离
e	长	宽	
$\leqslant 20.0$	250	250	215
> 20.0	支点间的跨距+40	3e(最小不低于 100)	10e

5.3.4　吸水饱和状态的抗弯强度

试件厚度 $e \leqslant 20.0$ mm 时,按图 2a)虚线所示位置从每张板截取 2 个试件;$e > 20.0$ mm 时,按图 2b)虚线所示位置从每张板上截取 4 个试件,试件尺寸见表 5。试件在大于 +5 ℃ 的水中放置 24 h 以上 后,取出用湿毛巾擦去表面水珠,立即按 GB/T 7019—1997 中 9.3.4 和 9.4.2 的规定测试并计算试件 的抗弯强度。2 个试件取 4 次试验结果、4 个试件取 8 次试验结果的平均值作为吸水饱和状态的抗弯 强度。

5.3.5　吸湿变形率

用精度为 0.02 mm 的游标卡尺截取 300 mm×300 mm 的试件 2 块,在试件表面按图 3 所示确定四 个参考点,参考点依次相距 250 mm。将试件浸于 +5 ℃～+35 ℃ 的水中 24 h 以上,取出试件,用量具 准确测量 1—2,2—3,3—4,4—1 之间的距离。然后将试件放入 +60 ℃±3 ℃ 的烘箱内干燥 24 h～28 h 后取出,冷却至室温后,再测量 1—2,2—3,3—4,4—1 之间的距离,精确到 0.02 mm。

按下式计算吸湿变形率:

$$S = \frac{L_1 - L_2}{L_2} \times 100\% \qquad\qquad\qquad\cdots\cdots\cdots\cdots\cdots(1)$$

式中:

S——吸湿变形率,%;

L_1——参考点吸湿后的距离,单位为毫米(mm);

L_2——参考点干燥后的距离,单位为毫米(mm)。

取 8 组数据的算术平均值作为试样的吸湿变形率。

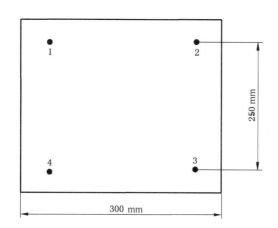

图 3　吸湿变形率试件

5.3.6　抗返卤性

在一组试样的三块板上各任意切下一块 150 mm×150 mm 的试样,放入相对湿度为 90%~95%,温度为+40 ℃±2 ℃的恒温恒湿箱中(24±2)h 后取出,观察有无水珠或返潮现象。

5.4　燃烧性能

按 GB/T 5464 的规定测定炉内平均温升、平均持续燃烧时间、平均质量损失率;按 GB/T 14402 的规定测定燃烧热值。

6　检验规则

6.1　检验分类

不燃无机复合板的检验分型式检验和出厂检验。

6.2　型式检验

6.2.1　产品定型鉴定时被抽样的产品基数应不少于 50 张,有下列情形之一时,应进行型式检验:

　a)　新产品投产或老产品转厂的试制定型鉴定;

　b)　正式生产后,产品的配方、工艺、原材料有较大改变时;

　c)　产品停产一年以上恢复生产时;

　d)　出厂检验与上次型式检验有较大差异时;

　e)　正常生产两年时;

　f)　产品质量监督部门提出要求时。

6.2.2　型式检验项目包括第 4 章规定的全部项目。

6.3　出厂检验

产品出厂前每批应进行出厂检验。本标准所规定的外观质量、尺寸偏差、边缘平直度偏差、对角线之差、干态抗弯强度、吸水饱和状态抗弯强度、吸湿变形率为出厂检验项目。

6.4　组批与抽样

6.4.1　不燃无机复合板应以 150 张为一批。从每批中随机抽取 3 张为一组试样,应抽取三组,其中两组用于复验。

6.4.2　出厂检验的外观质量、尺寸偏差、边缘平直度、对角线之差一组试样的 3 张板材均应检验,并从中抽取 1 张板材,按 5.3.1 的要求截取制作试件,进行干态抗弯强度、吸水饱和状态抗弯强度、吸湿变形率检验。

6.5 检验结果判定原则

型式检验所检项目全部合格则判定为批合格,否则为不合格。出厂检验产品批合格判定按表 6 规定的判定数判定。单项不合格和总不合格项数不超过表 6 规定时判批合格。

表 6 出厂检验批合格判定数

项 目	样本数	出 厂 检 验	
		单项不合格数	总项不合格数
外观质量		1	
尺寸偏差		1	
边缘平直度		1	
对角线之差	3	1	≤2
干态抗弯强度		0	
吸水饱和状态抗弯强度		0	
吸湿变形率		0	
抗返卤性	1	—	
燃烧性能	1	—	

6.6 复检

6.6.1 被判为批不合格的产品,可以用同批的两组复检样品对不合格项进行复检,两组试样复检全部合格则判该批为合格。

6.6.2 对出厂检验,由外观质量、尺寸偏差不合格被判为不合格的批,允许对该批产品逐件检查,经检查合格的板材仍为合格品。

7 标志、贮存、包装和运输

7.1 产品标志应注明生产厂名称、地址、产品名称、型号规格、燃烧性能等级、执行标准号、生产日期、批号等。

7.2 每批产品均应附有合格证、说明书。

7.3 产品应平码堆放,存放在通风干燥处,避免雨淋。

7.4 产品运输应防止雨淋,搬运时应避免损坏。

ICS 13.220.40
C 80

中华人民共和国国家标准

GB/T 27904—2011

火焰引燃家具和组件的燃烧性能试验方法

Testing method for fire characteristics of furniture and subassemblies exposed to
flaming ignition source

2011-12-30 发布
2012-04-01 实施

中华人民共和国国家质量监督检验检疫总局
中国国家标准化管理委员会 发布

前　言

　　本标准按照 GB/T 1.1—2009 给出的规则起草。

　　本标准参考美国国家消防协会标准 NFPA 266:1998《暴露在明焰点火源下软垫家具的燃烧性能标准试验方法》编制而成。

　　本标准由中华人民共和国公安部提出。

　　本标准由全国消防标准化技术委员会防火材料分技术委员会(SAC/TC 113/SC 7)归口。

　　本标准起草单位:公安部四川消防研究所。

　　本标准主要起草人:李风、卢国建、周晓勇、熊存建、朱亚明。

火焰引燃家具和组件的燃烧性能试验方法

警告——本标准并未指出所有可能的安全问题。使用者有责任采取适当的安全和健康措施,并保证符合国家有关法规规定的条件。

1 范围

本标准规定了家具和组件在火焰引燃下的燃烧性能试验方法。

本标准适用于各种场所的家具和组件(含座垫、靠垫)。

2 规范性引用文件

下列文件对于本文件的应用是必不可少的。凡是注日期的引用文件,仅注日期的版本适用于本文件。凡是不注日期的引用文件,其最新版本(包括所有的修改单)适用于本文件。

GB/T 25207—2010 火灾试验 表面制品的实体房间火试验方法

3 术语和定义

下列术语和定义适用于本文件。

3.1
家具和组件 furniture and subassemblies

供人们坐、卧或支承与贮存物品的器具。

3.2
软垫家具 upholstered furniture

以木质材料、金属等为框架,用弹簧、绷带、泡沫等作为承重材料,表面以皮、布、化纤包覆制成的以软体材料为主的家具。其特点是包含有软体材料的家具。

3.3
热释放速率 heat release rate

HRR

在规定条件下,材料在单位时间内燃烧所释放出的热量。

3.4
热释放总量 total heat release

THR

热释放速率在规定时间内的积分值。

3.5
质量损失率 mass loss rate

单位时间内的质量损失。

4 试验装置

4.1 试验装置的组成

试验装置由点火源、锥形收集器、排烟管道、风机、称重台及测量装置等组成。

4.2 点火源

4.2.1 软垫家具和组件（含座垫、靠垫）燃烧性能试验采用（250 mm±10 mm）×（250 mm±10 mm）的方形点火器作为点火源，点火源可采用工业丙烷或天然气作为燃料。点火器的边管由不锈钢管制作，材料厚度 0.89 mm±0.05 mm，管直径 13 mm±1 mm。前边管开有 14 个向外的孔，9 个向下的孔，每个孔相距 13 mm±1 mm；右边管和左边管向外各开 6 个孔，每个孔间距 13 mm±1 mm，另在右边管、左边管和后边管向内 45°的位置各开 4 个孔，每个孔间距 50 mm±2 mm。所有孔的直径均为 1 mm±0.1 mm（见图 1 和图 2）。长 1.07 m±0.2 m 的点火器直臂焊接在前边管的后部，与点火器平面呈 30°角（见图 3）。点火器置于可调高度的支撑杆上，通过砝码或其他机械装置保持平衡。

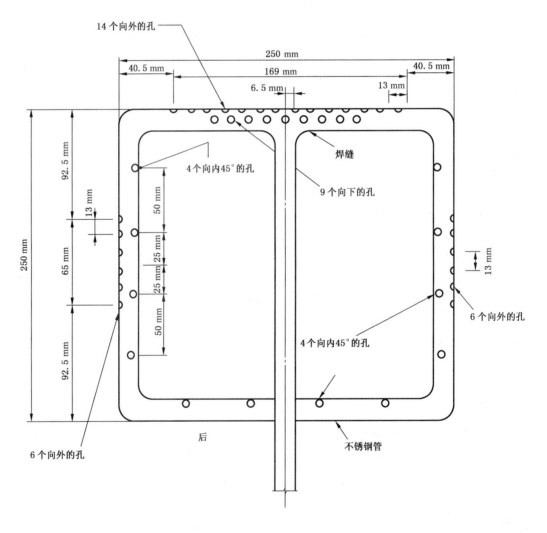

图 1　方形点火器俯视图

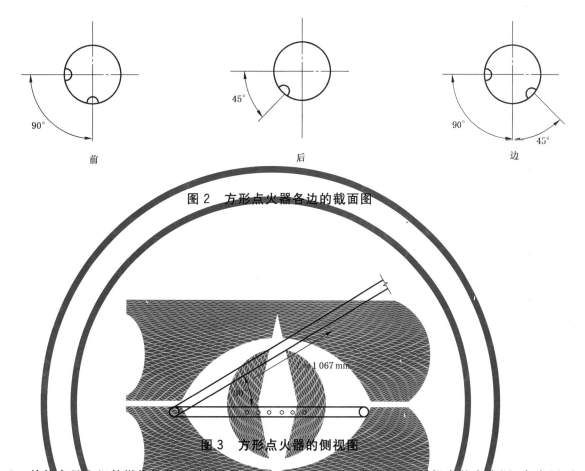

前　　　　　　　　后　　　　　　　　边

图 2　方形点火器各边的截面图

图 3　方形点火器的侧视图

4.2.2 其他家具和组件燃烧性能试验采用 GB/T 25207—2010 中附录 A 所规定的点火源,点火源可根据需要移动,并能安全地固定。

4.2.3 点火源可采用工业丙烷或甲烷作为燃料。

4.3　收集和排烟系统(锥形收集器和排烟管道)

4.3.1 锥形烟气收集器应安装在称重台和试样的正上方,底部尺寸 3 000 mm×3 000 mm,高 1 000 mm,锥形烟气收集器的顶部为 900 mm×900 mm×900 mm 的正方体,为增加气体混合效果,采用两块 500 mm×900 mm 的钢板安装在顶部的正方体内,形成烟气均混器。收集罩底部与称重台垂直距离不小于 1 000 mm 且不宜大于 2 400 mm。其结构尺寸见图 4。

4.3.2 排烟管道的安装要求及测量位置见 GB/T 25207—2010 中附录 D。

4.3.3 排烟系统应有足够的能力收集燃烧试验产生的所有烟气,风机的排气量应连续可调,排烟速率不应小于 0.5 m³/s。

4.3.4 能产生相近结果的排烟系统允许替换使用。

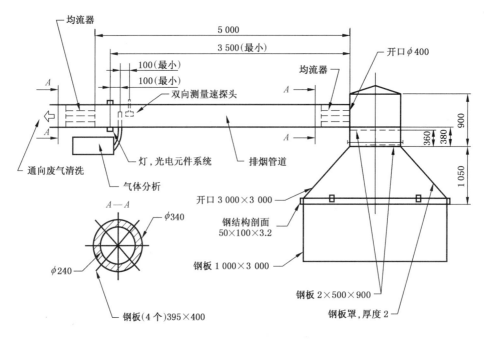

图 4　锥形收集器和排烟管道

4.4　气体体积流量的测量装置

气体体积流量的测量装置见 GB/T 25207—2010 中 9.1。

4.5　气体取样和气体分析

气体取样和气体分析装置见 GB/T 25207—2010 中 9.2。

4.6　烟密度的测量装置

烟密度的测量装置见 GB/T 25207—2010 中 9.3。

4.7　称重台

4.7.1　试验过程中用称重台测量燃烧试样的质量损失率。

4.7.2　试验时,用称重台支撑试验样品,台上放一张(2 400 mm±100 mm)×(2 500 mm±100 mm)的加强型无机板;称重台的边界超出无机板的上表面 100 mm±10 mm,以防止试验材料的溢出。

4.7.3　称重台的测量范围不少于 90 kg,精度不低于±150 g;称重台的安装应保证试验燃烧生成的热量和荷载的偏心不会影响称重的精确度。在测量过程中应防止量程的漂移。

4.7.4　试样放置在称重台上,距地面 127 mm±76 mm。

4.7.5　称重台位于收集罩的几何中心的正下方。

4.8　数据采集系统

数据采集系统可以采集和记录氧气浓度、一氧化碳浓度、二氧化碳浓度、温度、烟密度、热释放速率、质量损失率等试验数据;每次数据采集和数据处理时间不应超过 5 s。

4.9　图像采集

4.9.1　试验过程中,应对试样进行拍照。

4.9.2 试样在试验前、后均应进行拍照。

5 试验环境

试验装置应放置在没有明显气流扰动的环境中。空气的相对湿度应在 20%～80%，温度应在 15 ℃～30 ℃之间。锥形烟气收集器周围风速不超过 0.5 m/s。

6 试验装置的校准

6.1 校准分类

试验装置的校准分系统校准和日常校准两部分。系统校准每半年进行一次，日常校准为每次试验前均应进行。

6.2 系统校准

6.2.1 试验装置与仪器设备使用应校准。

6.2.2 热释放测量系统通过燃烧丙烷气来校准。校准时采用 GB/T 25207—2010 中附录 A 所规定的点火源，点火源使用工业丙烷，丙烷气的净燃烧值为 46.4 MJ/kg±0.5 MJ/kg。校准过程中，丙烷的流动速率应进行测量并保持不变。校准中丙烷的热输出为 160 kW，整个校准过程时长 10 min。

6.2.3 丙烷耗氧分析校准常数 C 的定义见第 9 章规定，校准时 C 值不应超过理论值的 10%，C 的理论值为 2.8。

6.3 日常校准

6.3.1 氧气（浓度）分析仪归零并调整。分析仪的归零方法是将纯氮气输入分析仪中。分析仪的调整方式是，将空气通入分析仪中，将此时的氧气浓度值（仪器显示值）调整到 20.95%（空气中的含氧量）。这种调节与归零的过程应持续到获得最高精确度（无需再调）为止。

6.3.2 在调整与归零之后，应向氧气分析仪通入已知浓度的罐装氧气来测试分析仪的灵敏度。响应时间的测量方法是：向仪器通入空气并计算每一次达到最后读数 90% 的时间。

6.3.3 一氧化碳分析仪与二氧化碳分析仪需要使用与氧气分析仪同样的方法来归零与调整。分析仪的归零方法是将浓度为 99.9% 的氮气输入分析仪中。分析仪应使用输入罐装特定浓度测试气体来调整。

6.3.4 一氧化碳分析仪与二氧化碳分析仪响应时间的测定方法同氧气分析仪响应时间的测定方法。

6.3.5 称重台的校准，采用在称重台重量测量范围内的砝码来校准。

6.3.6 烟密度测量装置通过使用偏振光结合校准过的中性滤光片来划分测量范围，光源信号值通过光度计来测量。

7 试验样品

7.1 试验样品的要求

7.1.1 试验样品为实际使用的家具和组件（含座垫、靠垫）。

7.1.2 对座垫、靠垫进行试验时，应用金属支架（见图 5 和图 6）支撑起坐垫和靠垫，如果必要，还包括扶手的垫子。椅子扶手的结构应是开缝的 L 型钢和开缝的扁形钢。后背可以调整到从水平面起最大 135°±2°。同时，试验支架应可以调整以适应垫子的不同厚度和尺寸大小。

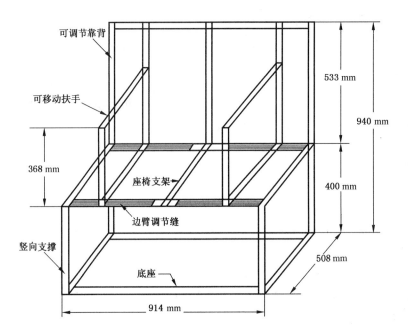

说明：

偏差±13 mm。

图5 金属支架

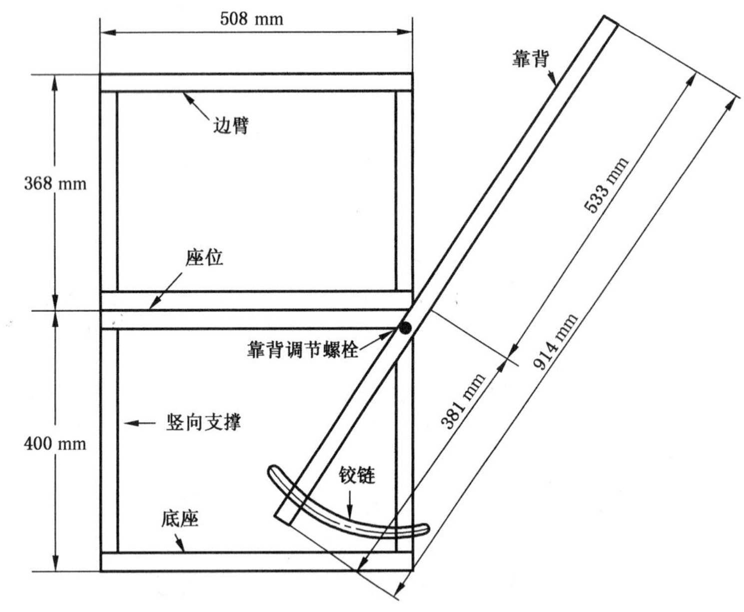

图6 金属支架（侧视图）

7.1.3 在对座垫、靠垫的试验中，座位软垫应水平地放置在试验支架的区域中而且正对着支架的后背。靠背软垫和试验支架刚好垂直放置，并且用铁丝拉着靠垫软垫以防止前倾。如有扶手软垫，应放置在扶手支撑上。

7.2 试验样品的养护

7.2.1 试验样品应至少在23 ℃±3 ℃，相对湿度50%±5%的环境中养护48 h。

7.2.2 试验样品从养护环境搬出到开始试验的时间不应超过15 min。

8 试验步骤

8.1 软垫家具(含座垫、靠垫)的试验步骤

8.1.1 将试样安装到称重台的几何中心位置。

8.1.2 风机的排风量应设为最小值 0.5 m³/s。

8.1.3 启动风机、烟气冷却系统、测量装置和数据处理系统,试验前 2 min,整套系统应处于正常的工作状态,并采集所需的数据。

8.1.4 方形点火器中心位于试样中心线上,距垂直软垫 51 mm±3 mm,在水平软垫上方 25 mm±3 mm。

8.1.5 调节燃气流量至规定值,使输出的热释放量为 20 kW。

8.1.6 打开燃气阀,点火器同时点火。

8.1.7 调节风机的排风量,确保能收集到试样燃烧所生成的所有产物。

8.1.8 点火 5 min 后,将点火器从试样移开。

8.1.9 关闭点火器。

8.1.10 如果出现下列情况,试验停止:
    a) 所有的有焰燃烧停止;
    b) 试验进行到 30 min 时。

8.1.11 试验过程中,应对试样进行拍照。

8.1.12 试验结束后,打印试验数据。

8.2 其他家具和组件的试验步骤

8.2.1 将试样安装到称重台的几何中心位置。

8.2.2 启动风机、测量装置和数据处理系统,试验前 2 min,整套系统应处于正常的工作状态,并采集所需的数据。

8.2.3 试验时可以采用下列点火方式:
    a) 通常情况下,点火器位于试样的下面,点火器上表面距试样下部的暴露面 500 mm±3 mm,点火器边缘靠近试样暴露表面;
    b) 也可以选择试样的最不利部位施加火焰,点火器边缘靠近试样暴露表面。

8.2.4 调节燃气流量至规定值,使输出的能量为 100 kW。

8.2.5 打开燃气阀,点火器点火。

8.2.6 增大风机的排风量,保证能收集到试样燃烧所生成的所有产物。

8.2.7 点火 10 min 后,关闭点火器。

8.2.8 如果出现下列情况,试验停止:
    a) 点火器关闭后,所有的有焰燃烧停止;
    b) 试验进行到 30 min 时。

8.2.9 试验过程中,应对试样进行拍照或录像。

8.2.10 试验结束后,打印试验数据。

9 计算

9.1 计算方法

计算公式所采用符号见 9.2 及附录 A,基于氧气分析测得的试验结果应采用本章的计算公式。采

用其他气体(二氧化碳、一氧化碳、水蒸气)进行分析时则应采用附录 A 的计算方法进行计算。如果采用二氧化碳进行分析,但二氧化碳未从氧气测量系统里分离出来时应采用附录 A 的计算公式进行计算。

9.2 符号

C ——丙烷耗氧分析的标定常数,单位为米千克开尔文的二分之一次方($m^{1/2} kg^{1/2} K^{1/2}$);

$\Delta H_C / r_0$ ——消耗 1 kg 氧气所释放的净热量,单位为千焦每千克(kJ/kg);

ΔH_C ——净燃烧热,单位为千焦每千克(kJ/kg);

r_0 ——氧与燃料的化学当量比;

I ——透过烟粒子的光强度;

I_0 ——入射到烟粒子的平行光强度;

k ——遮光系数,单位为每米(m^{-1});

L ——光束通过的烟雾环境长度,单位为米(m);

Δp ——孔板两侧的压差,单位为帕(Pa);

$\dot{q}''$ ——单位面积的热释放速率,单位为千瓦每平方米(kW/m^2);

t ——时间,单位为秒(s);

t_d ——氧分析仪的滞后时间,单位为秒(s);

T_e ——测流孔板处气体的绝对温度,单位为开尔文(K);

X_{O_2} ——氧分析仪测得的氧摩尔浓度;

$X_{O_2}^0$ ——氧浓度的初始值;

$X_{O_2}^1$ ——氧浓度的瞬时值(未经修正)。

9.3 丙烷耗氧分析的标定常数

标定常数由式(1)计算:

$$C = \left[\frac{160}{1.10(12.77 \times 10^3)} \right] \left(\sqrt{\frac{T_e}{\Delta p}} \right) \left(\frac{1\,084 - 1.4 X_{O_2}}{X_{O_2}^0 - X_{O_2}} \right) \quad\quad\quad\quad\quad(1)$$

式中:160 对应于所输入的 160 kW 的丙烷;12.77×10^3 是丙烷的 $\Delta H_C / r_0$ 值;1.10 是氧与空气的摩尔质量之比。

9.4 试样燃烧的热释放

9.4.1 在进行其他计算之前,氧分析仪的时间变化值应按式(2)计算:

$$X_{O_2}(t) = X_{O_2}^1(t + t_d) \quad\quad\quad\quad\quad(2)$$

9.4.2 热释放速率 $\dot{q}(t)$ 由式(3)计算:

$$\dot{q}(t) = \left(\frac{\Delta H_C}{r_0} \right) 1.10 C \left(\sqrt{\frac{\Delta p}{T_e}} \right) \left[\frac{X_{O_2}^0 - X_{O_2}(t)}{1.084 - 1.4 X_{O_2}(t)} \right] \quad\quad\quad\quad\quad(3)$$

9.4.3 试样的 $(\Delta H_C / r_0)$ 值一般可取 13.1×10^3 kJ/kg,除非已知更精确的值。

9.4.4 试验中前 5 min 的热释放总量由式(4)计算:

$$\dot{q}''i = \sum_{i=0}^{5} \dot{q}''i(t) \, \Delta t \quad\quad\quad\quad\quad(4)$$

9.5 烟气

9.5.1 遮光系数 k 应由式(5)计算:

$$k = \frac{1}{L} \ln\left[\frac{I_0}{I}\right] \qquad\qquad\qquad\qquad\cdots\cdots\cdots\cdots\cdots\cdots\cdots\cdots\cdots(5)$$

9.5.2 烟气释放速率(SRR)应由式(6)计算：

$$SRR = km \qquad\qquad\qquad\qquad\cdots\cdots\cdots\cdots\cdots\cdots\cdots\cdots\cdots(6)$$

式中：

SRR ——烟气释放速率，单位为平方米每秒(m^2/s)；

k ——遮光系数；

m ——相对温度298 K 条件下排烟管道中的烟气体积流速，单位为立方米每秒(m^3/s)。

10 试验报告

试验报告中应记录下列内容：

a) 试样名称、商标、数量和编号；

b) 试样生产厂或提供试样厂家的名称；

c) 样品描述(包括对试样结构和材料的详细说明)；

d) 试样尺寸、重量或密度；

e) 试验装置名称、编号；

f) 试验装置的检定周期；

g) 试验日期和试验参加人员；

h) 试验过程描述，并附图片说明；

i) 试验结果应包含下列数据：

    ——热释放速率-时间曲线；

    ——热释放总量-时间曲线；

    ——二氧化碳浓度($\times 10^{-6}$)；

    ——一氧化碳浓度($\times 10^{-6}$)；

    ——烟密度-时间曲线；

    ——质量损失率-时间曲线；

    ——热释放速率峰值(kW)和达到峰值的时间(min)；

    ——有焰燃烧停止的时间；

    ——试验结束的时间。

附　录　A
（规范性附录）
特定条件下的热释放计算

A.1　特定条件下的热释放计算方法

A.1.1　第9章中计算热释放速率的公式使用的前提是在测量氧气以前,已通过化学洗涤瓶将二氧化碳从气样中除去。某些实验室具备测试二氧化碳的能力,在这种情况下就不需要从氧气管线中除去二氧化碳,其优点是可以避免使用价格昂贵并且需要仔细处理的化学洗涤剂。

A.1.2　在本附录中,给出的公式只适用于对二氧化碳进行测量。包括以下两种情况:

　　——干燥并过滤的烟气部分被导入二氧化碳和一氧化碳的红外分析仪进行分析;

　　——同时加上水蒸气分析仪。

为避免水蒸气冷凝,在燃烧产物气流中测定水蒸气浓度时,需要一个单独的取样系统。该系统中的过滤器、取样管线和分析仪均需加热。

A.2　符号

本附录所采用的符号如下:

$\Delta H_c/r_0$——消耗1kg氧气所释放的净热量,单位为千焦每千克(kJ/kg);

ΔH_c——净燃烧热,单位为千焦每千克(kJ/kg);

r_0——氧与燃料的化学当量比;

M_a——空气的摩尔质量,单位为千克每千摩尔(kg/kmol);

M_e——燃烧产物的摩尔质量,单位为千克每千摩尔(kg/kmol);

$\dot{m}_e$——排气质量流量,单位为千克每秒(kg/s);

t_d^1——二氧化碳分析仪的滞后时间,单位为秒(s);

t_d^2——一氧化碳分析仪的滞后时间,单位为秒(s);

t_d^3——水蒸气分析仪的滞后时间,单位为秒(s);

$X_{CO_2}^0$——二氧化碳分析仪读数的初始值,以摩尔分数表示;

X_{CO}^0——一氧化碳分析仪读数的初始值,以摩尔分数表示;

$X_{H_2O}^0$——水蒸气分析仪读数的初始值,以摩尔分数表示;

$X_{O_2}^a$——环境中氧的摩尔数(mol/mol);

$X_{CO_2}^1$——滞后时间修正前的二氧化碳分析仪读数,以摩尔分数表示;

X_{CO}^1——滞后时间修正前的一氧化碳分析仪读数,以摩尔分数表示;

$X_{H_2O}^1$——滞后时间修正前的水蒸气分析仪读数,以摩尔分数表示;

X_{CO_2}——滞后时间修正后的二氧化碳分析仪读数,以摩尔分数表示;

X_{CO}——滞后时间修正后的一氧化碳分析仪读数,以摩尔分数表示;

X_{H_2O}——滞后时间修正后的水蒸气分析仪读数,以摩尔分数表示;

ϕ——耗氧系数。

A.3　二氧化碳和一氧化碳的测量

A.3.1　在氧分析仪中,二氧化碳和一氧化碳的测定应按式(A.1)、式(A.2)、式(A.3)、考虑时间的滞后效应：

$$X_{O_2}(t) = X_{O_2}^1(t + t_d) \qquad\qquad\qquad\cdots\cdots\cdots\cdots\cdots\cdots (A.1)$$

$$X_{CO_2}(t) = X_{CO_2}^1(t + t_d^1) \qquad\qquad\qquad\cdots\cdots\cdots\cdots\cdots\cdots (A.2)$$

$$X_{CO}(t) = X_{CO}^1(t + t_d^2) \qquad\qquad\qquad\cdots\cdots\cdots\cdots\cdots\cdots (A.3)$$

式中：t_d^1 和 t_d^2 分别为二氧化碳和一氧化碳分析仪的滞后时间，通常与氧气分析仪的滞后时间 t_d 不同（更小）。

A.3.2 排气管道的流量由式（A.4）计算：

$$\dot{m}_e = C\sqrt{\frac{\Delta p}{T_e}} \qquad\qquad\qquad\cdots\cdots\cdots\cdots\cdots\cdots\cdots\cdots (A.4)$$

A.3.3 热释放率由式（A.5）计算：

$$\dot{q} = 1.10\left(\frac{\Delta H_c}{r_0}\right) X_{O_2}^a \left[\frac{\phi - 0.172(1-\phi)\frac{X_{CO}}{X_{O_2}}}{(1-\phi) + 1.105\phi}\right]\dot{m}_e \qquad\cdots\cdots\cdots (A.5)$$

A.3.4 耗氧系数 ϕ 由式（A.6）得出：

$$\phi = \frac{X_{O_2}^0(1 - X_{CO_2} - X_{CO}) - X_{O_2}(1 - X_{CO_2}^0)}{X_{O_2}^0(1 - X_{CO_2} - X_{CO} - X_{O_2})} \qquad\cdots\cdots\cdots\cdots (A.6)$$

A.3.5 环境中氧的摩尔数由式（A.7）得出：

$$X_{O_2}^0 = (1 - X_{H_2O}^0) X_{O_2}^a \qquad\qquad\qquad\cdots\cdots\cdots\cdots\cdots\cdots (A.7)$$

A.3.6 在式（A.5）中，括号里该项分子中的第二项，是对某些碳不完全燃烧成一氧化碳而不是二氧化碳的校正。实际上 X_{CO} 通常非常小，所以其值在式（A.5）和式（A.6）中可以被忽略。一氧化碳分析仪通常不会明显地提升热释放速率测定的精度。因此，即使没有一氧化碳分析仪，假定 $X_{CO}=0$，式（A.5）和式（A.6）也可以使用。

A.4 水蒸气的测量

A.4.1 在开放的燃烧系统中，例如本方法使用的，进入该系统的空气流量无法直接测量，但可以通过排气管道中测量的流量推导。由于部分空气燃烧消耗氧气产生膨胀，部分空气燃烧，这部分空气中的氧完全被消耗，因此对于膨胀需要一个假设。这个膨胀取决于燃料的组成及燃烧的实际化学计算。体积膨胀系数的平均值取 1.084 比较适宜，该值对丙烷是合适的。

A.4.2 在式（3）和式（A.5）中已经使用了这个符号 $\dot{q}$。可以认为在排除的气体中几乎全由氧气、二氧化碳、一氧化碳和水蒸气组成。因此，测量这些气体可以计算出膨胀值。（如果在排气中测量水蒸气，这和氧气、二氧化碳、一氧化碳三种认为都是干燥气体的测量一起能用来确定膨胀值）。排气管道中的质量流量通过式（A.8）可以更精确地计算得出：

$$\dot{m}_e = C\sqrt{\frac{\Delta p}{T_e}}\sqrt{\frac{M_e}{M_a}} \qquad\qquad\qquad\cdots\cdots\cdots\cdots\cdots\cdots (A.8)$$

式中：

燃烧产物的摩尔质量 M_e 由式（A.9）计算：

$$M_e = [4.5 + (1 - X_{H_2O})(2.5 + X_{O_2} + 4X_{CO_2})] \times 4 \qquad\cdots\cdots\cdots (A.9)$$

取 $M_a = 28.97$，热释放速率的计算见式（A.10）：

$$\dot{q} = 1.10\left(\frac{\Delta H_c}{r_0}\right)(1 - X_{H_2O})\left[\frac{X_{O_2}^0(1 - X_{O_2} - X_{CO_2})}{1 - X_{O_2}^0 - X_{CO_2}^0}\right]\dot{m}_e \qquad\cdots\cdots (A.10)$$

当采用 O_2,CO_2,CO 和 H_2O 的测量值时,热释放速率由式(A.11)计算:

$$\dot{q} = 1.10\left(\frac{\Delta H_C}{r_0}\right)(1-X_{H_2O})\left[\phi - 0.172(1-\phi)\left(\frac{X_{CO}}{X_{O_2}}\right)\right]\left(\frac{1-X_{O_2}-X_{CO_2}-X_{CO}}{1-X_{O_2}^0-X_{CO_2}^0}\right)\dot{m}_e X_{O_2}^0$$

$$\cdots\cdots\cdots\cdots\cdots\cdots\cdots(A.11)$$

式(A.10)中水蒸气读数按式(A.1)～式(A.3)中类似方式进行滞后时间修正,见式(A.12):

$$X_{H_2O}(t) = X_{H_2O}^1(t+t_d^3) \qquad\cdots\cdots\cdots\cdots\cdots\cdots(A.12)$$

ICS 13.220.50
C 84

中华人民共和国国家标准

GB 28374—2012

电 缆 防 火 涂 料

Fireproof coating for electric cable

2012-05-11发布

2012-09-01实施

中华人民共和国国家质量监督检验检疫总局
中国国家标准化管理委员会 发布

前　言

本标准第 5 章、第 7 章为强制性的，其余为推荐性的。

本标准按照 GB/T 1.1—2009 给出的规则起草。

本标准由中华人民共和国公安部提出。

本标准由全国消防标准化技术委员会防火材料分技术委员会(TC 113/SC 7)归口。

本标准负责起草单位:公安部四川消防研究所。

本标准主要起草人:冯军、程道彬、覃文清、毛莹、胡新宇、刘凡敏。

电缆防火涂料

1 范围

本标准规定了电缆防火涂料的术语和定义、一般要求、技术要求、试验方法、检验规则、标志、包装、运输和贮存。

本标准适用于各类电缆防火涂料。

2 规范性引用文件

下列文件对于本文件的应用是必不可少的。凡是注日期的引用文件，仅注日期的版本适用于本文件。凡是不注日期的引用文件，其最新版本（包括所有的修改单）适用于本文件。

GB/T 1723 涂料粘度测定法

GB/T 1728 漆膜、腻子膜干燥时间测定法

GB/T 3181 漆膜颜色标准

GB/T 3186 色漆、清漆和色漆与清漆用原材料 取样

GB/T 6753.1 色漆、清漆和印刷油墨 研磨细度的测定

GB/T 9969 工业产品使用说明书 总则

GB/T 18380.32—2008 电缆和光缆在火焰条件下的燃烧试验 第32部分：垂直安装的成束电线电缆火焰垂直蔓延试验 A F/R 类

3 术语和定义

下列术语和定义适用于本文件。

3.1

电缆防火涂料 fireproof coating for electric cable

涂覆于电缆（如以橡胶、聚乙烯、聚氯乙烯、交联聚乙烯等材料作为导体绝缘和护套的电缆）表面，具有防火阻燃保护及一定装饰作用的防火涂料。

4 一般要求

4.1 电缆防火涂料的颜色执行 GB/T 3181 的规定，也可按用户要求协商确定。

4.2 电缆防火涂料可采用刷涂或喷涂方法施工。在通常自然环境条件下干燥、固化成膜后，涂层表面应无明显凹凸。涂层实干后，应无刺激性气味。

5 技术要求

电缆防火涂料各项技术性能指标应符合表1的规定。

表 1　电缆防火涂料技术性能指标

序号	项　目		技术性能指标	缺陷类别
1	在容器中的状态		无结块,搅拌后呈均匀状态	C
2	细度/μm		≤90	C
3	黏度/s		≥70	C
4	干燥时间	表干/h	≤5	C
		实干/h	≤24	
5	耐油性/d		浸泡 7 d,涂层无起皱、无剥落、无起泡	B
6	耐盐水性/d		浸泡 7 d,涂层无起皱、无剥落、无起泡	B
7	耐湿热性/d		经过 7 d 试验,涂层无开裂、无剥落、无起泡	B
8	耐冻融循环/次		经 15 次循环,涂层无起皱、无剥落、无起泡	B
9	抗弯性		涂层无起层、无脱落、无剥落	A
10	阻燃性/m		炭化高度≤2.50	A

注：A 为致命缺陷,B 为严重缺陷,C 为轻缺陷。

6　试验方法

6.1　试件制备

6.1.1　基材的选择

试验用基材为电缆外径为(30±2)mm,导体截面积为 3×50 mm^2+1×25 mm^2,且护套氧指数值为 25.0±0.5 的交联聚乙烯绝缘聚氯乙烯护套电力电缆,电缆表面应平整光滑。

6.1.2　试件长度及数量

试件长度及数量应符合表 2 的要求。

表 2　试件长度及数量

序号	试验项目	试件长度/mm	试件数量
1	耐油性	125	3
2	耐盐水性	125	3
3	耐湿热性	125	3
4	耐冻融循环	125	3
5	抗弯性	2 000	3
6	阻燃特性	3 500	13

6.1.3　试件的涂覆

试件应按产品说明书的规定进行涂覆,涂覆间隔时间不少于 24 h,每次涂覆应均匀。阻燃性试件其一端 500 mm 的长度不应涂覆电缆防火涂料,其余试件涂覆长度为试件长度。

6.1.4 状态调节

试件达到规定的涂层厚度后,应在温度(23±2)℃、相对湿度(50±5)%的环境条件下调节至质量恒定(相隔 24 h 两次称量,其质量变化率不大于 0.5%)。

6.1.5 涂层厚度

经状态调节至质量恒定后,涂层厚度应为(1±0.1)mm。涂层厚度的测定方法如下:

选用阻燃性试件来测定涂层厚度。从距试件涂覆端 100 mm 处开始,每间隔 400 mm 确定一个测点,共 8 个测点。涂覆前记录 8 个测点电缆的周长(L_i)。涂覆后在测点上测量经状态调节至质量恒定后该测点的周长(L_i')。测量值保留到小数点后一位,单位为毫米(mm)。

用式(1)计算每个测点的涂层厚度。

$$\delta_i = \frac{L_i' - L_i}{2\pi} \quad\quad\quad\quad\quad\quad\quad\quad\quad (1)$$

式中:

i ——测点号(1~8);

δ_i ——测点处涂层厚度,单位为毫米(mm);

L_i ——测点处涂覆前电缆周长,单位为毫米(mm);

L_i' ——测点处涂覆后电缆周长,单位为毫米(mm)。

涂层厚度取 8 个测点涂层厚度的平均值,结果修约到小数点后一位,单位为毫米(mm)。

6.2 试验环境条件

耐油性、耐盐性、耐冻融循环、抗弯性四项试验应在温度(23±2)℃、相对湿度(50±5)%的环境条件下进行。

6.3 在容器中的状态

打开盛有涂料的容器,经充分搅拌涂料后,观察涂料有无结块,是否均匀。

6.4 细度

按 GB/T 6753.1 的规定进行试验。

6.5 黏度

按 GB/T 1723 的规定进行试验。

6.6 干燥时间

按 GB/T 1728(甲法)的规定进行试验。

6.7 耐油性

6.7.1 经状态调节后的试件,试验前应用 1:1 的石蜡和松香的混合物对其浸泡的端头进行封端,封端长度为 3 mm~4 mm。

6.7.2 将三个试件封端的部分分别浸入三只盛机油的玻璃容器中,浸入深度为 2/3 试件长度。

6.7.3 试验期间,每隔 24 h 应观察一次并记录试验现象。试验至规定时间后,取出试件,用滤纸吸干试件表面浸液,目视观察试件,是否有起皱、剥落、起泡现象并予以记录。

6.7.4 三个试件中至少应有二个试件满足表1第5项的规定要求。

6.8 耐盐水性

6.8.1 试件的封端按6.7.1的规定进行。

6.8.2 将三个试件封端的部分分别浸入三只盛浓度为3％氯化钠溶液的玻璃容器中,浸入深度为2/3试件长度。

6.8.3 试验期间,每隔24 h应观察一次并记录试验现象。试验至规定时间后,取出试件,用滤纸吸干试件表面浸液,目视观察试件,是否有起皱、剥落、起泡现象并予以记录。

6.8.4 三个试件中至少应有二个试件满足表1第6项的规定要求。

6.9 耐湿热性

6.9.1 试件置于温度(47±2)℃、相对湿度(95±3)％的调温调湿箱中,持续7 d。

6.9.2 试验期间,每隔24 h应观察一次并记录试验现象。试验至规定时间后,取出试件目视观察,是否有开裂、剥落、起泡现象并予以记录。

6.9.3 三个试件中至少应有二个试件满足表1第7项的规定要求。

6.10 耐冻融循环性

6.10.1 将试件悬挂于试验架上,试件间距不小于10 mm。然后将挂有试件的试验架置于(-20±2)℃的低温箱中,持续时间3 h。

6.10.2 经低温试验后的试件,立即放入(50±2)℃的烘箱中,持续时间3 h。

6.10.3 经高温试验后的试件,立即置于温度(23±2)℃、相对湿度(50±5)％的环境条件下,持续时间18 h。

6.10.4 上述6.10.1~6.10.3的试验程序定为一个循环周期。

6.10.5 每进行一次循环后,目视观察试件是否有起皱、剥落、起泡现象并予以记录。

6.10.6 达到规定的循环次数后,三个试件中至少应有二个试件满足表1第8项的规定要求。

6.11 抗弯性

6.11.1 将试件沿着直径(570±5)mm的圆柱体匀速地绕一圈,该操作在10 s~20 s内完成。将试件恢复原状后反方向按上述方法进行操作,再将试件恢复原状。目视观察试件有无起层、脱落、剥落现象并予以记录。

6.11.2 三个试件中至少应有二个满足表1第9项的规定要求。

6.12 阻燃性

6.12.1 试件安装应符合GB/T 18380.32—2008中第5章中规定的AF/R类的试件安装要求,试件未涂覆电缆防火涂料的一端置于钢梯下方。

6.12.2 持续供火时间为40 min。

6.12.3 在燃烧完全停止后(如果在停止供火1 h后试件仍燃烧不止则强行熄灭),除去涂料膨胀层,用尖锐物体按压电缆基材表面,如从弹性变为脆性(粉化)则表明电缆基材开始炭化。然后用钢卷尺或直尺测量喷灯底边至电缆基材炭化处的最大长度,即为试件炭化高度(m)。

7 检验规则

7.1 检验分类

7.1.1 电缆防火涂料的检验分出厂检验和型式检验。

7.1.2 出厂检验项目为在容器中的状态、细度、黏度、干燥时间、抗弯性、耐油性和耐盐水性。

7.1.3 型式检验项目为本标准规定的全部性能指标。有下列情形之一时,产品应进行型式检验:

a) 新产品投产或老产品转厂的试制定型鉴定;

b) 正式生产后,产品的配方、工艺、原材料有较大改变时;

c) 产品停产一年以上恢复生产时;

d) 出厂检验与上次型式检验结果有较大差异时;

e) 正常生产满三年时;

f) 质量监督部门提出要求时。

7.2 抽样

抽样按 GB/T 3186 的规定进行。

7.3 判定规则

7.3.1 出厂检验结果均应符合表 1 规定的技术性能指标;不合格的检验项目允许在同批样品中抽样进行复验,经复验合格后方可出厂。

7.3.2 型式检验的缺陷类别见表 1,产品质量合格判定原则为:A=0、B≤1、B+C≤2。

8 标志、包装、运输和贮存

8.1 产品包装上应注明产品名称、型号规格、执行标准代号、生产日期或批号、产品保质期以及生产企业名称、地址等内容。

8.2 产品应采取封闭的容器包装,包装应可靠,能防雨、防潮,并附有合格证和产品使用说明书。产品使用说明书应按 GB/T 9969 的要求编写。

8.3 产品运输时应防止雨淋、曝晒,不得重压和倒置,并应有明显的标志,运输时应遵守运输部门的有关规定。

8.4 产品应存放在通风、干燥、防止日光直接照射的场所,贮存温度应在 5 ℃~40 ℃之间,堆码高度不超过 3 层。

ICS 13.220.50
C 84

中华人民共和国国家标准

GB 28375—2012

混凝土结构防火涂料

Fireproof coatings for concrete structure

2012-05-11 发布
2012-09-01 实施

中华人民共和国国家质量监督检验检疫总局
中国国家标准化管理委员会 发布

前　言

本标准的第 6 章、第 8 章和 9.1 为强制性的,其余为推荐性的。

本标准按照 GB/T 1.1—2009 给出的规则起草。

本标准参考了 BS EN 1363-2:1999《耐火试验　第 2 部分:可选程序和附加程序》(Fire resistance tests—Part 2:Alternative and additional procedures)。

本标准由中华人民共和国公安部提出。

本标准由全国消防标准化技术委员会防火材料分技术委员会(SAC/TC 113/SC 7)归口。

本标准负责起草单位:公安部四川消防研究所。

本标准参加起草单位:交通部公路科学研究院、四川天府防火材料有限公司、杭州西子防火材料有限公司、长沙威特消防新材料科技有限公司、长沙民德消防工程涂料有限公司、洛阳佛尔达消防产品有限公司。

本标准主要起草人:聂涛、程道彬、覃文清、王鹏翔、濮爱萍、孟志、袁亚利、马雨、毛朝君、刘恒权。

混凝土结构防火涂料

1 范围

本标准规定了混凝土结构防火涂料的术语和定义、产品分类、一般要求、技术要求、试验方法、检验规则及标志、包装、运输和贮存。

本标准适用于公路、铁路、城市交通隧道和石油化工储罐区防火堤等建(构)筑物混凝土表面的防火涂料。

2 规范性引用文件

下列文件对于本文件的应用是必不可少的。凡是注日期的引用文件,仅注日期的版本适用于本文件。凡是不注日期的引用文件,其最新版本(包括所有的修改单)适用于本文件。

GB/T 1728—1979 漆膜、腻子膜干燥时间测定法

GB/T 9265 建筑涂料 涂层耐碱性的测定

GB/T 9969 工业产品使用说明书 总则

GB/T 9978.1—2008 建筑构件耐火试验方法 第1部分:通用要求

GB 14907—2002 钢结构防火涂料

GB/T 20285—2006 材料产烟毒性危险分级

GB 50010 混凝土结构设计规范

GA/T 714—2007 构件用防火保护材料 快速升温耐火试验方法

JC/T 626 纤维增强低碱度水泥建筑平板

JG/T 24—2000 合成树脂乳液砂壁状建筑涂料

3 术语和定义

下列术语和定义适用于本文件。

3.1

混凝土结构防火涂料 fireproof coatings for concrete structure

涂覆在石油化工储罐区防火堤等建(构)筑物和公路、铁路、城市交通隧道混凝土表面,能形成耐火隔热保护层以提高其结构耐火极限的防火涂料。

4 产品分类

4.1 分类

混凝土结构防火涂料按使用场所分为:

a) 防火堤防火涂料:用于石油化工储罐区防火堤混凝土表面的防护;

b) 隧道防火涂料:用于公路、铁路、城市交通隧道混凝土结构表面的防护。

4.2 类别代号

混凝土结构防火涂料的类别代号表示如下:

——H 代表混凝土结构防火涂料；

——DH 代表防火堤防火涂料；

——SH 代表隧道防火涂料。

5 一般要求

5.1 涂料中不应掺加石棉等对人体有害的物质。

5.2 涂料可用喷涂、抹涂、辊涂、刮涂和刷涂等方法中任何一种或多种方法施工,并能在自然环境条件下干燥固化。

5.3 涂层实干后不应有刺激性气味。

6 技术要求

6.1 防火堤防火涂料的技术要求应符合表 1 的规定。

表 1 防火堤防火涂料的技术要求

序号	检验项目	技术指标	缺陷分类
1	在容器中的状态	经搅拌后呈均匀稠厚流体,无结块	C
2	干燥时间(表干)/h	≤24	C
3	黏结强度/MPa	≥0.15(冻融前)	A
		≥0.15(冻融后)	
4	抗压强度/MPa	≥1.50(冻融前)	B
		≥1.50(冻融后)	
5	干密度/(kg/m³)	≤700	C
6	耐水性/h	≥720,试验后,涂层不开裂、起层、脱落,允许轻微发胀和变色	A
7	耐酸性/h	≥360,试验后,涂层不开裂、起层、脱落,允许轻微发胀和变色	B
8	耐碱性/h	≥360,试验后,涂层不开裂、起层、脱落,允许轻微发胀和变色	B
9	耐曝热性/h	≥720,试验后,涂层不开裂、起层、脱落,允许轻微发胀和变色	B
10	耐湿热性/h	≥720,试验后,涂层不开裂、起层、脱落,允许轻微发胀和变色	B
11	耐冻融循环试验/次	≥15,试验后,涂层不开裂、起层、脱落,允许轻微发胀和变色	B
12	耐盐雾腐蚀性/次	≥30,试验后,涂层不开裂、起层、脱落,允许轻微发胀和变色	B
13	产烟毒性	不低于 GB/T 20285—2006 规定材料产烟毒性危险分级 ZA_1 级	B
14	耐火性能/h	≥2.00(标准升温)	A
		≥2.00(HC 升温)	
		≥2.00(石油化工升温)	
注 1:A 为致命缺陷,B 为严重缺陷,C 为轻缺陷。			
注 2:型式检验时,可选择一种升温条件进行耐火性能的检验和判定。			

6.2 隧道防火涂料的技术要求应符合表2的规定。

表 2 隧道防火涂料的技术要求

序号	检验项目	技术指标	缺陷分类
1	在容器中的状态	经搅拌后呈均匀稠厚流体,无结块	C
2	干燥时间(表干)/h	≤24	C
3	黏结强度/MPa	≥0.15(冻融前)	A
		≥0.15(冻融后)	
4	干密度/(kg/m³)	≤700	C
5	耐水性/h	≥720,试验后,涂层不开裂、起层、脱落,允许轻微发胀和变色	A
6	耐酸性/h	≥360,试验后,涂层不开裂、起层、脱落,允许轻微发胀和变色	B
7	耐碱性/h	≥360,试验后,涂层不开裂、起层、脱落,允许轻微发胀和变色	B
8	耐湿热性/h	≥720,试验后,涂层不开裂、起层、脱落,允许轻微发胀和变色	B
9	耐冻融循环试验/次	≥15,试验后,涂层不开裂、起层、脱落,允许轻微发胀和变色	B
10	产烟毒性	不低于 GB/T 20285—2006 规定产烟毒性危险分级 ZA₁ 级	B
11	耐火性能/h	≥2.00(标准升温)	A
		≥2.00(HC升温)	
		升温≥1.50,降温≥1.83(RABT升温)	

注1:A 为致命缺陷,B 为严重缺陷,C 为轻缺陷。

注2:型式检验时,可选择一种升温条件进行耐火性能的检验和判定。

7 试验方法

7.1 理化性能试验环境条件

理化性能试件的制备、养护和理化性能试验均应在温度10 ℃~35 ℃、相对湿度40%~85%的环境条件下进行,有特殊规定的产品除外。

7.2 理化性能试件的制备

7.2.1 干燥时间、黏结强度、耐水性、耐酸性、耐碱性、耐曝热性、耐湿热性、耐冻融循环性、耐盐雾腐蚀性等项试验的试件按 7.2.2、7.2.3 的规定进行制备。干密度、抗压强度试验的试件按 GB 14907—2002 中 6.4.6a)的规定进行制备,试件数量为 10 块。

7.2.2 试件底板应采用符合 JC/T 626 规定的纤维增强低碱度水泥建筑平板。试件底板尺寸与数量见表3。

7.2.3 按涂料产品的施涂工艺要求,将待测涂料施涂于试件底板的表面上。防火堤防火涂料和隧道防火涂料涂层厚度为(5±1)mm。达到规定厚度后,再适当抹平和修边,使其均匀平整。涂好的试件涂层面向上,水平放置干燥养护,养护环境条件应符合7.1的规定。除用于测试干燥时间的试件之外,其余试件的养护期应不低于 28 d,对养护时间有特殊要求的产品应按其要求进行养护。对于测试耐水性、耐酸性、耐碱性、耐曝热性、耐湿热性、耐冻融循环性、耐盐雾腐蚀性的试件,在养护期满后用石蜡和松香的混合溶液(质量比为 1∶1)将试件四周边缘和背面封闭,试件边缘封边宽度为 2 mm~3 mm。

表 3 试件底板尺寸与数量

序号	项 目	尺寸/mm	数量/块
1	干燥时间	150×70×(4~10)	1
2	黏结强度	70×70×(6~10)	10
3	耐水性	150×70×(4~10)	3
4	耐酸性	150×70×(4~10)	3
5	耐碱性	150×70×(4~10)	3
6	耐湿热性	150×70×(4~10)	3
7	耐曝热性	150×70×(4~10)	3
8	耐冻融循环性	150×70×(4~10)	4
9	耐盐雾腐蚀性	150×70×(4~10)	3

7.3 在容器中的状态

按 GB 14907—2002 中的 6.4.1 的规定进行。

7.4 干燥时间

按 GB/T 1728—1979 中的乙法:指触法进行。

7.5 黏结强度

按 JG/T 24—2000 中 6.14.2.2 的规定进行。

7.6 干密度

按 GB 14907—2002 中 6.4.7 的规定进行。

7.7 抗压强度

按 GB 14907—2002 中 6.4.6 的规定进行。

7.8 耐水性

将 3 块试件短边朝下浸入盛有自来水的玻璃容器中,浸入深度为试件长边的 2/3。试验期间,每隔 24 h 应观察一次试件,判断涂层是否有开裂、起层、脱落、发胀和变色现象,并予以记录,直至到达规定测试时间。3 块试件中至少 2 块符合技术要求判为合格。

7.9 耐酸性

将 3 块试件短边朝下浸入盛有浓度 3% 盐酸溶液的玻璃容器中,浸入深度为试件长边的 2/3。试验期间,每隔 24 h 应观察一次试件,判断涂层是否有开裂、起层、脱落、发胀和变色现象,并予以记录,直至到达规定测试时间。3 块试件中至少 2 块符合技术要求判为合格。

7.10 耐碱性

将 3 块试件短边朝下浸入盛有碱溶液的玻璃容器中,浸入深度为试件长边的 2/3,碱溶液(饱和氢氧化钙)的配制按 GB/T 9265 的规定进行。试验期间,每隔 24 h 应观察一次试件,判断涂层是否有开裂、起层、脱落、发胀和变色现象,并予以记录,直至到达规定测试时间。3 块试件中至少 2 块符合技术要求判为合格。

7.11 耐曝热性

将 3 块试件短边朝下放置在(50±2)℃的烘箱中。试验期间,每隔 24 h 应观察一次试件,判断涂层是否有开裂、起层、脱落、发胀和变色现象,并予以记录,直至到达规定测试时间。3 块试件中至少 2 块符合技术要求判为合格。

7.12 耐湿热性

将 3 块试件短边朝下放置在湿度为(90±5)%、温度为(45±5)℃的试验箱中。试验期间,每隔 24 h 应观察一次试件,判断涂层是否有开裂、起层、脱落、发胀和变色现象,并予以记录,直至到达规定测试时间。3 块试件中至少 2 块符合技术要求判为合格。

7.13 耐冻融循环性

将按 7.2 的规定制备好的试件 4 块设为 1 组,留 1 块作为对照样,其他 3 块试件在常温下放置 24 h 后,将试件置于(23±2)℃的自来水中 18 h,然后将试件放入(−20±2)℃的低温箱中 3 h,再将试件从低温箱中取出,立即放入(50±2)℃的恒温箱中 3 h,此为 1 次循环,按此反复循环试验。试验期间,每一次循环结束时应观察一次试件,判断涂层是否有开裂、起层、脱落、发胀和变色现象,并予以记录,直至到达规定循环次数。3 块试件中至少 2 块符合技术要求判为合格。

7.14 耐盐雾腐蚀性

7.14.1 试验设备

盐雾箱内的材料应不影响盐雾的腐蚀性能;从四壁流下的盐水液不应重复使用。盐雾箱内应有空调设备,将盐雾箱内空气温度控制在(35±2)℃范围内,并保持相对湿度大于 95%。盐水溶液由化学纯氯化钠和蒸馏水组成,其浓度为(5±0.1)%,pH 值控制在 6.5~7.2 之间。应控制降雾量在 1 mL/(h·80 cm²)~2 mL/(h·80 cm²)之间。

7.14.2 试验步骤

将 3 块按 7.2 的规定制备好的试件,涂层面向上,平放在盐雾箱内支架上,以 24 h 为 1 次循环周期,先连续喷雾 8 h,然后停 16 h,此为 1 次循环。喷雾时,盐雾箱内保持温度(35±2)℃,相对湿度大于 95%;停止喷雾时,不加热,关闭盐雾箱,自然冷却。试验期间,每一次循环结束时应观察一次试件,判断涂层是否有开裂、起层、脱落、发胀和变色现象,并予以记录,直至到达规定循环次数。3 块试件中至少 2 块符合技术要求判为合格。

7.15 产烟毒性

取 500 g 涂料样品,按 GB/T 20285—2006 的规定进行。

7.16 耐火性能

7.16.1 耐火试件的制备

试验用底板采用强度等级符合 GB 50010 规定的 C30 混凝土板,尺寸为 1 450 mm×1 450 mm。防火堤防火涂料试验用底板的厚度为 200 mm,底面钢筋保护层厚度为 30 mm;隧道防火涂料试验用底板的厚度为 150 mm,底面钢筋保护层厚度为 25 mm。混凝土板的结构和混凝土板中热电偶的布置位置见图 1、图 2。

在 7.1 规定的条件下,按照施涂工艺要求,将防火堤防火涂料或隧道防火涂料均匀施涂于试验用底板下表面至规定的厚度,然后放置在通风干燥的室内自然环境中养护,养护期规定同 7.2.3。

7.16.2 耐火试件的安装

将制备好的试件置于试验炉上,使其底面一面受火,对于标准升温和 HC 升温的耐火试验,其受火尺寸不小于 1 100 mm×1 100 mm;对于石油化工升温和 RABT 升温的耐火试验,其受火尺寸不小于 ϕ1300 mm。试验装置见图 3。

7.16.3 涂层厚度的测量

在试验用 C30 混凝土板下表面的涂层上测量 16 个点,其测量点均匀分布于涂层表面上,取所有测量点的平均值作为涂层厚度。

7.16.4 耐火性能试验及耐火极限判定

7.16.4.1 耐火性能试验

标准升温耐火试验条件按 GB/T 9978.1—2008 中第 6 章的要求进行。
HC 升温耐火试验条件按 GA/T 714—2007 中 5.1.2 的要求进行。
石油化工升温耐火试验条件按 GA/T 714—2007 中 5.1.3 的要求进行。
RABT 升温耐火试验条件按 GA/T 714—2007 中 5.1.4 的要求进行。

7.16.4.2 耐火极限判定

耐火试验过程中当下列任一项出现时,则表明试件达到耐火极限:
a) 混凝土板底面上任一测温点的温度大于 380 ℃;
b) 对于涂覆防火堤防火涂料的试件,混凝土板内 30 mm 保护层钢筋网底面上任一测温点的温度大于 250 ℃;
c) 对于涂覆隧道防火涂料的试件,混凝土板内 25 mm 保护层钢筋网底面上任一测温点的温度大于 250 ℃。

7.16.5 耐火性能结果的表示

耐火性能以涂覆混凝土板的涂层厚度(mm)和耐火性能试验时间或耐火极限(h)来表示,并注明耐火性能的升温方式和涂层构造方式。涂层厚度精确至 1 mm,耐火性能试验时间或耐火极限精确至 0.01 h。

单位为毫米

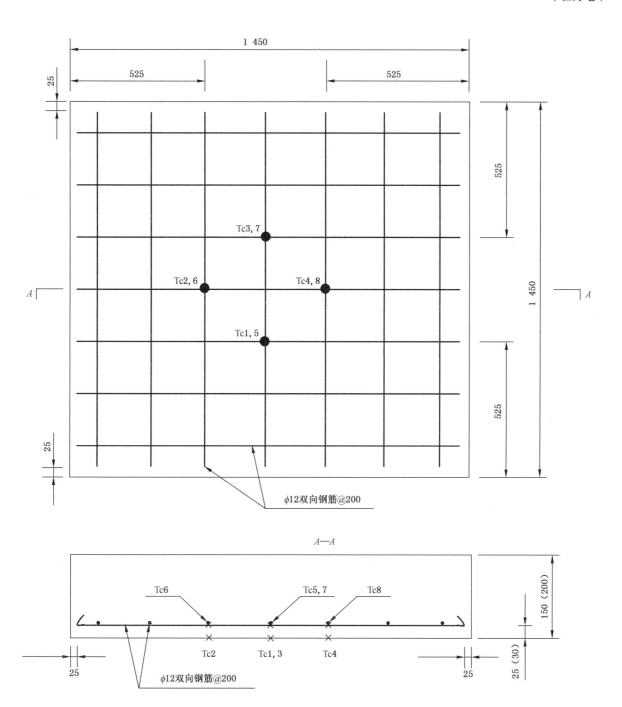

注1：Tc1、Tc2、Tc3、Tc4 表示分布在 C30 混凝土板下表面的 4 支热电偶；Tc5、Tc6、Tc7、Tc8 表示分布在 C30 混凝
　　土板内距下表面 25 mm(30 mm)的 φ12 双向钢筋底面的 4 支热电偶。

注2：图中括号内数据为防火堤防火涂料试验用底板尺寸。

图 1　C30 混凝土板结构和热电偶的位置

单位为毫米

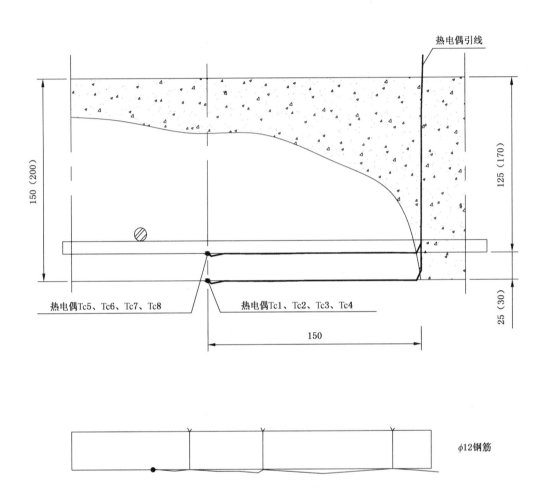

注：图中括号内数据为防火堤防火涂料试验用底板尺寸。

图 2　热电偶的固定

单位为毫米

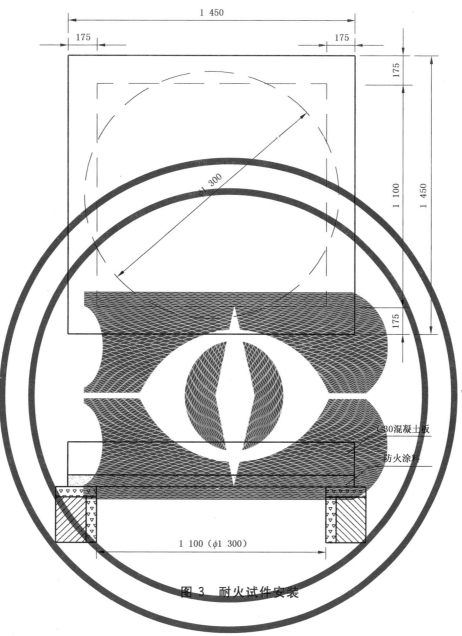

1 100（φ1 300）

C30混凝土板

防火涂料

图 3　耐火试件安装

8　检验规则

8.1　出厂检验和型式检验

8.1.1　出厂检验

出厂检验项目为在容器中的状态、干燥时间、干密度、耐水性、耐酸性、耐碱性。

8.1.2　型式检验

型式检验项目为本标准规定的全部项目。有下列情形之一时,产品应进行型式检验:

a)　新产品投产前或老产品转厂生产时的试制定型鉴定;

b)　正式生产后,产品的配方、工艺、原材料有较大改变时;

c)　产品停产一年以上恢复生产时;

d) 出厂检验结果与上次型式检验结果有较大差异时；

e) 正常生产满三年时；

f) 国家质量监督部门提出型式检验要求时。

8.2 组批与抽样

8.2.1 组批

组成一个批次的混凝土结构防火涂料应为同一批材料、同一工艺条件下生产的产品。

8.2.2 抽样

样品应从批量基数不少于2 000 kg的产品中随机抽取200 kg。

8.3 判定规则

8.3.1 出厂检验判定

出厂检验项目全部符合本标准要求时，判该批产品合格。出厂检验结果发现不合格的，允许在同批产品中加倍抽样进行复验。复验合格的，判该批产品为合格；复验仍不合格的，则判该批产品为不合格。

8.3.2 型式检验判定

型式检验项目全部符合本标准要求时，判该产品合格。

型式检验项目不应存在致命缺陷(A)。如果检验项目存在严重缺陷(B)和轻缺陷(C)，当B≤1且B+C≤3时，亦可综合判定该产品合格，但结论中需注明缺陷性质和数量。

9 标志、包装、运输和贮存

9.1 产品包装上应注明生产企业名称、地址、产品名称、型号规格、执行标准代号、生产日期或批号、产品保质贮存期等。

9.2 产品应采取可靠的容器包装，包装应能防雨、防潮，并附有合格证和产品使用说明书。产品使用说明书应按GB/T 9969要求编写。

9.3 产品运输时应防止雨淋、曝晒，并应遵守运输部门的有关规定。

9.4 产品应存放在通风、干燥、防止日光直接照射的场所，堆码高度不超过3 m。

ICS 13.220.50
C 84

中华人民共和国国家标准

GB 28376—2012

隧 道 防 火 保 护 板

Fireproof board for tunnels

2012-05-11 发布　　　　　　　　　　　　　　2012-09-01 实施

中华人民共和国国家质量监督检验检疫总局
中国国家标准化管理委员会　　发 布

前　言

本标准第 5 章、第 7 章为强制性的，其余为推荐性的。

本标准按照 GB/T 1.1—2009 给出的规则起草。

本标准由中华人民共和国公安部提出。

本标准由全国消防标准化技术委员会防火材料分技术委员会(SAC/TC 113/SC 7)归口。

本标准负责起草单位：公安部四川消防研究所、交通部公路科学研究院。

本标准参加起草单位：四川天府防火材料有限公司、上海新垒防火材料有限公司、重庆盛世涂料有限公司、长沙威特消防新材料科技有限公司、江西博奥防火材料有限公司、浙江东阳八佰家防火材料有限公司。

本标准主要起草人：袁亚利、程道彬、聂涛、毛朝君、濮爱萍、王鹏翔、余威、张才、姚建军、刘恒权、曾绪斌。

隧道防火保护板

1 范围

本标准规定了隧道防火保护板的术语和定义、产品分类、要求、试验方法、检验规则和包装、标志、运输和贮存。

本标准适用于在公路、城市交通隧道的混凝土结构表面使用的隧道防火保护板,铁路隧道可参照执行。

2 规范性引用文件

下列文件对于本文件的应用是必不可少的。凡是注日期的引用文件,仅注日期的版本适用于本文件。凡是不注日期的引用文件,其最新版本(包括所有的修改单)适用于本文件。

GB/T 191　包装储运图示标志

GB/T 7019—1997　纤维水泥制品试验方法

GB/T 8626　建筑材料可燃性试验方法

GB/T 9265　建筑涂料　涂层耐碱性的测定

GB/T 9978.1　建筑构件耐火试验方法　第 1 部分:通用要求

GB 14907　钢结构防火涂料

GB/T 20284　建筑材料或制品的单体燃烧试验

GB/T 20285　材料产烟毒性危险分级

GB 50010　混凝土结构设计规范

GA/T 714—2007　构件用防火保护材料快速升温耐火试验方法

JC/T 646—2006　玻镁风管

3 术语和定义

下列术语和定义适用于本文件。

3.1

隧道防火保护板　fireproof board for tunnels

固定安装在公路和城市交通隧道的混凝土结构表面,能提高隧道结构耐火极限的防火保护板。

3.2

单一隧道防火保护板　single-composition fireproof board for tunnels

由单一匀质材料构成的隧道防火保护板。

3.3

复合隧道防火保护板　multi-composition fireproof board for tunnels

由两种或两种以上材料(含装饰面板)复合而成的隧道防火保护板。

4 产品分类

4.1 分类

4.1.1 按结构分为:
 a) 单一隧道防火保护板,用符号 D 表示;
 b) 复合隧道防火保护板,用符号 F 表示。

4.1.2 按耐火试验升温曲线分为:
 a) BZ 类:按 GB/T 9978.1 规定的标准升温曲线进行升温和测量的隧道防火保护板;
 b) HC 类:按 GA/T 714—2007 规定的 HC 升温曲线进行升温和测量的隧道防火保护板;
 c) RABT 类:按 GA/T 714—2007 规定的 RABT 升温曲线进行升温和测量的隧道防火保护板。

4.2 型号

隧道防火保护板的型号编制方法为:

示例 1:
D-BZ-2.00-30,表示板材厚度为 30 mm,按标准曲线升温,耐火极限为 2.00 h 的单一隧道防火保护板。

示例 2:
F-HC-2.00-30,表示总厚度为 30 mm,按 HC 曲线升温,耐火极限为 2.00 h 的复合隧道防火保护板。

示例 3:
D-RABT-1.50-30,表示板材厚度为 30 mm,按 RABT 曲线升温,耐火极限为升温 1.50 h、降温 1.83 h 的单一隧道防火保护板。

5 要求

5.1 外观质量

隧道防火保护板(以下简称板材)应至少有一个表面是平整的,板材不应有裂纹、分层、缺棱、缺角、鼓泡、孔洞、凹陷等缺陷。复合隧道防火保护板的装饰面板如果为金属材料,对金属面板应进行防腐处理。

5.2 尺寸和尺寸偏差

5.2.1 尺寸

板材的长不宜超过 3 000 mm、宽不宜超过 1 250 mm、厚度不宜超过 70 mm。

5.2.2 尺寸偏差

板材的长度和宽度尺寸偏差为±3 mm。板材的厚度尺寸允许偏差应符合表 1 的规定。板材长度小于 2 000 mm 时,其对角线之差应小于 5 mm;板材长度大于 2 000 mm 时,其对角线之差应小于

7 mm。

表 1 厚度允许偏差

单位为毫米

板材的公称厚度 d	$5 \leqslant d < 10$	$10 \leqslant d < 20$	$20 \leqslant d < 30$	$d \geqslant 30$
厚度允许偏差	±1.0	±1.3	±1.5	±2.0

5.3 面密度

板材的面密度不应超过 25 kg/m²。

5.4 边缘平直度

板材的边缘平直度应小于 0.3%，板材与参考直线的最大距离应小于 5 mm。

5.5 干态抗弯强度

板材的干态抗弯强度应不低于 6 MPa。

5.6 吸水饱和状态抗弯强度

吸水饱和状态抗弯强度应不低于干态抗弯强度的 70%。

5.7 吸湿变形率

板材的吸湿变形率应不大于 0.20%。

5.8 抗返卤性

按 6.7 的要求试验后，板材应无水珠、无返潮。

5.9 产烟毒性

板材的产烟毒性应不低于 GB/T 20285 中 ZA₁ 级。

5.10 耐水性

按 6.9 的要求试验 30 d 后，板材应无开裂、起层、脱落，允许轻微发胀和变色。

5.11 耐酸性

按 6.10 的要求试验 15 d 后，板材应无开裂、起层、脱落，允许轻微发胀和变色。

5.12 耐碱性

按 6.11 的要求试验 15 d 后，板材应无开裂、起层、脱落，允许轻微发胀和变色。

5.13 耐湿热性

按 6.12 的要求试验 30 d 后，板材应无开裂、起层、脱落，允许轻微发胀和变色。

5.14 耐冻融循环性

按 6.13 的要求试验 15 次后，板材应无开裂、起层、脱落，允许轻微发胀和变色。

5.15 耐盐雾腐蚀性

按6.14的要求试验30次后,板材应无开裂、起层、脱落,允许轻微发胀和变色;如装饰面板为金属材料,其金属表面应无锈蚀。

5.16 燃烧性能

板材的燃烧性能应满足表2的规定。

表 2　板材的燃烧性能

序号	项　目	试验方法	技术指标
1	燃烧增长速率指数(FIGRA$_{0.4MJ}$) W/s	GB/T 20284	≤250
2	600 s 内总热释放量(THR$_{600s}$) MJ	GB/T 20284	≤15
3	火焰横向蔓延长度(LFS) m	GB/T 20284	未达到试样边缘
4	焰尖高度(Fs) mm	GB/T 8626	≤150

5.17 吸水率

板材的吸水率应不大于12.0%。

5.18 耐火性能

板材的耐火性能应满足表3的规定。

表 3　板材的耐火性能　　　　　　　　　　　　　　　　单位为小时

升温曲线类别	耐火极限
BZ 类	≥2.00
HC 类	≥2.00
RABT 类	升温≥1.50,降温≥1.83

6　试验方法

6.1　外观质量

板材的外观质量检查采用目测的方式进行。

6.2　尺寸和尺寸偏差

6.2.1　量具

测量所使用的量具包括精度为 1 mm 的钢卷尺和精度为 0.02 mm 的游标卡尺。

6.2.2 长度、宽度和对角线测量

分别用钢卷尺在板边的中点和距两端 25 mm 处测量,各测量长度和宽度 2 次,精确至 1 mm。测量时,应避开肉眼可见的局部缺陷,6 次测量结果的算术平均值即作为板材的长度或宽度。

用钢卷尺测量板材的对角线长度,精确至 1 mm。

6.2.3 厚度测量

按图 1 所示的位置,在板材的四边均匀选择 8 个测量点,用游标卡尺分别测量其厚度,精确至 0.1 mm。8 个测量结果的平均值即为板材厚度。

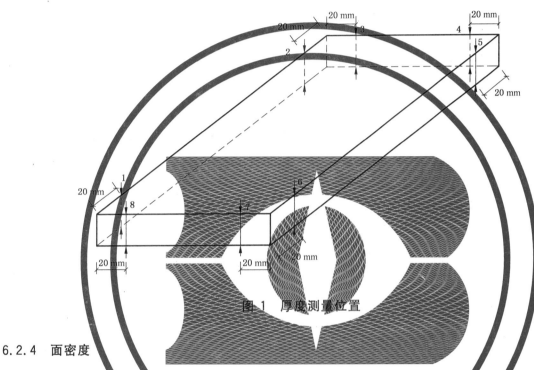

图 1 厚度测量位置

6.2.4 面密度

取 600 mm×600 mm 试件 3 块(包括装饰面板和阻燃隔热层,如装饰面板为多层面板叠加,以实际隧道工程使用的层数为准),分别称其试件质量,精确至 1 g,并分别测定相应试件长度及宽度,精确至 1 mm。按式(1)计算面密度:

$$d=\frac{m}{lb} \qquad\qquad\qquad (1)$$

式中:

d ——面密度,单位为千克每平方米(kg/m^2);

m ——样品质量,单位为千克(kg);

l ——样品长度,单位为米(m);

b ——样品宽度,单位为米(m)。

取 3 块试样的平均值作为试样的面密度。

6.2.5 边缘平直度测量

将板的四边依次分别靠在一条长度大于板边的参考直线上,用游标卡尺测量板边和参考直线的最大距离,精确至 0.1 mm。

按式(2)计算边缘平直度:

$$P = \frac{h}{L} \times 1\,000 \qquad \cdots\cdots\cdots\cdots\cdots\cdots\cdots\cdots\cdots (2)$$

式中：

P——边缘平直度，(‰)；

h——板边和参考直线的最大距离，单位为毫米(mm)；

L——板材测量边，单位为毫米(mm)。

取四边的最大计算值作为试样的边缘平直度。

6.3 理化性能

6.3.1 试件的制备

理化性能试件均应在距板边不小于 200 mm 的位置截取。其中，干态抗弯强度和吸水饱和状态抗弯强度试件的截取位置应符合图 2 的要求。

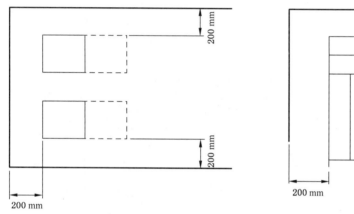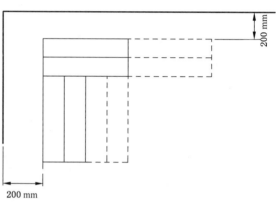

a) 试件厚度≤20.0 mm　　　　　　　　b) 试件厚度＞20.0 mm

图 2　抗弯强度试件截取位置

6.3.2 尺寸与数量

理化性能试验的试件尺寸与数量见表4。

表 4　试件尺寸与数量

序号	项目	尺寸/mm	数量/块
1	耐水性	150×150	3
2	耐酸性	150×150	3
3	耐碱性	150×150	3
4	耐湿热性	150×150	3
5	耐冻融循环性	150×150	4
6	耐盐雾腐蚀性	150×150	3
7	抗返卤性	150×150	3
8	吸水率	100×100	3

6.4 干态抗弯强度

当试件厚度 $e{\leqslant}20$ mm 时,按图2a)实线所示位置从每张板截取2个试件;$e{>}20$ mm 时,按图2b)实线所示位置从每张板上载取4个试件,试件尺寸见表5。将试件放入 100 ℃～105 ℃ 的烘箱中烘干至质量恒定,判定条件为间隔2 h前后两次称量的质量变化率不超过1%。将烘干的试件放入干燥器中,冷却至室温后,按 GB/T 7019—1997 中 9.3.4 和 9.4.2 的规定测试并计算试件的抗弯强度。2个试件取4次试验结果的平均值,4个试件取8次试验结果的平均值作为试件的干态抗弯强度。

表5 抗弯强度试件尺寸

单位为毫米

厚度 e	试件尺寸		支点间的距离
	长	宽	
≤20	250	250	215
>20	$10e+40$	$3e$(最小不低于100)	$10e$

6.5 吸水饱和状态的抗弯强度

试件厚度 $e{\leqslant}20$ mm 时,按图2a)虚线所示位置从每张板截取2个试件;$e{>}20$ mm 时,按图2b)虚线所示位置从每张板上截取4个试件,试件尺寸见表5。将试件在温度 5 ℃～35 ℃ 的水中放置 24 h 以上后,取出用湿毛巾擦去表面水珠,立即按 GB/T 7019—1997 中的 9.3.4 和 9.4.2 的规定测试并计算试件的抗弯强度。2个试件取4次试验结果的平均值,4个试件取8次试验结果的平均值作为吸水饱和状态的抗弯强度。

6.6 吸湿变形率

截取 300 mm×300 mm 的试件2块,在试件表面按图3所示确定四个参考点,参考点依次相距 250 mm。将试件浸于 5 ℃～35 ℃ 的水中 24 h 以上,取出试件,用游标卡尺准确测量1—2,2—3,3—4,4—1之间的距离。然后将试件放于(60±3)℃的烘箱内干燥 24 h～28 h 后取出,冷却至室温后,再测量1—2,2—3,3—4,4—1之间的距离,精确到 0.02 mm。

按式(3)计算吸湿变形率:

$$S=\frac{L_1-L_2}{L_2}\times100\%\qquad\cdots\cdots(3)$$

式中:

S ——吸湿变形率,(%);

L_1 ——参考点吸湿后的距离,单位为毫米(mm);

L_2 ——参考点干燥后的距离,单位为毫米(mm)。

取四段距离测量数据的算术平均值作为试样的吸湿变形率。

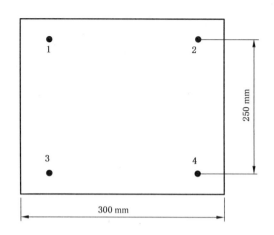

图 3　吸湿变形率试件

6.7　抗返卤性

在一组试样的三块板上各任意切下一块 150 mm×150 mm 的试样,放入相对湿度为 90%～95%,温度(40±2)℃的恒温恒湿箱中(24±2)h 后取出,观察有无水珠或返潮现象。

6.8　产烟毒性

按照 GB/T 20285 的要求进行检验和分级。如果复合隧道防火保护版的装饰面板为金属材料,则取其阻燃隔热层进行检验和分级。

6.9　耐水性

按照 6.3 的要求制作试件,将试件的 2/3 浸入自来水中至规定时间,3 个试件中至少 2 个合格。

6.10　耐酸性

按照 6.3 的要求制作试件,将试件的 2/3 浸入 3% 的盐酸溶液中至规定时间,3 个试件中至少 2 个合格。

6.11　耐碱性

按照 6.3 的要求制作试件,将试件的 2/3 浸入碱溶液中至规定时间,碱溶液(饱和氢氧化钙)的配制按 GB/T 9265 进行。3 个试件中至少 2 个合格。

6.12　耐湿热性

按照 6.3 的要求制作试件,并按照 GB 14907 规定的试验方法进行试验,3 个试件中至少 2 个合格。

6.13　耐冻融循环性

按照 6.3 的要求制作 4 个试件,取其中 1 个作为对照样,其他 3 个试件在常温下放置 24 h 后,置于(23±2)℃的水中 18 h,然后将试件放入(-20±2)℃的低温箱中 3 h,再将试件从低温箱中取出,立即放入(50±2)℃的恒温箱中 3 h,取出试件。重复上述操作至规定的次数,然后取出试件放置 1 h,同对照样进行比较,观察试件有无开裂、起层、脱落、变色等现象。3 个试件中至少 2 个合格。

6.14 耐盐雾腐蚀性

6.14.1 试验设备

试验设备为盐雾箱或盐雾室。

盐雾箱(室)内的材料不应影响盐雾的腐蚀性能;不应将盐雾直接喷射在试件上;箱(室)顶部的凝聚盐水液不应滴在试件上;从四壁流下的盐水液不应重新使用。

盐雾箱(室)内应有空调设备,将盐雾箱(室)内空气温度控制在(35±2)℃范围内,并保持相对湿度大于95%。

盐水溶液由化学纯氯化钠和蒸馏水组成,其质量浓度为(5±0.1)%,pH 值应控制在 6.5～7.2 之间。

盐雾箱(室)内的降雾量应控制在 1 mL/(h·80 cm²)～2 mL/(h·80 cm²)之间。

6.14.2 测量仪表的精确度

测量仪表的精确度应在如下范围内:
- ——温度:±0.5 ℃;
- ——湿度:±2%;
- ——酸度:±0.1pH。

6.14.3 试验步骤

6.14.3.1 试验开始前,应将试件表面擦拭干净,将试件安放在盐雾箱(室)内。

6.14.3.2 以 24 h 为 1 周期,先连续喷雾 8 h,然后停 16 h,共试验 5 个周期。

6.14.3.3 喷雾时,盐雾箱(室)内保持温度(35±2)℃,相对湿度大于95%;停止喷雾时,不加热,关闭盐雾箱(室),自然冷却。

6.14.3.4 试验结束后,取出试件在室温下干燥后,观察试件有无开裂、起层、脱落、变色,3 个试件中至少 2 个合格。

6.15 燃烧性能

板材的燃烧增长速率指数(FIGRA$_{0.4MJ}$)、600 s 内总热释放量(THR$_{600s}$)、火焰横向蔓延长度(LFS)按 GB/T 20284 的规定进行试验。焰尖高度(Fs)按 GB/T 8626 的规定进行试验。

注:按 GB/T 8626 的规定进行试验时,在试样表面点火 30 s,60 s 内记录最大焰尖高度(Fs)。

6.16 吸水率

按 JC/T 646—2006 附录 B 进行检验,其中电热恒温干燥箱温度范围应控制在 45 ℃～50 ℃。

6.17 耐火性能

6.17.1 试验装置

BZ 类试件的耐火试验炉及炉压测量与控制设备、燃烧系统、约束边界条件、仪器设备的精确度应符合 GB/T 9978.1 的规定要求。

RABT 类和 HC 类试件的耐火试验炉及炉压测量与控制设备、燃烧系统、试件变形测量仪器、约束边界条件、仪器设备的精确度应符合 GA/T 714—2007 的规定要求。

6.17.2 耐火性能试件及安装

6.17.2.1 耐火性能试件的基材要求

试验用基材应为强度等级符合 GB 50010 规定的 C30 混凝土板,其厚度为 150 mm,尺寸为
1 450 mm×1 450 mm,底面钢筋保护层厚度为 25 mm。混凝土板的结构和热电偶的位置以及热电偶
的固定分别见图 4、图 5。

单位为毫米

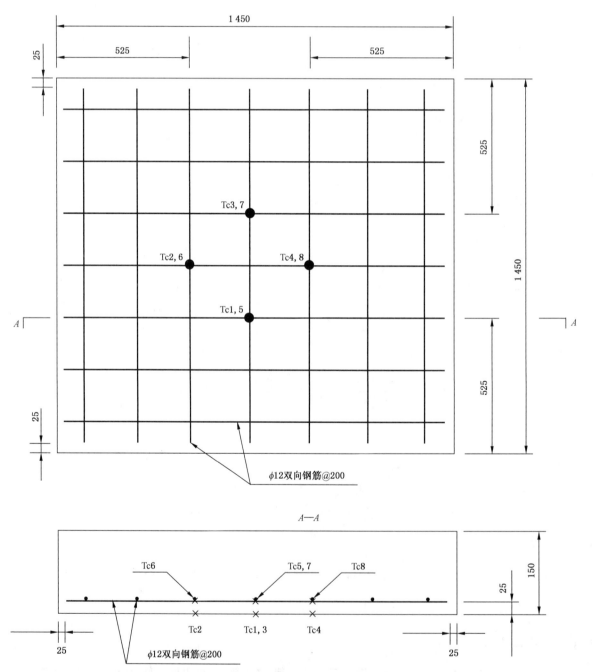

注:Tc1、Tc2、Tc3、Tc4 表示分布在 C30 混凝土板下表面的 4 支热电偶;Tc5、Tc6、Tc7、Tc8 表示分布在 C30 混凝土
板内距下表面 25 mm 的 φ12 双向钢筋底面的 4 支热电偶。

图 4 C30 混凝土板结构和热电偶的位置

单位为毫米

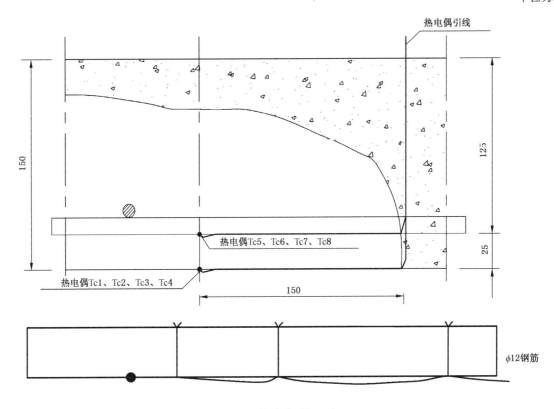

图 5　热电偶的固定

6.17.2.2　耐火性能试件制备

将隧道防火保护板按其产品的施工工艺要求固定在上述试验用混凝土基材下表面,构成耐火性能试件。隧道防火保护板的固定安装应至少包含一个典型拼接方式,且应使典型拼接处直接受火。

6.17.2.3　耐火性能试件安装

耐火性能试件根据实际使用情况分为垂直安装和水平安装两种方式。首先将制备好的试件置于试验炉上,使其安装防火保护板的一面受火,对于 BZ 升温和 HC 升温耐火试验,其受火尺寸不小于 1 100 mm×1 100 mm;对于 RABT 升温耐火试验,其受火尺寸不小于 ϕ1 300 mm。试件安装见图 6。

6.17.3　升温曲线及耐火试验

BZ 类试件的升温曲线、炉内压力、炉内温度、试件内部温度测量及控制应按 GB/T 9978.1 的规定进行。

RABT 类和 HC 类试件的升温曲线、炉内压力、炉内温度、试件内部温度测量及控制应按 GA/T 714—2007 的规定进行。

6.17.4　耐火极限的判定

耐火试验过程中,当出现下列任一项结果时,则表明试件达到耐火极限:

a)　混凝土板底面上的任一测温点温度大于 380 ℃;

b)　混凝土板内 25 mm 保护层钢筋网底面上的任一测温点温度大于 250 ℃。

单位为毫米

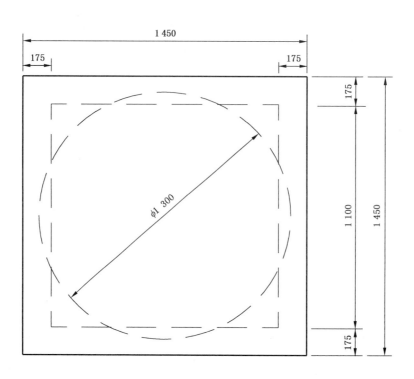

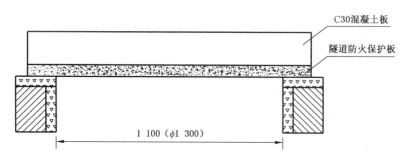

图 6　耐火试件安装

6.17.5　耐火性能的表示

耐火性能应以升温曲线类别、隧道防火保护板厚度(mm)和耐火性能试验时间或耐火极限表示,耐火性能试验时间或耐火极限精确至 0.01 h。

检验报告中应明确描述耐火试验中板材的实际安装结构和安装方式。

7　检验规则

7.1　检验

7.1.1　隧道防火保护板的检验分为出厂检验和型式检验。

7.1.2　出厂检验项目为外观质量、尺寸偏差、对角线之差、边缘平直度偏差、干态抗弯强度、吸水饱和状态抗弯强度、吸湿变形率、抗返卤性、吸水率。

7.1.3 型式检验项目为第 5 章规定的全部项目。有下列情形之一时,产品应进行型式检验:

a) 新产品投产前或老产品转厂时的试制定型鉴定;

b) 正式生产后,产品的配方、工艺、原材料有较大改变时;

c) 产品停产一年以上恢复生产时;

d) 出厂检验结果与上次型式检验有较大差异时;

e) 正常生产满三年时;

f) 国家质量监督部门提出型式检验要求时。

7.2 · 组批与抽样

7.2.1 板材抽样基数应不少于 1 000 张,从中随机抽取 15 张为试样,5 张一组,其中两组用于复检。

7.2.2 在出厂检验项目之中,对于一组试样的 5 张板材,均应检验其外观质量、尺寸偏差、边缘平直度、对角线之差,并从中抽取 1 张板材,按 6.3.1 的要求截取制作试件,进行干态抗弯强度、吸水饱和状态抗弯强度、吸湿变形率检验。

7.3 判定规则

7.3.1 出厂检验判定

出厂检验项目全部符合本标准要求时,判出厂产品质量合格。

7.3.2 型式检验判定

型式检验项目全部符合本标准要求时,判该产品质量合格。

型式检验的缺陷类别见表 6。当板材的耐火性能不合格时[即出现致命缺陷(A 类)],则判定该产品质量不合格。如果板材的耐火性能合格,其他项目有严重缺陷(B 类)和轻缺陷(C 类),当 B≤2,且 B+C≤4 时,可综合判定该产品质量合格,但结论中应注明缺陷性质和数量。

表 6 检验项目及缺陷类别

检验项目	缺陷类别
外观	C
尺寸和尺寸偏差	C
面密度	C
边缘平直度	C
干态抗弯强度/MPa	B
吸水饱和状态的抗弯强度/MPa	B
吸湿变形率/%	B
抗返卤性	B
产烟毒性	B
耐水性/h	B
耐酸性/h	B
耐碱性/h	B
耐湿热性/h	B
耐冻融循环试验/次	C

表 6（续）

检验项目	缺陷类别
耐盐雾腐蚀性/次	B
燃烧性能	B
吸水率	C
耐火性能	A
注：A 为致命缺陷，B 为严重缺陷，C 为轻缺陷。	

7.4 复检

7.4.1 被判定为批次不合格的产品，可以用同批的两组复检样品对不合格项进行复检，两组试样复检全部合格则判定该批为合格。

7.4.2 出厂检验项目之中，因外观质量、尺寸偏差不合格被判定为不合格的批次，允许对该批产品逐件检查，剔除不合格品后重新提交检验。

8 标志、包装、运输和贮存

8.1 产品标志应注明生产厂名称、地址、联系电话、产品名称、型号规格、执行标准代号、生产日期、批号等。

8.2 产品包装应能防雨、防潮，并附有合格证和产品使用说明书，包装储运图示标志应符合 GB/T 191 的规定。

8.3 产品运输应防止雨淋，搬运时应避免损坏。

8.4 产品应平码堆放，存放在通风干燥处，避免雨淋。

————————

ICS 133.20.40
C 80

中华人民共和国国家标准

GB/T 30735—2014

屋顶及屋顶覆盖制品外部
对火反应试验方法

Test methods for external exposure of roofs and roof coverings to fire

(ISO 12468-1:2003 External exposure of roofs to fire
—Part 1:Test method,NEQ)

2014-06-09 发布

2014-10-01 实施

中华人民共和国国家质量监督检验检疫总局
中国国家标准化管理委员会 发布

前　言

　　本标准按照 GB/T 1.1—2009 给出的规则起草。

　　本标准参照 ISO 12468-1：2003《屋顶材料外部对火反应　第 1 部分：试验方法》（英文版）、ENV 1187：2002《屋顶外部对火反应试验方法》编制，与 ISO 12468-1：2003 的一致性程度为非等效。

　　本标准由中华人民共和国公安部提出。

　　本标准由全国消防标准化技术委员会防火材料分技术委员会（SAC/TC 113/SC 7）归口。

　　本标准负责起草单位：公安部四川消防研究所。

　　本标准参加起草单位：西卡渗耐防水系统（上海）有限公司、中国建材检验认证集团苏州有限公司、广东省建筑科学研究院、广州市建筑材料工业研究所有限公司、上海华峰普恩聚氨酯有限公司。

　　本标准主要起草人：曾绪斌、赵成刚、葛兆、刘松林、邓小兵、王元光、刘建勇、周全会、王宣程、赵丽、唐志勇。

屋顶及屋顶覆盖制品外部
对火反应试验方法

1 范围

本标准规定了3种测试屋顶及屋顶覆盖制品外部对火反应的试验方法,并分别规定了不同的试验条件:
——试验方法 A:火源 A;
——试验方法 B:火源 B 和风;
——试验方法 C:火源 C、风和附加辐射热。
本标准适用于建筑屋顶及屋顶覆盖制品包括其绝热层、防潮层或系统的外部对火反应试验。

2 规范性引用文件

下列文件对于本文件的应用是必不可少的。凡是注日期的引用文件,仅注日期的版本适用于本文件。凡是不注日期的引用文件,其最新版本(包括所有的修改单)适用于本文件。
GB/T 5907 消防基本术语 第一部分
GB 8624—2012 建筑材料及制品燃烧性能分级

3 术语和定义

GB 8624、GB/T 5907 界定的以及下列术语和定义适用于本文件。

3.1
组件 assembly
单一材料或复合材料的制成品,如夹层板。
注:组件可包含空气间隙。

3.2
复合材料 composite
由两种或两种以上单一材料组合而成的复合物,如表面有涂层的材料或层压材料。

3.3
连续基材 continuous deck
支撑屋顶覆盖物的基材,相邻基材间的间距不大于 0.5 mm(具有平整边缘的木板间距不超过5.0 mm)。

3.4
损毁材料 damaged material
受热发生燃烧、熔化或其他损坏变化的材料,但不包括变色或熏黑的材料。

3.5
火焰穿透 fire penetration
试验过程中在试样底部由于燃烧出现的任何烧穿、持续火焰或灼烧现象,或者出现燃烧滴落物或微粒从试样上或试样底部脱落。

3.6

受火面 exposed surface

制品与试验的热条件邻近的表面。

3.7

外部火焰传播 external fire spread

在试样受火面上火焰传播的范围。

3.8

内部损毁 internal damage

试样内部每个构造层的材料损毁的范围。

3.9

穿孔 opening

试验过程中,试样上出现的完全穿透且面积大于 25 mm² 的孔或宽度大于 2 mm 缝隙,燃烧掉落物可通过该穿孔掉落。

3.10

屋顶覆盖制品 roof covering

建筑物屋顶基材上的覆盖物,包括绝热层、防潮层及辅助物(胶水、固定件)等。

4 试验设备

4.1 计时器

计时器 24 h 误差应在±5 s 以内,分辨率 1 s 以内。

4.2 天平

天平量程不小于 2 kg,精度为±1 g。

4.3 风速仪

风速仪精度不低于 0.1 m/s。

4.4 热通量计

热通量计测试范围 0 kW/m²～20 kW/m²,精度不低于 5%。

4.5 烘箱

烘箱测温范围应不低于 200 ℃,精度±2 ℃。

4.6 温湿度计

温湿度计精度不低于温度±1 ℃、相对湿度±5%。

4.7 试样支架

试样支架用于支撑试样,可根据屋顶坡度调节试样角度,并能固定试样。

4.8 校准板

校准板由尺寸为 1 200 mm×2 000 mm×12 mm、密度为 900 kg/m³±100 kg/m³ 的硅钙板制成,

表面应光滑。

4.9 火源 A

火源 A 由刨花和金属框构成。将刨花装入金属框,金属框采用直径为 3 mm 的钢丝制成,金属网格尺寸为 50 mm×50 mm。金属框上部和底部敞开,每个角配有 1 条伸出长度为 10 mm 的支脚。金属框的整体尺寸应为 300 mm×300 mm,深 200 mm(见图 1)。刨花由软木材(如云杉、松树或杉木)加工而成,其宽度约 2 mm,厚度 0.2 mm～0.3 mm。

单位为毫米

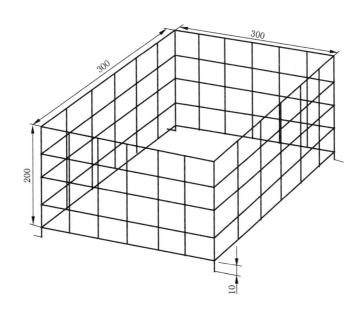

图 1　填装刨花的金属框

4.10 火源 B

火源 B 由两个木块构成。试验木块以标称尺寸 40 mm×40 mm×40 mm 的榉木制作而成。木块顶面和底面中心,用锯子锯成宽 3 mm,深为木块高度一半的锯槽,相对面的锯槽应互为直角(见图 2)。

单位为毫米

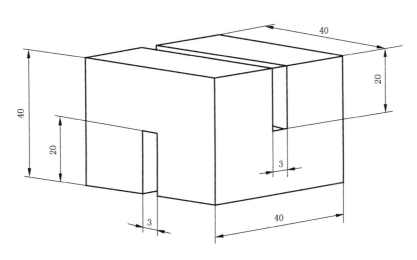

图 2　火源 B 的木块

制好的木块在温度为 40 ℃～50 ℃ 的条件下放置至少 24 h,试验时质量应为 33 g±5 g。

4.11 火源 C

火源 C 由两个木垛构成。试验木垛以标称尺寸为 19 mm×19 mm×150 mm 的榉木木条制作而成。木垛整体尺寸为 150 mm×150 mm、高 57 mm,共 3 层,每层由 6 根木条构成,相邻两层的木条互为直角,木头间以相同的间距通过轻质钢钉固定制作而成(见图 3)。

制好的木垛在温度为 40 ℃～50 ℃ 的条件下放置至少 24 h,试验时质量应为 550 g±50 g。

单位为毫米

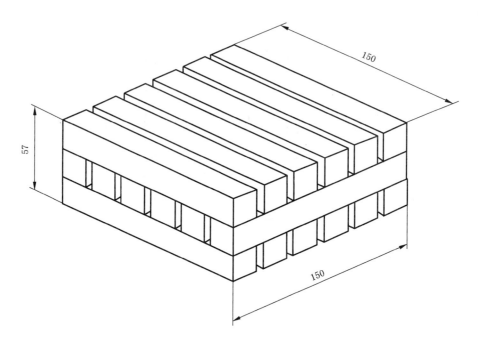

图 3 火源 C 的木块

4.12 鼓风装置

鼓风装置应能调节风速,并满足 7.4.2.2 的要求。鼓风装置风管出口的最小尺寸为 250 mm 高,1 000 mm 宽,风管的最小长度为 1 200 mm,应在风管中设置混流片以避免出现空气紊流。

4.13 辐射板

辐射板用于在试样表面提供辐射热,其尺寸为(600±10)mm×(600±10)mm。试验时辐射板应平行于试样表面,且与试样的垂直距离为 500 mm±10 mm。

试验时通入甲烷(或丙烷)与空气的混合气,点燃后在试样表面应能提供满足 7.5.2.3 规定的热辐射通量。

4.14 点火装置

点火装置由支架和点火器构成。应采用气体燃烧器点燃木块或木垛,点火时木块或木垛应被包围在火焰中。应避免周围气流的影响,在燃烧器上方 60 mm±5 mm 处火焰温度应为 900 ℃±50 ℃。应有相应的支撑架,在点火阶段可将木块或木垛支撑在燃烧器上方 60 mm±5 mm 的位置。图 4 为点火装置示例图。

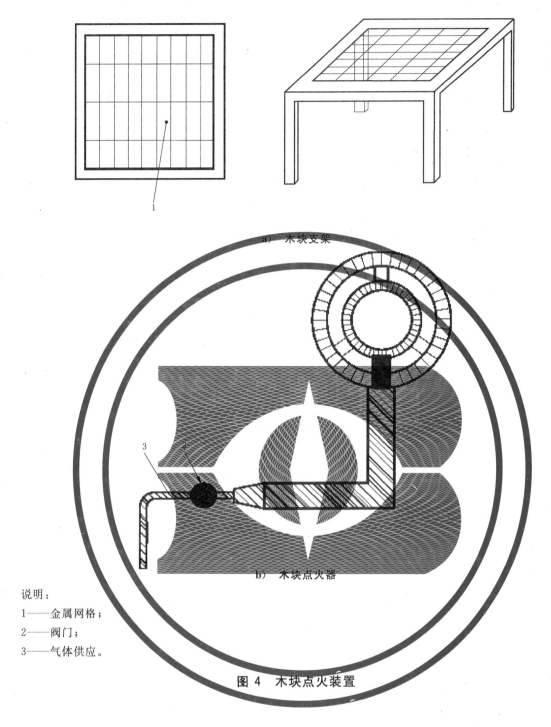

说明：
1——金属网格；
2——阀门；
3——气体供应。

图 4　木块点火装置

5　试样

5.1　概述

对于每个屋顶坡度,按照不同的试验方法应分别至少准备 3 组尺寸为(2 000±10)mm×(1 200±10)mm 的试样。试样应具有代表性,包括基材、固定方式、材料种类和层数(包括任何保温层、防潮层等)、拼接等。

5.2 试样拼接

5.2.1 拼接要求

试样的拼接应具有制品实际应用的代表性。

5.2.2 试验方法 A

试验方法 A 采用火源 A。进行试验时,拼接缝的设置应至少包括以下方式,如图 5 所示:

a) 在面层上,设置与坡面平行的中心拼接缝,其他任何层(包括保温层)可无拼接缝;

b) 在面层距离金属框下部边缘上方 100 mm 处设置一条与坡面成 90°的拼接缝,其他任何层(包括保温层)可无拼接缝;

c) 在保温层中设置一条与坡面平行的中心拼接缝,其他任何层可无拼接缝。

以最差结果作为试验结果。

单位为毫米

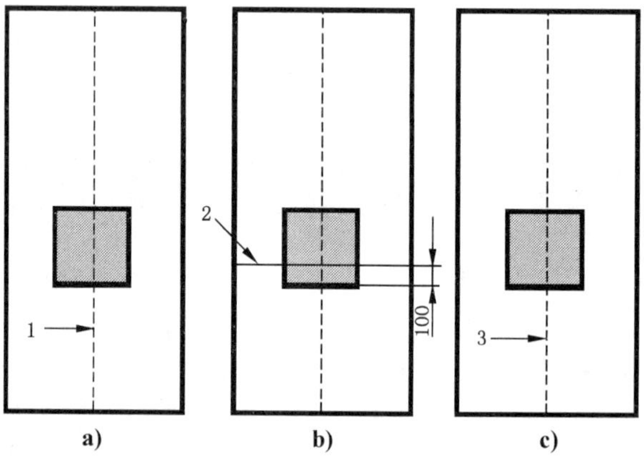

说明:

1——面层垂直拼接缝;

2——面层水平拼接缝;

3——保温层垂直拼接缝。

图 5   试验方法 A 试样拼接缝位置

5.2.3 试验方法 B 和试验方法 C

试验方法 B 采用火源 B,试验方法 C 采用火源 C。进行试验时,拼接缝的设置应至少包括以下方式,如图 6 所示:

a) 在面层上,设置与坡面平行的中心拼接缝,在左木块或木垛正下方设置一条与坡面成 90°的拼接缝。若有保温层,在左木块或木垛正下方的保温层上设置与坡面平行的拼接缝,其他层可无拼接缝。

b) 在面层上,右木块或木垛正下方设置一条与坡面平行的拼接缝。若有保温层,在保温层上设置与坡面平行的中心拼接缝,其他层可无拼接缝。

c) 在右木块正下方的保温层上设置一条与坡面垂直和平行的拼接缝,其他层可无拼接缝。以最差结果作为试验结果。

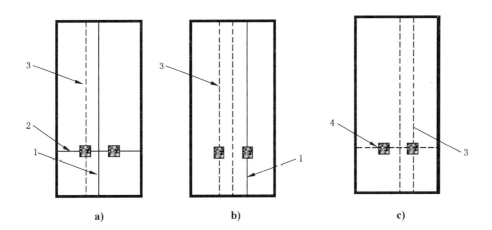

说明：
1——面层垂直拼接缝；
2——面层水平拼接缝；
3——保温层垂直拼接缝；
4——保温层水平拼接缝。

图 6　试验方法 B 和试验方法 C 试样拼接缝位置

5.3　试样边缘

试样边缘可不做特别处理，若采取了相关保护措施，应确保所采取的措施不影响制品的燃烧性能。

6　标准基材

6.1　概述

当测试制品为屋顶覆盖制品时，应将其安装在实际使用的基材上进行试验，若未能提供相应基材，可根据实际应用情况选择下述基材。

6.2　木质刨花板基材

若屋顶覆盖制品实际应用时安装在可燃的连续基材上，则应采用木质刨花板作为基材。

木质刨花板由木屑颗粒通过聚合物黏合剂黏结制作而成，当用于基材时，木质刨花板可由宽 250 mm、最小厚度 13 mm±1 mm 的板材拼接制成，其密度 680 kg/m³±50 kg/m³，燃烧性能为 GB 8624—2012 中 B_2 级。

铺设时板材应平行于屋檐边缘紧密拼接，确保板材间的缝隙不超过 0.5 mm。当制品实际应用为非连续基材时，则木质刨花板间的间距应为 5 mm±0.5 mm，应用范围可涵盖连续基材。

6.3　金属基材

若屋顶覆盖制品实际应用时安装在金属型材上，则应采用截面为梯形的金属型材。金属基材由铝板或钢板制成，其等腰梯形截面的上边宽度约为 30 mm，斜边长度约为 40 mm，梯形金属基材应与屋檐平行铺设，使用时侧面应敞开。

6.4　不燃基材

若屋顶覆盖制品实际应用时安装在连续的不燃基材上，则应采用增强硅酸钙板作为基材。硅酸钙板厚度为 12 mm±2 mm、干态密度应为 900 kg/m³±100 kg/m³。若实际应用基材为非连续基材,则试样支撑件的间距应根据生产商的要求选用特定应用时的最大允许距离,但不超过试样的尺寸。

7 试验

7.1 试验环境

试验应在无气流影响的环境中进行,试样底端高于地板 750 mm±250 mm。试验前,试验室环境温度应为 20 ℃±15 ℃。试样上方可安装集烟罩及排烟装置,但应避免产生较大气流影响试验结果。

7.2 状态调节

试验前将试样放置于温度为 23 ℃±2 ℃、相对湿度 50%±5% 的环境条件下至少 72 h 或直到试样质量恒定(试样间隔 24 h 两次连续称量,其质量偏差不超过试样质量的 0.1%)。也可采取其他措施,只要不改变制品的性能,允许采用加速调节使试样含水量达到平衡。

7.3 试验方法 A

7.3.1 试验条件(屋顶坡度)

试验前,按试验坡度调整试样支架,使试样角度满足试验要求。对于实际应用时只有一个坡度的屋顶制品,应按实际的设计坡度进行试验。试验结果仅适用于所试验的屋顶坡度。

对于实际应用时有多个坡度的屋顶制品,应按下述要求进行试验:
a) 坡度不大于 20°的屋顶,以 15°的坡度进行试验;
b) 坡度超过 20°的屋顶,以 45°的坡度进行试验。

7.3.2 试验程序

7.3.2.1 火源准备

试验前,应将刨花放置于温度 23 ℃±2 ℃、相对湿度 50%±5% 的房间内至少 12 h,使刨花含水率保持在 8%~10%(含水率可通过将 10 g~20 g 的样品放置于 105 ℃±5 ℃ 的烘箱内烘干到恒定质量来确定)。且每批刨花应通过下述方法进行检查:水平支撑一块面积至少 1 m×1 m 的硅酸钙板样品,与地面距离 1 m。在板的中心放置金属框,按照 7.3.2.2 的规定填装进行过状态调节的刨花,并按 7.3.2.4 的规定点燃刨花。从开始点火到火焰的最终熄灭,测量火源燃烧的时间。应进行三次独立的试验,平均燃烧时间应在 4 min~5 min 之间,每次试验前应冷却硅酸钙板。

试验前,不得将刨花放在其他大气环境中超过 1 h。

7.3.2.2 刨花的填装

将经过状态调节、质量为 600 g±10 g 的刨花至少分 6 层均匀地压入金属框。

7.3.2.3 火源 A 的定位

将装有刨花的金属框直接放在制品表面。可采取其他有效措施防止试验过程中金属框位置的改变,任何用于固定金属框的措施不得影响刨花的燃烧。应在试样表面标示出测试区,并按照图 7 放置金属框。

单位为毫米

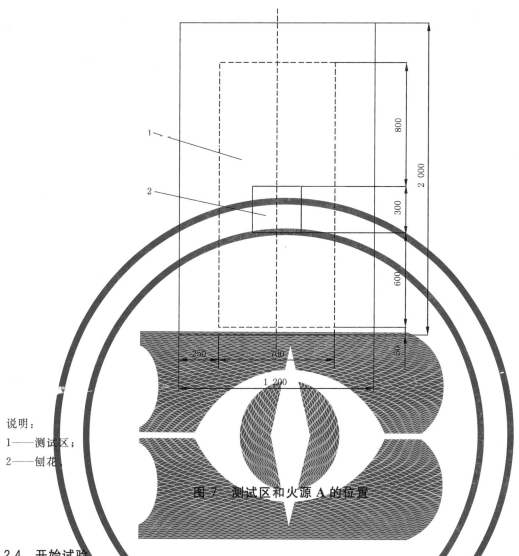

说明:
1——测试区;
2——刨花。

图7　测试区和火源A的位置

7.3.2.4　开始试验

每次试验应在点火之前将装有刨花的金属框放在试样上。采用火焰长度约为100 mm的小型气体燃烧器,从火源A任意一侧的底边开始,10 s内沿着四个底边点燃刨花。应从刨花点火开始,起动计时。

7.4　试验方法B

7.4.1　试验条件(屋顶坡度)

对于实际应用时只有一个坡度的屋顶制品,应按实际的设计坡度进行试验。试验结果仅适用于所试验的屋顶坡度。

对于实际应用时有多个坡度的屋顶制品,应按下述要求进行试验:

a)　坡度小于5°的屋顶,以0°的坡度进行试验;

b)　坡度为5°~20°的屋顶,以15°的坡度进行试验;

c)　坡度超过20°的屋顶,以30°的坡度进行试验。

7.4.2 试验前的准备

7.4.2.1 试验角度

试验前,按试验坡度调整试样支架,使试样角度满足试验要求。用校准板代替试样进行调节。试验的总体布局见图8。

单位为毫米

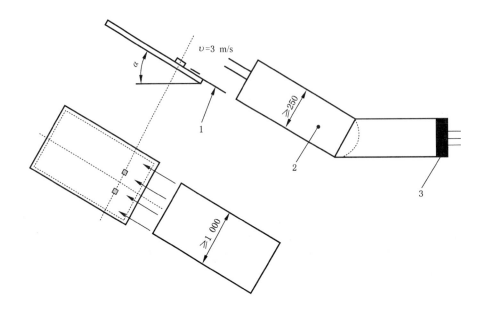

说明:
1——模拟屋檐的挡板;
2——鼓风装置;
3——过滤器。

图 8 试验方法 B 的总体布局

7.4.2.2 风速校准

在试样表面 7 个不同位置用风速仪测试风速,距离校准板底端 500 mm±5 mm 设置 4 个校准点,其中 3 个点(v_1、v_2、v_3)与校准板垂直距离为 100 mm±5 mm,v_2 处于校准试件中轴平面上,v_1 和 v_3 分设在中心轴两侧 300 mm±5 mm 处,另一点(v_4)在中轴平面内,与校准板垂直距离为 200 mm±5 mm。另外三个点(v_5、v_6、v_7)距离校准板底端 1 700 mm±5 mm,与校准板垂直距离为 100 mm±5 mm。见图 9。

试样表面的风速应满足:

——v_1、v_2、v_3、v_4=3.0 m/s±0.2 m/s;

——v_6>2.0 m/s;

——$|v_5-v_7|$<0.2 m/s。

7.4.2.3 火源 B 的点燃

采用 4.14 规定的点火装置对木块点火 120 s±10 s,期间转动木块让每个开槽面点火 60 s。

单位为毫米

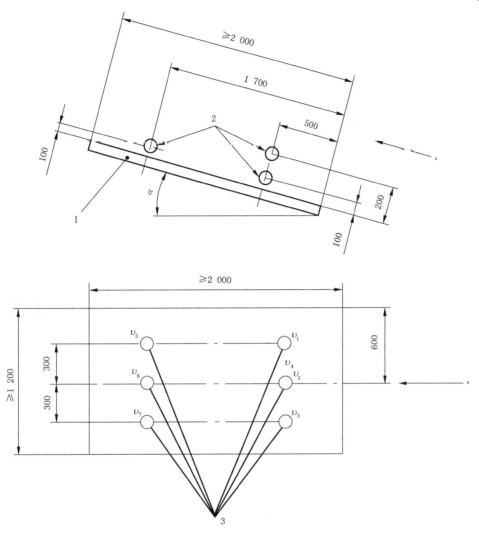

说明：
1——校准试件；
2——风速仪位置(侧视图)；
3——风速仪位置(正视图)；
α——试样坡度。
ᵃ 气流。

图 9 风速测试位置(试验方法 B 和试验方法 C)

7.4.2.4 火源 B 的定位

试验时,木块中心距离试样底端 500 mm,两木块相距 370 mm,等距离放置于纵向中心线两侧。木块可通过锚定在试样边缘的金属丝固定。应在试样表面标示出测试区,并按照图 10 放置木块。

单位为毫米

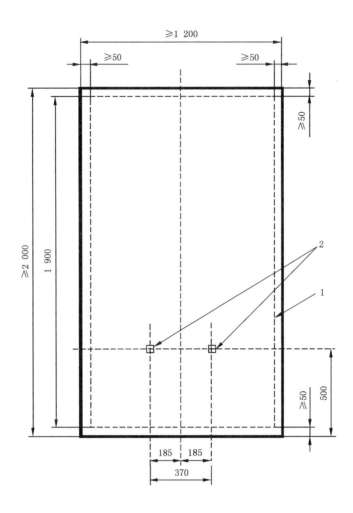

说明：
1——测试区；
2——木块。

图 10 测试区和火源位置（试验方法 B）

7.4.2.5 开始试验

按照下面的试验程序进行试验：

a) 按最近校准的设置调节风速，确保鼓风装置正常运行；

b) 将试样放置在试样支架上；

c) 按照 7.4.2.3 的规定点燃木块后迅速将其移至试样上；

d) 将木块放在试样上的同时开启计时器，试验开始。

7.5 试验方法 C

7.5.1 试验条件（屋顶坡度）

对于实际应用时只有一个坡度的屋顶制品，应按实际的设计坡度进行试验。试验结果仅适用于所试验的屋顶坡度。

对于实际应用时有多个坡度的屋顶制品，应按下述要求进行试验：

a) 坡度小于 5°的屋顶，以 0°的坡度进行试验；

b) 坡度为 5°～20°的屋顶,以 15°的坡度进行试验;

c) 坡度超过 20°的屋顶,以 30°的坡度进行试验。

7.5.2 试验前的准备

7.5.2.1 试验角度

试验前,按试验坡度调整试样支架,使试样角度满足试验要求。用校准板代替试样进行调节。试验的总体布局见图 11。

单位为毫米

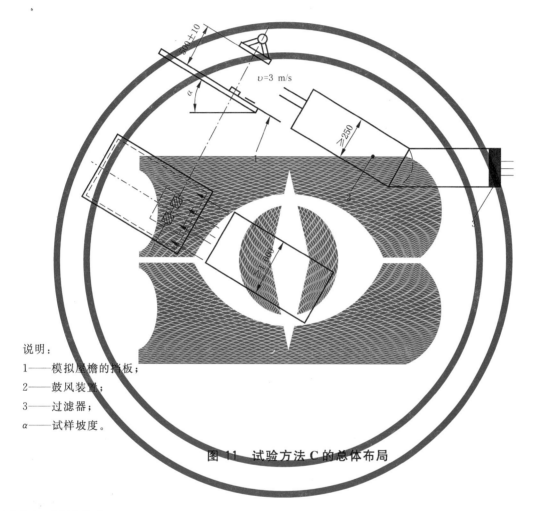

说明:
1——模拟屋檐的挡板;
2——鼓风装置;
3——过滤器;
α——试样坡度。

图 11 试验方法 C 的总体布局

7.5.2.2 风速校准

点燃辐射板前,调节风速使其满足 7.4.2.2 的规定要求。

7.5.2.3 热辐射校准

采用校准板和热通量计对热辐射进行校准。以校准板代替试样放置于试样架上,校准板表面与辐射板表面平行,且垂直距离为 500 mm。点燃辐射板,调节燃气和空气流量,辐射板应能提供稳定的热辐射,且在试样表面,与辐射板中心相对的点的辐射通量应为 12.5 kW/m² ± 0.5 kW/m²,其他四个点应为 10 kW/m² ± 0.5 kW/m²,见图 12。

单位为毫米

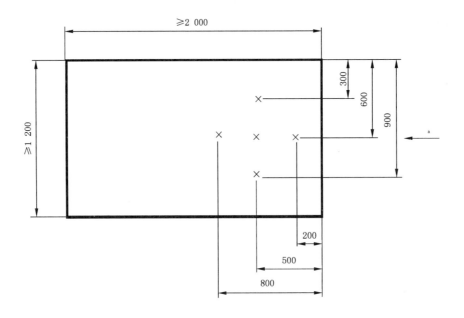

说明：

×——辐射通量测试位置。

a 空气流。

图 12 辐射通量校准位置（试验方法 C）

7.5.2.4 火源 C 的点燃

应采用 4.14 规定的点火装置对火源 C 的每个木垛点火 240 s±10 s,期间转动木块,依次使每个表面点火时间满足下述要求：

a) 每个 150 mm×150 mm 面点火 30 s；

b) 每个 57 mm×150 mm 面点火 30 s；

c) 每个 150 mm×150 mm 面再点火 30 s。

7.5.2.5 火源 C 的定位

使木垛中心距离试样底端 500 mm,两木垛相距 370 mm,等距离放置于纵向中心线两侧,将其中一个木垛上层的木条平行于试样底边缘,另一个则垂直于试样底边缘。木垛可以通过锚定在试样边缘的金属丝固定,应在试样表面标示出测试区,并按照图 13 放置木垛。

7.5.2.6 开始试验

按照下面的试验程序进行试验：

a) 按最近校准的设置调节风速,确保鼓风装置正常运行；

b) 按最近校准的设置调节辐射板的燃气和空气流量,确保试样表面的辐射强度满足 7.5.2.3 的要求；

c) 将试样放置于所要求坡度的试样支架上；

d) 按 7.5.2.4 的规定点燃两个木垛；

e) 在对木垛开始点火后 3.5 min,将试样及试样支架移至规定位置,确保试样、辐射板和鼓风装置

的相对位置正确;试验时,试样表面与辐射板表面间的垂直距离为 500 mm;

f) 将点燃后的木垛迅速移至试样上。

将木垛放在试样上的同时开启计时器,试验开始。

单位为毫米

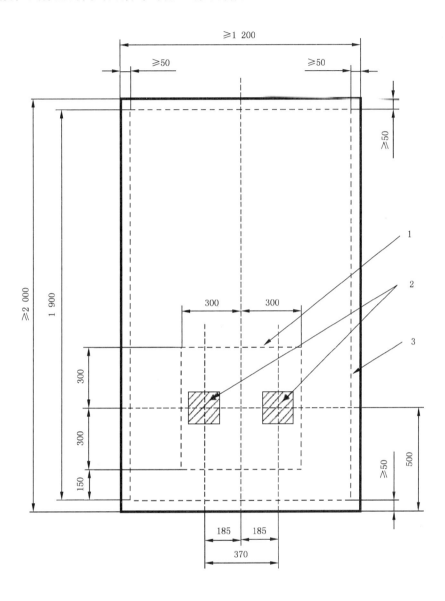

说明:

1——辐射板位置;

2——火源位置;

3——测试区。

图 13 测试区和火源的位置(试验方法 C)

7.6 试验结束

试验应进行 30 min,当出现下述情况时,可提前结束试验。可用水、气体灭火剂等熄灭所有可见火焰,注意避免损毁试样。

a) 明显未燃烧(如未出现火焰、阴燃、烟气等);

b) 火焰传播到样品的测试区边缘；

c) 出现穿透。

7.7 试验后的检查

试验结束后30 min内进行试验后的检查,剖开制品检查有无阴燃和穿透现象,记录试验结果。

8 观察和测试

8.1 概述

8.1.1 试验期间或试验后,应观察和记录试验现象,并注意：

a) 尺寸以 mm 表示；

b) 从试验开始时计时；

c) 持续火焰的传播应以与受火面接触的火焰底部来进行评价,而并不是火焰的外焰；

d) 若试验屋顶为 0°的平面屋顶,则应测量任何方向的火焰传播或损毁情况。

8.1.2 试验结果应用见附录 A。

8.2 外部火焰传播

8.2.1 在试样受火面上,记录持续火焰从火源上边缘向上传播到达不同位置的时间。

8.2.2 在试样受火面上,记录持续火焰从火源下边缘向下传播到达不同位置的时间。

8.2.3 记录任何燃烧材料(燃烧滴落物或微粒)从受火面掉落的时间。

8.2.4 记录试验过程中持续火焰向上或向下传播的最大范围,以试验结束后从火源边缘开始测试的最大烧毁长度来表示。

8.3 火焰穿孔

8.3.1 记录火焰穿透的时间和现象。

8.3.2 记录任何燃烧材料(燃烧滴落物或微粒)从试样底面掉落的时间和现象。

8.3.3 记录试样穿孔出现的时间及尺寸。

8.4 损毁

8.4.1 试验后,记录从火源边缘向上和向下损毁的范围。

8.4.2 试验后,记录试样每个结构层从火源边缘向上、向下和侧向烧毁的最大长度。

9 试验报告

试验报告应包括下属内容：

a) 试验所采用的标准；

b) 试验室名称和试验日期；

c) 受检单位、生产单位、制品及组件的名称；

d) 试验制品的详细描述。包括屋顶或屋顶覆盖制品的安装方法,如螺钉安装、固定方式、间距、黏结物、材料的密度或面密度、材料的含水率等；

e) 试样边缘处理措施的描述；

f) 试验坡度；

g) 试验方法、试验样品和试验结果的相关信息；

h) 试验中和试验后的现象观察和测试,可包括下述内容:

  ——外部火焰向上传播达到 100 mm、300 mm、500 mm、700 mm、900 mm、1 100 mm、1 300 mm及测试区的上边缘时的时间,以 min 和 s 表示;

  ——任何燃烧材料从屋顶表面落下的时间;

  ——试样表面及内部的火焰向上、向下和侧向传播距离;

  ——火焰穿透的时间,以 min 和 s 表示,火焰穿透的类型,即试样底面出现的持续火焰或灼烧,从试样底面或开口落下的燃烧滴落物或微粒;

  ——试样损毁的描述,包括:无焰传播范围(烧焦和灼烧)、向上、向下和侧向的内部损毁范围、制品中单层材料向上、向下和侧向燃烧的最大距离、试验结束时间及原因等;

i) 报告的应用范围。

附　录　A

（规范性附录）

试验结果应用

A.1　坡度

A.1.1　试验方法 A

制品在 15°的试验结果，适用于坡度小于 20°的屋顶。

制品在 45°的试验结果，适用于坡度大于或等于 20°的屋顶。

制品以 15°或 45°以外的坡度进行测试的试验结果，仅适用于该坡度。

A.1.2　试验方法 B 和试验方法 C

制品在 15°的试验结果，适用于坡度为 5°～20°的屋顶。

制品在 30°的试验结果，适用于坡度为 20°～70°的屋顶。

试验方法 B 和试验方法 C 不适用于坡度大于 70°的屋顶。

制品在 0°和 30°进行试验得到相同分级时，试验结果适用于 0°～70°的任何坡度。

A.2　基材的性质

A.2.1　采用标准基材进行试验，试验结果适用于所有采用相同组件(包括厚度)和安装方式的制品。

A.2.2　以 6.2 规定的间距不超过 0.5 mm 的木质刨花板作为基材的试验结果适用于：
——最小厚度 12 mm、缝隙不超过 0.5 mm 的任何木质连续基材；
——最小厚度 10 mm 的任何不燃连续基材。

A.2.3　以 6.2 规定的板间间距为 5.0 mm±0.5 mm 的木质刨花板作为基材的试验结果适用于：
——任何木质连续基材；
——任何以有平整边缘的木板做成的连续基材；
——任何间距不超过 5.0 mm 的不燃基材。

A.2.4　以 6.3 规定的梯形钢板基材得到的试验结果适用于：
——任何型钢基材；
——任何最小厚度为 10 mm 的不燃连续基材。

A.2.5　以 6.3 规定的梯形铝板基材得到的试验结果适用于：
——厚度大于或等于试验基材厚度的任何铝制基材；
——任何型钢基材；
——最小厚度为 10 mm 的任何不燃连续基材。

A.2.6　以 6.4 规定的增强硅酸钙板为基材得到的试验结果适用于最小厚度为 10 mm 的任何不燃连续基材。

A.3　采用特定基材的试验

以特定基材试验得到的试验结果只适用于采用特定基材的屋顶制品。

A.4 特别说明

任何屋顶制品当其满足试验方法 C 的试验要求时,可认为该制品在不做任何补充试验的情况下同时满足试验方法 B 的要求。

参 考 文 献

［1］ ISO 12468-1:2003 External exposure of roofs to fire—Part 1: Test method

［2］ ISO 12468-2: 2005 External exposure of roofs to fire—Part 2: Classification of roofs

［3］ ENV 1187:2002 Test methods for external fire exposure to roofs

［4］ EN 13501-5:2005 Fire classification of construction products and building elments—Part 5: Classification using data from external fire exposure to roofs tests

ICS 13.220.20
C 82

中华人民共和国国家标准

GB 31247—2014

电缆及光缆燃烧性能分级

Classification for burning behavior of electric and optical cables

2014-12-05 发布

2015-09-01 实施

中华人民共和国国家质量监督检验检疫总局
中国国家标准化管理委员会 发布

前　言

本标准第 4 章～第 6 章为强制性的，其余为推荐性的。

本标准按照 GB/T 1.1—2009 给出的规则起草。

本标准由中华人民共和国公安部提出。

本标准由全国消防标准化技术委员会防火材料分技术委员会（SAC/TC 113/SC 7）归口。

本标准负责起草单位：公安部四川消防研究所。

本标准参加起草单位：上海电缆研究所、电信科学技术第五研究所、公安部沈阳消防研究所、四川明星电缆股份有限公司、中利科技集团股份有限公司、远东控股集团有限公司、上海市高桥电缆厂有限公司、杭州虎牌中策电缆有限公司、安徽华海特种电缆集团有限公司、杜邦中国集团有限公司、（苏州）康普国际贸易有限公司、百通赫思曼网络系统国际贸易（上海）有限公司、大金氟化工（中国）有限公司、耐克森凯讯（上海）电缆有限公司、苏威（上海）有限公司、3M 中国有限公司、华迅工业（苏州）有限公司。

本标准主要起草人：程道彬、李风、冯军、屈励、王鹏翔、包光宏、余威、张翔、龚国祥、丁宏军、朱亚明、唐勇、胡新宇。

本标准为首次发布。

引 言

推广使用阻燃电缆及光缆对建筑防火安全具有重要意义。长期以来,由于缺少电缆及光缆燃烧性能分级标准,我国工程建设防火规范中对一些必要场所采用阻燃电缆的规定很笼统,而事实上针对不同使用性质的场所,比如一些人员密集场所和需要特殊保护的场所,应对其采用的电缆及光缆规定较高的燃烧性能等级。通过量化电缆及光缆燃烧性能分级技术指标,使防火安全要求更加科学合理,并将可能产生的火灾危害降至最低。

本标准是根据我国建设工程防火安全的实际需要,为满足对电缆及光缆燃烧性能的分级要求而制定的。为确保同工程建设防火规范相协调,并与实际工程应用相匹配,本标准在确定电缆及光缆燃烧性能分级技术指标时,充分考虑了我国电缆及光缆行业的现有发展水平,并进行了大量的试验验证。

电缆及光缆燃烧性能分级

1 范围

本标准规定了电缆及光缆燃烧性能的术语与定义、燃烧性能等级及判据、附加信息和标识。

本标准适用于建设工程中使用的电缆及光缆的燃烧性能分级,不适用于电缆及光缆的耐火性能分级。

2 规范性引用文件

下列文件对于本文件的应用是必不可少的。凡是注日期的引用文件,仅注日期的版本适用于本文件。凡是不注日期的引用文件,其最新版本(包括所有的修改单)适用于本文件。

GB 8624—2012 建筑材料及制品燃烧性能分级

GB/T 14402 建筑材料及制品的燃烧性能 燃烧热值的测定

GB/T 17650.2 取自电缆或光缆的材料燃烧时释出气体的试验方法 第2部分:用测量 pH 值和电导率来测定气体的酸度

GB/T 17651.2 电缆或光缆在特定条件下燃烧的烟密度测定 第2部分:试验步骤和要求

GB/T 18380.12 电缆和光缆在火焰条件下的燃烧试验 第12部分:单根绝缘电线电缆火焰垂直蔓延试验 1 kW 预混合型火焰试验方法

GB/T 20285 材料产烟毒性危险分级

GB/T 31248—2014 电缆或光缆在受火条件下火焰蔓延、热释放和产烟特性的试验方法

3 术语和定义

GB 8624—2012 和 GB/T 31248—2014 界定的以及下列术语和定义适用于本文件。为了便于使用,以下重复列出了 GB 8624—2012 和 GB/T 31248—2014 中的某些术语和定义。

3.1

总热值 gross calorific potential

PCS

单位质量的材料完全燃烧,燃烧产物中所有的水蒸气凝结成水时所释放出来的全部热量。

[GB 8624—2012,定义 3.22]

3.2

烟气毒性 smoke toxicity

烟气中的有毒有害物质引起损伤/伤害的程度。

[GB 8624—2012,定义 3.19]

3.3

热释放速率 heat release rate

HRR

在规定条件下,材料在单位时间内燃烧所释放出的热量。

[GB/T 31248—2014,定义 3.1]

3.4

热释放总量   total heat release

THR

热释放速率在规定时间内的积分值。

示例：THR_{1200}表示在受火 1 200 s 内的总热释放量。

［GB/T 31248—2014,定义 3.2］

3.5

产烟速率   smoke production rate

SPR

单位时间内烟的生成量。

［GB/T 31248—2014,定义 3.3］

3.6

产烟总量   total smoke production

TSP

产烟速率在规定时间内的积分值。

示例：TSP_{1200}表示在受火 1 200 s 内的总产烟量。

［GB/T 31248—2014,定义 3.4］

3.7

燃烧增长速率指数   fire growth rate index

FIGRA

试样燃烧的热释放速率值与其对应时间的比值的最大值,用于燃烧性能分级。

［GB/T 31248—2014,定义 3.6］

3.8

燃烧滴落物/微粒   flaming droplet/particle

在燃烧试验过程中,从试样上分离的物质或微粒。

［GB/T 31248—2014,定义 3.7］

3.9

烟密度   smoke density

按 GB/T 17651.2 测定的最小透光率,以 I_t 表示。

3.10

火焰蔓延   flame spread

FS

按 GB/T 31248—2014 测定的火焰在成束电缆表面产生的最大炭化距离。

3.11

垂直火焰蔓延   vertical flame spread

H

按 GB/T 18380.12 测定的火焰在单根电缆表面产生的炭化部分上起始点与下起始点之间的距离。

3.12

腐蚀性   corrosion

周围介质对材料腐蚀的能力。

注：本标准以电缆或光缆各组件上的材料在燃烧时释放出气体的酸度大小来评价其腐蚀性。

4 燃烧性能等级及判据

4.1 电缆及光缆燃烧性能等级见表1。

表 1 电缆及光缆的燃烧性能等级

燃烧性能等级	说　明
A	不燃电缆（光缆）
B_1	阻燃1级电缆（光缆）
B_2	阻燃2级电缆（光缆）
B_3	普通电缆（光缆）

4.2 电缆及光缆燃烧性能等级判据见表2。

表 2 电缆及光缆燃烧性能等级判据

燃烧性能等级	试验方法	分级判据
A	GB/T 14402	总热值 $PCS \leqslant 2.0$ MJ/kg[a]
B_1	GB/T 31248—2014 （20.5 kW 火源） 且	火焰蔓延 $FS \leqslant 1.5$ m； 热释放速率峰值 HRR 峰值 $\leqslant 30$ kW； 受火1 200 s内的热释放总量 $THR_{1200} \leqslant 15$ MJ； 燃烧增长速率指数 $FIGRA \leqslant 150$ W/s； 产烟速率峰值 SPR 峰值 $\leqslant 0.25$ m²/s； 受火1 200 s内的产烟总量 $TSP_{1200} \leqslant 50$ m²
	GB/T 17651.2 且	烟密度（最小透光率）$I_t \geqslant 60\%$
	GB/T 18380.12	垂直火焰蔓延 $H \leqslant 425$ mm
B_2	GB/T 31248—2014 （20.5 kW 火源） 且	火焰蔓延 $FS \leqslant 2.5$ m； 热释放速率峰值 HRR 峰值 $\leqslant 60$ kW； 受火1 200 s内的热释放总量 $THR_{1200} \leqslant 30$ MJ； 燃烧增长速率指数 $FIGRA \leqslant 300$ W/s； 产烟速率峰值 SPR 峰值 $\leqslant 1.5$ m²/s； 受火1 200 s内的产烟总量 $TSP_{1200} \leqslant 400$ m²
	GB/T 17651.2 且	烟密度（最小透光率）$I_t \geqslant 20\%$
	GB/T 18380.12	垂直火焰蔓延 $H \leqslant 425$ mm
B_3		未达到 B_2 级
[a] 对整体制品及其任何一种组件（金属材料除外）应分别进行试验,测得的整体制品的总热值以及各组件的总热值均满足分级判据时,方可判定为 A 级。		

5 附加信息

5.1 一般规定

5.1.1 电缆及光缆的燃烧性能等级附加信息包括燃烧滴落物/微粒等级、烟气毒性等级和腐蚀性等级。

5.1.2 电缆及光缆燃烧性能等级为 B_1 级和 B_2 级的,应给出相应的附加信息。

5.2 燃烧滴落物/微粒等级

5.2.1 燃烧滴落物/微粒等级分为 d_0 级、d_1 级和 d_2 级,共三个级别。

5.2.2 燃烧滴落物/微粒等级及分级判据见表3。

表 3 燃烧滴落物/微粒等级及分级判据

等 级	试 验 方 法	分 级 判 据
d_0		1 200 s内无燃烧滴落物/微粒
d_1	GB/T 31248—2014	1 200 s内燃烧滴落物/微粒持续时间不超过10 s
d_2		未达到 d_1 级

5.3 烟气毒性等级

5.3.1 烟气毒性等级分为 t_0 级、t_1 级和 t_2 级,共三个级别。

5.3.2 烟气毒性等级及分级判据见表4。

表 4 烟气毒性等级及分级判据

等 级	试 验 方 法	分 级 判 据
t_0		达到 ZA_2
t_1	GB/T 20285	达到 ZA_3
t_2		未达到 t_1 级

5.4 腐蚀性等级

5.4.1 腐蚀性等级分为 a_1 级、a_2 级和 a_3 级,共三个级别。

5.4.2 腐蚀性等级及分级判据见表5。

表 5 腐蚀性等级及分级判据

等 级	试 验 方 法	分 级 判 据
a_1		电导率≤2.5 $\mu s/mm$ 且 pH≥4.3
a_2	GB/T 17650.2	电导率≤10 $\mu s/mm$ 且 pH≥4.3
a_3		未达到 a_2 级

6 标识

6.1 依照本标准检验符合规定要求的电缆及光缆,应在其产品和包装上标识出燃烧性能等级。

6.2 燃烧性能等级为 B_1 级和 B_2 级的电缆及光缆,应按第 5 章的规定给出燃烧滴落物/微粒等级、烟气毒性等级和腐蚀性等级等附加信息标识。

6.3 电缆及光缆的燃烧性能等级及附加信息标识如下:

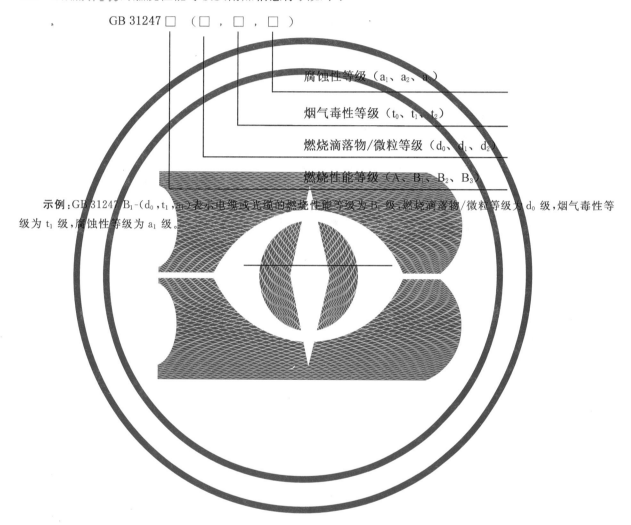

GB 31247 □ (□ , □ , □)

腐蚀性等级(a_1 、 a_2 、 a_3)

烟气毒性等级(t_0 、 t_1 、 t_2)

燃烧滴落物/微粒等级(d_0 、 d_1 、 d_2)

燃烧性能等级(A、 B_1 、 B_2 、 B_3)

示例:GB 31247 B_1-(d_0 , t_1 , a_1)表示电缆或光缆的燃烧性能等级为 B_1 级,燃烧滴落物/微粒等级为 d_0 级,烟气毒性等级为 t_1 级,腐蚀性等级为 a_1 级。

ICS 13.220.40
C 84

中华人民共和国国家标准

GB/T 31248—2014

电缆或光缆在受火条件下火焰蔓延、
热释放和产烟特性的试验方法

Test methods for the measurement of flame spread, heat release and
smoke production on electric or optical fibre cables under fire conditions

2014-12-05 发布

2015-04-01 实施

中华人民共和国国家质量监督检验检疫总局
中国国家标准化管理委员会

发布

前　言

本标准按照 GB/T 1.1—2009 给出的规则起草。

本标准修改采用 EN 50399:2011《电缆在受火条件下的通用试验方法　电缆在火焰传播试验中的热释放和产烟特性测试　试验装置、程序和结果》(英文版)。

考虑到我国国情,在采用 EN 50399:2011 时,本标准做了一些修改,有关技术性差异及其原因在附录 A 中列出以供参考。

为了便于使用,本标准对 EN 50399:2011 做了下列编辑性修改:

——标准名称做了修改,以适合我国的习惯;

——将"本欧盟标准"一词改为"本标准";

——删除了欧盟标准的前言和部分参考文献;

——用小数点"."代替作为小数点的逗号","。

本标准由中华人民共和国公安部提出。

本标准由全国消防标准化技术委员会防火材料分技术委员会(SAC/TC 113/SC 7)归口。

本标准负责起草单位:公安部四川消防研究所。

本标准参加起草单位:杜邦中国集团有限公司、(苏州)康普国际贸易有限公司、百通赫思曼网络系统国际贸易(上海)有限公司、大金氟化工(中国)有限公司、耐克森凯讯(上海)电缆有限公司、苏威(上海)有限公司、3M 中国有限公司、华迅工业(苏州)有限公司。

本标准主要起草人:李风、程道彬、冯军、包光宏、胡锐、朱亚明、曾绪斌。

本标准为首次发布。

引　言

　　本标准描述的是成束电缆或光缆的中等规模火灾试验。试验时将电缆安装在垂直标准梯上,采用规定的点火源点火,以此来评价电缆的燃烧行为和燃烧性能。通过试验可以获得电缆火灾初起阶段的燃烧性能数据,通过热释放速率的测试反映火焰沿电缆蔓延的危险性以及起火源对相邻区域的潜在影响,通过烟密度测试体现起火区域能见度和烟气对人身安全所带来的危险。

　　试验可以得到电缆或光缆在特定燃烧条件下的下述特性:

　　——火焰蔓延;

　　——热释放速率;

　　——热释放总量;

　　——产烟速率;

　　——产烟总量;

　　——燃烧增长速率指数;

　　——燃烧的滴落物/微粒。

　　本试验装置基于 GB/T 18380.31—2008《电缆和光缆在火焰条件下的燃烧试验　第 31 部分:垂直安装的成束电线电缆火焰垂直蔓延试验　试验装置》(IEC 60332-3-10:2000,IDT)建立,同时增加了热释放和产烟特性测试设备。与 GB/T 18380.31—2008 相比,本标准具有测试方法更加精确灵敏、综合性更强、对燃烧性能等级评价更加科学的特点。

　　电缆的实际安装结构可能是影响实际火灾中火焰蔓延、热释放和烟气生成的重要因素,因此在试验中应特别注意电缆的实际安装方式对相关测量数据的影响。这些测量数据取决于如下因素:

　　a)　暴露在外部火灾和电缆本身燃烧产生的火焰或热量中可燃材料的体积;

　　b)　电缆的几何形状,以及与试验空间围挡结构的关系;

　　c)　从电缆释放的各种气体的引燃温度;

　　d)　给定温升条件下,从电缆释放出的可燃气体量;

　　e)　通过电缆燃烧室的空气流量;

　　f)　电缆的结构,如铠装或非铠装,多芯或单芯。

　　本标准确定了电缆的安装条件,包括暴露材料的体积,试验标准梯上电缆的几何结构,以及通过燃烧室的空气流量。这些标准化的条件为电缆的燃烧性能分级提供了基础。

电缆或光缆在受火条件下火焰蔓延、
热释放和产烟特性的试验方法

1 范围

本标准规定了在特定试验条件下,对垂直安装的成束电线电缆或光缆的火焰蔓延、热释放和产烟特性进行评价的试验装置和试验方法。

本标准适用于评价电缆或光缆的燃烧性能。

注:本标准中提及的"电线电缆"包括所有用于能量或信号传输的金属导体绝缘电缆。

2 规范性引用文件

下列文件对于本文件的应用是必不可少的。凡是注日期的引用文件,仅注日期的版本适用于本文件。凡是不注日期的引用文件,其最新版本(包括所有的修改单)适用于本文件。

GB/T 5907 消防基本术语 第一部分

GB/T 16839.1—1997 热电偶 第1部分:分度表(IEC 60584-1:1995,IDT)

GB/T 18380.31—2008 电缆和光缆在火焰条件下的燃烧试验 第31部分:垂直安装的成束电线电缆火焰垂直蔓延试验 试验装置(IEC 60332-3-10:2000,IDT)

3 术语和定义

GB/T 5907 界定的以及下列术语和定义适用于本文件。

3.1

热释放速率 heat release rate

HRR

在规定条件下,材料在单位时间内燃烧所释放出的热量。

3.2

热释放总量 total heat release

THR

热释放速率在规定时间内的积分值。

示例:THR_{1200}表示在受火1 200 s内的总热释放量。

3.3

产烟速率 smoke production rate

SPR

单位时间内烟的生成量。

3.4

产烟总量 total smoke production

TSP

产烟速率在规定时间内的积分值。

示例:TSP_{1200}表示在受火1 200 s内的总产烟量。

3.5

火焰蔓延 flame spread

FS

火焰前沿的传播,本标准中特指火焰在电缆表面产生的最大炭化距离。

3.6

燃烧增长速率指数 fire growth rate index

FIGRA

试样燃烧的热释放速率值与其对应时间的比值的最大值,用于燃烧性能分级。

注:FIGRA 的计算参见附录 B。

3.7

燃烧滴落物/微粒 flaming droplet/particle

在燃烧试验过程中,从试样上分离的物质或微粒。

3.8

E 值 E-value

消耗单位体积氧产生的燃烧热。

4 试验装置

4.1 概述

试验装置由燃烧室、空气供给系统、标准梯、点火源等组成。试验装置示意图见图 1。

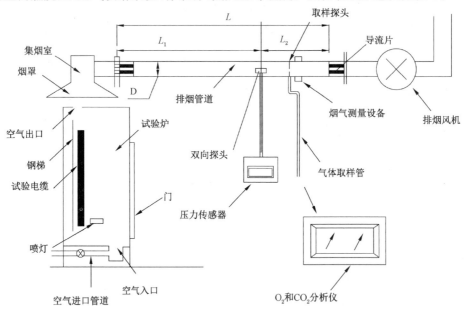

注:

L ——最小为 12D(D 为管道内径);

L_1 ——最小为 8D;

L_2 ——最小为 4D。

图 1 试验装置简图

与 GB/T 18380.31—2008 相比,本标准增加了 4.2~4.8 规定的试验设备,同时增加测量以下试验数据:

——燃烧的耗氧量；

——燃烧的二氧化碳生成量；

——排烟管道中气体的体积流量；

——排烟管道中烟气的透光率。

试验过程中,应至少每 3 s 对上述变量进行 1 次数据采集。计算材料的热释放速率时,每 30 s 取一次平均值;计算材料的产烟速率时,每 60 s 取一次平均值。

根据上述测量数据,计算材料的以下燃烧特性:

a) 热释放:

    1) 热释放速率(HRR)(见附录 C);

    2) 热释放总量(THR);

    3) 燃烧增长速率指数(FIGRA);

b) 产烟(见附录 D):

    1) 产烟速率(SPR);

    2) 产烟总量(TSP)。

4.2 空气供给系统

空气通过安装于进气口下的空气箱直接引入到燃烧室,空气箱的尺寸与进气口大小应基本一致。空气箱的深度为 150 mm±10 mm,空气由风机通过矩形直管道吹入空气箱中,矩形管道宽 300 mm±10 mm,高 80 mm±5 mm,长至少为 800 mm,其底面与空气箱底面的间距不超过 10 mm;管道应平行于地面,同时沿着喷灯的中心线敷设,并通过空气箱最长边的中间处将空气引入。为了使空气流动保持一致,应在进气口处安装一格栅。格栅由 2 mm 厚的钢板制成,钢板上应有标称直径为 5 mm、中心距为 8 mm 的钻孔。

试验前,应在矩形管道之前的圆形管道横截面上测量空气流量,并将空气流量设置为 8 000 L/min±400 L/min,试验过程中应维持稳定的空气流量,其偏差应在设定值的 10％范围内。

4.3 吸烟罩

吸烟罩(见图 2)安装于燃烧室排烟口的正上方,高于燃烧室排烟口 200 mm～400 mm,最长边应与排烟口的最长边平行,底面的最小尺寸应为 1 500 mm×1 000 mm。吸烟罩上方设有一个与排烟管道相连的集烟室。为使吸烟罩里的空气与烟气充分混合,宜在其进烟口处安装挡板。

试验过程中产生的所有气体应通过排烟管排出,整个过程不能有任何火焰的穿出和烟气的泄漏。在常压和 25 ℃的条件下,系统的排烟能力至少应达到 1 m³/s。通风系统的设计不应基于自然通风条件。为排出电缆燃烧过程中产生的大量烟气,系统的排烟能力推荐为 1.5 m³/s。

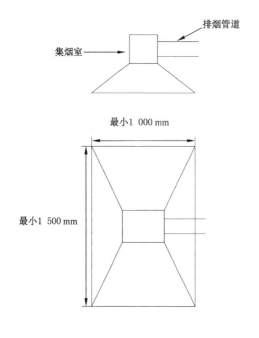

图 2 吸烟罩简图

4.4 排烟管道

按 4.3 的规定,排烟管道与吸烟罩相连。管道的内径 D 应在 250 mm～400 mm 范围内。为了在测量点处形成均匀的流量分布,管道的直管段长度至少应大于 12 D。同时为了可以精确测量流量,本标准推荐按 EN 14390 的规定,通过导流片(见图 3),在测试段的前后形成匀流面。

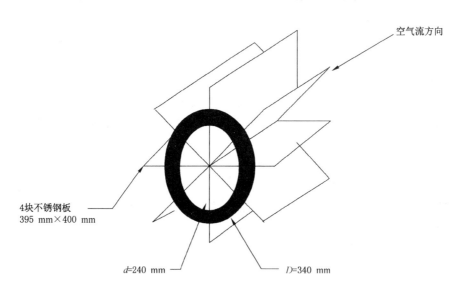

注: 标注的尺寸适用于直径 400 mm 的管道。

图 3 典型导流片

4.5 排烟管道中的测试仪器

4.5.1 双向探头

双向探头(见图4)用来测量排烟管道中的体积流量。探头安装在距排烟管道始端长度不小于 8 D (D 是通风管道的内径)的管道中心线位置上,至排烟管道末端的连接管道长度不小于 4 D。探头为长 32 mm、外径 16 mm 的圆柱体,由不锈钢材料制成。气室分为两个相同的腔室,通过压力传感器测量两个室的压差。探头响应与雷诺系数之间的关系如图5所示(也可参见附录 E)。

压力传感器的测量精度应在±5 Pa 以内,量程应为 0 Pa~200 Pa。连接双向探头和压力传感器的两个连接管长度应相同,且尽可能短。

采用符合 GB/T 16839.1—1997 规定的 K 型铠装热电偶测量探头附近区域的气体温度。热电偶丝径最大不能超过 1.5 mm。热电偶应固定良好,确保双向探头周围的流速分布。

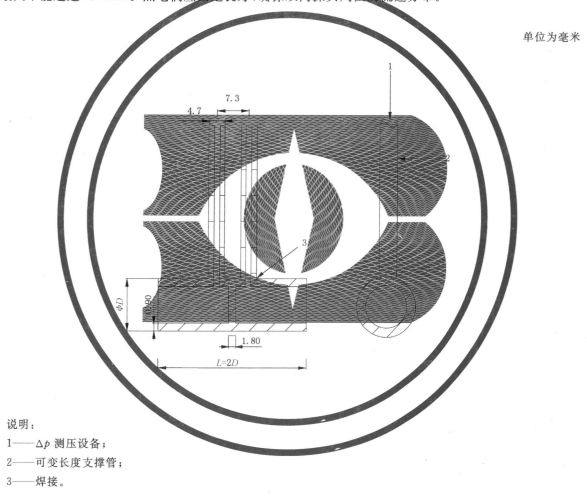

单位为毫米

说明:

1——Δp 测压设备;

2——可变长度支撑管;

3——焊接。

图 4 双向探头

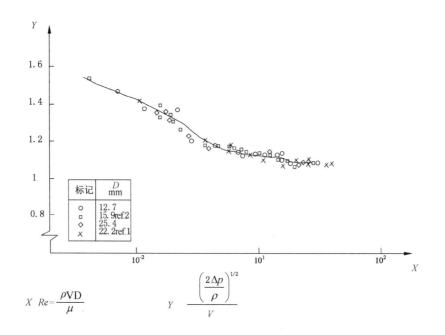

$$X \quad Re = \frac{\rho \mathrm{VD}}{\mu} \qquad Y \quad \frac{\left(\frac{2\Delta p}{\rho}\right)^{1/2}}{V}$$

图 5　探头响应度与雷诺系数的关系

4.5.2　取样探头

取样探头应安装在排烟管道中烟气充分混合处。取样探头为圆柱形(如图 6 所示),以此减小对其周围烟气流动的干扰。烟气的取样位置应沿着排烟管道的整个直径设置,为避免烟尘阻塞取样探头,取样探头上的小孔方向应调整向下。取样探头应通过合适的取样管与氧气和二氧化碳气体分析仪相连。

单位为毫米

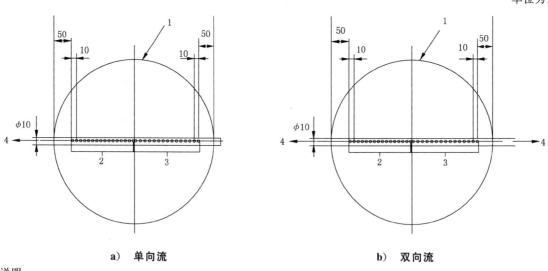

　　　a)　单向流　　　　　　　　　　　　　　　　b)　双向流

说明:

1——排烟管道(内径为 400 mm);

2——侧流的下游均有 16 个直径为 2 mm 的小孔;

3——侧流的下游有 15 个小孔(单向流小孔直径为 3 mm,双向流小孔直径为 2 mm);

4——样气流。

图 6　取样探头

4.5.3 取样管

取样管应采用耐腐蚀性材料[如聚四氟乙烯(PTFE)材料等]制成。可通过加热避免取样管中水汽的凝结。燃烧产生的气体应由过滤器进行多级过滤,以达到分析仪器要求的粒子浓度等级。系统应具备排除多余水蒸气的能力。

用于抽取燃烧气体的泵不应产生会污染混合气体的油脂或类似产物。泵的排出能力应在 $10 \text{ L/min} \sim 50 \text{ L/min}$。为了减少烟气对过滤器的堵塞,该泵应产生不低于 10 kPa 的压差。

取样管的末端应与氧气和二氧化碳气体分析仪相连(见图7)。

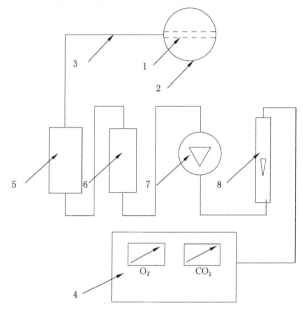

说明:
1——取样探头;
2——排烟管道;
3——取样管;
4——气体分析仪;
5——过滤器;
6——气体冷却系统;
7——隔膜泵;
8——气体流量计。

图 7　采样管路简易图

4.6　风机

在排烟管道末端应安装一个排烟风机。在温度为 25 ℃ 和常压的条件下,风机的排风能力宜不低于 $1.5 \text{ m}^3/\text{s}$。

如有必要可在燃烧室上安装收集和洗涤烟尘的装置。该装置不应改变通过燃烧室内的空气流量。

4.7　烟密度测量设备

4.7.1　概述

采用4.7.2和4.7.3描述的两种不同的测量技术进行烟密度测量。光学系统的整体布置见图8。烟密度测量设备应设置在排烟管道内气流混合均匀的位置。

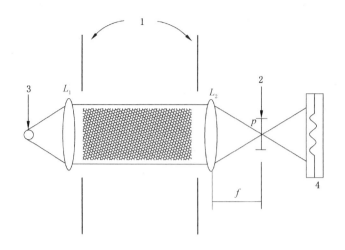

说明：
1——排烟管道壁；
2——孔径；
3——白炽灯；
4——探测器。
注：
L_1，L_2——透镜；
f——焦距；
p——焦点。

图 8　光学系统布置图

4.7.2　白光系统

采用柔性接头将白光型光衰减系统安装于排烟管的侧管上。该系统包含以下装置：

a)　白炽灯，在 2 900 K±100 K 的色温下使用；电源为稳定的直流电，且电流的波动范围在 0.5%
以内（包括温度，短期和长期稳定性）；

b)　透镜系统，将入射光转化为成直径不小于 20 mm 的平行光束；光电管的发光孔应位于其前方
透镜的焦点上，且其直径（d）应视透镜的焦距（f）而定，应使 d/f 小于 0.04；

c)　探测器，其光谱分布响应度与 CIE 的 $V(\lambda)$ 函数（光照曲线）的重合精度至少能达到±5%；在
1%～100% 的探测器输出范围内，其输出值应在所测量透光率的 3% 以内或绝对透光率的 1%
以内保持线性。

光衰减系统的校准见附录 F 中的 F.4。系统输出 90% 的响应时间不应超过 3 s。

侧管内应导入空气，使光学器件保持符合光衰减漂移要求的洁净度（见 F.4.2）。可用压缩空气替代
自吸入的空气。

4.7.3　激光系统

激光光度计应使用输出功率在 0.5 mW～2.0 mW 的氦-氖激光。

侧管内应导入空气，使光学器件保持符合光衰减漂移要求的洁净度（见 F.4.2）。可用压缩空气替代
自吸入的空气。

4.8　烟气分析设备

4.8.1　概述

在对试验过程中产生的烟气进行氧气和二氧化碳含量分析前，应首先对其进行干燥处理，去除所有

水蒸气。

4.8.2 氧气分析仪

氧气分析仪应为顺磁型,测量氧浓度的适宜量程为 $16\% \sim 21\%$(V_{O_2}/V_{air})。按照附录 F.2.3 的要求,在 30 min 的周期内,测试氧气分析仪的噪声和漂移应不超过 0.01%,氧气分析仪的响应时间应不超过 12 s,分析仪到数据采集系统的输出最小分辨率应为 0.01%。

4.8.3 二氧化碳分析仪

二氧化碳分析仪应为红外光谱分析仪且可对二氧化碳进行连续分析,对二氧化碳进行测量的量程至少是 $0\% \sim 10\%$。红外光谱分析仪的响应时间应不超过 12 s,分析仪的线性度应不低于满量程的 1%。

5 试验装置的标定

5.1 概述

根据 5.2～5.5 标定本试验装置。

5.2 流量分布测量

测定排烟管道中探头附近的流量分布值,达到以下目的:
——检查排烟管道设计,确保获得一个合理的流量分布;
——获得 k_c 值(管径为 400 mm 时,k_c 约为 0.86)。
具体的流量分布测量信息见附录 G。

使用校准过的热线式风速仪(或其他仪器),先沿垂直轴线(OY)方向,然后沿水平轴线(OX)方向移动,测量管道内垂直和水平方向上空气流速分布情况。

在测量空气流速分布时,应设置与试验时相同的空气流量(见6.6)。还应设置其他流量来测量流速分布,以证明在操作范围内确定的流速分布具有一致性。

5.3 采样滞后时间测量

气体分析仪需要一定的时间对气体浓度的变化产生响应,即采样滞后时间。确定采样滞后时间是为了使温度、氧气和二氧化碳的测量达到同步。在计算热释放速率前,考虑采样滞后时间的影响,所有数据都应被修正。氧气分析仪的滞后时间可确定为在管道内温度产生 3 K 变化和氧浓度产生 0.05% 变化时所需时间。二氧化碳分析仪的滞后时间可确定为管道温度产生 3 K 变化和二氧化碳浓度产生 0.02% 变化时所需时间。

在仪器调试前和每次气体分析系统有重大改变后都要测定采样滞后时间。

5.4 调试校准

在初次使用试验装置之前,或当气体分析系统发生重大改变时,或当排烟管道中的流量、进入喷灯的燃气和空气流量以及烟密度的测量在试验过程中有重大变化时,应进行以下检查:
——检查试验装置;
——确定日常测试使用的 k_t 因子;
——检查烟密度测量系统的稳定性;
——核查白光系统的测量准确性。
为了校验 HRR 测量系统的线性度,应采用不同热释放速率等级进行校准。选择的热释放速率等级

(从 20 kW 到 200 kW)应基本涵盖电缆燃烧热释放的范围。关于 HRR 校准和确定校准因子 k_t 的更多信息见附录 F。

附录 F 也给出了烟气测量系统的校准程序。

5.5 常规校准

5.5.1 概述

每个测试日当天都应采用 GB/T 18380.31—2008 规定的点火源进行校准。根据当天测试程序采用的热量等级,在 20.5 kW 或 30 kW 时做一个至少 10 min 的校准,并记录每个测试日的校准结果。当校准结果满足 5.5.4 的要求时,方可进行正式试验。

5.5.2 校准步骤

校准测试按以下步骤进行:

a) 进行无火源的 5 min 基线校准;

b) 确定热输出值,进行至少 10 min 的燃烧校准;

c) 停止供火后进行 5 min 校准。

5.5.3 计算

进行校准测试后,用 k_t 因子和丙烷的 E 值(16.8 MJ/m³)计算下述参数:

a) 点火前 5 min 内 HRR、氧含量和透光率的漂移;

b) 燃烧阶段最后 5 min 的 HRR 平均值;

c) 在点火前 5 min 基线校准过程中的第 1 min 内的氧含量、透光率和 HRR 的各自平均值为初值;

d) 在校准测试过程中的最后 1 min 内的氧含量、透光率和 HRR 的各自平均值为终值;

e) 氧含量、HRR 和透光率初值和终值的差值。

5.5.4 要求

校准结果应符合以下要求:

a) 燃烧阶段最后 5 min 内的 HRR 平均值与设定值的偏差应在设定值 20.5 kW 或 30 kW 的 ±5% 以内;

b) 氧含量初值和终值的差值应小于 0.02%;

c) 透光率初值和终值的差值应等于或小于透光率值的 1%;

d) HRR 初值和终值的差值应等于或小于 2 kW;

e) 点火前 5 min 内透光率的漂移值应小于 1%;

f) 点火前 5 min 内氧含量的漂移值应小于 0.02%;

g) 点火前 5 min 内 HRR 的漂移值应小于 2 kW。

6 试验程序

6.1 试验条件

燃烧室和供给空气的温度应在 5 ℃～40 ℃ 范围内。

6.2 试验样品

试验样品应由若干根等长的电缆试样组成,每根电缆试样的长度为$(3.5^{+0.1}_{0})$ m。电缆试样的总根数应依据 6.4 确定。

6.3 试样准备

试验开始前,电缆试样应在 20 ℃±10 ℃的条件下放置至少 16 h,以确保样品干燥。

6.4 试样根数的确定

试样根数由下面的公式确定。

a) 直径大于或等于 20 mm 的电缆,试样根数 N 由式(1)给出:

$$N = \mathrm{int}\left(\frac{300 + 20}{d_c + 20}\right) \qquad \cdots\cdots\cdots\cdots\cdots\cdots(1)$$

式中:

d_c——电缆的直径,单位为毫米(mm)(取最接近的整数);

int——对结果取整的函数(即整数值)。

b) 直径大于 5 mm 且小于 20 mm 的电缆,试样根数 N 由式(2)给出:

$$N = \mathrm{int}\left(\frac{300 + d_c}{2d_c}\right) \qquad \cdots\cdots\cdots\cdots\cdots\cdots(2)$$

式中:

d_c——电缆的直径,单位为毫米(mm)(取最接近的整数);

int——对结果取整的函数(即整数值)。

c) 直径小于或等于 5 mm 的电缆,样品由许多直径大约为 10 mm 电缆束组成,缆束数量 N_{bu} 由式(3)给出:

$$N_{bu} = \mathrm{int}\left(\frac{300 + 10}{20}\right) = 15 \qquad \cdots\cdots\cdots\cdots\cdots\cdots(3)$$

因此,样品由 15 束电缆组成。

每缆束的试样根数 n 由式(4)给出:

$$n = \mathrm{int}\left(\frac{100}{d_c^2}\right) \qquad \cdots\cdots\cdots\cdots\cdots\cdots(4)$$

式中:

d_c——电缆的直径,单位为毫米(mm)(保留到小数点后一位);

int——对结果取整的函数(即整数值)。

因此,试样总根数 N 由式(5)给出:

$$N = n \times 15 \qquad \cdots\cdots\cdots\cdots\cdots\cdots(5)$$

6.5 试样安装

6.5.1 常用安装

电缆试样应安装在标准梯的前面,标准梯宽 500 mm±5 mm,试样的最低位置应低于喷灯下边缘 200 mm～300 mm,在喷灯下边缘以上的试样长度应有($3\,300^{+25}_{0}$) mm。

电缆试样段或电缆束试样应采用金属线(钢线或铜线)固定在钢梯的各个横档上,直径 50 mm 及以下的电缆应采用直径为 0.5 mm～1.0 mm 的金属线固定;直径 50 mm 以上的电缆应采用直径 1.0 mm～1.5 mm 的金属线固定。电缆试样的具体固定方法见 GB/T 18380.31—2008;对于电缆束试样,应首先使用金属线在与钢梯的各个横档对应的位置对电缆束进行绑扎,然后按照 GB/T 18380.31—2008 的要求将绑扎好的电缆束固定在钢梯的各个横档上。

固定试样时,第一根电缆或电缆束试样应固定在梯子的中央,其余试样依次固定在其两侧。

试样的安装间距由电缆的外径确定,具体见表1。

表 1 安装间距与电缆直径的关系

电缆直径/mm	安装间距
大于或等于 20	电缆间距为 20 mm
在 5 与 20 之间	电缆间距为电缆直径
小于或等于 5	电缆按缆束进行安装,每缆束直径约 10 mm,缆束间不得扭绞,缆束的间距为 10 mm

6.5.2 特殊安装

除在标准梯后需要加装不燃硅酸钙背板外,试样的安装要求与 6.5.1 相同。

将不燃硅酸钙背板沿标准梯固定在横档上,其密度为 870 kg/m³±50 kg/m³,厚度为 11 mm±2 mm,宽度为 415 mm±15 mm,长度为 3 500 mm±10 mm,可由 2 块或多块板材拼接而成(如图 9 所示)。

单位为毫米

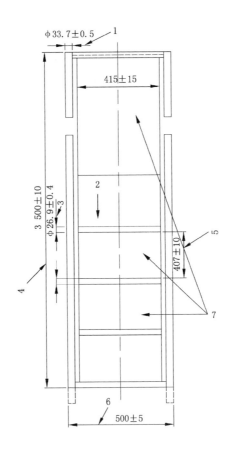

说明:
1——立柱直径;
2——横档数=9;
3——横档的直径;
4——标准梯的总高度;
5——横档间距;
6——宽度;
7——硅酸钙板。

图 9 试样的特殊安装

在测试前,背板应保持干燥,且应在 20 ℃±10 ℃和相对湿度低于 70%的环境条件下养护至少 48 h。

6.6 管道内的体积流量

排烟管道内的体积流量应设置为 1.0 m³/s±0.05 m³/s,试验过程中体积流量应保持在 0.7 m³/s~ 1.2 m³/s范围内。

6.7 点火源

6.7.1 概述

点火源为带状丙烷燃气喷灯,燃气应为标称纯度为 95%的技术级丙烷。

测试时,点火源的位置应符合 GB/T 18380.31—2008 的要求。

6.7.2 20.5 kW 火源

点火源功率为 20.5 kW。当丙烷的质量流量为 442 mg/s±10 mg/s,空气的质量流量为 1 550 mg/s±95 mg/s 时,其标称 HRR 相当于 20.5 kW。

试样的安装采用符合 6.5.1 要求的常用安装方式。

6.7.3 30 kW 火源

点火源功率为 30 kW。同时钢梯后加装不燃硅酸钙背板。当丙烷的质量流量为 647 mg/s± 15 mg/s,空气的质量流量为 2 300 mg/s±140 mg/s 时,其标称 HRR 相当于 30 kW。

注:丙烷的质量流量按燃烧产生的净热量为 46.4 kJ/g 计算。

试样的安装采用符合 6.5.2 要求的特殊安装方式。

6.8 供火时间

供火时间应为($1\,200^{+10}_{0}$) s。供火结束后,如果电缆继续保持燃烧或灼热发光,应将其熄灭。

6.9 试验步骤

本试验按以下步骤进行:

a) 打开空气供给风机,将燃烧室内的空气流量调节为 8 000 L/min±400 L/min;

b) 设定管道中的体积流量(见 6.6);

c) 持续记录管道中的温度和环境温度至少达 300 s,环境温度保持在 5 ℃~40 ℃范围内,管道中 的温度与环境温度的差异应不超过 4 ℃;

d) 按附录 C 中 C.3 的要求记录试验前的条件(环境温度、大气压力和湿度);

e) 开启计时器和数据自动记录仪,开始时间定义为 $t=0$,记录用于计算 HRR 和 SPR 所需的 变量;

f) $t=270$ s 时,检查 HRR 和透光率值(或对应的消光系数)的基线值,如果 HRR 与初始值偏差 超过 2 kW,或者透光率与初始值偏差超过 2%时应中断试验,并进行分析,确保正确测量 HRR 和 SPR;以试验开始前 30 s 的平均值作为初始值(0 s~30 s 之间);

g) $t=300$ s±10 s 时,点燃喷灯,按照 6.7 中设定的数值,调节丙烷和空气的质量流量,使喷灯热 输出为 20.5 kW 或 30 kW,记录点火时间 t_b;

h) 观察电缆的燃烧情况,包括任何燃烧滴落物/微粒,根据第 8 章的要求,记录相关的报告数据; 为了保护测试设备,当 HRR 大于 450 kW 时,数据自动记录仪应被停止,并熄灭火焰,终止试验；

i) $t=(1\ 500^{+10}_{\ 0})s$ 时，关闭丙烷气；

j) $t=1\ 530\ s\pm10\ s$ 时，停止记录数据，如果电缆继续保持燃烧或灼热发光，应将其熄灭。

当电缆剧烈燃烧并且火焰高出燃烧室顶部时，应中止试验，并记录其发生时间。

6.10 在试验中的观察和测试

在试验过程中应测定以下参数：

——热释放速率与时间的函数关系；

——产烟速率与时间的函数关系；

——燃烧滴落物/微粒的产生和持续时间。

在试验进行的 1 200 s 内，从滴落物/微粒到达燃烧室的地面时开始记录以下情况：

a) 燃烧滴落物/微粒跌落到燃烧室的地板后继续燃烧时间不超过 10 s 的滴落情况；

b) 燃烧滴落物/微粒跌落到燃烧室的地板后继续燃烧时间超过 10 s 的滴落情况。

6.11 试验安全

由于试样在燃烧过程中产生的热量可能会损坏测试设备和仪器，因此一旦试样开始产生火焰的蔓延，应密切注意监控，并做好随时熄灭火焰的准备，当温度过高时，应停止试验，以防损坏试验设备。推荐沿着电缆束，在喷嘴上方 1.5 m、2.5 m 处以及燃烧室的顶部，采用热电偶监控温度变化。

7 试验结果的评价

7.1 火焰蔓延程度的确定

当电缆停止燃烧(包括阴燃)，或被熄灭后，应将试样擦拭干净。

擦净的试样如果表面没有损坏，则计算火焰蔓延时不考虑表面的烟灰，同时也不考虑非金属材料的软化或变形。火焰蔓延的距离采用损毁长度(m)表示，测量喷灯下缘到炭化起始点间的距离，精确到小数点后 2 位。炭化起始点可按下述方法判定：用锋利物体，如刀片按压电缆表面，如果表面从弹性变为脆性(粉化)，则表明该点为炭化起始点。

7.2 热释放速率(HRR)和产烟速率(SPR)参数的计算

7.2.1 热释放速率峰值(HRR 峰值)

热释放速率峰值定义为 $HRR_{av}(t)$ 的最大值，其中不包括喷灯的热输出，在整个供火阶段内测定，即从喷灯点火时间 t_b 到供火结束时间($t_b+1\ 200\ s$)，单位为 kW。

在计算 $HRR_{av}(t)$ 时，应从 HRR 中扣除喷灯的热输出值，扣除喷灯的热输出值后成为负值的 HRR 都应设为零。

具体计算见附录 B 中的 B.1。

7.2.2 产烟速率峰值(SPR 峰值)

产烟速率峰值定义为 $SPR_{av}(t)$ 的最大值，在整个供火阶段 t_b 到($t_b+1\ 200\ s$)期间测定，单位为 m^2/s。

具体计算见附录 B 中的 B.2。

7.2.3 热释放总量(THR_{1200})

热释放总量采用从喷灯点火开始 t_b 到试验供火结束($t_b+1\ 200\ s$)的 HRR 积分值表示，并从中扣除喷灯的热输出值,单位为 MJ。如果由于 HRR 值太高而提前中断试验,则不计算热释放总量,并清除记录。扣除喷灯的热输出值后成为负值的 HRR 不应包含在积分计算之内。

7.2.4 产烟总量(TSP_{1200})

产烟总量采用从喷灯点火开始 t_b 到试验供火结束($t_b+1\ 200\ s$)的 SPR 积分值表示,单位为 m^2。如果由于 HRR 值太高而提前中断试验,则不计算产烟总量,并清除记录。计算 SPR 积分时不包括 SPR 的负值。

7.2.5 燃烧增长速率指数(FIGRA)

FIGRA 采用 $HRR_{av}(t)/(t-t_b)$ 的最大值表示。具体计算见附录 B 中的 B.3。

8 试验报告

试验报告应包括以下信息:
a) 基本信息:
    1) 试验室地址和名称;
    2) 试验报告的日期和编号;
    3) 受检单位的名称和地址;
    4) 生产厂商的名称和地址;
    5) 测试日期。
b) 样品信息:
    1) 电缆样品的鉴别;
    2) 电缆样品的描述。
c) 试验信息:
    1) 依据标准;
    2) 试样数量;
    3) 试样整体外径;
    4) 试样安装方式;
    5) 是否使用背板;
    6) 供火时间(如 20 min);
    7) 喷灯输出功率(如 20.5 kW 或 30 kW)。
d) 观察和测量结果:
    1) 火焰蔓延程度;
    2) 燃烧滴落物/微粒的滴落情况;
    3) HRR 和 SPR 与时间的关系曲线;
    4) 试验过程中的其他观察记录。
e) 计算结果:
    1) 热释放速率峰值(HRR 峰值);
    2) 产烟速率峰值(SPR 峰值);
    3) 热释放总量(THR_{1200});
    4) 产烟总量(TSP_{1200});
    5) 燃烧增长速率指数(FIGRA)。
试验报告中应注明任何与本标准规定的试验程序不一致的情况。

附　录　A

（资料性附录）

本标准修改章条与 EN 50399:2011 章条编号对照和技术性差异及其原因

A.1　本标准修改章条与 EN 50399:2011 章条编号对照一览表见表 A.1。

表 A.1　本标准修改章条与 EN 50399:2011 章条编号对照一览表

本标准章条编号	EN 50399:2011 章条编号
1	1
2	2
4.1	4.1
6.7	6.7
6.11	4.1 的部分内容
附录 A	—
附录 B	附录 G
附录 C	附录 A
附录 D	附录 B
附录 E	附录 C
附录 F	附录 E
附录 G	附录 D
附录 H	附录 F
——	附录 H
——	附录 I

A.2　本标准与 EN 50399:2011 技术性差异及其原因一览表见表 A.2。

表 A.2　本标准与 EN 50399:2011 的技术性差异及其原因一览表

本标准章条编号	技术性差异	原　因
1	删除了 EN 50399:2011 第 1 章中与欧盟电缆燃烧性能分级相关内容	对于电缆燃烧性能分级,欧盟体系与我国不同,应适应我国国情
2	关于"规范性引用文件",具体调整如下: ——用中国标准 GB/T 5907 替代了 ISO 13943; ——用等同采用国际标准的 GB/T 18380.31—2008 替代了 EN 50266-1; ——用等同采用国际标准的 GB/T 16839.1—1997 替代了 EN 60584-1	依据 GB/T 20000.2—2009 中的要求
4.1	删除了 EN 50399:2011 的 4.1 中关于试验安全方面的技术内容	使标准更严谨

表 A.2（续）

本标准章条编号	技术性差异	原　因
6.7	本标准将 EN 50399:2011 6.7"点火源"分为 6.7.1"20.5 kW 火源"和 6.7.2"30 kW 火源"	便于我国电缆及光缆燃烧性能分级标准的引用
6.11	试验过程中安全方面的技术内容独立成为一节	使标准更严谨
——	删除了附录 H	关于背板材料,欧盟的材料与我国有所不同,同时本标准 6.5.2 中已有详细描述
——	删除了 EN 50399:2011 中的附录 I	对于测试数据文本格式的编写,欧盟体系与我国有不同要求

附 录 B

（规范性附录）

HRR_{av}，SPR_{av} 和 FIGRA 的计算

B.1 HRR_{av} 的计算

B.1.1 HRR_{av} 是 HRR 在 30 s 内的平均值，但喷灯点燃后最开始的 12 s 和喷灯熄灭前的最后 12 s 除外。

当 $t_b + 15$ s $\leqslant t \leqslant t_b + 1\ 185$ s，$HRR_{av}(t) = HRR_{30s}(t)$

$$HRR_{30s}(t) = \frac{\{[0.5 \times HRR(t - 15\ s)] + HRR(t - 12\ s) + K + HRR(t + 12\ s) + [0.5 \times HRR(t + 15\ s)]\}}{10}$$

B.1.2 对于在喷灯点燃后最初 12 s 内的数据点，只在该受火时段内数据点最大可能对称的范围内取平均值。

当 $t = t_b$ s $HRR_{av}(t_b s) = 0$

当 $t = t_b + 3$ s $HRR_{av}(t_b + 3\ s) = \overline{HRR(t_b \Lambda t_b + 6\ s)}$

当 $t = t_b + 6$ s $HRR_{av}(t_b + 6\ s) = \overline{HRR(t_b \Lambda t_b + 12\ s)}$

当 $t = t_b + 9$ s $HRR_{av}(t_b + 9\ s) = \overline{HRR(t_b \Lambda t_b + 18\ s)}$

当 $t = t_b + 12$ s $HRR_{av}(t_b + 12\ s) = \overline{HRR(t_b \Lambda t_b + 24\ s)}$

B.1.3 对于在喷灯熄灭前最后 12 s 内的数据点，只在该受火时段内数据点最大可能对称的范围内取平均值。

当 $t = t_b + 1\ 188$ s $HRR_{av}(t_b + 1\ 188\ s) = \overline{HRR(t_b + 1\ 176 \Lambda t_b + 1\ 200\ s)}$

当 $t = t_b + 1\ 191$ s $HRR_{av}(t_b + 1\ 191\ s) = \overline{HRR(t_b + 1\ 182 \Lambda t_b + 1\ 200\ s)}$

当 $t = t_b + 1\ 194$ s $HRR_{av}(t_b + 1\ 194\ s) = \overline{HRR(t_b + 1\ 188 \Lambda t_b + 1\ 200\ s)}$

当 $t = t_b + 1\ 197$ s $HRR_{av}(t_b + 1\ 197\ s) = \overline{HRR(t_b + 1\ 194 \Lambda t_b + 1\ 200\ s)}$

当 $t = t_b + 1\ 200$ s $HRR_{av}(t_b + 1\ 200\ s) = HRR(t_b + 1\ 200\ s)$

B.2 SPR_{av} 的计算

B.2.1 SPR_{av} 是 SPR 在 60 s 内的平均值。但喷灯点燃后最开始的 27 s 和喷灯熄灭前的最后 27 s 除外。

当 $t_b + 30$ s $\leqslant t \leqslant t_b + 1\ 170$ s，$SPR_{av}(t) = SPR_{60s}(t)$

$$SPR_{30s}(t) = \frac{\{[0.5 \times SPR(t - 30\ s)] + SPR(t - 27\ s) + K + SPR(t + 27\ s) + [0.5 \times SPR(t + 30\ s)]\}}{20}$$

B.2.2 对于在喷灯点燃最初 27 s 内的数据点，只在该受火时段内数据点最大可能对称的范围内取平均值。

当 $t = t_b$ s $SPR_{av}(t_b s) = 0$

当 $t = t_b + 3$ s $SPR_{av}(t_b + 3\ s) = \overline{SPR(t_b \Lambda t_b + 6\ s)}$

当 $t = t_b + 6$ s $SPR_{av}(t_b + 6\ s) = \overline{SPR(t_b \Lambda t_b + 12\ s)}$

…………

当 $t = t_b + 27$ s $SPR_{av}(t_b + 27\ s) = \overline{SPR(t_b \Lambda t_b + 54\ s)}$

B.2.3 对于在喷灯熄灭前最后 27 s 内的数据点，只在该受火时段内数据点最大可能对称的范围内取平

均值。

当 $t=t_b+1\ 173\ s$ $\quad SPR_{av}(t_b+1\ 173\ s)=\overline{SPR(t_b+1\ 146\Delta t_b+1\ 200\ s)}$

当 $t=t_b+1\ 176\ s$ $\quad SPR_{av}(t_b+1\ 176\ s)=\overline{SPR(t_b+1\ 152\Delta t_b+1\ 200\ s)}$

············

当 $t=t_b+1\ 197\ s$ $\quad SPR_{av}(t_b+1\ 197\ s)=\overline{SPR(t_b+1\ 194\Delta t_b+1\ 200\ s)}$

当 $t=t_b+1\ 200\ s$ $\quad SPR_{av}(t_b+1\ 200\ s)=SPR(t_b+1\ 200\ s)$

B.3 燃烧增长速率指数 FIGRA 的计算

FIGRA 指数被定义为 $HRR_{av}(t)/(t-t_b)$ 的最大值,见式(B.1)。仅在受火条件下,在 HRR_{av} 和 THR 的初始值同时超过临界值的时段内进行计算。在全部受火时段内,如果其中一个或所有两个初始值没有超过临界值,则 FIGRA 指数为零。

$$FIGRA=1\ 000\times max\left[\frac{HRR_{av}(t)}{t-t_b}\right] \qquad\qquad\qquad (B.1)$$

式中:

FIGRA ——燃烧增长速率指数,单位为瓦每秒(W/s);

$HRR_{av}(t)$ ——$HRR(t)$ 的平均值,单位为千瓦(kW);

$t \geqslant t_{t\_HRR}$ 且 $t \geqslant t_{t\_TRR}$;

到达临界值的瞬间时刻定义如下:

t_{t_HRR} 是在 $t=t_b$ 后当 $HRR_{av}(t)$ 大于 3 kW 的瞬间时刻;

t_{t_TRR} 是在 $t=t_b$ 后当 $TRR_{av}(t)$ 大于 0.4 MJ 的瞬间时刻。

附 录 C

（规范性附录）

热释放速率

C.1 流量计算

在常压和环境温度 25 ℃条件下,排烟管道中的体积流量 V_{298} 由式 C.1 和 C.2 给出:

$$V_{298} = (Ak_t/k_p) \times \frac{1}{\rho_{298}} \times (2\Delta p T_0 \rho_0/T_S)^{1/2} \quad\cdots\cdots\cdots\cdots\cdots\cdots(C.1)$$

$$V_{298} = 22.4(Ak_t/k_p)(\Delta p/T_S)^{1/2} \quad\cdots\cdots\cdots\cdots\cdots\cdots(C.2)$$

式中:

V_{298} ——排烟管道中的体积流量,单位为立方米每秒(m³/s);

T_S ——排烟管道中的气体温度,单位为开尔文(K);

T_0 ——$T_0 = 273.15$ K;

Δp ——由双向探头测得的差压,单位为帕斯卡(Pa);

ρ_{298} ——在常压和环境温度 25 ℃下的空气密度,单位为千克每立方米(kg/m³);

ρ_0 ——在 0.1 MPa 和 0 ℃条件下的空气密度,单位为千克每立方米(kg/m³),$\rho_0 = 1.293$ kg/m³;

A ——排烟管道的截面积,单位为平方米(m²);

k_t ——校准因子,见 F.3.4;

k_p ——由 Mc Caffrey 和 Heskestad 对双向探头提出的雷诺修正因子。在排烟管道中,Re 通常
远远大于 3 800,因此可以把 k_p 当作常数,取 $k_p = 1.08$。

式 C.1 中假定材料燃烧产生的气体(相对于空气)密度的变化仅由温度升高而引起,可以忽略化学
成分或湿度的变化对其的影响。校准因子 k_t 取决于流速分布校正因子(k_c),以及丙烷、甲醇校准过程
中获得的校正因子,而 k_c 通过顺着排烟管道的内径截面测量流速分布获得(见 F.3.4)。

C.2 产生的热效应

C.2.1 点火源的热释放

校准过程中,点火源的热释放等级 q_b 由式 C.3 给出,根据丙烷的消耗量来计算:

$$q_b = m_b \Delta h_{c,eff} \quad\cdots\cdots\cdots\cdots\cdots\cdots(C.3)$$

式中:

q_b ——热释放速率,单位为千瓦(kW);

m_b ——供给喷灯丙烷气的质量流量,单位为克每秒(g/s);

$\Delta h_{c,eff}$ ——丙烷的有效燃烧热,单位为千焦每克(kJ/g);

注:假设燃烧效率为 100%,则 $\Delta h_{c,eff}$ 可以被设定为 46.4 kJ/g。

C.2.2 试验样品的热释放

电缆试样的热释放速率 q,由式 C.4 计算得出:

$$q = E^1 V_{298} x_{O_2}^a \left[\frac{\phi}{\phi(a-1)+1}\right] - \frac{E^1}{E_{C_3H_8}} q_b \quad\cdots\cdots\cdots\cdots\cdots\cdots(C.4)$$

其中 ϕ 为耗氧因子,由式 C.5 给出:

$$\phi = \frac{x_{O_2}^0 (1 - x_{CO_2}) - x_{O_2}(1 - x_{CO_2}^0)}{x_{O_2}^0 (1 - x_{CO_2} - x_{O_2})} \qquad \cdots\cdots\cdots\cdots\cdots\cdots(C.5)$$

$x_{O_2}^a$ 为氧的摩尔数,由式 C.6 给出:

$$x_{O_2}^a = x_{O_2}^0 (1 - x_{H_2O}^a) \qquad \cdots\cdots\cdots\cdots\cdots\cdots(C.6)$$

式中:

q ——电缆的热释放速率,单位为千瓦(kW);

E ——消耗单位体积氧产生的燃烧热,单位为千焦每立方米(kJ/m³);

E^1 ——被测样品在环境温度为 25 ℃时的燃烧热,$E^1 = 17.2 \times 10^3$ kJ/m³;

$E_{C_3H_8}$ ——丙烷在环境温度为 25 ℃时的燃烧热,$E_{C_3H_8} = 16.8 \times 10^3$ kJ/m³;

V_{298} ——在常压和环境温度 25 ℃条件下,排烟管道中的气体体积流量,根据式 C.1 计算;

a ——因空气中化学反应时消耗了氧气而设定的扩展因子(被测样品燃烧时,$a = 1.105$);

$x_{O_2}^a$ ——空气中氧的摩尔分数,包括水蒸气(在没有干燥处理设备时,$x_{O_2}^a$ 应在试验前测试);

$x_{O_2}^0$ ——氧分析仪读数的初始值,以摩尔分数表示;

x_{O_2} ——试验过程中氧分析仪的读数,以摩尔分数表示;

$x_{CO_2}^0$ ——二氧化碳分析仪读数的初始值,包括在环境空气中的含量,以摩尔分数表示;

x_{CO_2} ——试验过程中二氧化碳分析仪的读数,以摩尔分数表示;

$x_{H_2O}^a$ ——空气中水蒸气的摩尔数。

注:每次试验开始阶段,由于去除点火源的热释放,q 将出现负值(此时设为 0),这是因为材料燃烧产生的气体充满燃烧室并传送到吸烟罩需要一定的时间(即延迟时间)。

式 C.3 到 C.6 都基于近似得出,因此有以下局限:

a) 未考虑一氧化碳的生成量,通常这一误差可以忽略。如果测定了一氧化碳浓度,那么对于那些需要将不完全燃烧的影响进行量化的情况,就能做出修正计算;

b) 仅部分考虑了水蒸气对流量和气体分析的影响。通过对水蒸气局部压力的连续测量可以修正这种误差;

c) E 因子是大量被测样品燃烧热的平均值,取值为 17.2×10^3 kJ/m³,在大多数情况下能达到可接受的精度。

C.3　空气中水蒸气摩尔数的计算

空气中水蒸气的摩尔数可以根据大气条件(环境温度 θ_{atm},相对湿度 RH 和大气压力 p_{atm}^0),由式 C.7 计算得出:

$$x_{H_2O}^a = \frac{RH}{100} \cdot \frac{1}{p_{atm}^0} \left\{ e^{\left[23.2 - \frac{3\,816}{(\theta_{atm}+273.15)-46} \right]} \right\} \qquad \cdots\cdots\cdots\cdots\cdots\cdots(C.7)$$

式中:

RH ——相对湿度,单位为百分比(%);

p_{atm}^0 ——大气压力,单位为帕斯卡(Pa);

θ_{atm} ——环境温度,单位为摄氏度(℃)。

附　录　D

（规范性附录）

产　　烟

D.1　烟密度

烟密度用消光系数 k 来表示,由式 D.1 给出:

$$k = \frac{1}{L} \ln\left[\frac{I_0}{I}\right] \quad \cdots\cdots\cdots\cdots\cdots（\text{D.1}）$$

式中:

k　——消光系数,单位为负一次方米(m^{-1});

I_0　——起始透光率(无烟气环境);

I　——实时透光率;

L　——光程(光束穿过烟气环境的距离),单位为米(m)。

D.2　产烟速率和产烟总量

产烟速率(SPR)和产烟总量(TSP)的计算公式分别为式 D.2 和 D.3:

$$\text{SPR} = kV_\text{s} \quad \cdots\cdots\cdots\cdots\cdots（\text{D.2}）$$

$$\text{TSP} = \int_0^t k\, V_\text{s}\, \mathrm{d}t \quad \cdots\cdots\cdots\cdots\cdots（\text{D.3}）$$

式中:

SPR　——产烟速率,单位为平方米每秒(m^2/s);

TSP　——产烟总量,单位为平方米(m^2);

V_s　——排烟管道中的实际体积流量(非标准条件下),单位为立方米每秒(m^3/s);

t　——从点火开始后的持续时间,单位为秒(s)。

注:SPR 如出现负值,则表明 $I > I_0$,说明该现象与烟气无关。

附　录　E

（资料性附录）

图 5 中关于雷诺系数的附加信息

采用一个灵敏的压力传感器测试差压。按照 Mc Caffrey 和 Heskestad 的描述，以两个独立的设备提供相同的低速气流，采用热线式风速仪和静态皮托管测试气流速度，图 5 中的数据点可以拟合为以下的多项式曲线：

$$\frac{\left(2\dfrac{\Delta p}{\rho}\right)^{\frac{1}{2}}}{V}=1.533-1.366\times10^{-3}Re+1.688\times10^{-6}Re^{2}-9.706\times10^{-10}Re^{3}+2.555\times10^{-13}Re^{4}-$$
$$2.484\times10^{-17}Re^{5}$$

此公式在 $40 < Re < 3\,800$ 的条件下有效，精度大约为 5%。

探头适合的外径为 16 mm。

附　录　F

（规范性附录）

调试校准

F.1　一般要求

对测试设备应定期校准,本标准要求按照生产商的要求对设备进行维护保养和校准,如果生产商没有提供相关技术要求,应按照附录 F 的要求进行校准。

F.2　气体分析仪的校准

F.2.1　概述

校准和试验时的气体流量应相同。

注:气体体积分数分别为 V_{O_2}/V_{air} 和 V_{CO_2}/V_{air}。

F.2.2　氧气分析仪的调节

在每个试验日,应对氧气分析仪进行调零和量程调节。分析仪对室内干燥空气的输出应为(20.95±0.01)%。可采用的调节程序参见 H.2.1。

F.2.3　氧气分析仪输出的噪声和漂移

F.2.3.1　噪声和漂移

氧气分析仪或气体分析系统的其他主要组件经安装、维护、维修或更换后,应对氧气分析仪输出的数据采集系统的噪声和漂移进行检测。

注:本标准推荐每六个月至少检测一次,取决于设备的使用频率。

F.2.3.2　操作步骤

校准按以下步骤进行:
a) 给氧气分析仪输入无氧氮气直至分析仪达到稳定状态;
b) 保持无氧状态至少 5 min 后,调节排烟管道中气体的体积流量至 1.00 m³/s±0.05 m³/s,然后向排烟管道内输入流速、压力、干燥程序等与试样气体完全相同的空气,当分析仪达到稳定后,调节分析仪输出至(20.95±0.01)%;
c) 在 0 min～1 min 内开始以 3 s 的时间间隔记录氧气分析仪的输出,记录时间为 30 min;
d) 采用最小二乘法拟合一条通过数据点的直线来确定漂移;该线性趋势线上 0 min 和 30 min 读数之差的绝对值为漂移;
e) 通过计算该线性趋势线的均方根(r.m.s)偏差来确定噪声。

F.2.3.3　判据

漂移和噪声(两者均视为正值)总量应不超过(V_{O_2}/V_{air})的 0.01%。

F.2.3.4　校准报告

校准报告应包括下面信息:

a) $O_2(t)$ 的曲线图,以 (V_{O_2}/V_{air}) % 表示;

b) 根据 F.2.3.2 的 d)和 e)计算出的噪声和漂移值,以 (V_{O_2}/V_{air}) % 表示。

F.2.4 二氧化碳分析仪调节

在每个试验日,应对二氧化碳分析仪进行调零和量程调节。分析仪对校准气体输出应不超过0.1%
(V_{CO_2}/V_{air});该分析仪对氮气(不含二氧化碳)的输出应为 (0.00 ± 0.02)%。可采用的调节程序参
见H.2.2。

F.3 HRR 校准

F.3.1 概述

校准应通过气体喷灯和液体燃烧方式进行。

F.3.2 基于喷灯方式的 HRR 校准

F.3.2.1 条件

气体喷灯燃烧校准试验应符合以下条件:

——喷灯输出功率:20.5 kW,30 kW,40 kW~50 kW;

——空气/燃气比:按标准点火源设定(40 kW~50 kW 均适合1个或2个喷灯);

——喷灯的燃气和空气流量测定:用质量流量计或转子流量计(本标准推荐质量流量计);

——通过质量损失对气体损耗进行在线测试。

F.3.2.2 操作步骤

将进入燃烧室的空气流量设定为 8 000 L/min ± 400 L/min,关闭室门,运行设备,进行下述试验
步骤:

a) 设定排烟管道中的体积流速为 $V_{298} = 1.00$ m³/s ± 0.05 m³/s;

b) 对排烟管道中的温度和环境温度记录至少 300 s;管道中的温度与环境温度之差不应超过
   4 ℃;

c) 开始计时,并自动记录数据,此时定义 $t=0$ s;

d) 点燃喷灯,在每个步骤前 5 s 内调节丙烷的质量流量,使喷灯的 HRR 符合表 F.1 的规定;

e) 表 F.1 中的步骤 3 结束时,停止数据自动记录。

表 F.1 喷灯点燃时间和 HRR 设定值

步骤	时间 s	HRR kW
1	0~300	0
2	300~900	20.5,30,40~50
3	900~1 200	0

F.3.2.3 计算

根据流速分布测量所得的 k_c 值和丙烷的 E 修正值(16.8 MJ/m³)计算下述参数:

a) 540 s~840 s,喷灯的 HRR 平均值;

b) 校准试验中的 THR；

c) 通过称取丙烷气体瓶计算质量损失；

d) 取 5 min 基线校准期间的第一分钟内氧含量、透光率和 HRR 各自的平均值作为初值；

e) 取校准试验最后一分钟的氧含量、透光率和 HRR 各自的平均值作为终值；

f) 氧含量、HRR 和透光率的初值和终值的差值。

F.3.2.4 判据

计算结果应符合以下判据要求：

a) 540 s～840 s，喷灯的 HRR 平均值与设定值的偏差应在设定值的±10％以内；

b) 校准试验中测试值 THR 与以丙烷质量损失和丙烷有效燃烧热(46.4 kJ/g)计算出的热释放总量的比值应在 0.90～1.10 范围内；

c) 氧含量、HRR 和透光率的初值和终值的差值应符合 5.5.4 的要求。

F.3.3 基于液体燃料燃烧方式的 HRR 校准

F.3.3.1 概述

除了丙烷气体的燃烧，还应通过油盘中给定质量可燃液体的燃烧进行校准，以达到下述目的：

a) 比较两种校准方法；

b) 在短时间内达到较高的热释放水平。

以下给出基于甲醇燃烧的校准程序。

F.3.3.2 条件

甲醇燃烧校准试验应符合以下条件：

——可燃物：甲醇(纯度 99.5％)；

——油盘面积：0.4 m²；

注 1：本标准推荐使用圆盘。

——燃烧质量：(3 200±25)g；

——试验前后通过称重测定总质量损失。

注 2：甲醇质量和油盘面积的选取要根据之前的经验结果，使热释放峰值足够高(接近 150 kW)，但是又不致损坏燃烧室。

F.3.3.3 甲醇操作步骤

将燃烧室的空气流量设定为 8 000 L/min±400 L/min，关闭室门，运行设备，进行下述步骤：

a) 设定排烟系统的体积流速为：$V_{298}=1.00$ m³/s±0.05 m³/s；

b) 记录至少 300 s 内的排烟管道内的温度和环境温度，管道内的温度与环境温度的偏差不能超过 4 ℃；

c) 开启计时器，并自动记录数据；此时定义 $t=0$；

d) 称取所需重量的甲醇，在 $t=240$ s 后将其倒入油盘中；

e) 在 $t=300$ s 时点燃液体；

f) 液体燃烧熄灭后再等待 300 s；

g) 在此 300 s 后停止记录数据。

F.3.3.4 计算

根据流速分布测量所得的 k_c 值和甲醇的 E 修正值(17.47 MJ/m³)计算以下参数：

a) 校准试验中的 THR；

b) 根据甲醇质量损失计算热释放总量；

c) 取 5 min 基线校准期间第一分钟到第二分钟内的氧含量、透光率和热释放速率各自的平均值作为初值；

d) 取校准试验最后一分钟内氧含量、透光率和热释放速率各自的平均值为终值；

e) 氧含量、HRR 和透光率的初值和终值的差值。

F.3.3.5 判据

计算结果应符合下面判据的要求：

a) 校准试验中测试值 THR 与以甲醇质量损失和甲醇有效燃烧热(19.94 kJ/g)计算出的热释放总量的比值应在 0.90～1.10 范围内；

b) 氧含量、HRR 和透光率初值和终值的差值应满足 5.5.4 的要求。

F.3.4 用于 HRR 计算的校准因子 k_t

按照附录 F 的要求，采用丙烷和甲醇燃料进行校准后，应计算最终的校准因子 k_t。对于丙烷和甲醇燃料的校准需要一个修正系数，此修正系数等于根据丙烷或甲醇燃料的质量损失计算得到的 THR 与采用 HRR 测试系统测得的 THR 值之间的比值。最终的校准因子 k_t 就等于 G.2 中确定的 k_c 因子乘以丙烷和甲醇校准试验中获得的修正系数的平均值，但 k_t 因子与 k_c 因子的偏差应在 G.2 中确定的 k_c 因子的 ±10% 以内，如果超出，则应改善流速分布或检查故障并及时处理。

下面给出了一个校准程序的实例。假设按照附录 G 的程序计算得到的 k_c 因子为 0.9。在热释放为 20.5 kW、30 kW、40 kW～50 kW 的条件下进行热释放速率校准时的偏差分别为 3%、2.5% 和 -1.5%，丙烷的修正系数平均值因此为 1.3%；甲醇校准结果的 THR 偏差为 6%；所以丙烷和甲醇校准修正系数的总平均值为 3.7%，由此得出 k_t 值为 0.93。图 F.1 和表 F.2 给出了该程序的框图和示例。

表 F.2 k_t 因子的计算示例

校准类型	修正系数	平均值	k 因子
D.2 流速分布的 k_c 因子	—	—	0.90
丙烷 20.5 kW	1.03		—
丙烷 30 kW	1.025	1.013	—
丙烷 40 kW～50 kW	0.985		—
甲醇(4L)	1.06	1.060	—
最终的修正系数	—	1.037	—
k_t 因子	—	—	0.93

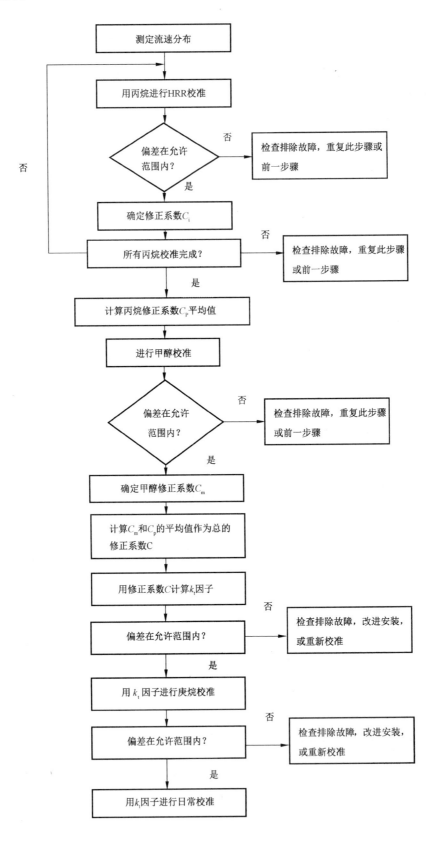

图 F.1 校准程序框图

F.4 烟气测量系统的校准

F.4.1 概述

烟气测量系统支架或排烟系统的其他主要部件经安装、维护、修理或更换后，应对光系统进行校准，且校准应至少每六个月进行一次。校准包括三个部分：输出稳定性的检测、白光系统的滤光片校核和庚烷的燃烧校准。

F.4.2 稳定性检测

启动测量设备，使其处于运行状态，点燃燃烧室中的喷灯，进行下述测试步骤：

a) 将排烟系统的体积流速设为：$V_{298}=1.00$ m³/s±0.05 m³/s（按 C.1 的要求进行计算）；

b) 开始计时并持续 30 min 记录光接收器的输出信号；

c) 采用最小二乘法拟合一条通过所测数据点的直线来确定漂移；该线性趋势线上 0 min 和 30 min 读数之差的绝对值为漂移；

d) 通过计算该线性趋势线的均方根（r.m.s）偏差来确定噪声。

输出稳定性的判据为：噪声和漂移应小于初始值的 0.5%。

F.4.3 滤光片校核

对烟气测量系统的校准应至少采用五个中性光密度的滤光片（光密度范围为 0.10～2.00）。根据测量的光接收器信号计算得出的光密度应不超过滤光片理论值的±5%（透光率）或±0.01（光密度），二者以能体现较大公差者为准。

注：烟密度定义为 $d_{opt}=\lg(I_0/I)$，其中 I_0 为初始光强度，I 为通过滤光片后的光强度。

按照 F.4 的要求进行校准程序的操作。

F.4.4 通过液体燃料的燃烧校准烟气测量系统

F.4.4.1 概述

在高热释放水平条件下，可通过油盘中给定质量庚烷的燃烧来校准烟气测量系统。

F.4.4.2 条件

庚烷燃烧校准试验应符合以下条件：

——油盘尺寸：外径 350 mm±5 mm，高度 150 mm±5 mm，厚度 3.0 mm±0.5 mm；

——纯度为 99% 以上的庚烷质量：1 250 g±10 g；

——水的质量：2 000 g±10 g；

——在校准试验前，将水、庚烷和油盘应放置在 2 ℃的环境条件下至少 4 h。

F.4.4.3 操作步骤

将进入燃烧室的空气流量设定为 8 000 L/min±400 L/min，关闭室门，运行设备，进行下述步骤：

a) 设定排烟系统的体积流速为：$V_{298}=1.00$ m³/s±0.05 m³/s；

b) 记录至少 300 s 内的排烟管道内的温度和环境温度，管道内的温度与环境温度的偏差不能超过 4 ℃；

c) 油盘置于喷灯中心线上同时距燃烧室后墙 435 mm±20 mm，同时将油盘放置于尺寸为 400 mm×400 mm 的标准硅酸钙板上，硅酸钙板距燃烧室底部 100 mm；

d) 称取倒入油盘中水的重量；

e) 开启计时器,并自动记录数据:此时定义 $t=0$；

f) $t=240$ s 时,称取所需质量的庚烷并倒入油盘中；

g) $t=300$ s 时,点燃液体,并特别注意安全；

h) 燃烧液体熄灭后等待 300 s；

i) 在此 300 s 后停止记录数据。

F.4.4.4 计算

计算以下参数：

——校准试验中的 TSP(总产烟量)；

——以庚烷质量损失计算的总产烟量。

F.4.4.5 判据

应符合下面判据的要求：

a) 校准试验结束时与试验前测得透光率的偏差应在 $\pm 1\%$ 内；

b) 校准试验测得的 TSP(总产烟量)与庚烷质量损失的比值应在 $(110\pm25)\,\text{m}^2/1\,000$ g 范围内。

附　录　G

（规范性附录）

管道内的流量分布

G.1　概述

用于计算热释放速率的流速分布因子 k_c 通过测量管道中垂直方向和水平方向的流速分布得到。G.2 给出了测量 k_c 的程序。

G.2　流速分布因子 k_c

G.2.1　概述

采用皮托管、热线式风速仪或双向探头测量流速分布因子 k_c 时，应确使这些仪器安装在正确的位置。

单位为毫米

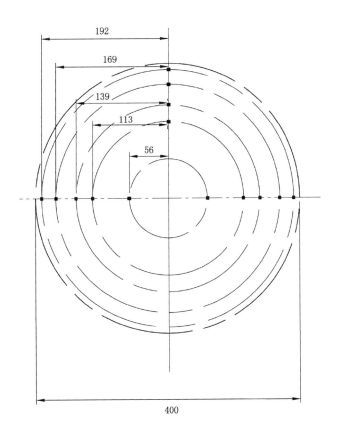

图 G.1　排烟管道的截面图——气体流速的测量位置点

G.2.2　测量说明

流速分布的测量应符合以下要求：

a)　试验设备应在减震装置上运行，以确保读数稳定；

b)　管道应有四个插孔,间隔90°环绕在管道圆周,用于安置测速设备。测量探头插入管道后,应采用机械方式固定,而不应采用人工方式托举;

c)　测速应在不同的进风口依次进行,测量时应将没有使用的进风口关闭;

d)　在每个进风口选择半径上的5个位置点测量气体流速,一次将测试仪从管道中心向管壁移动,一次从外向管道中心移动,每次测速要有10个读数(即每个测量点共有20个读数);

e)　根据ISO 3966,在管道半径上设定的测量位置距管壁的距离用以半径为分母的分数表示为:0.038,0.153,0.305,0.434,0.722,1.00(中心点)。本标准推荐的管道直径为400 mm,这些测量位置点距离中心的距离为:192 mm,169 mm,139 mm,113 mm,56 mm,0 mm,见图G.1。

G.2.3　操作

按照以下步骤操作:

在流速分布已被确认的情况下,排烟管道的体积流量设定在0.7 m³/s~1.2 m³/s范围内;

——测量所有测量位置点的气体流速,每个进风口处测量6个位置点;

——设v_c为中心位置点的流速,以v_n值表示其他5个测量位置点的流速,对所有测量位置点的气体流速值都取20个测量值的平均值进行计算。

注:测试结果就是在整个直径线的水平和垂直方向上测量并计算出流量分布。

G.2.4　k_c的计算

对于一个给定的半径n,用v_N表示半径上的平均流速,即测量值v_n的4次测量平均值。v_C表示中心点的流速,即测量值v_c的4次测量平均值。分布因子的计算由式G.1给出:

$$k_c = (1/5) \times (v_{N1} + v_{N2} + v_{N3} + v_{N4} + v_{N5})/v_C \quad\quad\quad\quad\quad (G.1)$$

式中:

v_{N1}、v_{N2}、v_{N3}、v_{N4}、v_{N5}——5个半径测试点上的平均流速。

G.2.5　测试报告

测试报告应包括以下内容:

a)　根据5个半径测试点的流速v_n的平均值和v_c得出的每个进风口的流速分布图(垂直和水平截面);

b)　每个半径上4个v_n值和4个v_c值,v_N和v_C值,以及计算得到的k_c。

附　录　H

（资料性附录）

特殊测量设备的校准程序

H.1　对于单独设备部件的一般程序

本附录包含的校准程序满足附录 F 给出的以性能为基准的校准要求。

H.2　气体分析仪校准

H.2.1　氧气分析仪校准

氧气分析仪按照下述步骤进行调节：

a)　调零时，向分析仪内通入无氧氮气，其流速和压力与试样气体相同。分析仪达到稳定后，将分析仪的输出调至(0.00 ± 0.01)％；

b)　调节量程时，既可使用干燥的室内空气，也可使用氧气浓度为(21.0 ± 0.1)％的特定气体；若使用的是室内空气，则在整个校准期间排烟系统的流量应为$1.00 \ m^3/s \pm 0.05 \ m^3/s$；若使用的是特定气体，则不需排烟系统；分析仪达到平衡后，若使用的是干燥空气，则将分析仪的输出调为(20.95 ± 0.01)％；若使用的是特定气体，则分析仪的输出与实际氧气浓度的偏差应不超过0.01％。

H.2.2　二氧化碳分析仪校准

二氧化碳分析仪按照下述步骤进行调节：

a)　调零时，向分析仪内通入无二氧化碳的氮气，其流速和压力与试样气体相同；分析仪达到平衡后，将分析仪的输出调至(0.00 ± 0.01)％；

b)　调节量程时，应使用二氧化碳浓度大约为满程的75％的特定气体；以与样气相同的流速和压力向分析仪内导入气体；分析仪达到平衡后，将分析仪的输出调到该特定气体的二氧化碳浓度，偏差为± 0.01％。

H.3　丙烷质量流量计或转子流量计的校核

H.3.1　概述

通过丙烷气瓶和喷灯来检查质量流量计或转子流量计的精度，将丙烷的质量流量调节为标准热输出为 20.5 kW 或 30 kW 时的流量，气体的消耗速率由气瓶的初始质量和最终质量确定。称取质量所使用的天平或磅秤应至少具有 5 g 的精度。

H.3.2　操作步骤

按以下步骤进行操作：

a)　将气瓶放在磅秤上并将其与供气系统连接；

b)　按校准试验要求安装试验设备（如有要求应安装好背板），点燃喷灯，调节气体供应速率以达到 20.5 kW 或 30 kW 热量，使喷灯的燃烧速率与标准试验中的速率相同；

c) 记录气瓶质量并启动记时器；

d) 1 800 s±30 s后,再次记录气瓶质量同时关闭记时器；

e) 确定气体的平均消耗速率,单位为毫克每秒(mg/s)。

H.3.3 判据

质量流量计的流量速率与气体的平均消耗速率的偏差应在气体的平均消耗速率的±5%以内。

H.4 白光系统的滤光片校核

H.4.1 概述

对烟气测量系统可按下述程序进行校准,按下述程序校准的光系统也能够符合附录F的要求。用于校核的滤光片应为吸收型,并且应按光学系统的正确波长得到校准。

H.4.2 步骤

启动测量装置,进行下述试验步骤：

a) 将一遮光片插入滤光片插槽里并进行调零；

b) 将遮光片取出,并将光接收器的信号调至100%；

c) 开始计时,记录光接收器信号,记录时间为2 min；

d) 使用一种滤光片并记录相应的信号,滤光片的光密度 d 可选择为：0.1、0.3、0.5、0.8、1.0 和 2.0,记录时间至少为 1 min；

e) 对其他滤光片重复步骤 d)；

f) 停止数据采集并计算所有滤光片的平均透光率。

H.4.3 判据

根据平均透光率计算得出的每个数值 d[$d = -\lg(l)$]与滤光片理论 d 值的偏差应不超过滤光片理论值的±5%(透光率)或±0.01(光密度),二者以能体现较大公差者为准。

注：按规定公式计算,对于光密度为 0.1、0.3、0.5、0.8、1.0 和 2.0 的滤光片,其理论透光率分别为 79.43%、50.12%、31.62%、15.85%、10% 和 1%。

参 考 文 献

[1] ISO 3966 封闭管道中流体流量的测量 采用皮托静压管的速度面积法

[2] EN 14390 燃烧试验 表面制品大尺寸房间试验

[3] EN 50399:2011 电缆在受火条件下的通用试验方法 电缆在火焰传播试验中的热释放和产烟特性测试 试验装置、程序和结果